火力发电工程竣工决算编制理论与实务

青矩工程顾问有限公司　编著

中国财经出版传媒集团

中国财政经济出版社

图书在版编目（CIP）数据

火力发电工程竣工决算编制理论与实务 / 青矩工程
顾问有限公司编著. -- 北京：中国财政经济出版社，
2021.12

ISBN 978-7-5223-1002-2

Ⅰ.①火… Ⅱ.①青… Ⅲ.①火力发电—电力工程—
工程验收—决算—编制 Ⅳ.①TM621

中国版本图书馆CIP数据核字（2021）第257932号

责任编辑：王　飏　　　　　　　责任校对：张　凡
封面设计：任海亮

火力发电工程竣工决算编制理论与实务

HUOLI FADIAN GONGCHENG JUNGONG JUESUAN BIANZHI LILUN YU SHIWU

中国财政经济出版社 出版

URL：http：//www.cfeph.cn

E-mail：cfeph@cfemg.cn

（版权所有　翻印必究）

社址：北京市海淀区阜成路甲28号　邮政编码：100142

营销中心电话：010-88191522

天猫网店：中国财政经济出版社旗舰店

网址：https：//zgczjjcbs.tmall.com

北京密兴印刷有限公司印刷　各地新华书店经销

成品尺寸：185mm×260mm　16开　29.5印张　400 000字

2022年1月第1版　2022年1月北京第1次印刷

定价：80.00元

ISBN 978-7-5223-1002-2

（图书出现印装问题，本社负责调换，电话：010-88190548）

本社质量投诉电话：010-88190744

打击盗版举报热线：010-88191661　QQ：2242791300

编 委 会

随着我国国民经济持续增长、工业生产规模不断扩大，全社会用电量大幅增长，2020年我国全社会用电量达到7.51万亿千瓦时，较2011年的4.70万亿千瓦时增长了60%，近10年全社会用电量年均增长6.64%。据预测数据，2025年我国社会用电量将达到9.2万亿千瓦时，比2020年增加1.69万亿千瓦时，平均每年增加约3380亿千瓦时。在我国的电力供给结构中，火力发电一直占据着较高的比重，2020年火力发电发电量为5.17万亿千瓦时，占比为68.8%；2020年火力发电装机容量12.45亿千瓦，较上年增长4.7%。近年来，为实现国家碳达峰、碳中和目标承诺，我国清洁电力能源将迎来爆发，但由于我国能源格局中"煤炭占比太大"，加之火力发电依然承担电网调峰、保障电网安全的重要任务，使我国的火力发电依然占据主导地位。特别是2021年2月以来，美国因极端气候导致大量风电、光伏停运，产生严重的电力危机，给全球也敲响了警钟，也让人们更加关注电力结构的合理分配问题。2021年我国能源工作会议提出，要夯实煤炭煤电兜底保障，多渠道保障供应，确保不出现短供断供问题，因地制宜做好煤电布局和结构优化。

自2020年以来，国家发改委对于原缓建、停建的火力发电项目已陆续放开，同时各省、自治区公布的"十四五"规划、各年度重点项目计划中也包含了大量火力发电项目。火力发电项目的持续发展变化对火力发电项目建设的精细化管理提出了更高的要求，而竣工决算（亦称"竣工财务决算"，本书中统一使用"竣工决算"的表述）作为火力发电项目建设管理的重要组成部分，也亟待向标准化、规范化、系统化、信息化方向发展。

根据国家法规及几大发电集团公司内部管理规定，火力发电项目应在建设完成试运行通过后一定期间内完成竣工决算编制工作，但因各种主客观条件不成熟，大部分火力发电项目没有在规定的时间内完成竣工决算编制工作，或者已完成的竣工决算报告达不到企业资产管理的要求。主要原因有：项目建设单位人力资源不足，竣工决算意识不够，未能在建设过程中同步做好决算编制的相关准备工作；项目建设单位内部各部门对于竣工决算编制的协作配合理解不到位，未有效衔接形成合力，致使编制工作进度滞后、效率低下；项目建设单位相关人员竣工决算编制的经验和能力不足，业务操作水平较低，导致竣工决算编制的质量未能达到规定的要求；企业会计准则及税法规定发生调整变化，竣工决算编制办法未能及时同步更新等。

竣工决算是综合反映工程的建设耗时、投资情况、工程概（预）算执行情况、建设成果和财务状况的总结性文件，是正确核定新增资产价值的重要依据，是一项集工程、财务、物资等管理于一体的综合性工作。火力发电竣工决算由于其投资规模大、资产组成复杂、建设时间较长，其专业性强、复杂性高，难度更大，主要表现在：首先，火力发电项目的专业性强，要求编制人员专业能力较强，必须了解火力发电项目的基本建设程序、火力发电工程概预决算、火力发电厂的资产构成等基本知识。其次，火力发电项目建设期间长且编制时间短，要求前期准备工作要扎实，如概算维度、合同台账、物资管理、会计核算等，应当提前考虑竣工决算编制精细维度要求，且各项管理工作应相互支撑、相互印证、相互衔接，才能保证竣工决算编制数据的准确性。最后，火力发电项目建设管理涉及专业多、部门多，竣工决算涉及整个基建项目的工程、经济技术、物资、财务核算等方方面面，需要多方协作才能完成，组织协调难度大；加之建设项目投产后建设管理人员流动大，缺少熟悉工程建设的人员参与决算编制也增加了编制难度。

青矩工程顾问有限公司从事火力发电基建项目竣工决算编制及审计工作历经15年，涉及全国五大电力集团等超百个火力发电项目。本书集全公司之力，组织公司长期从事火力发电竣工决算编制、审计专业人员，根据多年的实际工作经验，结合各大电力集团的通用编制方法与规则精心编写，具有较强的实用意义。在编写过程中，针对上述竣工决算编制工作的痛点、难点，从火力发电基本知识、决算编制理论、决算编制准备、决算编制方法、决算编制特殊事项、决算编制信息化发展等方面进行介绍，并配合案例讲解，力求使读者循序渐进地认识火力发电的主要资产、了解建设过程中应为决算编制所作的工作、掌握决算编制的思路及具体方法、知悉特殊事项的处理以及决算编制的信息化发展趋势等。本书注重实用性，以燃煤发电机组为案例编写，配以各种表格展示，具有一定的可操作性；本书也广泛引用了国家及行业主管政府部门的相关法规，力求在各项问题尤其是特殊问题的处理上有依有据、与时俱进；同时，本书也遵循实质重于形式原则，关注税务等影响，做到编制方法切实可行，合法合规节税，为火力发电项目决算编制人员提供一些务实的帮助。目前国家颁布的基本建设财务规章制度侧重于财政投资和行政事业单位方面，企业会计准则等相关制度中涉及竣工决算的内容较少，可参照借鉴者少，且火力发电竣工决算编制专业较窄，可参考的研究文献相对缺乏。本书针对影响和制约火力发电项目竣工决算编制的有关问题，在合规性前提下，体现重要性和成本效益原则，主要提供解决问题的思路和方法，可以作为一种参考的、较为普遍的实务操作方法来使用；同时竣工决算编制本身是一项管理工作，项目建设单位在遵循国家法规要求的前提下，可以根据其管理需要自行决定其编制方法，故请勿机械套用。竣工决算编制理论和应用还在不断发展、完善、创新，及时研究工作中遇到的新问题、新情况，积极探索和完善竣工决算编制工作，需要我们和广大读者在工作实践中共同努力。

　　本书在编写过程中借鉴、引用了部分已公开的论文、书籍等，在此向各位作者、出版社致以衷心感谢。由于时间及检索原因，可能未将所有借鉴、引用内容的来源一一列举，在此向未列举的作者、出版社表示诚挚歉意。

　　本书在编写过程中借鉴了广大客户的案例、制度等资料；同时，闫应、马东生、李攀峰、折环环、王伟、张周峰、霍洋、张育瑞、向玲、王荣岗对此书提出了宝贵意见，在此一并表示衷心感谢！

　　由于编者水平有限，错误疏漏之处在所难免，敬请广大读者批评指正，并可与我们联系，联系邮箱yanjian@greetec.com，联系电话：029-68200058。我们在此表示衷心的感谢！

青矩工程顾问有限公司
2021年10月

目 录
CONTENTS

第一章
火力发电工程基本知识

火力发电工程竣工决算编制涉及工程建设、投资、设备、物资等各项管理工作。要做好火力发电工程竣工决算编制工作，首先应当充分熟悉火力发电厂的主要资产、工艺流程、建设程序、投资构成等基础知识，了解各项资产在项目建设过程中的形成过程。本章从基础层面对火力发电工程的相关基本知识逐一介绍，为后面竣工决算编制内容介绍做好铺垫。

第一节　火力发电厂概况

一、火力发电厂及生产过程简介

火力发电厂，是利用煤、石油、天然气作为燃料生产电能的工厂。火力发电厂的燃料主要以煤为主，也有石油、天然气、煤矸石、秸秆等。近年来，在"垃圾围城"日益严峻的形势下，利用垃圾焚烧发电也作为"减量化、无害化、资源化"处置生活垃圾的方式。以天然气为燃料的发电厂污染小、成本较高、功率小，多建设在城市内用于城市供热；煤矸石、秸秆、生活垃圾作为燃料时，主要为废物利用或垃圾处理，一般需要掺入一定比例的煤，才能达到发电所需热量要求。

火力发电厂基本生产过程是：燃料在锅炉中燃烧加热水，使水变成蒸汽，将燃料的化学能转变成热能；蒸汽压力推动汽轮机旋转，热能转换成机械能；汽轮机带动发电机旋转，将机械能转变成电能。其生产过程实质上是四个能量形态的转换过程：燃料的化学能→热能→机械能→电能。首先是燃料的化学能经过燃烧转变为热能，这个过程在蒸汽锅炉或燃气机的燃烧室内完成；然后是热能转变为机械能，这个过程在蒸汽机或汽轮机内完成；最后通过发电机将机械能转变成电能。

燃煤火力发电厂是最普遍的，其燃料就是原煤，本书以燃煤发电厂为例说明火力发电的生产过程。

原煤一般用火车、汽车等运送到发电厂的储煤场，再用输煤皮带输送到煤斗。原煤从煤斗落下由给煤机送入磨煤机磨成煤粉，并同时送入热空气来干燥和输送煤粉。形成的煤粉空气混合物经分离器分离后，合格的煤粉经过排粉机送入输粉管，通过燃烧器喷入锅炉的炉膛中燃烧。燃料燃烧所需要的热空气由送风机送入锅炉的空气预热器中加热，预热后的热空气经过风道一部分送入磨煤机作干燥以及送粉之外，另一部分直接引至燃烧器进入炉膛。

煤燃烧生成的高温烟气，在引风机的作用下先沿着锅炉烟道依次流过炉膛、水冷壁管、过热器、省煤器、空气预热器，同时逐步将烟气的热能传给工质（注：工质指实现热能和机械能相互转换的媒介质，如燃气、蒸汽）以及空气，自身变成低温烟气，经除尘器净化后的烟气由引风机抽出，经烟囱排入大气。如电厂燃用高硫煤，烟气经脱硫装置的净化后再排入大气层。

煤燃烧后生成的灰渣会因自重从气流中分离出来，沉降到炉膛底部的冷灰斗中形成固态渣，最后由排渣装置排入灰渣沟，再由灰渣泵送到灰渣场。大量的细小的灰粒（飞灰）则随烟气带走，经除尘器分离后也送到灰渣沟。

锅炉给水先进入省煤器预热到接近饱和温度，后经蒸发器受热面加热为饱和蒸汽，再经过热器被加热为过热蒸汽，此蒸汽又称为主蒸汽。

经过以上流程，就完成了燃料的输送和燃烧、蒸汽的生成及燃物（灰、渣、烟气）的处理及排出。

由锅炉过热蒸汽出来的主蒸汽经过主蒸汽管道进入汽轮机膨胀做功，冲转汽轮机，从而带动发电机发电。从汽轮机排出的乏汽排入凝汽器，在此凝结冷却成水，此凝结水称为主凝结水。主凝结水通过凝结水泵送入低压加热器，由汽轮机抽出部分蒸汽后再进入除氧器，在其中通过继续加热除去溶于水中的各种气体（主要是氧气）。经化学车间处理后的补给水（软水）与主凝结水汇于除氧器的水箱，成为锅炉的给水，再经过给水泵升压后送往高压加热器，由汽轮机高压部分抽出一定的蒸汽加热，然后送入锅炉，从而完成一个热力循环。

循环水泵将冷却水（又称循环水）送往凝结器，吸收乏气热量后返回江河，就形成开式循环冷却水系统。在缺水的地区或离河道较远的电厂，则需要高性能冷却水塔或喷水池等循环水冷设备，从而实现闭式循环冷却水系统。

经过以上流程，就完成了蒸汽由热能转换为机械能、电能以及锅炉给水供应的过程。因此火力发电厂是由炉（锅炉）、机（汽轮机）、电（发电机）三大部分和各自相应的辅助设备及系统组成的复杂的能源转换的动力系统（见图1.1.1）。

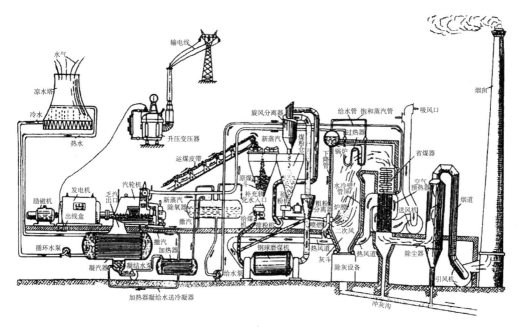

图1.1.1　火力发电厂基本生产过程

二、火力发电厂的分类

（一）按燃料分类

火力发电厂按照燃料类别可分为燃煤、燃油、燃气、生物质发电厂。燃煤发电厂，即以原煤作为燃料的发电厂，也包括以煤矸石为燃料的发电厂；燃油发电厂，即以石油（实际是提取汽油、煤油、柴油后的渣油）为燃料的发电厂；燃气发电厂，即以天然气、煤气等可燃气体为燃料的发电厂；生物质发电厂，即以农林废弃物、生活垃圾等可燃物为燃料的发电厂。

（二）按原动机分类

"原动机"指为转动机械提供转动动力的机器，电厂中的原动机是拖动发电机转子旋转的机械，它是把其他能转化为机械能，如汽轮机利用蒸汽的热能，水轮机利用水的势能等。在发电厂中原动机带动发电机旋转发出电力，原动机带动各种辅助机械旋转，共同构成一个完整的电力生产过程。电厂的原动机可以是汽轮机，也可以是风车，还可以是水轮机等，相对应的就是火力发电厂、核电、风电、水电等。

火力发电厂按照原动机分类，可分为蒸汽动力发电厂、燃气轮机发电厂、内燃机发电厂、蒸汽—燃气轮机发电厂等。

（三）按供出能源分类

火力发电厂按供出能源分为凝汽式发电厂（纯发电）和热电厂（热电联产）。凝汽式发电厂只向外供应电能；热电厂以热电联产方式运行，既生产电能，又利用汽轮发电机作功后的蒸汽对用户供热，较分别生产电、热能方式节约燃料。一般情况下，凝汽式发电厂热能利用效率较低，只有30%—40%；而热电厂热能利用效率较高，一般在60%—70%。热电厂一般分布在城市周围，凝汽式发电厂则多分布在远郊乡镇。

（四）按发电厂总装机容量分类

装机容量是指一个发电厂具有的汽发电机组总容量，一般以"万千瓦"或"兆瓦（即千千瓦、MW）"为单位，是标志发电能力的功率单位。火力发电厂按照单台机组容量等级划分，一般分为50MW、100MW、125MW、200MW、300MW、600MW、1000MW七个等级，其中600MW、1000MW等级为国内目前主力机组。随着火力发电设备性能的不断提升，我国自2007年起，已要求不得新建单机容量300MW（即30万千瓦）及以下单纯用于发电的纯凝汽式燃煤机组。

（五）按蒸汽压力和温度分类

火力发电厂按照蒸汽压力和温度分为中低压发电厂、高压发电厂、超高压发电厂、亚临界压力发电厂、超临界压力发电厂、超超临界压力发电厂。主要特点如表1.1.1所示。

表1.1.1　　　　　　　　　火力发电厂分类特点一览表

火力发电厂分类	蒸汽压力	温度
中低压发电厂	3.92MPa（40kgf/cm^2）	450℃
高压发电厂	9.9MPa（101kgf/cm^2）	540℃
超高压发电厂	13.83MPa（141kgf/cm^2）	540℃
亚临界压力发电厂	16.77MPa（171kgf/cm^2）	540℃
超临界压力发电厂	22.11MPa（225.6kgf/cm^2）	550℃
超超临界压力发电厂	25MPa（255.1kgf/cm^2）	580℃

注：超超临界与超临界的划分界限尚无统一的标准。2003年，我国"国家高技术研究发展计划（863计划）"项目"超超临界燃煤发电技术"中定义超超临界参数为蒸汽压力不低于25MPa、温度不低于580℃的发电厂。

（六）按供电范围分类

火力发电厂按照供电范围分为区域性发电厂、孤立发电厂、自备发电厂。区域性发电厂在电网内运行，承担一定区域性供电；孤立发电厂是不并入电网内、单独运行的发电厂；自备发电厂由大型企业自己建造，所发电力主要供本单位使用，一般与电网相连。我国火力发电厂多是区域性发电厂，需要并入电网运行。

第二节　火力发电厂主要资产介绍

火力发电厂是利用化石燃料燃烧释放的热能发电的动力设施，包括燃料燃烧释热和热能电能转换以及电能输出的所有设备、装置、仪表器件，以及为此目的设置在特定场所的房屋、构筑物和所有有关生产和生活的附属设施。本节通过对火力发电厂的主要系统及实物资产进行介绍，为后续竣工决算编制时的资产清理工作介绍做准备。

一、基本情况

锅炉、汽轮机、发电机是火力发电厂的核心设备,也称"三大主机"。锅炉完成燃料化学能向蒸汽热能的转变、汽轮机完成将蒸汽热能向转子机械能的转化、发电机则将机械能转化为电能。与"三大主机"辅助工作的设备称为"辅机设备"或"辅机"。连接锅炉与汽轮机之间的主蒸汽管道、再热热段管道、再热冷段管道和主给水管道以及相应旁路管道,统称"四大管道"。为保证主机组的运行稳定,必须给电气设备提供稳定可靠的电源,电力电缆成为输送和分配电能的载体,简称"线路",主机、辅机及相连的管道、线路合成为系统。火力发电厂的主要系统有热力系统、电气系统;辅助生产系统有燃煤的输送系统(燃料供应系统)、水的化学处理系统(化学水处理系统)、灰浆的排放系统(除灰系统)等;为保证这些设备的正常运转,火力发电厂还配有热工控制系统,热工控制系统配置有自动控制装置,有大量的仪器、仪表来监视设备的运行状况,以便随时对主辅设备进行调节控制,以上统称"十大系统"。下面对"三大主机""四大管道""十大系统"逐一进行介绍。

(一)三大主机

1.锅炉

锅炉是使用燃料将水加热成过热蒸汽的设备。锅炉的作用是使燃料在炉膛中燃烧成很高温度的烟气,烟气从水管外面流通时,把大部分的热量传递给水管内的水,使之成为饱和蒸汽,然后继续过热成具有一定压力和温度的过热蒸汽,通过主蒸汽管道送入汽轮机。

锅炉按照出口蒸汽压力分类,可以分为中低压锅炉、高压锅炉、超高压锅炉、亚临界锅炉、超临界锅炉和超超临界锅炉。详见表1.1.1。

2.汽轮机

汽轮机是将蒸汽的热能转换成机械能,借以推动发电机旋转的原动机。汽轮机及其附属设备由管道和阀门连成整体。

汽轮机的类型较多,按照热力过程特性可以分为凝汽式汽轮机、背压式汽轮机、调节抽汽式汽轮机、中间再热式汽轮机;按照工作原理可以分为冲动式汽轮机、反动式汽轮机、混合式汽轮机；按照新蒸汽压力可以分为低压汽轮机、中压汽轮机、高压汽轮机、超高压汽轮机、亚临界压力汽轮机、超临界压力汽轮机。

3.发电机

发电机是将其他形式的能源转换成电能的机械设备，由水轮机、汽轮机、柴油机或其他动力机械驱动，将水流、气流、燃料燃烧或原子核裂变产生的能量转化为机械能传给发电机，再由发电机转换为电能。发电机分为直流发电机和交流发电机两种。

直流发电机制造成本高、结构复杂、运行维护工作量大，随着半导体技术发展，用晶闸管（可控硅）设备代替直流发电机已成为一种趋势。直流发电机根据励磁方式的不同可分为他励式和自励式。

交流发电机分为同步发电机和异步发电机。异步发电机需要交流励磁，而同步发电机需要直流励磁，异步发电机的转子转速与磁极转速非同步，而同步发电机的转子磁极的转速却与定子电枢电流产生的旋转磁场保持严格的同步。异步发电机需要励磁电流较大，一般很少使用。电力系统中使用的发电机大多是同步发电机，但风力发电机多采用异步发电机。

（二）四大管道

火力发电机组四大管道是指连接锅炉与汽轮机之间的主蒸汽管道、再热冷段管道、再热热段管道和主给水管道以及相应旁路管道。

主蒸汽管道是指过热器出口联箱到高压主汽门接口之间的高温高压蒸汽管道；再热冷段管道指高压缸排汽口到再热器入口联箱接口之间的高温高压蒸汽管道；再热热段管道指再热器出口联箱到中压主汽门接口的高温高压蒸汽管道；主给水管道指电动给水泵出口到省煤器入口联箱接口之间的高压锅炉供给水管道。四大管道的主要材料为大口径厚壁无缝钢管。

水在四大管道的流向为：主给水管道的水经锅炉加热成水蒸气，水蒸气进入主蒸汽管道，到达汽轮机高压缸，驱动汽轮机转动；做功后的蒸汽流入再热冷段管道，返回锅炉继续加热，再热蒸汽进入再热热段管道，后再进入汽轮机中压缸，驱动汽轮机转动。

（三）十大系统

根据《投资项目可行性研究报告编制指南》（国家计委2002年指导出版）、《火力发电工程可行性研究火力发电厂可行性研究报告内容深度规定》（DL/T 5375-2018）、《火力发电工程可行性研究投资估算编制导则》（DL/T 5466-2013）、《火力发电工程初步设计概算编制导则》（DL/T 5464-2013）等文件标准的指导意见，从工艺及专业划分角度，将火力（燃煤）发电工程分为热力系统、燃料供应系统、除灰系统、化学水处理系统、供水系统、电气系统、热工控制系统、脱硫系统、脱硝系统、附属生产工程十大系统。

1.热力系统

热力系统由以锅炉为中心的锅炉燃烧吸热系统与以汽轮机为中心的汽水放热系统组成。发电过程中，首先要利用锅炉把水加热成过热蒸汽，然后过热蒸汽流到汽轮发电机发电，放出热能后又回到液体水的状态，整个循环分为水先吸热、后放热两个过程。热力系统包括的主要子系统如下。

（1）蒸汽中间再热系统：将蒸汽从汽轮机的中间级引出，到锅炉再热器中重新加热，然后送回汽轮机的下一级继续做功的系统。其目的是在提高压力的情况下，使汽轮机尾部蒸汽的湿度不致过大，保证汽轮机长期安全工作。根据压力提高的程度，可装设一次或二次中间再热系统。目前，火力发电厂为提高热经济性，锅炉汽轮机组多为超高压（13兆帕）以上压力，故多采用蒸汽中间再热系统。

（2）给水回热系统：由汽轮机不同压力的中间级处抽出部分蒸汽用于加热凝结水和给水的系统。这部分回热用抽汽作功，没有冷源损失，是提高火力发电厂热经济性的主要措施之一。目前火力发电厂通常采用7—8级（甚至9级）回热加热系统。

（3）对外供热系统：用汽轮机作过功的蒸汽对外界供热的系统，多用于热电厂。

（4）废热利用系统：回收电厂中排汽、排水热量的系统。其目的是减少工质和热量损失。主要包括汽轮机轴封冷却器、自然循环汽包炉的连续排污扩容器和排污水冷却器。

（5）蒸发器系统：采用蒸发器生产电厂锅炉补给水的系统。高压汽包锅炉和直流锅炉要求高度纯净的补给水，一般采用蒸发器的蒸馏水，即用汽轮机的中间抽汽加热软化水并使之蒸发，生成的二次蒸汽在回热系统中冷却凝结成水作为补给水。由于此系统增加热力系统的复杂性和设备投资，降低热经济性，现已逐渐被化学水处理技术取代。

（6）旁路系统：使锅炉产生的蒸汽全部或部分绕过汽轮机或过热器，经减温减压后直接排入凝汽器或大气的系统。其功能是在机组启、停及发生事故时，协调锅炉产汽量和汽机用汽量的不均衡，保护汽轮机和再热器，改进机组启动和负载特性，它具有启动调节、安全保护和回收工质的三重作用。旁路系统通常有过热器旁路、汽轮机旁路和三用阀旁路等类型。

（7）疏水系统：用于排除蒸汽设备及管道中的凝结水和水容器溢流水的系统。它可保证各设备的正常工况和减少热力系统中的工质损失，有起动疏水和经常疏水两种。

2.燃料供应系统

燃料供应系统是指接收、储存并向锅炉输送燃料的工艺系统，由输煤系统和点火油系统组成。输煤系统主要承担从煤源处至储煤场、再由储煤场到主机煤仓，或者直接到主机煤仓的备煤和上煤任务。点火油系统除点火时投入运行外，在锅炉低负荷时投油以保证其稳定燃烧。

燃料供应系统由输煤、磨煤、粗细分离、排粉、给粉等组成。原煤场的原煤经电磁铁除铁、碎煤机破碎后，由皮带输送机输送到煤仓间的煤斗内，再经过给煤机进入磨煤机进行磨粉，磨好的煤粉通过空气预热器供来热风输送至粗细分离器，粗细分离器将合格的煤粉（不合格的煤粉送回磨煤机）经过排粉机送至粉仓，给粉机将煤粉输入喷燃器喷送到锅炉进行燃烧，燃烧后的烟气经过除尘、脱硫、脱硝后排入天空。

3.除灰系统

除灰系统指将锅炉中的灰渣、除尘器中各灰斗排灰集中输送到储灰仓，然后运输至储灰场的系统。除灰系统由厂内除渣系统、除灰系统、运输设备等子系统组成。

厂内除渣系统的作用是将锅炉中原煤燃烧后的灰渣收集后输送至储灰仓，可以分为水力除渣和干式除渣两种方式，两种方式均包括碎渣除渣设备和输渣管道。除灰系统按除灰方法分为机械除灰、水力除灰和气力除灰输送三种类型，均包括除灰及输送灰的设备和管道，水力除灰系统中还增加了灰水浓缩系统。运输设备是指运输灰、渣至厂外储灰场的运输车辆。

4.化学水处理系统

化学水处理系统是指通过水处理设备对热力设备用水进行水质净化和提纯，去除有害成分和杂质，避免热力设备及管道结垢、腐蚀和结盐的工艺系统。包括预处理系统、锅炉补充水处理系统、凝结水精处理系统、循环水处理系统、给水炉水校正系统、汽水取样系统、厂区管道、中水处理系统、海水淡化系统等。

预处理系统包括凝聚、澄清、过滤及超滤反渗透子系统的设备、建筑物及管道。锅炉补充水处理系统包括酸碱存储、输送、计量设备及管道。凝结水精处理系统包括凝结水精处理设备及管道。循环水处理系统包括加酸、加氯、循环水弱酸处理、循环水石灰处理等设备。给水炉水校正系统包括炉内磷酸盐处理、给水加药处理、闭式冷却水加药处理等设备。汽水取样系统包括取样设备和管道。厂区管道包括往返主厂房之间的管道及联络各机组间的管道。中水处理系统可分为石灰深度处理和浸没式生物加强超滤处理两种类型，两种类型均包括处理系统及管道。海水淡化系统可以分为反渗透、低温多效两种类型，均包括处理系统及管道。

5.供水系统

供水系统是向热力系统凝汽器提供冷却用循环水及补充水的系统。电厂的供水主要用于：凝结汽轮机的排汽，供给汽轮发电机组的冷油器、空气或其他气体冷却器，冷却辅助机械的轴承，补充厂内外的汽、水损失，水力除灰及其他生产和生活上的需要等，其中凝汽器的冷却水量约占总冷却水量的95%以上。

火力发电厂供水系统通常有直流供水系统、循环供水系统及混合供水系统三种类型。由大海、江河、湖泊取水使用后，经冷却凝汽器冷却后直接排放的为直流供水系统，也称开式供水系统；具有冷却水池、喷水池或冷水塔的循环供水系统，也称闭式供水系统；有时也可将两种方式结合起来运行，称为联合供水系统或混合供水系统。目前普遍采用的是前面两种，混合供水系统较少采用。

供水系统作为火力发电厂末级循环冷却系统，是介于电厂和环境之间的环节。对于火力发电厂而言，供水系统应满足在任何环境条件下，将废热完全、有效地释放，在经常出现的气温条件下，使发电效率维持在高水平；当出现不利的气象条件时，又能满足正常发电的冷却要求。

6.电气系统

电气系统是将发电机发出的电能合理输送与分配的工艺系统。电能输送主要包括两个方面：一是将发电机的出口电压升高至系统电压，向系统输送电能；二是为发电厂生产运行提供厂用电。一般将电气系统划分为7个扩大单位工程。

（1）发电机电气及引出线。发电机电气及引出线包括发电机出线小间和发电机到主变压器的引出线，发电机发出的电能经过导线传送给主变压器。

（2）主变压器系统。发电机出口电压一般为6.3—23KV，但电流较大，如果直接经电力线传输，电能损耗很大，所以一般采用升高压及降低电流的方式传送电能，发电厂的主变压器就是升高压的设备。主变压器系统包括主变压器、联络变压器、厂用高压器和启动/备用变压器。

（3）高压配电装置。高压配电装置将发电机发出的电能汇集，再将电能分配到不同送电线路。

（4）控制与直流系统。为了使发电厂经济可靠运行，通常要对设备进行监视、保护和控制，控制系统就起到监视、保护、监控和调节的作用，直流系统为厂内直流负荷提供直流电源。

（5）厂用电系统。在发电厂内部有大量的用电设施，如锅炉运行所必需的磨煤机、给水泵、一次风机等，这些负荷所消耗的电能称作厂用电。厂用电一般取自发电机出口，或取自启动/备用变压器，经高压厂用变压器或启动/备用变压器将电压变成6KV或3KV低压厂用电，供给低压厂用负荷。

（6）全场电缆及接地。电缆是作为设备与设备之间的连线，电气系统电缆分为电力电缆和控制电缆，其中电力电缆是传输电能的媒介，控制电缆是发送接收电气控制信号的媒介；接地是为了保证设备人身安全级自动化装置等抗干扰设置的保护装置。

（7）全场通信。通信系统是用来保证安全发电、供电的一个重要系统。正常运行时，它是指挥调度生产的工具；故障情况下，则是排除事故、尽快恢复正常运行的纽带。

7.热工控制系统

火力发电厂的热工控制系统是指控制各种热工过程的参数，包括温度、压力、流量、液位（或料位）等，使其处于最佳状态，以达到火力发电厂的安全、经济运行的工艺系统。

热工控制系统按主、次划分为主要设备控制系统和辅助设备系统。主要设备控制系统（简称"主控"）是对三大主机及其附属设备的控制，自动化程度高，一般采用集散控制系统（DCS）+厂级监控信息系统（SIS）+管理信息系统（MIS）；辅助设备控制系统（简称"辅控"）是对公用设备的控制，自动化程度相对较低，主要采用程序控制（简称"程控"），只控制其动作的顺序，主要使用可编程控制器（PLC）。

8.脱硫系统

脱硫系统是指燃烧前脱去燃料中的硫分以及烟道气排放前去硫过程的工艺系统，是防治大气污染的重要技术措施之一。脱硫方法可划分为燃烧前脱硫、炉内脱硫和烟气脱硫（FGD）三类。

燃烧前脱硫分物理脱硫和化学脱硫两种。其优点是能同时除去灰分，减轻运输量，减轻锅炉的玷污和磨损，减少电厂灰渣处理量，还可回收部分硫资源。但煤燃烧前的脱硫技术还存在着种种问题，目前尚未广泛应用。

炉内脱硫是在燃烧的过程中，向炉内加入固硫剂如碳酸钙（$CaCO_3$）等，使煤中硫分转成硫酸盐，随炉渣排出。目前应用较多的就是循环流化床锅炉。缺点是脱硫效率低，对锅炉受热面磨损大。

烟气脱硫主要是使用石灰石（$CaCO_3$）、石灰（CaO）或盐酸钠（Na_2CO_3）等浆液作洗涤剂，在反应塔中对烟气进行洗涤，从而除去烟气中的二氧化硫（SO_2）。该技术比较成熟，具有脱硫效率高（90%—98%）、机组容量大、煤种适应性强、运行费用较低和副产品易回收等优点。在大型火力发电厂中，90%以上采用湿式石灰/石灰石—石膏法烟气脱硫工艺流程。

9.脱硝系统

脱硫系统是指为防止锅炉内煤燃烧后产生过多的氮氧化物（NOx）污染环境，

对煤进行脱硝处理的工艺系统。脱硝技术类型目前主要有两种，分别是SCR选择性催化还原技术和SNCR选择性非催化还原技术。

SCR选择性催化还原技术是目前较成熟的烟气脱硝技术，是一种炉后脱硝方法，是利用还原剂（NH_3，尿素）在金属催化剂作用下，选择性地与NOx反应生成氮气（N_2）和水（H_2O），而不是被氧气氧化，世界上流行的SCR工艺主要分为氨法SCR和尿素法SCR两种。

SNCR选择性非催化还原技术是一种不使用催化剂，在850—1100℃温度范围内还原NOx的方法，最常使用的药品为氨和尿素。一般来说，SNCR脱硝效率对大型燃煤机组可达25%—40%，对小型机组可达80%。由于该法受锅炉结构尺寸影响很大，多用作低氮燃烧技术的补充处理手段。

10.附属生产工程

附属生产工程是指为火力发电厂主要生产系统功能实施提供辅助作用的工艺系统。主要包括辅助生产工程、附属生产建筑（安装）工程、环境保护与监测装置、消防系统、厂区性建筑、厂区采暖（制冷）工程、厂前公共福利工程。

辅助生产工程包括空压机站、制（储）氢站、油处理系统及油库、检修间及车间检修设备、启动锅炉系统、综合水泵房系统、柴油发电机等。附属生产建筑（安装）工程包括生产行政综合楼、试验室、材料库、危险品库、汽车库、警卫传达室、雨水泵房等建筑及设备安装。环境保护与监测装置包括机组排水槽及水泵间、工业废水处理站、废水零排放设施、生活污水处理站、含油污水处理站、含煤废水处理站、渣水加药处理站、厂内灰水回收处理站、噪声治理设施等。消防系统包括消防水泵房、消防水池、厂区消防管路、泡沫消防室、消防车及车库、特殊消防系统等。厂区性建筑包括厂区道路及广场、围墙及大门、厂区管道支架、厂区沟道隧道、生活给排水设施、防洪建筑、厂区雨水管道等。厂区采暖（制冷）工程包括采暖（制冷）站、厂区采暖管道建筑。厂前公共福利工程包括招待所、职工食堂、浴室、检修及夜班宿舍等。

（四）设备专业划分

火力发电工程涉及的专业包括汽机、锅炉、输煤、水工结构、水工工艺、电厂化学、环保、电气一次、电气二次、热控、建筑、结构、总图等方面。从设备专业的角度，发电厂设备一般围绕汽机、锅炉、电气、热控、燃料、化学等专业进行划分。

设备按专业划分，可明确各专业部门的工作范围和管理职责，确保每台设备、每个系统均有专人负责管理、检修和维护，使日常管理运营和检修工作能有序进行。本书通过介绍设备的专业划分，后续方便决算编制人员按专业清点设备、进行设备组资等，也方便与各设备专业工程师进行对接配合工作。

前文提到火力发电工程概算规程把火力发电工程分为热力系统、燃料供应系统、除灰系统、化学水处理系统、供水系统、电气系统、热工控制系统、脱硫系统、脱硝系统、附属生产系统十个系统。按设备专业划分的口径，其中，热力系统的汽轮发电机部分属于汽机专业；热力系统的锅炉部分、燃料供应系统、除灰系统、脱硫系统、脱硝系统一般属锅炉专业；水处理系统与供水系统属于化学水专业；电气系统与热工控制系统则分别属于电气专业、热控专业。

二、主要资产

（一）主要建筑物

火力发电厂建筑物分为房屋和构筑物，再根据火力发电厂性质、装机容量、燃料供应、建厂外部条件和管理模式等因素的不同按照工艺系统划分。

1.房屋

热力系统房屋主要包括主厂房、电气综合楼、集中控制楼。

燃料供应系统房屋分为燃煤系统、燃油系统、燃气系统三个部分。燃煤系统房屋主要包括轨道衡室、翻车机室、解冻库、碎煤机室、机车库、推煤机库、输煤综合楼、输煤冲洗系统建筑等；燃油系统房屋主要包括卸油泵房、燃油泵房；燃气系统房屋主要为调压站。

除灰系统房屋主要包括水力除灰系统的出渣泵房、除灰中继泵房，气力除灰系统的气力除灰室、储灰室。

化学水处理系统房屋主要包括预处理系统的弱酸处理车间，锅炉补给水处理系统的水处理室、酸碱库，循环水处理系统的循环水处理室、加氯加酸间等。

供水系统房屋主要包括进水滤网间、江岸水泵房、闸门间、循环水泵房、深井泵房、补给水泵房。

电气系统房屋主要包括主控制楼、网控楼、通信楼、继电器室等。

热工控制系统一般无房屋。

脱硫系统房屋主要包括卸料间、制浆车间、脱水综合楼、电控楼、氧化风机房。

脱硝系统房屋主要包括尿素车间、电气站。

附属生产系统房屋分为辅助和附属生产工程建筑。辅助生产工程房屋主要包括金工车间、空压机室、制氢站、乙炔站、油处理室及检修间、试验室、启动锅炉房、射源室。附属生产工程房屋主要包括生产综合楼、材料库、特种材料库、汽车库、消防车库、油库、行政办公楼、夜班人员休息楼、职工培训楼、警卫收发室、综合水泵房、生产污水处理站、污水处理站、废水处理站、食堂、宿舍等。

2.构筑物

热力系统构筑物主要包括锅炉电梯井、运转层平台。

燃料供应系统构筑物主要包括卸煤沟、储煤场、干煤棚、地下煤斗、输煤栈桥、转运站、混煤罐、卸油栈台、燃油罐及其附属建筑、油管沟道及支架、厂区管道及支架。

除灰系统构筑物主要包括水力除灰系统的浓缩池及灰池、除灰管沟、管桥及支架、检修道路，机械除灰系统的输灰栈桥、运输码头，气力除灰系统的室外除灰管道支墩和支架、运灰道路、渣脱水仓、澄清池、灰水回收系统等，石子煤运输系统的石子煤脱水仓、灰水回收系统，除尘排烟系统的引风机室、烟囱、烟道。

化学水处理系统构筑物主要包括反渗透系统构筑物、水池及酸碱贮存区。

供水系统构筑物主要包括循环水系统的河坝、水闸、取水口建筑、引水渠、冷却塔、循环水沟、循环水管道、进排水明暗渠、隧道，补给水系统的深井、补给水管路及检修道路。

电气系统构筑物主要包括天桥、变配电系统建筑、汽轮机房A排外场地构筑物、屋内配电装置、屋外配电装置。

热工控制系统一般无构筑物。

脱硫系统构筑物主要包括原烟烟道支架、净烟道支架、石膏仓、石灰石仓。

脱硝系统构筑物主要包括尿素贮存区、废水池、SCR钢支架。

附属生产系统构筑物主要包括露天油库、天桥、棚库、自行车棚、汽车加油站、厂区地下设施、各类沟道、隧道、室外上下水、厂区地面排水、厂区挡墙及护坡、厂区人防、防洪建筑、厂区绿化等。

此外，房屋与构筑物的划分并不是绝对的。随着建筑物设计的变化，可能有些房屋会转为构筑物。由于房屋在经营期需缴纳房产税，因此，根据建筑物实际形态正确划分房屋与构筑物很重要。

（二）主要设备

热力系统的主要设备有锅炉本体、空气预热器、省煤器、过热器、再热器、汽包（直流锅炉无汽包）、送风机、引风机、点火装置、冷却风机、汽轮机本体、盘车装置、发电机本体、励磁系统、除氧器及水箱等。

燃料供应系统的主要设备有卸煤机、叶轮给煤机、输煤机、带式输送机、皮带运煤机、电子皮带秤、刮板式输煤机、碎煤机、皮带机清扫器、胶带硫化机等。

除灰系统主要设备有除尘器、抓灰机、灰浆泵、排渣机、泥浆泵、沉淀池搅拌机、双轴搅拌机、冲灰管道、刮板机、碎渣机等。

化学水处理系统主要设备有生水泵、凝聚剂搅拌器及溶液箱、磷酸盐搅拌器、活塞加药泵、隔膜计量泵、澄清器、清水箱、卸酸罐、酸雾吸收器、罗茨风机、碱溶液箱、凝结水冷凝器、凝结水精处理系统等。

供水系统主要设备有凝结水泵、凝结器、凝结水冷凝器、凝结水精处理系统、高压冷却水泵、低压冷却水泵、空气冷却装置、凝汽器、凝汽器检漏装置、空冷凝汽器等。

电气系统的主要设备有主变压器、所用变压器、厂用变压器、电压调整器、电阻器、电力电容器、隔离开关、油开关、电抗器、配电盘等。

热工控制系统主要设备有分散控制系统（DCS）设备、汽轮机安全保护装置、汽轮发电机组振动在线状态监测和分析系统设备、炉管检漏装置、飞灰含碳量在线监测系统、就地测量仪表、就地阀门执行机构等。

脱硫系统主要设备有烟气加热器、图形分配器、石灰石卸料斗、袋式除尘器、斗壁震动器、皮带给料机、称重式皮带输送机、石灰石浆液循环箱、石灰石浆液循环箱搅拌器、废水箱、吸收塔等。

脱硝系统主要设备有氨喷射格栅、静态混合器、氨气空气混合器、烟道导流板、烟道灰斗、SCR反应器壳体、SNCR脱硝系统、脱硝汽水管道、脱硝装置出口烟气取样器等。

附属生产系统主要设备有启动锅炉、中压制氢系统、漏氢检测仪、检修电源箱、发电机短路试验装置等。

第三节　火力发电工程建设程序

火力发电工程竣工决算编制工作除了要有扎实的专业知识以外，对火力发电工程基本建设程序的了解也必不可少。通过了解火力发电工程的基本建设程序，我们可以掌握火力发电工程在各建设程序阶段发生的成本费用情况，从而正确确定各阶段费用在竣工决算报表中的归集对象与性质分类，以便竣工决算报告全面、真实、准确地反映整个项目的投资完成情况。火力发电工程基本建设投资额大、涉及专业多、需要多方配合才能完成。为实现工程质量优良、进度可控、安全可靠、节省投资的建设目标，需要按照基本建设程序有步骤、有计划地推进工程建设。火力发电工程建设与其他基本建设工程一样，需要遵守建设程序、尊重科学发展、重视经济规律和自然规律。火力发电工程基本建设程序通常可以划分为以下五个阶段。

第一阶段是建设前期工作阶段，即从开展项目初步可行性研究到可行性研究报告通过审查，项目经国家或省（市、自治区）发改部门核准。前期工作阶段具体包括立项阶段、可行性研究阶段和项目核准（备案）阶段。

第二阶段是设计阶段，具体包含初步设计与施工图设计两个部分。

第三阶段是开工准备阶段，主要包括组织物资、施工、监理招标，至开工建设前。

第四阶段是施工建设阶段，从火力发电工程主厂房基础垫层浇筑第一方混凝土到机组准备整套启动调试。

第五阶段是竣工验收阶段，主要包括机组启动整套调试、完成一定时间的满负荷运行，投入生产完成设备性能考核试验，达到机组设计能力，各项专项验收及整体竣工验收。

根据火力发电工程建设的特点，大中型火力发电厂的建设工程从规划建设、初步设计到建成投产，各阶段的主要工作环节和内容可细分为项目立项、可行性研究（投资决策）、项目核准、初步设计、施工图设计、施工准备、工程建设施工、生产准备（试运行）、竣工验收共九个方面。

一、项目立项

项目立项阶段，指从项目机会研究开始，至项目立项申请报告经企业决策流程批准同意立项为止的组织、实施和管理活动。项目立项是指根据国家或地方政府主管部门审查的电力系统中期发展规划等产业政策、市场需求、企业发展战略，为捕获电力项目投资机会，经过初步比选、分析、判断和初步可行性研究后，认为项目具有投资建设的必要性和经济性，经审批同意开展项目前期工作的行为。项目立项申请报告，有的也称"项目建议书"，一般包含以下内容：项目概况、投资环境、建设条件、发展前景和前期工作进展；项目建设的必要性，重点分析与国家产业政策、市场需求、企业战略规划的符合性；项目的工程技术方案可行性和竞争力；项目投资估算及经济效益初步分析；潜在合作方及合作的基本条件；项目的法律、安全、生态环保、经营风险分析和防范；工作建议。

编写项目立项申请报告前，一般需完成项目的初步可行性研究报告（简称"预可研"）。初步可行性研究是电力基本建设程序的初步环节，是确认项目是否成立的关键，也是建设前期工作的主要内容。经审查的初步可行性研究是为编制近期电力发展规划、为项目进一步进行可行性研究提供依据。因此，发电厂新建、扩建或改建工程项目均应进行初步可行性研究。

初步可行性研究的主要内容包括：（1）根据电力系统发展规划、市场分析和资源合理配置，论证建厂的必要性、建设规模和投产时间；（2）收集有关资料，进行必要的勘测，研究燃料供应、交通运输、水源、灰场、地形、地质、地震和环境保护等基本建厂条件；（3）结合电力系统规划进行技术经济比较与论证，择优推荐出建厂地区的顺序、可能建厂的厂址及建设规模，选出开展可行性研究的厂址（一般要求2个及以上）；（4）估算工程投资，提出资金筹措的设想；（5）测算上网电价，进行初步的财务评价和经济效益分析，提出是否可以立项的意见。

编制初步可行性研究需要以下主要支持性文件：地方政府部门出具同意建厂文件；国土主管部门出具同意用地意向性文件；水行政主管部门出具同意用水意向性文件；环保主管部门出具同意建设意向性文件；规划部门出具同意建厂文件；燃料供应部门出具燃料供应意向性协议；还有其他如中水、机场、压矿、文物、铁路、供热等文件。

初步可行性研究的编制一般委托具有资质的设计单位进行。初步可行性研究报告应按照规定，报请主管部门审查（审查单位一般包含有省、市、自治区发改委、电力规划设计总院、电力资质工程咨询机构、国家电网公司等）。

初步可行性研究编制完成后，可据以编制项目申请报告。项目申请报告可由项目建设单位自行编制或委托可行性研究单位编制，供项目建设单位及董事会、上级单位对于是否立项作出决策，并作为建设项目进一步开展可行性研究的依据。项目申请报告经批准后，即完成项目立项。

需要注意的是，在火力发电项目初步可行性研究环节，通常需要先取得政府投资主管部门同意项目开展前期工作的批复（通常称作项目"路条"），然后才开展后续的项目核准申报工作。《国务院关于发布政府核准的投资项目目录（2014年本）的通知》（国发〔2014〕53号）发布之后，火力发电项目由省级政府核准，热电项目由地方政府核准，通常由各省发展改革委或各省能源局下发同意火力发电项目开展前期工作的批文。

《国家能源局关于深化能源行业投融资体制改革的实施意见》（国能法改〔2017〕88号）规定，能源投资项目核准只保留选址意见和用地（用海）预审作为前置条件，除法律法规明确规定的，各级能源项目核准机关一律不得设置任何项目核准的前置条件，不得发放同意开展项目前期工作的"路条"性文件。

就目前火力发电项目现状来看，有的地方火力发电项目仍然执行"路条"审批流程。

二、可行性研究（投资决策）

可行性研究应根据初步可行性研究报告的审查意见和项目申请报告（项目建

议书）进行工作。可行性研究报告是企业进行项目投资决策、筹措资金和申请贷款、编制初步设计文件等的依据，新建、扩建、改建工程项目均应进行可行性研究。有的企业也把可行性研究称为投资决策。

根据国家能源局《火力发电厂可行性研究报告内容深度规定》（DL/T 5375–2018），可行性研究报告的主要内容包括：（1）总论、投资方、项目概况、研究范围及分工；（2）电力系统，包括能源资源及电力系统概况、电力市场需求分析、电力电量及调峰平衡分析、项目建设的必要性、接入系统方案等；（3）热（冷）负荷分析，包括供热（冷）的现状、负荷、设计参数、配套供热（冷）建设等；（4）燃料来源、品质、消耗量；（5）厂址条件，包括厂址、交通运输、水文气象、水源、贮灰场、地震、地质等；（6）工程方案设想，包括总平面布置、装机方案、主设备主要技术条件、热力系统、燃烧制粉系统、除尘除灰渣系统等；（7）环境保护与水土保持；（8）灰渣、脱硫石膏、脱硫催化剂等综合利用；（9）劳动安全与职业卫生；（10）土地、水等资源利用；（11）节能分析；（12）抗灾能力评价；（13）人力资源配置；（14）项目实施条件与建设进度和工期；（15）投资估算、融资方案及财务分析；（16）经济与社会影响分析；（17）市场、技术、工程、资金、政策等风险分析；（18）结论与建议。

可行性研究报告按照隶属关系由政府投资主管部门、电力规划设计总院审查，提出审查意见，由企业投资者经内部决策程序批准。

三、项目核准

2004年国务院发布《国务院关于投资体制改革的决定》（国发〔2004〕20号），彻底改革原来不分投资主体、不分资金来源、不分项目性质，一律按投资规模大小分别由各级政府及有关部门审批的企业投资管理办法。对于企业不使用政府投资建设的项目，一律不再实行审批制，区别不同情况实行核准制和备案制。只有列入《政府核准的投资项目目录》（以下简称《目录》）范围内的投资项目需要政府部门核准，企业投资建设实行核准制的项目，仅需向政府提交项目申请报告，不再经过批准项目建议书、可行性研究报告和开工报告的程序。对于《目录》以外的企业投资项目，实行备案制，除国家另有规定外，由企业按照属地原则向地方政府投资主管部门备案。备案制的具体实施办法由省级人民政府自行制定。

2017年3月国家发展和改革委员会发布《企业投资项目核准和备案管理办法》（国家发展和改革委员会令第2号，自2017年4月8日起施行），根据项目不同情况，分别实行核准管理或备案管理。对关系国家安全、涉及全国重大生产力布局、战略性资源开发和重大公共利益等项目，实行核准管理。其他项目实行备案管理。

按照《国务院关于发布政府核准的投资项目目录（2016年本）的通知》（国发〔2016〕72号）的相关规定，火力发电站（含自备电站）由省级政府核准，其中燃煤燃气火力发电项目应在国家依据总量控制制定的建设规划内核准，热电站（含自备电站）由地方政府核准，其中抽凝式燃煤热电项目由省级政府在国家依据总量控制制定的建设规划内核准。

企业办理项目核准手续，应当按照国家有关要求编制项目申请报告[注：立项阶段的项目申请报告（项目建议书）为企业内部的申请报告，此处的项目申请报告指向各级政府发改部门提交的有固定格式要求的申请报告]。项目申请报告的内容有：项目建设单位情况；拟建项目概况，包括项目名称、建设地点、建设规模、建设内容等；项目资源利用情况分析以及对生态环境的影响分析；项目对经济和社会的影响分析。

政府发改部门出具的项目核准文件应就建设项目、建设规模、建设厂址（水源）、燃煤供应、除灰方式、贮灰场地、接入系统、环保措施、投资额、投资方及资本金比例等方面进行批复。

项目核准文件自印发之日起有效期2年。在有效期内未开工建设的，项目建设单位应当在有效期届满前的30个工作日之前向原项目核准机关申请延期，原项目核准机关应当在有效期届满前作出是否准予延期的决定。在有效期内未开工建设也未按照规定向原项目核准机关申请延期的，原项目核准文件自动失效。

对属于实行核准制的范围但未依法取得项目核准文件而擅自开工建设的项目，以及未按照项目核准文件的要求进行建设的项目，一经发现，相应的项目核准机关和有关部门应当将其纳入不良信用记录，依法责令其停止建设或者限期整改，并依法追究有关责任人的法律责任。

取得项目核准文件的项目，如需对项目核准文件所规定的内容进行调整，项目建设单位应当及时以书面形式向原项目核准机关提出调整申请。原项目核准机关应当根据项目具体情况，出具书面确认意见或者要求其重新办理核准手续。

四、初步设计

建设项目设计阶段一般包括初步设计与施工图设计。在初步设计工作中，项目建设单位应按照招标相关规定，进行设计招标工作。初步设计文件中的投资概算，也称初步设计概算，作为项目投资控制情况的考核依据。

火力发电厂初步设计主要内容包括：（1）复核电厂在电力系统内的地位、规划容量、本期建设规模、机组形式和台数；（2）复核厂址条件，确定厂区范围和总布置；（3）确定电气主接线，热力、燃烧系统，输煤、除灰、供水、化学等工艺系统及仪表控制原则，进行主要辅机选型；（4）做出主厂房布置设计；（5）确定主厂房及各辅助构筑物的形式及设计准则；（6）明确辅助设施、附属设施以及其他公用设施，并进行布置；（7）确定环境保护、劳动保护和节能等措施；（8）确定生产运行组织及定员；（9）做出施工组织大纲设计，确定施工进度，为施工准备及施工单位招投标工作创造条件；（10）制定主要设备清册（含推荐有资格厂商名单），准备填写主要辅机招标有关资料；（11）提出总概算和主要技术经济指标，根据可行性研究报告书中已审定的限额设计额度并进行造价分析。

火力发电项目初步设计一般需经过审查，审查分为两步。第一步为初步设计工作完成后，项目建设单位的上级单位委托有资质的咨询单位对初步设计[包括技术、技经（概算）等]进行审查，政府部门、电网及铁路等相关单位参加，审查结束后审查单位应出具审查意见。第二步为初步设计审查结束后，项目建设单位应进一步落实遗留问题和影响工程主要方案的外部条件，组织设计单位根据审查意见修改完善初步设计，对于初步设计工作进行收口，并将修编好的初步设计文件（初步设计收口版）报送审查。上级单位应组织咨询单位等召开初步设计收口审查会议，审查通过后应形成审查意见，由上级单位批准。目前，根据各大发电集团的管理模式，火力发电项目初步设计完成后，一般委托电力规划设计总院或有电力资质的工程咨询机构进行审查。

初步设计文件经审查批准后，一般不应随意修改变更。凡涉及初步设计中的总平面布置、主要工艺流程、主要设备、主要建筑、建筑标准、总定员、总概算等方面的修改，一般须经原批准单位审批。

五、施工图设计

在初步设计完成并通过审查、辅机设备及主要材料已经招标的条件下，可以开展施工图设计。根据施工图设计编制的施工图预算，可以作为招标标的控制依据。

在进行施工图设计前，设计单位应先根据项目建设单位建设进度要求、自身专业能力等，编制施工图交付进度计划，并组织施工图交付进度计划评审。

在施工图设计时也应进行司令图设计[①]，由项目建设单位或上级单位组织参与对司令图整体系统的分析和确认，对提出的建议和改进方案进行修改，完善司令图设计，使施工图设计更加符合安全、可靠、经济适用的要求。

施工图经审查通过后提交项目建设单位和施工单位。施工图如需修改，必须得到设计单位的主设计人或总设计师的批准，主要部分施工图的修改须经过设计单位主管技术的负责人批准。

火力发电项目应严格遵循相关的设计程序，未取得审查批准的初步设计文件，不能提供设备订货清单和施工图；没有审查批准的施工图，不能提供材料清单。

六、施工准备

项目完成图纸设计工作后，可进入正式开工前准备，完成准备工作后，可向

---

① "司令图"名词最早出现于化工行业工程设计中，是其常用的术语，即全厂总布置图（含竖向布置），是由工厂布置专业（也称总图运输专业）根据参与设计专业人员提出的各种装置布置要求、管网（含电缆、光缆）走向要求、工程地形和地质情况、交通运输条件、地震烈度等级、航空控制限高、工厂防洪的需要、与周围环境的安全和环境要求（应双向考虑）场地平整的土方量等因素经综合平衡考虑和工程优化后形成的设计输出，在该设计输出发表前通常应经过四级（设计、校核、审核和审定）签署，最终成品还应进行综合会签。因此，司令图设计的工作周期很长，通常始于设计开工报告前，终于该设计阶段结束；其工作量也很大，通常1张1#图折合标准工日35天；其权威性最高，各专业、各装置布置必须服从，除非随着设计的展开，发现有违背国家或行业强制性规范条文的地方或有安全、环境的隐患等其他必须修改的理由，才能由工厂布置专业设计人修改，并再应进行四级签署。

上级单位申请开工建设。开工前准备需完成主要工作如下。

1.取得初步设计批复文件，项目已经核准。如果项目核准时间至项目申请开工时间超过两年，或自批复至开工期间动态因素变化较大，总投资预计超出原核准投资10%以上的，一般需重新履行投资决策、核准手续。

2.成立项目建设单位。新建项目一般需成立项目建设单位，应在项目所在地的工商行政管理机关办理注册登记手续，项目建设单位应组建组织管理机构，并建立相关的规章制度。

3.施工合同、监理合同已经签订。

4.完成主要设备和材料的招标选定，落实运输条件，并备好连续施工3个月的材料用量。

5.落实项目资本金和其他来源的建设资金，资金来源应符合国家有关规定。

6.完成征地和建设场地"五通一平"工作。

7.编制完成项目施工组织设计大纲并通过审定。

8.已经做好项目主体工程施工准备工作，并具备连续施工的条件。

9.项目建设单位与设计单位已确定施工图交付计划并签订交付协议，图纸已经过会审，主体工程的施工图至少可以满足连续3个月施工的需要，并进行了设计交底。

10.开工申请报告已通过批准。开工申请报告应包括主体工程开工条件的落实情况以及主体工程计划开工时间、机组投产时间、年度投资计划情况，同时简要说明与开工建设决策阶段相比有关外部建设条件有无重大变化。上级主管部门对照项目开工标准，组织开展现场检查考评，满足条件后下达项目开工令，启动主体工程建设。开工申请报告在2004年投资体制改革前由政府行业管理部门批准；2004年投资体制改革后，由企业投资主体内部按管理权限批准。火力发电项目主体工程开工前，上级单位一般会与项目建设单位签订项目工程建设总体目标责任书，明确工程建设的安全、环保、进度、质量、造价等控制目标。

七、工程建设施工

火力发电项目涉及的设备类别较多，配套衔接要求较高，通常在三大主机设备招标结束后，根据设计文件分批次开展其他辅助配套设备的招标采购工作。大型设备制造一般应与建筑、安装工程施工进度相互匹配、同步推进，因此火力发电工程建设施工过程既包括设备采购制造，也包括实施建筑及安装施工作业。工程建设施工要有周密细致、科学合理的计划安排，按顺序实施。一般可遵循先地下后地上、先主体后外围、先主机后辅机、先设备后管道的施工顺序，必要时可以调整施工顺序，以满足总体计划工期的要求。

（一）采购设备材料

火力发电厂采购设备材料除锅炉、汽轮机、发电机三大主机本体以外，还应包括其他辅机、输煤、电气等系统配套设备、四大管道、电缆等。设备材料应根据设计文件中的设备及材料清册进行采购，应在招标文件及合同中明确约定规格型号、数量、质量、交期等，并应采取措施监督供应商规范履行合同义务。

（二）建筑工程施工

火力发电厂的建筑工程一般包括主厂房及辅助厂房、烟囱、水塔、灰场、沟渠、地下设施、道路等，施工内容一般分为建筑施工测量、爆破工程、地基与基础工程、主体工程等。建筑工程施工的依据是设计文件、技术资料、行业工艺规程及规范、施工单位编制的施工方案及施工措施等。大型建筑工程的施工应采用网络计划管理和流水作业施工，以合理使用资源，降低工程成本。

（三）安装工程施工

安装工程施工是指在基本建设工程施工中将设备安装就位并连接成有机整体的工作。设备安装后，应经过单机试运、分系统试运行，证明各项安装质量指标符合设计和规程规范的要求，将工程移交给生产单位后，安装工程施工才能宣告结束。单机试运是指目的为检验该设备状态和性能是否满足其设计要求的单台辅机的试运行。分系统试运是指目的为检验设备和系统是否满足设计要求的试运行。主要的分系统试运包括锅炉、汽轮机（燃机）、电气、热控、化学、储煤和输煤、除灰和除渣、废水处理及排放、脱硫、脱硝等。

八、生产准备（试运行）

生产准备（试运行）工作是指建设项目投产前机组整套启动、满负荷生产条件下完成一定的试运行时间、移交生产前所做的全部生产准备工作，是项目建设阶段顺利进入生产阶段的必要条件。项目建设单位应在火力发电项目开始开工建设之后，根据建设项目的规模和施工进度，有组织有计划地开展生产准备工作，以保证项目建成之后能及时地投入运行。

（一）试运行组织管理

国家能源局发布的《火力发电建设工程启动试运及验收规程》（DL/T 5437—2009）规定，火力发电工程机组移交生产前，必须完成单机试运、分系统试运和整套启动试运，并办理相应的质量验收手续，完成满负荷试运后机组即可移交生产。

为了组织和协调好机组的试运和各阶段的验收工作，火力发电工程应成立机组试运指挥部和启动验收委员会（简称"启委会"）。机组的试运及其各阶段的交接验收，应在机组试运指挥部的领导下进行。机组整套启动试运准备情况、试运中的特殊事项和移交生产条件，应由启委会进行审议和决策。试运指挥部全面组织和协调机组的试运工作，对试运中的安全、质量、进度和效益全面负责，在启委会闭会期间代表启委会主持整套启动试运的常务指挥工作。

（二）试运行程序

机组的试运一般分为分部试运（包括单机试运、分系统试运，在安装工程完工环节进行）和整套启动试运（包括空负荷试运、带负荷试运、满负荷试运）两个阶段。整套启动试运阶段是从炉、机、电等第一次联合启动时锅炉点火开始，到完成满负荷试运移交生产为止。

整套启动试运同时满足下列要求后，宣告机组满负荷试运结束：机组保持连续运行；对于300MW及以上的机组，应连续完成168小时满负荷试运行；对于300MW以下的机组一般分72小时和24小时两个阶段进行，连续完成72小时满负荷试运行后，停机进行全面的检查和消缺，消缺完成后再开机，连续完成24小时满负荷试运行，如无必须停机消除的缺陷，亦可连续运行96小时；机组满负荷试运期的平均负荷率应不小于90%额定负荷；其他相关装置投入率不小于《火力发电建设工程启动试运及验收规程》规定指标。

达到满负荷试运结束要求的机组，应宣布机组试运结束，并报告启委会和电网调度部门。至此，机组投产移交生产单位管理，进入考核期。

（三）机组的交接验收

机组满负荷试运结束后，应召开启委会会议并作出决议，办理移交生产的签字手续。机组移交生产后一个月内，应由项目建设单位负责，向参加交接签字的各单位报送机组移交生产交接书。

（四）机组的考核期

火力发电机组的考核期自宣布机组试运结束之时开始计算，时间为6个月，通常情况下不应延期。但火力发电项目有其复杂性，应根据实际情况及相关考核原则灵活处理。在考核期内，机组的安全运行和正常维修管理由生产单位全面负责，工程各参建单位应按照启委会的决议和要求，继续全面完成机组施工尾工、调试未完成项目和消缺、完善工作。涉网特殊试验和性能试验合同单位，应在考核期初期全面完成各项试验工作。考核期的主要任务为：进一步考验设备、消除缺陷，完成施工及调试未完成的项目，完成电力建设质量监督机构检查提出的整改项目；完成全部涉网特殊试验项目，提交报告、组织验收、办理相关手续，早日转入商业运行；组织完成机组的全部性能试验项目，全面考核机组的各项性能和技术经济指标；考核期内机组的非施工问题，应由项目建设单位组织责任单位或有关单位进行处理，责任单位应承担经济责任；考核期内，由于非施工和调试原因，个别设备或自动、保护装置仍不能投入运行，应由项目建设单位组织有关单位提出专题报告，报上级主管单位研究解决。

（五）特殊情况说明

机组满负荷试运期间，电网调度部门应按照满负荷试运要求安排负荷，如因特殊原因不能安排连续满负荷运行，机组亦可按调度负荷要求连续运行，直至试运结束。整套启动试运的调试项目和顺序，可根据工程和机组的实际情况，由总指挥确定；个别调试或试验项目经总指挥批准后也可在考核期内完成。

九、竣工验收

工程竣工验收阶段，应完成专项竣工验收和整体竣工验收，并应进行工程竣工结算。

（一）专项验收

火力发电工程建设内容复杂，部分建设内容竣工后需进行专项验收。专项验收工作主要是指应通过国家有关行政主管部门竣工验收（或项目建设单位组织竣工验收后向行政主管部门备案）的环保、消防、水土保持、档案、劳动安全与职业卫生、特种设备（锅炉压力容器、起吊机械）、涉水工程（水利、港务、海事、航道）、铁路、雷电防护等工作。专项验收应以批准的文件、设计图纸、设备图纸及国家颁发的有关标准、规程和法规等为依据。对涉外工程，应遵照合同的有关约定。

近几年随着各级政府积极推行转变政府职能、简政放权、优化服务政策，原有的部分专项验收由政府部门审批逐渐转变为备案或建设单位自验。

1.专项验收的组织

项目建设单位应制订专项验收的工作计划并有效实施。项目建设单位应熟悉各专项验收的依据、条件、要求与程序等，验收条件具备后，首先由项目建设单位组织设计、施工、调试、监理等单位进行自查，自查合格后，由项目建设单位申请有关部门进行正式验收。

2.环境影响专项验收

《建设项目环境保护管理条例》（国务院令第682号，自2017年10月1日起施行）规定，建设项目需要配套建设的环境保护设施，必须与主体工程同时设计、同时施工、同时投产使用；编制环境影响报告书、环境影响报告表的建设项目竣工后，项目建设单位应当按照国务院环境保护行政主管部门规定的标准和程序，对配套建设的环境保护设施进行验收，编制验收报告；除按照国家规定需要保密的情形外，项目建设单位应当依法向社会公开验收报告；分期建设、分期投入生产或者使用的建设项目，其相应的环境保护设施应当分期验收。编制环境影响报告书、环境影响报告表的建设项目，其配套建设的环境保护设施经验收合格，方可投入生产或者使用；未经验收或者验收不合格的，不得投入生产或者使用。

3.消防专项验收

《建设工程消防设计审查验收管理暂行规定》（住房与城乡建设部令第51号，自2020年6月1日起施行）规定，大型发电建设项目属于特殊建设工程，对特殊建设工程实行消防验收制度；特殊建设工程竣工验收后，项目建设单位应当向消防设计审查验收主管部门申请消防验收；未经消防验收或者消防验收不合格的，禁止投入使用。

4.水土保持验收

《水利部关于加强事中事后监管规范生产建设项目水土保持设施自主验收的通知》（水保〔2017〕365号）规定，依法编制水土保持方案报告书的生产建设项目投产使用前，生产建设单位应当根据水土保持方案及其审批决定等，组织第三方机构编制水土保持设施验收报告，水土保持设施验收报告编制完成后，生产建设单位应当按照水土保持法律法规、标准规范、水土保持方案及其审批决定、水土保持后续设计等，组织水土保持设施验收工作，形成水土保持设施验收鉴定书，明确水土保持设施验收合格的结论；水土保持设施验收合格后，生产建设项目方可通过竣工验收和投产使用；生产建设单位应在向社会公开水土保持设施验收材料后、生产建设项目投产使用前，向水土保持方案审批机关报备水土保持设施验收材料。

5.档案验收

国家档案局、国家发展和改革委员会《重大建设项目档案验收办法》（档发〔2006〕2号）规定，项目档案验收是项目竣工验收的重要组成部分，未经档案验收或档案验收不合格的项目，不得进行或通过项目的竣工验收。项目档案验收应在项目竣工验收3个月之前完成。项目档案验收不合格的项目，由项目档案验收组提出整改意见，要求项目建设单位于项目竣工验收前对存在的问题限期整改，并进行复查。复查后仍不合格的，不得进行竣工验收。

6.劳动安全与职业卫生验收

《建设项目安全设施"三同时"监督管理暂行办法》（国家安全生产监督管理总局令第36号，自2011年2月1日起施行）规定，建设项目安全设施建成后，生产经营单位应当对安全设施进行检查，对发现的问题及时整改。建设项目安全设施竣工或者试运行完成后，生产经营单位应当委托具有相应资质的安全评价机构对安全设施进行验收评价，并编制建设项目安全验收评价报告。建设项目安全验收评价报告应当符合国家标准或者行业标准的规定。电力行业的国家和省级重点建设项目竣工投入生产或者使用前，生产经营单位应当向安全生产监督管理部门备案。

《国家卫生健康委员会关于公布建设项目职业病危害风险分类管理目录的通知》（国卫办职健发〔2021〕5号）中将火力发电、热电联产、生物质能发电列为职业病危害风险管理分类目录中的"严重"类项目。《建设项目职业病防护设施"三同时"监督管理办法》（国家安全生产监督管理总局令第90号，自2017年5月1日起施行）规定，建设单位应当在职业病防护设施验收前20日将验收方案向管辖该建设项目的安全生产监督管理部门进行书面报告；属于职业病危害严重的建设项目，建设单位应当组织外单位职业卫生专业技术人员参加评审和验收工作，并形成评审和验收意见；职业病危害严重的建设项目应当在验收完成之日起20日内向管辖该建设项目的安全生产监督管理部门提交书面报告；建设项目职业病防护设施未按照规定验收合格的，不得投入生产或者使用。

7.特种设备验收

《特种设备安全监察条例》（国务院令第549号，自2009年5月1日起施行）规定，锅炉、压力容器、起重机械等特种设备在投入使用前或投入使用后30日内，项目建设单位应当向直辖市或设区的市的质量技术监督部门登记，领取使用登记证。

8.涉水工程（水利、港务、海事、航道）验收

涉水工程竣工后，项目建设单位应组织本工程的设计、施工、监理单位对工程进行预检查，并对检查中发现的问题及时进行整改。整改结束后、投入运行前，项目建设单位分别向所在地水利、港务、海事、航道等行政主管部门提出书面验收要求，由相关部门进行验收。火力发电厂如同步建设水源基地或海水淡化等涉水工程，也需完成专项验收。

9.铁路专用线验收

铁路专用线建成后，项目建设单位应组织专用线的设计、施工、监理单位对

整个工程进行预检查，并对检查中发现的问题及时进行整改，整改结束后，项目建设单位向铁路部门提出验收申请报告。铁路部门通过验收后，项目建设单位应与铁路设备管理单位签订相关运输、代维修等协议。上述工作完成后，项目建设单位向当地铁路部门提出专用线开通申请，根据铁路部门同意专用线开通的批准文件办理专用线货物到达、发送手续。火力发电厂如同步建设铁路运煤专线工程，则需完成专项验收。

10.雷电防护装置验收

《雷电防护装置设计审核和竣工验收规定》（中国气象局令第37号，自2021年1月1日起施行）规定，雷电防护装置实行竣工验收制度。项目建设单位应当向气象主管机构提出申请，并提交《雷电防护装置竣工验收申请表》等材料。气象主管机构应当在受理之日起十个工作日内作出竣工验收结论。

11.竣工决算验收

国家能源局颁布的《火力发电建设工程启动试运及验收规程》（DL/T 5437–2009）规定，新建、扩建、改建的火力发电工程，完成各专项验收且竣工决算审定后，才能申请组织工程竣工验收。

根据目前各发电集团通行做法，项目建设单位编制完成火力发电项目竣工决算后，根据管理权限由集团公司或二级单位组织进行竣工决算审计（或委派中介机构开展竣工决算审计），竣工决算审计报告经集团公司或二级单位审批通过后，标志着竣工决算验收完成。有的企业也将竣工决算验收称为竣工财务验收。

（二）竣工验收

竣工验收是工程按批准的设计文件全部机组已建成，并已完成试生产后进行的验收，是对已全部竣工并完成试生产的工程进行的综合检查和评价，是工程建设的最后阶段。

国家能源局颁布的《火力发电建设工程启动试运及验收规程》（DL/T 5437–2009）规定，凡新建、扩建、改建的火力发电工程，已按批准的设计文件所规定的内容全部建成，在本期工程的最后一台机组考核期结束，完成行政主管部门组织的各专项验收且竣工决算审定后，应按规定申请组织工程竣工验收。

竣工验收中，由于各种原因，未能完成设计所要求的全部建设内容，或初期达不到设计能力规定的指标，但对近期生产影响不大的，也可组织竣工验收，办理交付生产的手续。在验收时，对遗留问题，由验收委员会确定具体处理办法，并由项目建设单位负责执行，限期整改或完善，以达到设计要求。本书以某电力集团火力发电项目竣工验收办法为例说明火力发电项目竣工验收的具体流程。

1. 项目建设单位自检合格后申请竣工验收初验

项目建设单位组织各参建单位按照相关规定，整理好文件、技术资料，对照整个工程竣工验收的必备条件自检合格后，申请二级单位组织初验。

2. 二级单位组织竣工验收初验

（1）二级单位收到工程竣工验收申请后，组成竣工验收初验专家组，分专业对工程进行初验，并组织对有关问题进行整改。

（2）初验结束后，二级单位编制工程竣工验收初验报告，并向上级单位火力发电专业管理部门提出竣工验收申请。

3. 集团公司组织竣工验收

（1）集团公司火力发电专业管理部门接到二级单位提交的竣工验收申请后，确定竣工验收时间、参加单位和人员等有关事宜，组织工程竣工验收。

（2）成立竣工验收委员会（简称"验委会"）。其组织形式一般为：验委会主任委员由集团公司主管火力发电的领导担任；副主任委员由集团公司火力发电专业管理部门负责人、二级单位主管工程的副总经理或地方政府部门有关领导担任；验委会委员由集团公司、二级单位、地方政府、电网公司、环境保护、消防、特种设备、档案、安全、劳动卫生、质量监督、投资方等单位和部门代表及有关专家担任。

（3）项目建设单位、设计、施工、监理、调试等单位作为被验收单位不参加验委会，但列席验委会会议，负责解答验委会的质疑。

（4）验委会主持工程竣工验收，提出竣工验收评价意见。

（5）工程竣工验收合格后，办理工程竣工验收证书。

（三）竣工结算

火力发电项目在竣工验收阶段，大量的合同内容已履行完毕，需要依据合同约定办理竣工结算。竣工结算，又称工程价款竣工结算，是指施工企业完成所承包的工程内容后与项目建设单位进行的工程价款结算。广义的竣工结算是指与建设内容相关的一切内外部单位间的竣工价款结算事宜，既包括施工单位的竣工价款结算，也包括咨询服务、设备物资等合同的竣工价款结算；狭义的竣工结算仅指建筑安装施工合同结算。竣工结算介绍详见本书第三章第五节"项目竣工验收阶段"内容。

第四节　火力发电工程的投资构成

基本建设项目投资是项目建设中所消耗的人力资源、物质资源和费用开支的总和，火力发电工程投资构成，按投资范围不同，可分为静态投资、动态投资和计划总资金三个层次。了解火力发电工程投资构成，是编制火力发电工程竣工决算的基础，后续概算整理、合同归概、资产清理等都与投资构成相关。通过本节介绍，读者可初步了解火力发电工程的投资构成与级次，为后续决算编制工作打下基础。

一、火力发电工程预算

根据国家能源局《火力发电工程建设预算编制与计算规定（2018年版）》，火力发电工程预算按工程费用内容编制，主要包括主辅生产系统、与厂址有关的单项工程、其他费用、动态费用、铺底流动资金。工程总投资按费用性质分为建筑工程费、设备购置费、安装工程费和其他费用四项，其中建筑工程费与安装工程费也可合并称为建安工程费；静态投资、特殊项目应区分建筑工程费、设备购置费、安装工程费和其他费用列示；动态费用、铺底流动资金一般列为"其他费用"。火力发电项目建设预算表格见表1.4.1。

表1.4.1　　　　　　　　　　　　火力发电项目建设预算表

序号	工程或费用	建筑工程费	设备购置费	安装工程费	其他费用	合计
一	主辅生产系统					
（一）	热力系统					
（二）	燃料供应系统					

续表

序号	工程或费用	建筑工程费	设备购置费	安装工程费	其他费用	合计
（三）	除灰系统					
（四）	水处理系统					
（五）	供水系统					
（六）	电气系统					
（七）	热工控制系统					
（八）	脱硫系统					
（九）	脱硝系统					
（十）	附属生产工程					
二	与厂址有关的单项工程					
（一）	交通运输工程					
（二）	贮灰场、防浪堤、填海、护岸工程					
（三）	水质净化工程					
（四）	补给水工程					
（五）	地基处理工程					
（六）	厂区、施工区土石方工程					
（七）	临时工程					
三	其他费用					
（一）	建设场地征用及清理费					
（二）	项目建设管理费					
（三）	项目建设技术服务费					
（四）	整套启动试运费					
（五）	生产准备费					
（六）	大件运输措施费					
四	基本预备费					
五	特殊项目					

续表

序号	工程或费用	建筑工程费	设备购置费	安装工程费	其他费用	合计
六	工程静态总投资（一至五项合计）					
七	动态费用					
（一）	价差预备费					
（二）	建设期贷款利息					
八	工程动态总投资（六至七项合计）					
九	其他项目					
十	铺底流动资金					
十一	项目计划总资金（八至十项合计）					

特殊项目是指工程项目划分中未包含且无法增列，或定额未包含且无法补充，或取费中未包含而实际工程必须存在的项目及费用。其他项目是指属于火力发电项目附带建设的工程，如铁路专线、外送输电线路等。

二、静态投资

静态投资是指编制预期造价时以某一基准年、月的建设要素单位价为依据所计算出的造价时值，包括因工程量误差而可能引起的造价增加，不包括以后年月因价格上涨等风险因素而增加的投资以及因时间迁移而发生的投资利息支出。静态投资具有一定的时间性，是在某一固定时点（一般以某年某月）价格水平基础上计算出的项目投资。静态投资由建筑工程费、设备购置费、其他费用、基本预备费等组成。

（一）建筑工程费及安装工程费

建筑工程费是指对构成建设项目的各类房屋、构筑物等设施工程进行施工，使之达到设计要求及功能所需要的费用。安装工程费是指对建设项目中构成生产工艺系统的各类设备、管道、线缆及其辅助装置进行组合、装配和调试，使之达到设计要求的功能指标所需要的费用。

建筑安装工程费构成见图1.4.1。

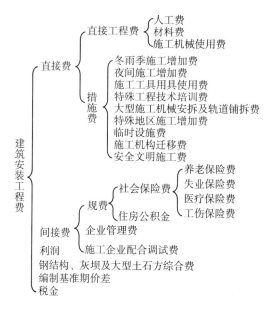

图1.4.1　建筑安装工程费构成图

（二）设备购置费

设备购置费是指为项目建设而购置或自制各种设备，并将设备运至施工现场指定位置所支出的费用。包括设备费和设备运杂费。

（三）其他费用

其他费用是指为完成工程项目建设所必需的，但不属于建筑工程费、安装工程费、设备购置费、基本预备费的其他相关费用。包括建设场地征用及清理费、项目建设管理费、项目建设技术服务费、整套启动试运费、生产准备费、大件运输措施费。其他费用构成见图1.4.2。

（四）基本预备费

基本预备费是指为因设计变更（含施工过程中工程量增减、设备改型、材料代用）增加的费用、一般自然灾害可能造成的损失和预防自然灾害所采取的临时措施费用，以及其他不确定因素可能造成的损失而预留的工程建设资金。《火力发电工程建设预算编制与计算规定（2018年版）》中规定，初步设计概算中，基本预备费=（建筑工程费+安装工程费+设备购置费+其他费用）× 费率（费率见表1.4.2）。

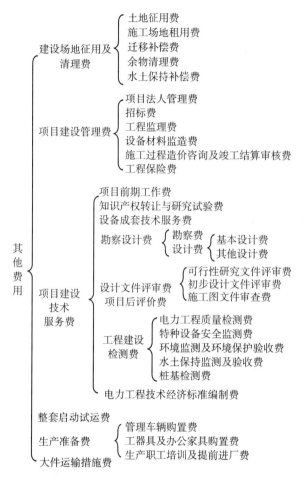

图1.4.2　其他费用构成图

表1.4.2 基本预备费费率表

阶段	可行性研究投资估算	初步设计概算	施工图预算
费率（%）	5	3	1.5

三、动态投资

动态投资是指在项目建设期内，在静态投资的基础上，考虑建设期借款利息和国家汇率、利率变动以及建设期内市场价格变动引起的建设投资增加额后的工程总投资。动态投资主要包括静态投资、价差预备费、建设期利息等。动态投资亦称工程造价、固定资产投资。动态投资在静态投资的基础上考虑了市场价格变动因素，更符合实际的经济运动规律；静态投资是动态投资最主要的组成部分，也是动态投资的计算基础。

（一）价差预备费

价差预备费是指建设工程项目在建设期间由于价格等变化引起工程造价变化的预测预留费用。《火力发电工程建设预算编制与计算规定（2018年版）》中规定，价差预备费计算公式为：

$$C=\sum_{i=1}^{n_2} F_i \left[(1+e)^{n_1+i-1} -1 \right]$$

其中：C—价差预备费；

e—年度造价上涨指数；

n_1—建设预算编制水平年至工程开工年时间间隔，年；

n_2—工程建设周期，年；

i—从开工年开始的第 i 年；

F_i—第 i 年投入的工程建设资金。

注：年度造价上涨指数依据国家行政主管部门及电力行业主管部门颁布的有关规定执行。

（二）建设期贷款利息

建设期贷款利息是指项目法人筹措债务资金时，在建设期内发生并按照规定允许计入固定资产总投资的利息，也就是资本化利息。《火力发电工程建设预算编制与计算规定（2018年版）》中规定了建设期贷款利息计算公式为：

建设期贷款利息=第一台机组发电前建设期贷款利息+第一台机组发电后建设期贷款利息

第一台机组发电前建设期贷款利息=∑［（年初贷款本息累计+本年贷款/2）×年利率］

第一台机组发电后建设期贷款利息=∑［（本年贷款/2）×年利率］

注：计算贷款金额时，应从投资额中扣除资本金；年利率为编制期贷款实际

利率。上述公式是火电预规用于估算建设期贷款利息，实际贷款利息资本化需根据《企业会计准则——借款费用》确定。

四、计划总资金

（一）计划总资金

项目计划总资金是指项目建设单位为工程项目的建设和运营所需筹集的总资金。项目计划总资金由项目建设总费用（动态投资）、铺底流动资金、特殊项目三部分组成。

（二）铺底流动资金

铺底流动资金是指建设项目投产初期所需，为保证项目建成后进行试运转和初期正常生产运行所必需的流动资金。铺底流动资金是主要用于购买燃料、生产消耗材料、生产用备品备件和支付工资所需的周转性流动资金。

（三）其他项目

其他项目属于火力发电项目附带建设的工程或支出的费用，如铁路专线、外送输电线路、港口码头、"上大压小"容量置换补偿费等。

第五节　火力发电工程投资"五算"

火力发电工程投资按费用时间属性，在建设过程中通常体现为投资估算、设计概算、施工图预算、工程结算、竣工决算等具体形式，简称"五算"。"五算"的依次变化，反映了项目投资控制的一个个环节，也是投资由预测估计数一步步转为实际发生数的过程。竣工决算报表编制通过项目投资的概算数与实际数的对比差异，以反映投资控制效果。

一、投资估算

投资估算是指以可行性研究文件、方案设计为依据，按照建设工程预算编制规定及估算指标或概算定额等计价依据，对拟建项目所需总投资及其构成进行的预测和计算。

此阶段尚无详细具体的项目设计方案，因此项目投资估算多采用生产能力指数法（或称为指数估算法），即根据已建成的类似项目生产能力和投资额来粗略估算同类但生产能力不同的拟建项目静态投资额，或以拟建项目的主体工程费或主要设备购置费为基数，以其他辅助配套工程费与主体工程费或设备购置费的百分比为系数，以此估算拟建项目静态投资。在初步可行性研究阶段，对投资估算精度的要求为误差控制在 ±30% 以内；在可行性研究阶段，对投资估算精度的要求为误差控制在 ±10% 以内。

投资估算的主要作用有：（1）项目初步可行性研究阶段的投资估算是上级单位或投资方审批项目初步可行性研究报告的依据之一，也是编制项目规划、确定建设规模的参考依据。（2）项目可行性研究阶段的投资估算是项目投资决策的重要依据，也是研究、分析、计算项目投资经济效果的重要条件。（3）项目投资估算是设计阶段造价控制的依据，投资估算一经确定，即成为限额设计的依据，作为控制和指导设计的尺度。（4）项目投资估算可作为项目资金筹措及制订建设贷款计划的依据，项目建设单位可根据批准的项目投资估算额进行资金筹措和向银行申请贷款。（5）项目投资估算是核算建设项目固定资产投资需要额和编制固定资产投资计划的重要依据。（6）投资估算是建设工程设计招标、优选设计单位和设计方案的重要依据。

二、设计概算

初步设计概算是以初步设计文件为依据，按照建设工程概预算编制规定及概算定额等编制的，如遇到重大变化或特殊情况可能涉及对初步设计概算进行调整。目前各大发电集团还在初步设计概算的基础上，结合主体工程及主机招标情况，编制执行概算作为内部投资控制和绩效考核的依据。

（一）初步设计概算

初步设计概算是指以初步设计文件为依据，按照建设工程预算编制规定及概算定额等计价依据，对建设项目总投资及其构成进行的预测和计算。初步设计概算是对建设项目投资额度的概略计算，包括建设项目从立项、可行性研究、设计、施工、试运行到竣工验收等的全部建设资金。

火力发电项目初步设计一般需经过审查，审查分为两步，详见本章第三节"四、初步设计"中的内容。

初步设计概算的作用：是集团公司或上级单位确定和控制基本建设总投资的依据，可作为确定工程投资最高限额的依据；可作为工程承包、招标的依据；是核定贷款额度的依据；是考核分析设计方案经济合理性的依据；通常可以作为竣工决算编制的依据。

在工程建设期间内，因国家经济形势的变化、国家政策性文件的调整、市场经济下物价水平的波动导致主要材料或设备价格变化、重大施工条件变化、自然灾害等因素都会导致设计和施工方案调整、工期延长，引起工程造价的变化，可能导致审定的初步设计概算投资已不能完全满足工程建设需要，不能合理地反映工程造价。因此，可能需要根据实际情况编制、调整概算并报批，为竣工决算提供合理的依据。概算调整的依据主要有：国家现行的有关政策、法规；工程经审批的报告及合同、协议，初步设计报告及经批准的设计概算，各类专项报告和相应核定投资，经批复的重大设计变更报告。

（二）执行概算

执行概算是各大发电集团工程建设实施阶段的重要投资管理文件，有的集团也称为管理概算。执行概算的作用主要是编制年度投资计划、开展经济活动分析、进行项目总结算完成情况对比分析的基础，是进行造价控制目标考核的主要依据。某发电集团规定，火力发电工程主体工程开工后4个月内完成执行概算编制。执行概算主要编制依据包括：批准设计概算及审查意见，主机、主要辅机和主体工程施工合同，集团公司批准的重大设计变更和专项费用，集团公司工程造价指标和费用标准。

三、施工图预算

施工图预算是指以施工图设计文件为依据，按照预规及预算定额等计价依据，对工程项目的工程造价进行的预测和计算。施工图预算是工程实施过程中的重要文件，由设计单位负责编制，也可作为施工图设计文件的组成部分。施工图预算一般控制在批准的初步设计概算投资范围内。

施工图预算的主要作用为：是设计阶段控制工程造价的重要环节，是控制施工图设计不突破设计概算的重要措施；是控制造价及资金合理使用的依据；是确定工程最高投标限价的依据，最高投标限价通常是在施工图预算的基础上考虑工程的特殊施工措施、工程质量要求、目标工期、招标工程范围以及自然条件等因素进行编制的；可以作为确定合同价款、拨付工程进度款及办理工程结算的基础。

四、工程结算

工程结算是指根据合同约定，对实施中止、终止、竣工的工程项目，依据工程资料进行工程量计算和核定，对合同价款进行的计算、调整和确认，又称工程价款结算。狭义的工程结算，是指施工企业施工过程中及完成所承包的工程内容后与项目建设单位进行的工程价款结算。广义的工程结算是指与建设内容相关的一切内外部单位间的价款结算事宜，既包括施工单位的价款结算，也包括咨询服务、设备物资等合同的价款结算。

工程结算按时点可分为过程结算与竣工结算。过程结算是指合同履行期间的进度性质结算；竣工结算是指合同履行结束后对于该合同全部内容的完整价款进行的最终结算。竣工结算是竣工决算编制的基础。

五、竣工决算

竣工决算是由项目建设单位编制的全面反映建设项目从筹建到竣工投产全过程的各项资金实际使用情况、设计概（预）算执行情况、竣工项目建设成果、竣工交付资产明细价值的文件，竣工决算通常也称作竣工财务决算。竣工决算详细内容在第二章叙述。

六、"五算"的关系

（一）投资估算、设计概算与施工图预算

投资估算、设计概算与施工图预算三者同属于估计预测投资的范畴，只是随着建设程序的推进，估算依据的资料一步步详细，估算也就越来越准确。投资估算在初步

可行性研究（项目建议书）阶段，没有任何方案，仅根据已建成的类似项目生产能力和投资额来粗略估算；投资估算在可行性研究等阶段，以项目规划方案（方案设计）和投资估算指标为基础编制，作为可行性研究报告进行投资经济评价的依据。设计概算对应设计阶段，以初步设计图纸或详细设计图纸为基础编制，作为控制建设项目总投资的最高标准，通常也是编制竣工决算时作为与实际投资的对比标杆，以评判投资控制效果，投资是否超出概算。施工图预算对应招标采购阶段，以施工图为基础编制，作为招标控制价或合同预算的依据。

（二）工程结算与竣工决算

工程结算与竣工决算两者均属于实际发生投资的范畴，工程结算是竣工决算的前置流程，是编制竣工决算的基础。最终的工程结算（即竣工结算）如未确定，竣工决算则无法开展。由于都是实际投资，尤其是"竣工结算"与"竣工决算"仅一字之差，两者容易混淆。再者在适应范围、参与主体、时间、作用、依据法规等方面也不同。工程竣工结算是在施工合同约定建设内容完成后，施工单位与项目建设单位之间按一定的工程量、价计算规则，确定合同结算金额的行为；竣工决算则是项目建设单位在建设项目完成后，为确定总投资、形成交付资产、考核建设成果而进行工程总结性工作。工程竣工结算与竣工决算是建设工程"五算"中的最后两个环节，是最终反映建设项目实际工程造价和建设情况的综合体现。正确理解、认识竣工结算与竣工决算的区别与联系，有助于我们在决算编制过程中分清工作重点，收集所需资料，与相关方沟通配合等。详见第六章第四节"竣工结算与竣工决算的联系和区别"的内容。

第六节　火力发电工程建设管理

一、项目建设管理"五制"的规定

为加强基建项目建设管理，我国自20世纪80年代始逐渐对基建项目推行"五制"。"五制"指五项针对基建项目建设管理的制度，具体为项目法人责任制、项目资本金制、招投标制、监理制、合同管理制，简称"五制"。

（一）项目法人责任制

为了建立基建项目投资责任约束机制，规范项目法人（项目建设单位）行为，明确其责、权、利，提高投资效益，我国于1996年1月20日起开始在国有单位经营性基本建设大中型项目中实行建设项目法人责任制。

《国家计委印发〈关于实行建设项目法人责任制的暂行规定〉的通知》（计建设〔1996〕673号）中规定，国有单位经营性基本建设大中型项目在建设阶段应组建项目法人。项目法人可按《公司法》的规定设立有限责任公司（包括国有独资公司）和股份有限公司形式。实行项目法人责任制，由项目法人对项目的策划、资金筹措、建设实施、生产经营、债务偿还和资产的保值增值实行全过程负责。项目可行性研究报告经批准后，正式成立项目法人，并按有关规定确保资本金按时到位，同时及时办理公司设立登记。由原有企业负责建设的基建大中型项目，需新设立子公司的，要重新设立项目法人，并按规定的程序办理；只设分公司或分厂的，原企业法人即是项目法人，原企业法人应向分公司或分厂派遣专职管理人员，并实行专项考核。

原电力工业部《关于印发〈关于实施电力建设项目法人责任制的规定（试行）〉的通知》（电建〔1997〕79号）规定，凡新建、扩建或改建的大、中型火力发电项目应按照国家有关法律及本规定组建公司，实行公司负责制（项目法人责任制）。扩建、改建或滚动开发的大、中型电源项目，如投资方和投资比例任何一项发生变化的，均应设立新公司；如投资方和投资比例均无变化的，一般原企业法人即为项目法人。

《国务院办公厅转发住房城乡建设部关于完善质量保障体系提升建筑工程品质指导意见的通知》（国办函〔2019〕92号）中规定，突出项目建设单位首要责任，项目建设单位应加强对工程建设全过程的质量管理，严格履行法定程序和质量责任，项目建设单位应切实落实项目法人责任制，保证合理工期和造价。

（二）项目资本金制

为了深化投资体制改革，建立投资风险约束机制，有效地控制投资规模、提高投资效益，促进国民经济持续、快速、健康发展，我国从1996年开始，对经营性固定资产投资项目试行资本金制度，并根据宏观经济调控需要，灵活调整固定资产投资项目资本金比例。

1.《国务院关于固定资产投资项目试行资本金制度的通知》（国发〔1996〕35号）

1996年，国务院发布了《国务院关于固定资产投资项目试行资本金制度的通知》（国发〔1996〕35号），从1996年开始，对经营性固定资产投资项目试行资本金制度。具体规定如下。

（1）资本金制度是指在投资项目的总投资中，除项目法人（项目建设单位）从银行或资金市场筹措的债务性资金外，还必须拥有一定比例的资本金。投资项目资本金作为项目总投资中由投资者认缴的出资额，对投资项目来说必须是非债务性资金，项目法人不承担这部分资金的任何债务和利息；投资者可按其出资比例依法享有所有者权益，也可转让其出资，但不得以任何方式抽回。

（2）试行资本金制度的投资项目，在可行性研究报告中要就资本金筹措情况作出详细说明，包括出资方、出资方式、资本金来源及数额、资本金认缴进度等有关内容。

（3）凡实际动态概算超过原批准动态概算的，投资项目资本金应按规定的比例，以经批准调整后的概算为基数，相应进行调整，并按照国家有关规定，确定各出资方应增加的资本金。实际动态概算超过原批准动态概算10%的，其概算调整须报原概算审批单位批准。

（4）投资项目资本金可以用货币出资，也可以用实物、工业产权、非专利技术、土地使用权作价出资。以工业产权、非专利技术作价出资的比例不得超过投资项目资本金总额的20%，国家对采用高新技术成果有特别规定的除外。

（5）各行业资本金比例具体规定为：交通运输、煤炭项目，资本金比例为35%及以上；钢铁、邮电、化肥项目，资本金比例为25%及以上；电力、机电、建材、化工、石油加工、有色、轻工、纺织、商贸及其他行业的项目，资本金比例为20%及以上。

2.《国务院关于加强固定资产投资项目资本金管理的通知》（国发〔2019〕26号）

为了更好地发挥投资项目资本金制度的作用，国务院于2019年11月20日发布

《国务院关于加强固定资产投资项目资本金管理的通知》（国发〔2019〕26号），具体规定如下。

（1）项目资本金制度适用于我国境内的企业投资项目和政府投资的经营性项目。

（2）设立独立法人的投资项目，其所有者权益可以全部作为投资项目资本金。对未设立独立法人的投资项目，项目单位应设立专门账户，规范设置和使用会计科目，按照国家有关财务制度、会计制度对拨入的资金和投资项目的资产、负债进行独立核算，并据此核定投资项目资本金的额度和比例。

（3）适用资本金制度的投资项目，属于政府投资项目的，有关部门在审批可行性研究报告时要对投资项目资本金筹措方式和有关资金来源证明文件的合规性进行审查，并在批准文件中就投资项目资本金比例、筹措方式予以确认；属于企业投资项目的，提供融资服务的有关金融机构要加强对投资项目资本金来源、比例、到位情况的审查监督。

（4）通过发行金融工具等方式筹措的各类资金，按照国家统一的会计制度应当分类为权益工具的，可以认定为投资项目资本金，但不得超过资本金总额的50%。存在下列情形之一的，不得认定为投资项目资本金。一是存在本息回购承诺、兜底保障等收益附加条件；二是当期债务性资金偿还前，可以分红或取得收益；三是在清算时受偿顺序优先于其他债务性资金。

（5）项目借贷资金和不符合国家规定的股东借款、"名股实债"等资金，不得作为投资项目资本金。

3.资本金比例适时调整

为了促进投资结构调整，保持经济平稳健康发展，国务院于1996年发布各行业固定资产投资项目最低资本金比例后，分别于2004年、2009年、2015年、2019年对于部分行业固定资产投资项目资本金比例进行了调整，但火力发电项目最低资本金比例为20%未曾变化。

（三）招投标制

火力发电项目属于大型基础设施项目，应当规范执行国家招投标相关法律、法规、制度。

《中华人民共和国招标投标法》规定，在我国境内进行的大型基础设施、公用事业等关系社会公共利益、公众安全的工程建设项目，全部或者部分使用国有资金投资或者国家融资的工程建设项目，包括项目的勘察、设计、施工、监理以及与工程建设有关的重要设备、材料等的采购，必须进行招标。

《必须招标的工程项目规定》（国家发展和改革委员会令第16号，自2018年6月1日起施行）规定，规定范围内的项目，其勘察、设计、施工、监理以及与工程建设有关的重要设备、材料等的采购达到下列标准之一的，必须招标：（1）施工单项合同估算价在400万元人民币以上；（2）重要设备、材料等货物的采购，单项合同估算价在200万元人民币以上；（3）勘察、设计、监理等服务的采购，单项合同估算价在100万元人民币以上。同一项目中可以合并进行的勘察、设计、施工、监理以及与工程建设有关的重要设备、材料等的采购，合同估算价合计达到前款规定标准的，必须招标。

（四）监理制

为了提高建设工程质量、造价、进度管控水平，防范安全生产风险，我国在项目建设过程中实行监理制度。

住房城乡建设部发布的《建设工程监理规范》（GB/T50319-2013）中规定，建设工程监理是指工程监理单位受项目建设单位委托，根据法律法规、工程建设标准、勘察设计文件及合同，在施工阶段对建设工程质量、造价、进度进行控制，对合同、信息进行管理，对工程建设相关方的关系进行协调，并履行建设工程安全生产管理法定职责的服务活动。

《建设工程监理范围和规模标准规定》（建设部令第86号）规定，煤炭、石油、化工、天然气、电力、新能源等项目必须实行监理。

（五）合同管理制

为保障社会主义市场经济的健康发展，保护经济合同当事人的合法权益，维护社会经济秩序，促进社会主义现代化建设，1981年12月13日全国人大常委会审议通过《中华人民共和国经济合同法》（以下简称《经济合同法》），于1982年7月1日起实施，从而确立了我国的经济合同体制。《经济合同法》明确规定建设工程承包适用本法规定，其中第十八条明确建设工程承包合同包括勘察、设计、建筑、安装四类，还明确了各类合同应当包括的主要条款以及建设工程的竣工验收要求等；也规定国家的重大建设工程项目承包合同，应根据国家规定的程序和国家批准的投资计划、计划任务书等文件签订。第三十四条则规定了承包方、发包方违反建设工程承包合同分别应当承担的责任。《经济合同法》的实施，开启了建设工程合同管理制的先河。

1999年10月1日，《经济合同法》被新的《中华人民共和国合同法》取代，《中华人民共和国合同法》进一步完善了合同种类，第十六章（共19条）即为建设工程合同相关规定，明确要求建设工程合同应当采用书面形式。2021年1月1日起施行《中华人民共和国民法典》，取代了《中华人民共和国合同法》等法规。《中华人民共和国民法典》第三编"合同"的第十八章为建设工程合同的相关规定，共21条，基本承继了《中华人民共和国合同法》中建设工程合同的条款。

从火力发电项目建设过程来看，多数建设工程合同涵盖工程从启动至竣工验收、甚至工程质保期，期间较长、金额较大、合同内容较为复杂，能即时结清的合同占比较小，往往需要独立的第三方机构依据国家相关工程计量与结算规则对建设工程合同结算额进行核定。为减少合同纠纷，应严格按规定签订书面合同，明确合同签约各方的权利、义务。从火力发电项目基建投资构成来看，签订合同的投资额占火力发电项目基建投资的绝大部分，火力发电项目投资控制的重心在于对建设工程合同金额的控制；同时，规范、有效的合同管理也是促进参与工程建设各方全面履行合同约定义务、确保实现建设目标的重要手段。因此，项目建设单位应通过建立健全合同管理制度，依法依规严格履行合同，管好合同支付与结算，促进工程建设活动顺利进行。

二、项目建设单位常规的内部机构设置及主要职责

前面提到竣工决算编制需要依据工程前期、招标采购、施工管理、造价结算、资产管理、会计核算等多方面资料，需要各部门共同参与。财务部门掌握的资料一般比较综合全面，因此竣工决算多由财务部门牵头组织，其他相关部门共同参

与、配合。以某火力发电项目（平行发包模式）为例，该项目建设期设置综合管理部、计划部、工程部、财务部、物资部、生产准备部等主要部门。各部门主要职责如下。

（一）综合管理部

负责行政事务、公共关系、信息管理、后勤生活、人事劳资、法律事务等工作，为项目建设活动顺利进行提供行政支持和组织保障。

（二）计划部

负责制订年度投资计划和资金使用计划，组织实施项目计划管理、合同管理，开展技经管理、投资管理，定期开展统计分析工作。

（三）工程部

负责工程设计、施工、进度、安全、质量及施工档案管理工作，建立职业安全、卫生、健康、环境管理体系，保证工程建设顺利进行。

（四）财务部

负责建立健全公司各项财务会计管理制度，负责筹集资金，办理资金支付，监督资金使用情况；组织财务预算管理，实施会计核算、税务筹划及财务会计工作的信息化；为公司项目建设活动提供财务支持、服务和保障。

（五）物资部

负责工程设备及材料的及时供应，组织设备监造、催交，负责设备及材料的验收入库、出库、结存管理，确保安全完整、账实相符。

（六）生产准备部

负责制定生产管理制度，招募、培训、考核生产准备人员，组织生产准备人员参与投产前分部调试及整体试运行，为项目投运后承担生产运行工作做好准备。

第二章
竣工决算编制理论

竣工决算作为工程建设中"收口"环节，是对工程建设各项管理工作的总结，也是上级主管部门评价、考核工程项目建设成果、投资效果及项目管理水平的重要依据。但由于竣工决算一般集中在工程竣工后进行，并非常态化工作，多数财务人员或其他工程管理人员对竣工决算具体内容的了解较少，编制竣工决算困难，影响了竣工决算报告的质量。本章主要介绍火力发电工程竣工决算的概念与内容、编制主体、编制依据、编制条件、编制要求等基础知识，便于读者掌握火力发电工程竣工决算基本知识，为竣工决算编制实务打下理论基础。

第一节　竣工决算基础知识

一、竣工决算的概念

竣工决算是由项目建设单位编制的全面反映建设项目从筹建到竣工投产全过程的各项建设资金使用情况、设计概算执行情况、项目建设成果情况、交付资产情况的文件，是涵盖建设项目前期筹备、招标采购、施工技术、工程管理、造价结算、资产管理、会计核算等多方面的综合性文件，是对建设项目全过程及建设成果的全面总结，需要各部门共同参与。由于竣工决算编制所涉及的投资清理、资产清理等与财务资料密切相关，多由财务部门牵头组织编制，故竣工决算通常也称作竣工财务决算。竣工决算具体内容包括竣工决算报表、竣工决算说明书以及相关依据资料。

二、竣工决算的特点

竣工决算是项目建设单位以价值、实物两种方式相结合，反映项目投资来源、资金使用、建设规模、建设成本、建设成果的总结性文件，是基本建设程序的重要环节，也是项目建设单位向使用单位移交资产的重要依据。竣工决算具有以下特点。

（一）综合性

竣工决算报告内容具有综合性，编制过程中需要使用、撰写、填列、随文报送基建项目各个阶段、各个方面大量的信息、资料。竣工决算报告编制需要撰写、填列的主要内容包括：项目概况，项目进度、质量、安全、投资分析说明，主体工程造型、主设备和主体结构及合理性说明，在建设过程中发生的问题和解决办法，施工技术组织措施情况，概算及其变动情况，概算执行情况及分析，概算外项目情况，预备费支出情况，工程奖励情况，新增生产能力的效益情况，新增生产能力情况，主要工程量，竣工后形成交付资产明细及其规格型号、安装部位或保管使用部门、供应单位、计量单位、数量、金额，资金来源与资金占用平衡关系等。随同竣工决算报送的主要文件资料包括：核准文件、概算批准文件、竣工验收报告、用地批复、环境评价报告批复、水土保持报告批复、初步设计审查批复文件、开工批复文件、质量检查验收文件、机组交接证书、电网并网证书等资料。

竣工决算编制工作过程具有综合性，无论是基础资料的搜集整理，还是具体编制工作，都需要多个部门、多个专业人员共同参与，共同完成。竣工决算编制及上报所需信息、资料形成于基建项目的前期准备、设计、开工准备、建设施工、竣工验收等各个阶段，涉及计划、工程、物资、安健环、财务、综合、生产等多个业务部门，需要进行系统的搜集、整理、统计、分析、汇总才能满足竣工决算编制的信息及资料需求。竣工决算编制过程中要进行的大量的概算执行分析、工程管理说明、资产明细列示、新增生产能力分析等方面工作，需要各个部门、各个专业人员紧密协同，各司其职，才能共同完成竣工决算编制工作。

（二）价值与实物相结合

竣工决算报表是以价值和实物相结合的方式，反映基建项目投资完成情况以及实现的建设成果，有别于以价值为主要体现方式的资产负债表、利润表、现金流量表、所有者权益变动表等会计报表。

竣工决算报表既以价值列示方式反映投资完成，实际投资与批复概算的对比分析，建设资金来源与使用、结存的平衡关系等，也以实物和价值结合方式反映基建项目建设成果，即竣工决算交付资产情况。在竣工决算报表中，房屋、构筑物、机械设备、工器具、家具、备品备件等实物资产既需列示名称、规格型号、供应单位（制造厂家）、安装部位或保管使用部门、计量单位、数量等实物资产信息，也需要列示建筑费用（采购价值）、设备基座价值、安装费用、摊入费用、移交资产价值等价值信息。竣工决算报表通过价值和实物两者结合，体现项目投资形成的交付资产明细、特征等，企业据以建立固定资产卡片，进行生产期实物资产管理。

（三）以概算口径编表

竣工决算时需以批复概算为基础编制主要报表——竣工决算一览表（概算与实际投资对比表），编制口径左侧为批复概算明细，右侧为按概算明细归集的竣工决算实际投资。概算与实际投资所对应的具体建设内容应是同口径的，以直观反映概算明细与实际投资的差异情况、概算外项目（概算中无但实际已实施的项目）或甩项项目（概算中有但实际未实施的项目）情况。竣工决算说明书中需同步分析项目建设中工程量、市场价格行情、施工工艺、工期、内外部环境等变化对于概算执行情况差异的影响，说明项目建设投资管控情况。总结建设管理经验和教训。

三、竣工决算编制原则

竣工决算编制除遵循企业会计准则外，一般还需遵循以下原则。

（一）概算口径与移交资产口径分离原则

按概算口径归集实际投资，按资产性质、参考建设单位或上级单位固定资产目录形成移交资产；同一概算项目下投资可以分别形成固定资产、无形资产、流动资产等不同类型的资产，多个概算项目可组合形成一项或多项资产。

概算列入设备费用的备品备件，在竣工工程一览表归概算时需归入设备费用概算项目下。移交资产时，该备品备件单独计价，作为流动资产——备品备件移交，不应并入设备价值。

其他如概算列入建筑工程或安装工程中的设备、概算列入其他费用的基建管理用车辆、办公设备、工器具、家具、土地、软件和其他资产等，均依据上述原则，按照概算口径归集投资，不需调整概算项目。移交资产时以实物形态单独计价移交，不应并入对应概算项目形成的主资产价值中。

（二）估价移交原则

主设备随机购置的工器具、备品备件，不论设备调试用备品备件或一年期随机备品备件，凡在建设期间未使用完的，需移交生产，转入存货，没有单独计价的需估价移交。估价方式可依次为：查阅原投标文件报价、向供货方或其他同类设备制造商询价、向其他同行单位询价、设备管理部门合理估价等。

由临时设施费形成的固定资产，如临时设施费形成的可利用的临时房屋、临时电源中的变压器等，在移交时应根据房屋、设备的实际可用情况进行移交，已到寿命期需报废的按费用摊销处理，可继续作为固定资产移交使用的按预计使用年限估计净值移交。

（三）移交资产参考资产使用寿命原则

在建筑安装工程概算中计列的风机、空调、水泵、电梯、楼宇智能设备等，均安装在房屋中，但与房屋资产具有不同的使用寿命和折旧年限，应按照概算口径归集投资，按设备单独形成固定资产进行移交，不记入建筑物价值。

（四）无形资产单独移交原则

随同设备采购的、但可不附属于某专项设备的软件，应作为无形资产移交；不能与专项设备分离的软件，应计入设备价值。

（五）概算回归原则

竣工决算时，应对部分实际投资进行概算回归。在编制竣工决算一览表时，竣工决算投资中的待抵扣增值税进项税额，应回归还原到其对应的设备、安装或其他费用概算项目明细中，形成含税投资，与含税的概算金额进行对比。建设管理费中的折旧费用，如属于概算内购建的基建期管理用固定资产计提的折旧，需回归至对应的基建期管理用固定资产购置概算项目中。动用基本预备费、价差预备费的，其实际支出应列入竣工决算一览表中相应的工程项目实际投资中，同时在竣工决算说明书中对项目动用基本预备费、价差预备费情况进行概算回归分析，说明动用各项预备费的工程项目名称、动用金额以及审批情况。

四、竣工决算的作用

（一）为加强建设工程投资管理提供依据

竣工决算全面反映建设项目从筹建到竣工交付使用的全过程中实际投资发生额和投资计划执行情况，通过把竣工决算中的各项投资与设计概算中的相应投资指标进行对比，汇总得出节约或超支差异情况，分析核查原因，总结经验和教训，为提高后续基建项目的建设管理水平、增强投资效益提供借鉴参考。

（二）为评价投资效果提供依据

通过竣工决算检查落实设计要求的建设内容是否已全部建成，是否满足实际需求，有无擅自提高技术标准或扩大建设规模的情况，有无擅自甩项不建、少建的情况。通过分析各项投资的实际完成情况，检查有无不合理的开支、违背财经纪律和投资计划、超出规定标准的情况，为评价基建项目的实际管控能力、管控效果提供评价依据。

（三）为竣工验收提供依据

火力发电项目在竣工验收之前，项目建设单位应向上级单位提交竣工总验收申请报告，应附经审计的竣工决算报告（竣工决算审计一般由上级单位安排）。竣工决算报告作为工程建设的总结性文件，全面反映工程建设成果，也是工程档案的重要组成部分。上级单位通过审查竣工验收申请报告及竣工决算的有关内容，以评判建设项目是否通过竣工验收。

（四）为确定项目建设单位新增固定资产价值提供依据

竣工决算中详细列示了建设项目竣工交付的各项资产明细及价值，既是建设成果的体现，也是向生产部门移交新增资产、财务部门核算资产实物及价值明细的依据。

五、竣工决算相关制度

我国历来重视基本建设财务管理，在原计划经济体制下，一般专门设立基本建设项目建设单位进行基建工程建设，建设完成后再移交生产运营单位，财政部门为此也制定了完整的国有项目建设单位会计制度与基本建设财务管理规定，行业主管单位也有明确的竣工决算编制规程等。随着我国计划经济向社会主义市场经济的转变及企业投资体制的改革，项目建设单位与生产运营单位大多合二为一，由财政部门统一规范的国有基建投资管理逐渐缩小范围于财政资金项目，企业、国有企业的基建（工程）投资的项目主要由企业会计准则、企业财务通则、企业内部控制指引以及企业集团自身的基建财务管理办法或竣工决算编制办法等约束。以下是目前主要适用或有影响的法规、制度介绍，帮助读者了解竣工决算相关法规、制度渊源，加深对于竣工决算的理解。

（一）财政部基建财务管理制度

1.《基本建设财务规则》（财政部令第81号）

2016年4月26日，财政部以第81号令公布《基本建设财务规则》，取代了2002年9月27日财政部发布的《基本建设财务管理规定》（财建〔2002〕394号）及其解释。《基本建设财务规则》分总则、建设资金筹集与使用管理、预算管理、建设成本管理、基建收入管理、工程价款结算管理、竣工财务决算管理、资产交付管理、结余资金管理、绩效评价、监督管理、附则共十二章六十三条，自2016年9月1日起施行。部分条款摘录："第三十一条 项目竣工财务决算是正确核定项目资产价值、反映竣工项目建设成果的文件，是办理资产移交和产权登记的依据，包括竣工财务决算报表、竣工财务决算说明书以及相关材料。项目竣工财务决算应当数字准确、内容完整。""第三十三条 项目建设单位在项目竣工后，应当及时编制项目竣工财务决算，并按照规定报送项目主管部门。项目设计、施工、监理等单位应当配合项目建设单位做好相关工作。建设周期长、建设内容多的大型项目，单项工程竣工具备交付使用条件的，可以编报单项工程竣工财务决算，项目全部竣工后应当编报竣工财务总决算。""第三十四条　在编制项目竣工财务决算前，项目建设单位应当认真做好各项清理工作，包括账目核对及账务调整、财产物资核实处理、债权实现和债务清偿、档案资料归集整理等。""第三十七条　财政部门和项目主管部门对项目竣工财务决算实行先审核、后批复的办法，可以委托预算评审机构或者有专业能力的社会中介机构进行审核。对符合条件的，应当在6个月内批复。""第六十条　接受国家经常性资助的社会力量举办的公益服务性组织和社会团体的基本建设财务行为，以及非国有企业使用财政资金的基本建设财务行为，参照本规则执行。使用外国政府及国际金融组织贷款的基本建设财务行为执行本规则。国家另有规定的，从其规定。"

2.财政部《基本建设项目竣工财务决算管理暂行办法》（财建〔2016〕503号）

2016年6月30日，财政部依据《基本建设财务规则》（财政部令第81号）制定了《基本建设项目竣工财务决算管理暂行办法》（财建〔2016〕503号）。《基本建设项目竣工财务决算管理暂行办法》包括基本建设项目竣工财务决算的编制时限要求、决算前准备工作、编制依据，竣工财务决算主要内容、相关资料，决算重点审查事项等内容，自2016年9月1日起施行。部分条款摘录："第二条　基本建设项目（以下简称"项目"）完工可投入使用或者试运行合格后，应当在3个月内编报竣工财务决算，特殊情况确需延长的，中小型项目不得超过2个月，大型项目不得超过6个月。""第三条　项目竣工财务决算未经审核前，项目建设单位一般不得撤销，项目负责人及财务主管人员、重大项目的相关工程技术主管人员、概（预）算主管人员一般不得调离。项目建设单位确需撤销的，项目有关财务资料应当转入其他机构承接、保管。项目负责人、财务人员及相关工程技术主管人员确需调离的，应当继续承担或协助做好竣工财务决算相关工作。""第五条　编制项目竣工财务决算前，项目建设单位应当完成各项账务处理及财产物资的盘点核实，做到账账、账证、账实、账表相符。项目建设单位应当逐项盘点核实、填列各种材料、设备、工具、器具等清单并妥善保管，应变价处理的库存设备、材料以及应处理的自用固定资产要公开变价处理，不得侵占、挪用。""第十一条　建设周期长、建设内容多的大型项目，单项工程竣工财务决算可单独报批，单项工程结余资金在整个项目竣工财务决算中一并处理。""第十九条　项目竣工后应当及时办理资金清算和资产交付手续，并依据项目竣工财务决算批复意见办理产权登记和有关资产入账或调账。"

3.财政部《基本建设项目建设成本管理规定》（财建〔2016〕504号）

2016年7月6日，财政部依据《基本建设财务规则》（财政部令第81号）制定了《基本建设项目建设成本管理规定》（财建〔2016〕504号）。《基本建设项目建设成本管理规定》针对基本建设成本管理中反映出的主要问题，分别说明了建筑安装工程投资、设备投资、待摊投资、其他投资的具体核算范围，及待摊投资支出中项目建设管理费的核算要求，自2016年9月1日起施行。部分条款摘录："第二条　建筑安装工程投资支出是指基本建设项目（以下简称"项目"）建设单位按照批准的建设内容发生的建筑工程和安装工程的实际成本，其中不包括被安装设备本身的价值，以及按照合同规定支付给施工单位的预付备料款和预付工程款。""第三条　设备投资支出是指项目建设单位按照批准的建设内容发生的各种设备的实际成本（不包括工程抵扣的增值税进项税额），包括需要安装设备、不需要安装设备和为生产准备的不够固定资产标准的工具、器具的实际成本。需要安装设备是指必须将其整体或几个部位装配起来，安装在基础上或建筑物支架上才能使用的设备。不需要安装设备是指不必固定在一定位置或支架上就可以使用的设备。""第四条　待摊投资支出是指项目建设单位按照批准的建设内容发生的，应当分摊计入相关资产价值的各项费用和税金支出。"

财政部上述三个关于基本建设项目财务管理方面的文件，适用于行政事业单位的基本建设财务行为，以及国有和国有控股企业使用财政资金的基本建设财务行为。文件直接规范的是国有企业使用财政资金建设项目的基本建设财务行为，是为了提高财政资金使用效益，保障财政资金安全，因此，并不直接适用于除财政资金之外的基本建设项目。我国以国有经济为主体，国有企业特别是央企集团的基建财务管理一直以来均参照财政部颁布的基建财务管理政策，制定本集团的基建财务管理办法、竣工决算报告编制办法等。同时，由于企业自主投资、自负盈亏的特点，其更加注重以概算控制投资成本与投资效益，因此，企业竣工决算报表在财政部发布的竣工决算报表模板基础上，主要增加了概算与实际投资对比的报表，具体见本章"第六节　火力发电工程竣工决算报告"中内容。

（二）会计准则相关规定

1.《〈企业会计准则第4号——固定资产〉应用指南》

《〈企业会计准则第4号——固定资产〉应用指南》规定，外购固定资产的成本，包括购买价款、相关税费、使固定资产达到预定可使用状态前所发生的可归属于该项资产的运输费、装卸费、安装费和专业人员服务费等；自行建造固定资产的成本，由建造该项资产达到预定可使用状态前所发生的必要支出构成；固定资产应当按月计提折旧，当月增加的固定资产，当月不计提折旧，从下月起计提折旧；当月减少的固定资产，当月仍计提折旧，从下月起不计提折旧；已达到预定可使用状态但尚未办理竣工决算的固定资产，应当按照估计价值确定其成本，并计提折旧；待办理竣工决算后，再按实际成本调整原来的暂估价值，但不需要调整原已计提的折旧额。

2.《企业会计准则——借款费用》

《企业会计准则——借款费用》规定，企业发生的借款费用，可直接归属于符合资本化条件的资产的购建或者生产的，应当予以资本化，计入相关资产成本；当所购建的固定资产达到预定可使用状态时，应当停止其借款费用的资本化；以后发生的借款费用应当于发生当期确认为费用。所购建固定资产达到预定可使用状态是指，资产已经达到购买方或建造方预定的可使用状态。具体可从以下几个方面进行判断：（1）固定资产的实体建造（包括安装）工作已经全部完成或者实质上已经完成；（2）所购建的固定资产与设计要求或合同要求相符或基本相符，即使有极个别与设计或合同要求不相符的地方，也不影响其正常使用；（3）继续发生在所购建固定资产上的支出金额很少或几乎不再发生。如果所购建固定资产需要试生产或试运行，则在试生产结果表明资产能够正常生产出合格产品时，或试运行结果表明能够正常运转或营业时，就应当认为资产已经达到预定可使用状态。

3.《企业会计准则应用指南附录——会计科目和主要账务处理》

《企业会计准则应用指南附录——会计科目和主要账务处理》中"在建工程"科目的相关内容如下。

"（1）本科目核算企业基建、技改等在建工程发生的价值。企业与固定资产有关的后续支出，包括固定资产发生的日常修理费、大修理费用、更新改造支出、房屋的装修费用等，满足固定资产准则规定的固定资产确认条件的，也在本科目核算；没有满足固定资产确认条件的，应在'管理费用'科目核算，不在本科目核算。

（2）本科目应当按照'建筑工程''安装工程''需安装设备''待摊支出'以及单项工程进行明细核算。在建工程发生减值的，应在本科目设置'减值准备'明细科目进行核算。

（3）在建工程的主要账务处理。

①企业发包的在建工程，按合同规定向承包企业支付进度款时，借记本科目，贷记'银行存款'等科目。将设备交付承包企业进行安装时，借记本科目（需安装设备），贷记'工程物资'科目。与承包企业办理工程价款结算时，按补付的工程款，借记本科目，贷记'银行存款''应付账款'等科目。

②企业自营的在建工程领用工程物资、本企业原材料或库存商品的，借记本科目，贷记'工程物资''原材料''库存商品'等科目。采用计划成本核算的，应同时结转应分摊的成本差异。在建工程应负担的职工薪酬，借记本科目，贷记'应付职工薪酬'科目。辅助生产部门为工程提供的水、电、设备安装、修理、运输等劳务，借记本科目，贷记'生产成本——辅助生产成本'等科目。

③在建工程发生的管理费、征地费、可行性研究费、临时设施费、公证费、监理费及应负担的税费等，借记本科目（待摊支出），贷记'银行存款'等科目。在建工程发生的借款费用满足借款费用准则资本化条件的，借记本科目（待摊支出），贷记'长期借款''应付利息'等科目。由于自然灾害等原因造成的单项工程或单位工程报废或毁损，减去残料价值和过失人或保险公司等赔款后的净损失，借记本科目（待摊支出）科目，贷记本科目（建筑工程、安装工程等）；在建工程全部报废或毁损的，应按其净损失，借记'营业外支出——非常损失'科目，贷记本科目。建设期间发生的工程物资盘亏、报废及毁损净损失，借记本科目（待摊支出），贷记'工程物资'科目；盘盈的工程物资或处置收益，做相反的会计分录。在建工程进行负荷联合试车发生的费用，借记本科目（待摊支出），贷记'银行存款''原材料'等科目；试车形成的产品对外销售或转为库存商品的，借记'银行存款''库存商品'等科目，贷记本科目（待摊支出）。

④在建工程完工已领出的剩余物资应办理退库手续，借记'工程物资'科目，

贷记本科目。

⑤在建工程达到预定可使用状态时，应计算分配待摊支出，借记本科目（××工程），贷记本科目（待摊支出）；结转在建工程成本时，借记'固定资产'等科目，货记本科目（××工程）。

（4）本科目的期末借方余额，反映企业尚未完工的在建工程的价值。"

需要说明的是，根据国家能源局《火力发电工程建设预算编制与计算规定（2018年版）》，火力发电工程投资按费用性质分为建筑工程费、设备购置费、安装工程费和其他费用四项。《基本建设财务规则》（财政部令第81号）中将建设成本分为建筑安装工程支出、设备投资支出、待摊投资支出和其他投资支出，其他投资支出是指项目建设单位按照批准的建设内容发生的房屋购置支出，基本畜禽、林木等的购置、饲养、培育支出，办公生活用家具、器具购置支出，软件研发和不能计入设备投资的软件购置等支出。《火力发电工程建设预算编制与计算规定（2018年版）》中的其他费用内容明细与《基本建设财务规则》中待摊投资支出、其他投资支出中的办公生活用家具、器具购置支出的内容明细基本是一致的。因此，在建设项目会计核算过程中也经常出现其他费用、待摊投资支出、待摊投资、待摊支出相互混用的情况，本书中也采取混用方式。

（三）企业内部控制相关规定

1.企业内部控制应用指引第11号——工程项目

《财政部、证监会、审计署、银监会、保监会关于印发企业内部控制配套指引的通知》（财会〔2010〕11号）中"企业内部控制应用指引第11号——工程项目""第二十三条 企业收到承包单位的工程竣工报告后，应当及时编制竣工决算，开展竣工决算审计，组织设计、施工、监理等有关单位进行竣工验收。""第二十四条 企业应当组织审核竣工决算，重点审查决算依据是否完备，相关文件资料是否齐全，竣工清理是否完成，决算编制是否正确。企业应当加强竣工决算审计，未实施竣工决算审计的工程项目，不得办理竣工验收手续。""第二十五条 企业应当及时组织工程项目竣工验收。交付竣工验收的工程项目，应当符合规定的质量标准，有完整的工程技术经济资料，并具备国家规定的其他竣工条件。验收合格的工程项目，应当编制交付使用财产清单，及时办理交付使用手续。"

2.财政部会计司解读《企业内部控制应用指引第11号——工程项目》

财政部会计司解读《企业内部控制应用指引第11号——工程项目》中指出，在竣工验收环节，除对工程质量进行验收，还有竣工结算和竣工决算两项重要工作；建设单位应在收到工程竣工验收报告后，及时编制竣工决算；建设单位应当加强对工程竣工决算的审核，应先自行审核，再委托具有相应资质的中介机构实施审计；未经审计的，不得办理竣工验收手续。

3.电力行业内部控制操作指南

财政部《关于印发〈电力行业内部控制操作指南〉的通知》（财会〔2014〕31号）中规定，应当健全竣工验收各项管理制度，对竣工清理、竣工决算、竣工审计、竣工验收等作出明确规定，确保竣工决算真实、完整、及时；在对所有竣工验收的项目办理验收手续之后，对工程物资进行清理，编制竣工决算，分析概预算执行情况，考核投资效果，报上级审查；固定资产达到预定可使用状态的，承包单位应及时通知项目建设单位，项目建设单位会同监理单位初验后应及时对项目价值进行暂估，转入固定资产核算；项目建设单位财务部门应定期根据所掌握的工程项目进度核对项目固定资产暂估记录。

（四）其他部门发布的相关规定

1.原国家能源部发布的规程

1992年9月29日，原国家能源部发布《能源部关于颁发〈电力发、送、变电工程基本建设项目竣工决算报告编制规程（试行）〉的通知》（能源经〔1992〕960号）。为适应基本建设投资管理体制和电力建设的需要，原国家能源部在《水利电力工程基本建设竣工决算试行办法》（水电部〔87〕财基字第107号）的基础上进行了修订，制定了《能源部电力发、送、变电工程基本建设项目竣工决算报告编制规程（试行）》，分为总则、编制依据、平时资料的积累、编制竣工决算时的资料准备、编制内容、编制要求、编制方法和说明、附录，共八章、五十一条内容。

2.造价协会发布的规程

2013年1月29日，中国建设工程造价管理协会公布《建设项目工程竣工决算编制规程》（编号为CECA/GC 9-2013），分为总则、术语、基本规定（工程竣工决算编制的一般原则、编制成果文件的组成）、工程竣工决算的编制（编制依据、编制要求、编制程序、编制方法、成果文件的内容和形式）、质量和档案管理，共五章、十一节内容，自2013年5月1日起试行。

（五）其他相关规定

1.企业财务通则

《企业财务通则》（财政部令第41号）规定"第二十六条 企业购建重要的固定资产、进行重大技术改造，应当经过可行性研究，按照内部审批制度履行财务决策程序，落实决策和执行责任。企业在建工程项目交付使用后，应当在一个年度内办理竣工决算。"

2.内部审计指南

中国内部审计协会发布的《内部审计实务指南第1号——建设项目内部审计》（自2005年1月1日起施行）规定，竣工验收审计应依据的主要资料包括竣工决算财务资料；竣工决算的审计内容包括：检查所编制的竣工决算是否符合建设项目实施程序，有无将未经审批立项、可行性研究、初步设计等环节而自行建设的项目编制竣工决算的问题；检查竣工决算编制方法的可靠性，有无造成交付使用的固定资产价值不实的问题；检查有无将不具备竣工决算编制条件的建设项目提前或强行编制竣工决算的情况；检查"竣工工程概况表"中的各项投资支出，并分别与设计概算数相比较，分析节约或超支情况；检查"交付使用资产明细表"，将各项资产的实际支出与设计概算数进行比较，以确定各项资产的节约或超支数额；分析投资支出偏离设计概算的主要原因；检查建设项目结余资金及剩余设备材料等物资的真实性和处置情况，包括：检查建设项目"工程物资盘存表"，核实库存设备、专用材料账实是否相符；检查建设项目现金结余的真实性；检查应收、应付款项的真实性，关注是否按合同规定预留了承包商在工程质量保证期间的保证金。

3.竣工决算审计相关法规

《中华人民共和国审计法》"第二十二条 审计机关对政府投资和以政府投资为主的建设项目的预算执行情况和决算，进行审计监督。"

《审计机关国家建设项目审计准则》（审计署令第3号，自2001年8月1日起施行）"第四条 审计机关应当对国家建设项目总预算或者概算的执行情况、年度预算的执行情况和年度决算、项目竣工决算的真实、合法、效益情况，进行审计监督。""第十五条　审计机关根据需要对工程结算和工程决算进行审计时，应当检查工程价款结算与实际完成投资的真实性、合法性及工程造价控制的有效性。""第二十三条　对财政性资金投入较大或者关系国计民生的国家建设项目，审计机关可以对其前期准备、建设实施、竣工投产的全过程进行跟踪审计。"

第二节　竣工决算编制主体的责权界定

一、责任主体

《能源部关于颁发〈电力发、送、变电工程基本建设项目竣工决算报告编制规程（试行）〉的通知》（能源经〔1992〕960号）和财政部《基本建设财务规则》（财政部令第81号）规定，项目建设单位在项目竣工后，应当及时编制项目竣工决算，并按照规定报送项目主管部门。

从上述文件规定，竣工决算编制的责任主体是基建项目的"建设单位"，也简称"项目单位"，这是一个通用的概念，适用于所有建设项目。由于建设项目的投资主体多元化，公益性项目投资主体一般是政府职能部门，即行政机关或事业单位，如市政道路等；准公益性项目投资主体可能是政府职能部门，也可能是企业法人单位（简称"企业"），如自来水厂、污水处理厂等；而经营性项目的投资主体一般为企业法人单位。对于企业法人单位投资的经营性项目，按规定要实行建设项目法人责任制，因此，这类项目的建设单位也称为"项目法人""项目法人单位""项目建设单位"等。

项目建设单位对项目建设的全过程负责，其主要职责为：负责组建项目建设单位在现场的建设管理机构；负责落实工程设计计划和资金；负责对工程质量、进度、资金等进行管理、检查和监督；负责协调项目的外部关系。项目建设单位统一管理所有建设项目，或在项目现场设立现场建设管理机构的，项目建设单位也应对其编制的竣工决算负主要责任。

对于大中型建设项目，尤其是单项工程比较多的大中型项目，管理模式呈现多样化，可能存在一个项目法人下，设有多个建设实施主体（区别于"项目建设单位"这一通用称谓），如大型项目的建设指挥部及其分部；一个建设实施主体也可能管理多个独立概算及核算的项目，最终由项目法人汇总会计报表（竣工决算）。在这种情况下，项目法人仍为竣工决算的责任主体，是第一责任人。各建设实施主体负责组织编制其负责实施的有独立概算的项目竣工决算，并上报项目法人汇总；各建设实施主体对其编制的竣工决算承担内部管理责任。

在项目建设单位不具备编制力量或无法编制竣工决算的情况下，可以委托第三方代编建设项目竣工决算。建设项目竣工决算委托第三方代为编制的，项目建设单位仍然为第一责任人，项目建设单位对其提供的相关代编资料的真实性、完整性、准确性负责，对代编的竣工决算承担直接责任，第三方代编单位承担相应代编责任。中国建设工程造价管理协会发布的《建设项目工程竣工决算编制规程CECA/GC 9-2013》（中价协〔2013〕008号）中规定，工程竣工决算的编制是建设单位的责任，工程造价咨询企业的责任是受项目建设单位委托，代建设单位编制工程竣工决算，建设单位对其提供工程竣工决算资料的真实性、完整性、合法性负责。

有的项目建设单位将基建项目整体或部分单项工程采用委托代建模式进行建设。委托代建是指项目建设单位作为委托方与代建方（受托方）签订委托代建合同，将建设项目委托给受托方实施代建管理的模式。

《财政部关于切实加强政府投资项目代建制财政财务管理有关问题的指导意见》（财建〔2004〕300号）规定，代建单位应严格按国家规定的基建支出预算、基建财务会计制度、建设资金账户管理制度等进行管理和单独建账核算；项目竣工后，由项目代建单位按基建财务制度编报项目竣工财务决算，内容包括项目使用单位发生的项目前期费用；财政部门批复项目竣工财务决算后，项目代建单位将项目所有工程、财务资料按规定归档并移交项目使用单位，并按财政部门批复意见，协助使用单位和产权管理部门办理资产交付和产权登记工作。

根据目前常见的企业投资项目委托代建实施模式来看，一般由委托方制定项目进度、投资等管控目标并负责提供建设资金；代建方代行项目建设单位的主要或部分职责，负责组织实施代建项目的具体建设活动，对进度、质量、安全、投资进行管控，建立代建项目会计核算及财务管控体系等。在上述委托代建模式下，委托代建项目的竣工决算应由代建方负责编制并报送委托方。委托代建项目竣工决算完成后，代建方应将代建项目的设计、采购、合同、施工、监理、财务、竣工决算等相关资料完整移交委托方归档保存。部分单项工程采用代建模式的，委托方应将委托代建项目的竣工决算与自建项目的竣工决算汇总后形成整体项目竣工总决算。不论是整体代建还是部分单项工程代建，项目竣工决算编制责任主体均应为委托方。

二、责任内容

《中华人民共和国会计法》规定，单位负责人对本单位的会计工作和会计资料的真实性和完整性负责。竣工决算属于"财务会计报告""会计资料"的范畴，项目建设单位的法定代表人对竣工决算的真实性、完整性、准确性负责。在编制竣工决算时，项目建设单位也要明确内部责任划分，明确责任部门和责任人，按照要求做好竣工决算编制工作。

《基本建设财务规则》（财政部令第81号）不仅规定了建设单位为编制竣工决算的责任主体，而且明确了建设单位在竣工决算编制中的组织保障责任，主要有：组织专门人员、组成工作班子；落实工作经费、办公场所和必要的办公条件及相应的工作时间等。需要说明的是，竣工决算编制的具体组织形式由建设单位根据自身情况和项目特点自行决定，对设计、监理、施工等参建单位需要承担配合的义务应提出具体要求。

财政部《基本建设项目竣工财务决算管理暂行办法》（财建〔2016〕503号）规定，项目竣工财务决算未经审核前，项目建设单位一般不得撤销，项目负责人及财务主管人员、重大项目的相关工程技术主管人员、概（预）算主管人员一般不得调离；项目建设单位确需撤销的，项目有关财务资料应当转入其他机构承接、保管；项目负责人、财务人员及相关工程技术主管人员确需调离的，应当继续承担或协助做好竣工财务决算相关工作。

但在实际工作中往往难以按上述规定执行，有的项目尚未编制完成竣工决算即已调离相关人员或撤销项目建设单位，有的竣工决算上报后长时间未取得批复。在实务中，应结合实际工作的具体情况，在竣工决算批复之前，项目建设单位需撤销的，应由撤销该项目建设单位的单位指定有关单位承接相关的竣工决算责任，人员调离的应由接替人员承接相关责任。作为临时机构的项目建设单位，相关人员调离后，如有需要仍应继续承担或协助建设项目的竣工决算编制。

三、责任处罚

《中华人民共和国会计法》规定，伪造、变造会计凭证、会计账簿，编制虚假财务会计报告，构成犯罪的，依法追究刑事责任。有前款行为，尚不构成犯罪的，由县级以上人民政府财政部门予以通报，可以对单位并处五千元以上十万元以下的罚款；对其直接负责的主管人员和其他直接责任人员，可以处三千元以上五万元以下的罚款。授意、指使、强令会计机构、会计人员及其他人员伪造、变造会计凭证、会计账簿，编制虚假财务会计报告或者隐匿、故意销毁依法应当保存的会计凭证、会计账簿、财务会计报告，构成犯罪的，依法追究刑事责任；尚不构成犯罪的，可以处五千元以上五万元以下的罚款；属于国家工作人员的，还应当由其所在单位或者有关单位依法给予降级、撤职、开除的行政处分。单位负责人对依法履行职责、抵制违反本法规定行为的会计人员以降级、撤职、调离工作岗位、解聘或者开除等方式实行打击报复，构成犯罪的，依法追究刑事责任；尚不构成犯罪的，由其所在单位或者有关单位依法给予行政处分。对受打击报复的会计人员，应当恢复其名誉和原有职务、级别。

上述法律法规的相关规定，有利于保障竣工决算编制所依赖的会计资料及编制成果的真实性、完整性、准确性、合理性。

第三节 竣工决算的编制依据

竣工决算编制需要依靠广泛的工程建设资料，竣工决算的真实性、完整性取决于其编制依据资料是否真实可靠、是否完整充分。竣工决算编制依据的收集、整理及分析工作，是做好竣工决算准备工作的关键环节和基本前提，是项目建设单位能否高标准、高质量地编制竣工决算的关键因素之一，因此项目建设单位应切实重视竣工决算资料的准备工作。

竣工决算的编制依据主要包括：国家、地方政府、政府部门有关法律、法规、规章、政策；上级单位及项目建设单位制定的制度；经批准的可行性研究报告、初步设计、概算及概算调整文件；合同（补充协议）及招投标文件；历年下达的项目投资计划、预算；工程施工承包合同结算资料，设备、材料、其他咨询服务类合同结算资料；会计及财务管理相关资料；其他有关资料。

项目建设单位应将项目建设过程形成的有关资料进行分类整理，按照竣工决算的编制内容和要求，为进行具体编制事项做好各项资料的准备工作。

一、相关法律、法规、规章、政策

工程竣工决算的编制应遵循国家、行政部门、行业有关法律、法规、规章、政策。主要包括以下内容。

（一）法律

《中华人民共和国会计法》《中华人民共和国招标投标法》《中华人民共和国预算法》《中华人民共和国民法典》《中华人民共和国建筑法》《中华人民共和国审计法》等。

（二）法规

《国务院关于修改〈中华人民共和国发票管理办法〉的决定》（国务院令第587号）、《中华人民共和国招标投标法实施条例》（国务院令第613号）等。

（三）规章

《企业会计准则》《企业财务通则》《基本建设财务规则》（财政部令第81号）、《财政部关于印发〈基本建设项目竣工财务决算管理暂行办法〉的通知》（财建〔2016〕503号）、《财政部关于印发〈基本建设项目建设成本管理规定〉的通知》（财建〔2016〕504号）、《财政部关于印发〈会计基础工作规范〉的通知》（财会字〔1996〕19号）、《电子招标投标办法》（国家发改委第20号）、《建设工程监理范围和规模标准规定》（建设部令第86号）、《财政部、证监会、审计署、银监会、保监会关于印发企业内部控制配套指引的通知》（财会〔2010〕11号）、《关于印发

〈电力行业内部控制操作指南〉的通知》（财会〔2014〕31号）等。

（四）政策

《国家计委印发〈关于实行建设项目法人责任制的暂行规定〉的通知》（计建设〔1996〕673号）、《国务院关于调整和完善固定资产投资项目资本金制度的通知》（国发〔2015〕51号）、《国务院关于加强固定资产投资项目资本金管理的通知》（国发〔2019〕26号）等。

（五）行业规定

原能源部发布《能源部关于颁发〈电力发、送、变电工程基本建设项目竣工决算报告编制规程（试行）〉的通知》（能源经〔1992〕960号）、中国建设工程造价管理协会公布《建设项目工程竣工决算编制规程》（编号为CECA/GC 9-2013）、中国内部审计协会发布的《内部审计实务指南第1号——建设项目内部审计》等。

部分规章制度具体内容参见本章第一节"五、竣工决算相关制度"。

二、上级单位及项目建设单位制定的制度

工程竣工决算的编制应遵循上级单位及项目建设单位的竣工决算、固定资产等相关制度，项目建设单位在建设过程中对于质量、安全、进度、投资四大管控目标的管控过程的规范性、合规性也是竣工决算说明书中应撰写的内容，因此上级单位及项目建设单位制定的制度也是竣工决算编制的依据。竣工决算编制常用的制度主要有：《预算管理办法》《会计核算办法》《固定资产管理办法》《资金管理办法》《筹资管理办法》《基本建设工程财务管理办法》《基本建设工程竣工决算报告编制办法》《建设单位管理费管理办法》《发票管理办法》《工程造价管理办法》《工程设备物资管理办法》《工程质量管理办法》《工程建设工期管理办法》《项目投资计划管理办法》《工程建设合同及结算管理办法》《工程建设管理办法》《安全工作规定》等。

三、经批准的可行性研究报告、初步设计、概算及概算调整文件

经批准的可行性研究报告、初步设计、概算及概算调整文件是编制竣工决算

报表相关内容的直接依据之一，同时也是分摊待摊支出、计算投资效益的重要依据之一。在项目建设过程中发生的项目重大设计变更和项目预备费的报批动用文件，也是经批准的设计文件之一，企业计划管理部门均要全面搜集整理。

四、合同及招投标文件

对火力发电项目平行发包模式来说，从项目筹划开始，对工程建设项目的咨询服务、建筑安装工程施工、设备材料采购等，均应依法依规订立合同。在火力发电工程建设中实行合同管理制，是建设管理体制迈向制度化、规范化、法制化的关键，是市场经济健康发展的需要。火力发电工程建设项目应按照国家相关制度规定，通过公开招标市场竞争方式或其他符合要求的方式选取施工单位或供应商，并采用书面形式签订合同。

根据《中华人民共和国招标投标法》规定，在中华人民共和国境内进行大型基础设施、公用事业等关系社会公共利益、公众安全的项目等必须进行招标，招标人和中标人应按照招标文件和投标文件订立书面合同，不得再行订立背离合同实质性内容的其他协议。因此，招标人与中标人签订的合同及其相关的招标文件、投标文件是履行合同、办理结算的主要依据，也是竣工决算编制的重要依据。因合同中条款与招标、投标文件中内容的繁简程度可能不同，也可能存在相互矛盾之处，在合同履行及竣工决算编制过程中解释合同文件的优先顺序应执行《中华人民共和国标准施工招标文件》（2017年版）的规定。《中华人民共和国标准施工招标文件》（2017年版）规定，组成合同的各项文件应互相解释，互为说明，除专用合同条款另有约定外，解释合同文件的优先顺序为：（1）合同协议书；（2）中标通知书；（3）投标函及投标函附录；（4）专用合同条款；（5）通用合同条款；（6）技术标准和要求；（7）图纸；（8）已标价工程量清单；（9）其他合同文件。

火力发电项目平行发包模式下，咨询服务类合同主要包括勘察设计、工程监理、设备监造、水土保持方案编制等服务类合同，建筑、安装类施工合同主要包括建筑、安装工程各标段、进场道路、施工电源、绿化等施工合同，设备物资类合同主要包括三大主机、辅机、四大管道、电缆等采购合同。

五、下达的年度投资计划、预算

上级单位下达的年度投资计划及预算，不仅是年度目标考核的重要内容，也是竣工决算考核的重要内容。基本建设项目一经批准立项，计划部门就要安排基本建设投资、下达投资计划，经批准的项目投资计划是基本建设项目资金申请、拨付、使用的基本依据。

因此，下达的项目年度投资计划及预算，应当在竣工决算说明中进行详尽说明，同时也作为"基本建设项目竣工财务决算表"的编制依据之一。

六、工程结算资料

火电项目建设过程中签订的合同履行完毕后均需办理结算，以确定合同的实际采购内容与结算价款。火电项目建设过程中涉及的合同大致分四类：建筑安装施工合同、设备采购合同、物资采购合同及咨询服务等其他合同，所涉及的结算资料有所差异。

建筑安装施工类合同涉及数量、价格、方案、环境变化等复杂因素，实际施工内容及数量与原合同会存在差异，对于施工单位或承包方提交的工程结算资料一般需经过外部第三方中介机构进行竣工结算审核，以审核结果作为双方的结算依据。住房和城乡建设部于2013年12月颁布的《建筑工程施工发包与承包计价管理办法》（住房和城乡建设部令16号）规定，国有资金投资建筑工程的发包方，应当委托具有相应资质的工程造价咨询企业对竣工结算文件进行审核，发包方应当按照竣工结算文件及时支付竣工结算款。因此，竣工决算时，此类合同除正常提交的结算资料外，还应注意获取第三方中介机构出具的结算审核报告。需要注意的是，除包工包料的建筑安装工程施工合同外，如建筑安装施工合同涉及甲供物资，应关注结算资料中有关甲供物资的结算情况，应当对施工单位涉及的甲供物资领用情况进行清查、梳理、审核，理清应耗数量、实领数量、超领数量，涉及超领的应依据合同约定在结算时足额扣回超领物资价款。

设备材料等合同内容比较明晰、直观，项目建设单位一般无需经过外部中介机构审计即可根据合同实际履行情况办理结算，决算时可直接从建设单位业务及财务部门取得合同结算支付的资料。材料类合同实际采购量与合同中约定数量不一致的，建设单位一般依据合同约定单价按实际采购量据实办理结算。咨询服务等其他合同涉及成果文件的交付，在取得其正常结算支付手续时，应结合其服务内容及成果性文件的交付情况判断结算资料是否真实完整。

合同履行中发生变更或纠纷争议等情况的，应视具体情况取得进一步的结算资料。如合同实际执行过程中，发生与原合同约定差异较大，且实际影响到原合同采购内容与价款的事项，应判断已取得结算资料是否完整，是否反映合同的履约变化及实际价款。如合同发生争议纠纷，产生诉讼或仲裁事项的，诉讼或仲裁资料（包含判决书或仲裁协议等结论性文件）也是决算需取得的结算资料之一。

合同未履行完也未有结算手续的，应会同建设单位业务及财务部门合理预估后续合同的执行情况，暂以原合同文本作为结算资料，但应随时关注后续合同执行的异常情况以合理调整此类未完合同的结算信息。

七、设备材料出入库资料

火电建设项目设备材料约占总投资的50%甚至更高，规格品种数量繁多，且需要组合安装形成系统设备。设备材料出入库资料能全面地反映采购入库明细、安装部位、设备厂家、规格型号、安装数量等详细信息，也能反映设备材料组合形成成套系统设备的过程。通过全面清理设备材料入、出、存情况，并与安装工程结算中设备明细核对、与设备实物核对，清理出移交设备资产明细，编制竣工决算移交资产明细表格。

八、会计财务资料

竣工决算编制时需使用会计及财务管理资料，主要包括：会计凭证、会计账簿、会计报表、财务预算，固定资产、材料等实物管理过程资料，往来账务核对资料，资金支付申请审批资料，审计、财务检查决定及整改的相关资料，财务管理制度，财务分析和财务监督等的相关资料等。

九、其他资料

其他资料包括工程建设程序报批资料，勘察设计、监理、咨询服务等过程中的资料以及项目进度、安全、质量管控等相关资料。

第四节　竣工决算的编制条件

竣工决算是火力发电项目竣工验收的必要条件，也是向生产部门交付明细资产、正式结转资产并编制固定资产卡片的依据。在火力发电项目基本完工时，项目建设单位应及时组织计划、工程、物资、财务、生产等相关部门，全面清查、整理基建期间相关资料，为尽早开展竣工决算工作创造条件。编制竣工决算报告前应满足以下必要条件。

一、经相关部门批准的初步设计所确定的建设内容已完成

工程项目已经完成初步设计确定的建设内容，这是编制竣工决算报告的前提条件。只有全面完成建设内容后才能组织分项及整体工程质量竣工验收，启动竣工决算编制工作。如部分项目存在少量建设内容未完成，但是不影响整个工程正常运行，未完尾工工程投资和预留费用不超过规定比例，且经上级单位同意，也可视同已完成。

二、工程结算工作已完成

正常情况下，在确定竣工决算基准日前，所有已经签订的合同（协议）都应执行完毕，工程项目都应完工并完成价款结算，且已经过供应方和项目建设单位的共同确认，需经第三方中介机构进行竣工结算审核的，应审定结算金额并出具审核报告。如存在部分合同（协议）尚未结算完毕，应与对方单位及时沟通确认结算事项；暂无法完成结算的，应报上级单位批准后才能以暂估结算金额编制竣工决算报告。火力发电项目涉及大量的甲供设备材料，应据实完成入库、出库、结算手续，根据领用出库情况全部、准确核算至基建投资相关会计科目，并确保结存账实相符。

三、设备材料出入库已完成

火力发电项目涉及大量的甲供设备材料，应据实完成入库、出库、结算手续，

根据领用出库情况，全部、准确核算至基建投资相关会计科目，并确保结存账实相符。设备材料出入库完成，把设备材料投资归入概算，从而清理出移交设备资产及库存设备材料的账面数。然后通过盘点实物资产进行账实对比，才能编制出移交设备资产明细表。

四、未完工程投资和预留费用不超过规定的比例

财政部《基本建设财务规则》规定，项目一般不得预留尾工工程，确需预留的，尾工工程投资不得超过批准的项目概（预）算总投资的5%。原能源部《电力发、送、变电工程基本建设项目竣工决算报告编制规程（试行）》也有明确规定，按国家规定具备机组投产和投资计划销号条件的建设工程项目，如尚有零星未完工程和预留费用，可以预计纳入竣工决算，并按概算项目编报未完收尾工程明细表，但预计未完工程和预留费用不得超过批复概算的5%。项目建设单位应为尾工工程及预留费用预留足额资金，以备后续建设使用。

五、涉及法律诉讼、工程质量、移民安置等事项已处理完毕

因法律诉讼、工程质量及移民安置等事项的处理都会影响到工程项目的总投资额，因此只有项目建设单位对工程质量、移民安置等涉及法律诉讼的事项处理完毕后，才不会引起竣工决算的财务数据反复调整。对于总投资影响不大或涉及金额可以合理预估的，经内部决策程序，也可以编制竣工决算，但应在竣工决算报告中如实披露；如对总投资影响较大或涉及金额难以合理预估的，则应待上述事项处理完毕，才能编制竣工决算，避免引起竣工决算数据的反复调整，影响决算总投资的准确性。

六、其他影响竣工决算编制的重大问题已解决

其他影响竣工决算编制的重大事项主要包括设计变更报批、办理动用预备费手续等。有关设计变更和计划变更应履行相关程序，且得到相关部门的批准；动用预备费也需要取得上级单位的批准。

第五节　竣工决算的编制要求

根据国家及各企业单位竣工决算的相关规定，竣工决算编制工作在质量、格式、人员、时限等方面都应该满足相关要求。

一、编制质量要求

竣工决算编制质量的基本要求是真实、完整、准确。从真实性角度，竣工决算应达到内容真实、数据真实；从完整性角度，竣工决算应做到内容完整、文字和表格齐全，能够清晰反映项目整体情况；从准确性角度，竣工决算应做到数据准确、表述准确、勾稽关系准确，能够反映项目的真实情况。

（一）规范执行竣工决算流程规定

1.项目建设单位应积极创造条件，满足竣工决算编制条件，及时编制竣工决算；

2.遵循竣工决算编制程序，提高工作效率和编制质量；

3.按照规定的内容、格式完整编制。

（二）严格执行基本建设财务管理及竣工决算相关规定

1.项目建设单位应执行《企业会计准则——基本准则》《企业会计准则——应用指南》《会计基础工作规范》《基本建设财务规则》《基本建设项目竣工财务决算管理暂行办法》以及各集团基本建设财务管理及竣工决算制度等，做好各项基础工作。

2.严格按设计文件，概（预）算中的项目、内容组织决算编制，不随意扩大或缩小编制范围。

3.划清各项费用界限、划清资本性支出与收益性支出的界限，对于收益性支出、对外投资支出、捐赠支出、违约赔偿及罚款等，不得列入项目的成本，不应计入总投资额。

4.按照《火力发电工程建设预算编制与计算规定》（2018年版）要求，归集整理各概算项目基建投资完成情况。

5.满足日后生产运营期资产管理的需要。

二、编制格式要求

《基本建设项目竣工财务决算管理暂行办法》及各企业单位均规定，应严格按照规定的内容与格式编制竣工决算，不得擅自变更内容与格式。

三、编制人员要求

编制竣工决算是一项重要的、综合性很强的工作，项目建设单位及其主管部门应该加强对此项工作的指导，从思想上予以重视，从组织人员上予以保证。同时，由于竣工决算的综合性、复杂性、专业性并存，仅凭财务人员很难单独完成竣工决算的编制工作，所以，项目建设过程中就要成立竣工决算领导小组及竣工决算工作小组，负责竣工决算报告编制的全过程管理，通过明确职责分工，进行日常资料的积累和竣工决算报告编制的准备工作，一般可在工程首台机组竣工前6个月全面启动竣工决算报告的编制工作。项目设计、施工、监理等单位应当配合项目建设单位做好相关工作。

四、编制基础工作要求

在编制项目竣工决算前，项目建设单位应当认真做好各项清理工作，包括账目核对及账务调整、财产物资核实处理、债权清收和债务清偿、档案资料归档整理等。上述清理工作应在基建期间提前规划，日常工作中做好相关基础工作，主要有以下几点。

1.项目管理的日常资料繁多，应按照竣工决算要求，进行日常资料积累，建立各种台账或辅助账。

2.在日常资料积累的基础上，竣工决算报告编制开始前1—3个月应全面清理和处理财务及各项业务，确保不留后遗症，不留呆账，并按相关要求整理为便于竣工决算编制时使用的文字或表格。

3.清理概算执行情况并进行概算回归。

4.清理项目到位资金、基建财产物资和财务往来账。

5.根据上述各项清理工作的结果，全面进行账务处理，并确定基建期封账日。

五、编制时限要求

根据财政部《基本建设财务规则》要求，项目建设单位应在项目竣工后3个月内完成竣工决算的编制工作，并报主管部门审核；特殊情况确需延长的，中小型项目不得超过2个月，大型项目不得超过6个月；项目建设单位在项目竣工后，应当及时编制项目竣工决算，并按照规定报送项目主管部门；竣工决算审核、批复管理职责和程序要求由同级财政部门确定。前文提到财政部2016年发布的《基本建设财务规则》已明确其适应范围为使用财政资金建设的项目，各央企集团的基建财务管理办法也约定了编制时限，有的与财政部文件相同，有的考虑火力发电竣工决算编制工作的难度，适当延长时间为竣工投产后1年或竣工结算完成后半年等。

建设周期长、建设内容多的大型项目，单项工程竣工具备交付使用条件的，可以编报单项工程竣工决算，项目全部竣工后应当编报竣工总决算。

以前年度已经竣工但尚未编报竣工决算的基建项目，项目建设单位也应当抓紧编报。

第六节　竣工决算报告

火力发电工程竣工决算报告格式最早源于原国家能源部《电力发、送、变电工程基本建设项目竣工决算报告编制规程（试行）》（能源经〔1992〕960号）。经过近30年国家政策调整变化、投资体制改革等，目前火力发电工程竣工决算报告并没有国家层面统一的规定，而是由各电力企业根据自身管理需要，在原国家能源部、财政部竣工决算报告相关制度的基础上，根据企业基建投资管理需要，制订了各自的竣工决算报告编制或管理办法。

目前，各电力企业之间竣工决算报告（主要指竣工决算报表及竣工决算说明书）的格式差异主要体现在一些表格细节方面，表格种类、数量的区别、变化并不大，常见的报告内容如下。

一、竣工决算报告内容

竣工决算报告通常由竣工决算报告封面、竣工决算报告目录、概算批准文件和竣工验收报告、竣工工程的全景彩照或主体工程彩照、竣工决算报告说明书及全套竣工决算报表等构成。

二、竣工决算报告说明书

竣工决算报告说明书是总体反映竣工工程建设成果和经验，全面考核与分析工程投资与造价的书面总结，是竣工决算的重要组成部分。其主要内容包括：对工程的总体评价，建设依据，主体工程造价、主设备和主体结构，工程施工管理，各项财务和技术经济指标的分析，财务管理情况分析，结余资金处理情况，尾工工程的说明，审计意见处理情况，债权债务清理情况，竣工决算报表编制说明，其他需要说明的事项，大事记。

三、竣工决算报表

竣工决算报表是用数据总体反映工程建设基本情况、投资概算执行情况、形成资产明细情况、项目资金来源与使用情况等的一整套逻辑严密的表格，全部竣工决算报表共四大类、十三种。报表的具体内容在第四章第一节详细介绍，报表的具体格式详见附录1。报表各表名称及编号如下。

（一）概况类

火力发电竣工工程概况表（竣建01表）反映基本建设竣工工程的规模、工期、投资、质量、技术经济指标、特征等基本情况，为全面考核竣工工程主要技术经济指标、进行工程投资分析提供依据。

（二）竣工工程决算类（通用表）

1.竣工工程决算一览表（竣建02表）

反映竣工工程投资情况，考核概算的执行情况与实际投资的完成情况。竣工工程决算一览表分为汇总表及明细表，竣建02表是汇总表，竣建02-1表是明细表。

2.竣工工程决算一览表（竣建02-1表）

反映工程投资的构成、节约与超支，考核概算执行情况。

3.预计未完收尾工程明细表（竣建02表附表）

反映项目虽已通过竣工验收，但尚有少量尾工需要继续完成而预计的未完工程全部投资。

4.其他费用明细表（竣建03表）

反映项目的其他费用和其他工程支出及由此直接形成的固定资产、流动资产、无形资产、长期待摊费用及应由受益对象分摊的待摊支出的价值情况。

5.待摊支出分摊明细表（竣建03表附表）

反映项目的待摊支出向交付资产明细分摊的情况。

（三）移交资产类

1.移交资产总表（竣建04表）

反映竣工工程项目交付使用总资产的分类情况及价值。

2.移交资产——房屋、构筑物一览表（竣建04-1表）

反映竣工工程项目交付使用的房屋及构筑物的明细分类和价值，是竣建04表的明细表。

3.移交资产——安装的机械设备一览表（竣建04-2表）

反映竣工工程项目交付使用的需要安装设备的明细分类和价值，是竣建04表的明细表。

4.移交资产——不需要安装的机械设备、工器具及家具一览表（竣建04-3表）

反映竣工工程项目交付使用的不需要安装机械设备、工器具、家具等的明细分类和价值，是竣建04表的明细表。

5.移交资产——长期待摊费用、无形资产一览表（竣建04-4表）

反映竣工工程项目交付使用的其他长期资产、无形资产的明细分类和价值，是竣建04表的明细表。

（四）竣工工程财务决算类

1.竣工工程财务决算表（竣建05表）

反映截至工程项目竣工决算基准日全部资金来源（资本金、借款、债券资金等）和资金运用（基建支出、结余物资等）的综合情况。

2.竣工工程应收应付款项明细表（竣建05表附表）

反映截至工程项目竣工决算基准日基建往来客户的应收、应付明细，是竣建05表中应收、应付款的明细表。

第三章
竣工决算基础工作

　　竣工决算虽为基建项目投资的"收口"工作，但实际与基建项目建设过程中的日常基础管理工作息息相关，日常基础工作的好坏在很大程度上影响着竣工决算的质量及进度。因此，从工程筹建开始，日常管理工作中就应全面考虑到竣工决算的要求，清查、归集、整理相关资料，做好各项基础性工作，为将来竣工决算创造条件。本章主要阐述火力发电工程建设过程中如何做好竣工决算基础工作，如何收集整理竣工决算的基础资料。

　　从许多火力发电项目建设过程中与竣工决算相关的基础性工作管控效果来看，制度不可谓不完善、流程不可谓不严谨、要求不可谓不细致，但往往在长期的执行过程中变形、走样，未善始善终，而是虎头蛇尾，最终的管控结果往往难尽如人意，导致竣工决算编制时对于基建期间已经做过的大量基础性工作可能还要推倒重来，这样的例子不胜枚举。因此，在火力发电项目建设期间，做好与竣工决算紧密相关的基础性工作，是一个持续、细致、规范、严谨的工作过程，应统一标准、持之以恒才可能达到效果。既要通过制度流程明确竣工决算基础性工作的标准和要求，也要辅以绩效考核来使得相关标准和要求不打折扣、有始有终地落地执行。项目建设单位应建立竣工决算基础性工作绩效考核机制，并将其纳入本单位绩效考核体系，激发部门、员工的工作责任心和积极性，以保证工作质量和进度。

第一节　项目前期阶段

火力发电项目的前期阶段（也称"前期工作阶段""筹建期间"），是指火力发电项目从开展项目预可行性研究、可行性研究、项目立项，直到项目核准（备案）的阶段。在该阶段，项目建设单位主要围绕火力发电项目是否要建设、如何建设、政府部门与上级单位是否同意等开展研究、论证、评审、报批工作。

一、前期基础工作

火力发电项目前期工作阶段，涉及项目建设单位成立后的内部部门组建、工程管理制度体系建设、完成项目可行性研究报告与核准、项目会计核算体系建立等重要内容，其中工程管理制度与会计核算体系对于后续的火力发电项目建设和竣工决算的顺利进行均具有决定性作用。前期阶段主要应做好以下基础性工作。

（一）管理制度建设

无论是其他单位代管火力发电项目前期工作，还是直接组建项目建设单位开展前期工作，均应建立健全前期工作管理的规章制度，对于资金、资产、核算、合同、档案等重要内容予以规范，做到有章可依。

（二）合同管理

合同应按合同编号规则先编号再盖章，合同编号应规范完整并前后接序，无断号、重号、缺号或不按规则编号的情况。财务管理部门及业务部门均应建立合同台账，按照时序完整登记合同的编号、签约单位、标的、主要内容、价款、付款条款、工作成果要求、实际结算挂账、实际结算付款、发票接收及对方履约等内容。合同废止、变更的，应依规履行相关废止、变更手续，并完整登记至合同台账中。财务管理部门及业务部门应定期核对合同台账信息。前期工作结束或移交时，合同台账应随同合同资料一并移交。

（三）前期税务工作

火力发电项目前期工作由其他方（股东、关联单位）代管时，应合法合规进行税务筹划。根据目前代管基建项目前期工作的常见管理模式，有的代管单位垫付前期工作费用时要求收款单位开具增值税专用发票或增值税普通发票，待后续项目建设单位正式成立后，代管单位将代垫前期费用以无票方式结转至项目建设单位，或以开具增值税专用发票方式结转至项目建设单位；有的代管单位要求收款单位在收款时暂不开具发票，待项目建设单位成立后直接向项目建设单位开票。第一种方式存在项目建设单位无合规票据列支前期费用、代管单位无真实交易目的开具发票的风险，第二种方式存在增值税发票服务流、资金流、发票流未"三流合一"风险。建议代管单位可与收款单位在签订相关合同时约定，先由代管单位垫付服务费用（暂不开票），待项目建设单位成立后，补充签订三方协议，将代管单位的权利、义务转移至项目建设单位，服务费用发票也开具给项目建设单位，从而规避相关风险。建设单位自行开展前期工作时，应及时办理增值税一般纳税人认定手续，并注意及时取得相关增值税专用发票，做到增值税进项税应抵尽抵。

（四）会计科目体系

代管工程项目应根据上级单位对前期工作费用的核算管控要求设置会计科目，进行明细核算。前期管理性费用明细科目，可参考管理费用的明细科目设置。自建项目应考虑整体项目建设核算要求建立完整的会计科目体系，具体要求见本节"二、会计核算"的内容。

（五）费用预算管理

应按批复的费用额度控制前期工作支出，避免因前期费用金额过大、费用支出不合规不合理等不能列入设计概算的情况。

（六）资产管理

前期工作期间购置的交通工具、工器具、家具及软件，达到资产标准的应按规定确认为固定资产或无形资产。固定资产及无形资产计提的折旧或摊销金额应纳入前期工作费用中核算，流动资产应建立管理台账进行实物管理。前期费用结转时，应将以前期费用名义购置的资产完整移交至项目建设单位。

（七）前期工作档案管理

前期工作期间涉及的各类专业服务工作较多，形成的工作成果资料应及时、完整地办理移交归档手续。尤其应注意涉及多次调整、修改、完善的工作内容和成果，应依规留存，并注明时间或版本。代管前期工作的项目，相关档案应移交项目建设单位。

（八）前期费用收口管理

前期工作结束后，应做好前期费用收口工作，在履行相关审计程序后列入项目设计概算；代管前期工作的项目，费用则移交至项目建设单位。费用移交时，接收单位应当取得移交费用明细清单及相关会计凭证复印件备查。

二、会计核算

火力发电项目建设单位成立后，应按《企业会计准则》和上级单位会计制度或会计核算办法的要求建立核算账套，设置会计科目。在设置会计科目过程中，需要做好统筹规划，既保证科目体系总体上的完整性，又要保证科目明细的适用性。鉴于火力发电项目基建投资主要通过在建工程科目归集核算，因此本节中主要阐述在建工程科目如何设置。

（一）会计科目设置常见问题

从火力发电项目会计科目的设置来看，应站在会计核算与竣工决算结合的高度来考虑会计科目的设置，应重视按概算明细项目设置会计科目，尽量避免出现费用归集错误等会计差错，否则容易导致会计核算与竣工决算这两项相互关联的重要工作脱节。会计科目设置常见问题主要有以下几种。

1.未严格按概算明细项目设置会计明细科目，导致会计核算与竣工决算出现两条线管理。

2.设置会计明细科目过粗，不利于基建期间按各明细概算项目实施投资管控，也导致在竣工决算编制时因实际投资明细过于粗略笼统而无法使用。

3.设置会计明细科目过细，超出了正常投资管控及日常核算的精细度，要求会计核算过程中需要清查整理的数据过多过细，给技经、工程、物资等相关配合部门均带来较大的工作量，影响其配合的积极性。由于数据繁多、细碎，容易导致汇总、统计、整理环节跟不上，极易出现差错，久而久之数据随意、错误归集或无法归集导致数据失真。

4.虽然设置了会计明细科目，但未遵循一贯性原则，因会计人员变更、账套变更等随意变更会计明细科目及核算内容，导致会计数据失真。

5.按会计明细科目归集投资时，由于计划、工程、物资等相关部门的配合协作不到位，对概算分解的理解不深入、不细致，随意变更数据来源、归集方式，加之会计人员不熟悉、不了解各概算项目的具体内容及特点，导致实际投资的概算归集不到位、不准确，出现"错归""打包归"等问题。

以上原因，容易导致会计核算的基建投资数据无法作为竣工决算编制的基础数据源使用，竣工决算时往往还要按照概算口径对会计核算的基建投资进行全面清理，重新梳理核算数据后才能完成概算归集及资产清理，工作量及工作难度都很大。如果没有技经、设备、物资等部门配合协助，仅凭财务部门或中介机构力量很难完成竣工决算编制，而且还容易出现编制错误或资产漏项的问题。基建期形成的大量核算数据对于竣工决算编制而言，"编"之无用，弃之可惜。这也是许多火力发电项目竣工决算编制工作量大、持续时间长的重要原因之一。

因此，如果会计科目设置合理，会计核算规范有序，对于后续的竣工决算编制工作将发挥积极作用。

（二）会计科目设置的目的

1.基建投资管控的需求

基建过程中需要将实际投资归集至对应的概算项目，实时反映各项概算明细的投资完成情况，便于过程中对投资情况进行实时控制，对于超概算项目及时发出预警，以便及时采取措施进行控制。

2.竣工决算编制的需求

在竣工决算报表中，需要编制概算与实际投资对比表，因此建立实际投资与概算项目的对应关系尤为重要，如会计科目未按照概算明细项目进行设置，则在竣工决算编制时，需要对实际完成投资重新按概算项目进行清查整理，逐项归集至各概算明细项目中。在竣工决算编制时已经处于生产期间，基建期间的核算及管理人员可能已调离，由于编制时间短、工作量大、涉及专业多，加之有的竣工决算报表编制人员不熟悉所有概算项目的具体内容及特征、设备及安装工程的实际投资明细，往往会在实际投资按概算口径归集时出现较大障碍，极易出现混淆、重复及遗漏情况，不利于及时、清晰、准确、完整地编制概算与实际投资对比表。

3.竣工交付资产的需要

基建期结束后，编制竣工决算时，需要完成资产交付数量及价值的填列。基建期间较长，财务、技经、设备、物资等部门的组织架构和人员均比较健全，完全有能力、有时间、有资源从日常的业务管理、账务核算等基础工作入手，在会计科目设置时应充分考虑竣工后资产交付的目的和需求，根据交付资产的特点，通过会计科目的科学合理设置，可在建设过程中完成部分资产明细的价值归集，为后续全面完成竣工交付资产的价值清理工作创造条件。

（三）会计科目设置原则

1.繁简结合，明细适度

从投资控制角度来讲，并非需要管控到每个概算项目的最末级明细，也不需要对最末级项目的概算投资执行情况进行经常性或实时性监控。从投资管控的重要性、经济性、便捷性方面来考虑，一般控制级次达到单位工程级次，就可以基本满足投资管控需求。因此，在设置会计科目时，既不能将科目设置到最明细的级次，导致明细核算过细耗时耗力，也不能将科目设置得过于粗略，导致核算不清晰，难以满足日常管控及竣工决算编制的需求，必须均衡、综合考虑。

2.相互融合需求，便于实务操作

从竣工决算资产组资的角度，如会计科目核算细到每一项资产是最理想的，但火力发电项目资产种类繁多、数量庞大，且概算口径与资产口径不完全一致，很难实现会计科目核算至每一项资产。因此，在设置会计科目时，可综合考虑概算投资控制与资产组资的要求，将投资管控与竣工决算编制、资产交付有机结合，力争在一次工作中，实现各个环节要求的相互融合，尽量减少遗留给后续竣工决算编制及资产交付的事项或工作。对于确实无法或不适合通过会计科目设置解决的，可以设置辅助的台账，如概算与合同对应的合同台账、在建工程的资产台账等。此外，会计科目按概算设置明细，也可以辅助核算的方式实现。

需要注意的是，在项目前期工作阶段，可能初步设计概算尚未取得最终批复，给会计科目设置带来不良影响。此种情况下可参照立项申报概算明细先行设置会计科目，火力发电项目概算一般是设计院依据《火力发电工程建设预算编制与计算规定使用指南》编制的，即便审批后的初步设计概算与立项申报概算存在差异，也是局部差异及小范围变化，大多数情况下不涉及概算明细项目的大规模调整。

（四）会计科目的具体设置

根据《企业会计准则应用指南附录——会计科目和主要账务处理》规定，在建工程应当按照"建筑工程""安装工程""需安装设备""待摊支出"以及单位工程进行明细核算。火力发电项目由于投资巨大、资产数量多，一般在准则要求的基础上，细化按《火力发电工程建设预算编制与计算规定（2018年版）》的单位工程（也就是概算表中的第四级）进行明细核算，概算明细中无但实际建设的项目（概算外项目）应据实设置相应的会计明细科目。如上级单位有统一核算要求的，在上级单位规定的科目以下设置明细科目至单位工程层级。一个项目建设单位同时建设多个项目的，还应当先按项目设置明细科目，或各个建设项目分开账套核算。

1.建筑工程

（1）科目设置注意事项。从《火力发电工程建设预算编制与计算规定（2018年版）》中的建筑工程设计概算明细来看，一般情况下，建筑工程向下至第四级即为独立的单位工程，单位工程通常可以形成竣工决算交付的独立资产，如房屋、道路等。火力发电项目实际与概算投资对比表中，建筑工程以单位工程进行对比，也基本满足竣工决算的编制要求。因此建议项目建设单位在会计科目设置时以单位工程为最末级明细科目，如果单位工程以下还有可以单独发挥作用的实体性资产，也可延伸向下设置明细科目。

建筑工程判断概算子项是否设置明细科目的基本原则是：建筑类工程主要形成房屋构筑物资产，以能够形成独立的交付资产为具体标准。如主厂房本体可单独形成独立资产，则应将其设置为独立的明细科目；又如主厂房本体项下的设备基础或其他独立资产如中央空调、电梯等，因设备基础最终交付资产时应归集至具体设备的固定资产价值中，中央空调、电梯应作为独立资产进行固定资产交付，故应将设备基础、中央空调、电梯单独在主厂房本体项下再增设"辅助设施/设备基础""辅助设施/辅助设备"等科目进行核算，以便后续组资交付。如未在主厂房本体项下增设明细科目单独核算，则在竣工决算编制时还需要将其价值从主厂房本体中剔除后清理出可独立交付的资产明细。

需要注意的是，火力发电项目设计概算中"与厂址有关的单项工程"项下的地基处理、厂区及施工区土石方工程、临时工程，最终无法单独形成交付固定资产，临时工程通常在建设期结束后即予以拆除。但这三项工程具有投资额大、可能需要专业发包等特点，设计概算中一般将其单独列示，通常在会计科目中也应将其设置为明细科目，以便按概算项目进行投资归概，待竣工决算时再将其实际投资按受益对象分摊计入交付资产价值。

（2）科目设置示例。表3.1.1按照火力发电项目初步设计概算（节选部分内容），并结合某单位火力发电项目固定资产目录要求，对火力发电项目建筑工程的会计科目设置进行示范说明。

表3.1.1　　　　　　　　建筑工程的会计科目设置明细（节选）

序号	概算级次	概算项目	是否为明细科目	序号	概算级次	概算项目	是否为明细科目
1		在建工程		14	2.1.2	给排水	否
2		建筑工程		15	2.1.3	……	
3	一	主辅生产工程		16	2.2	引风机室	是
4	（一）	热力系统		17	2.2.1	一般土建	否
5	1	主厂房本体及设备基础		18	2.2.2	给排水	否
6	1.1	主厂房本体	是	19	2.2.3	引风机设备基础	是
7	1.1.1	基础结构	否	20	2.3	烟囱	是
8	1.1.2	框架结构	否	21	2.3.1	烟囱基础	否
9	……			22	2.3.2	烟囱筒身	否
10	1.1.11	中央空调	是	23	（二）	燃料供应系统	
11	2	除尘排烟系统		24	1	燃煤系统	
12	2.1	电除尘配电室	是	25	1.1	煤场斗轮机基础	是
13	2.1.1	一般土建	否	26	1.2	干煤棚	是

续表

序号	概算级次	概算项目	是否为明细科目	序号	概算级次	概算项目	是否为明细科目
27	1.3	石灰石棚	是	36	（五）	厂区、施工区土石方工程	
28	1.4	煤泥水处理室	是	37	1	生产区土石方工程	是
29	二	与厂址有关的单项工程		38	2	施工区土石方工程	是
30	（四）	地基处理		39	（五）	临时工程	
31	1	热力系统		40	1	施工电源	是
32	1.1	主厂房	是	41	2	施工水源	是
33	1.2	除尘器	是	42	3	施工道路	是
34	2	燃料供应系统	是	43	4	施工降水	是
35	3	除灰系统	是	44	5	……	

2.安装工程及设备投资

（1）科目设置注意事项。从《火力发电工程建设预算编制与计算规定（2018年版）》中的安装工程、设备投资的设计概算明细来看，一般情况下自安装工程、设备投资向下至第四级即为独立的单位工程，单位工程为资产类别（组）的形式，为按资产功能、特征等划分的资产明细类别，尚未达到最明细的各项资产名称。如果以最明细的各项资产来细分，大约可达数千项之多（具体取决于是按资产台套组合列示，还是按最明细的单个资产列示）。火力发电项目实际与概算投资对比表中，安装工程、设备投资以单位工程（类别（组））进行对比，基本满足竣工决算的编制要求。

判断安装工程、设备投资是否设置明细科目的基本原则是：应按资产类别设置明细科目，不是按具体的资产明细来设置明细科目。如锅炉本体项下还有部分明细设备，但均属于锅炉设备类资产，因设备资产明细较多（火力发电厂设备资产通常多达数千项），如按资产明细设置科目对于实际投资归集过于繁杂，考虑经济效益原则，将该资产类别的设备、安装价值不再向下级进行明细区分，归集到锅炉资产类别即可。后续竣工决算编制时，根据设备采购合同清理出需形成固定资产的设备明细及价值，将安装工程费用在同类资产明细间按设备价值分摊，或按安装工程结算书中明细逐项与设备明细匹配后直接归集。如自安装工程、设备投资向下至第四级后仍有多个级次的安装工程或设备投资的分类汇总时，应当根据这些多级次分类汇总的具体情况进行判断，综合考虑金额大小、安装及设备类别多少，按繁简适度、既清晰准确又便于核算的原则进行科目设置。

需要说明的是，安装工程概算项下绝大部分项目均与设备投资概算项下的设备类别或明细是相互对应的，即有需安装设备则一般就有对应的设备安装费，竣工决算交付资产时需将安装工程费用分摊至对应的需安装设备上，进行竣工交付资产价值组合（简称"组资"）。《火力发电工程建设预算编制与计算规定（2018年版）》规定，专业管道（四大管道、厂区内供水、工业管道等）、三大电缆（电力、控制、通讯）、输电线路的材料费（含设备费）及安装费都属于安装工程。这些安装工程概算项目中的管道、电缆、输电线路等项目的实际投资，各单位固定资产目录中一般均作为固定资产管理，因此不属于需分摊的安装工程费用。管道、电缆、输电线路的投资既涉及施工费，也可能涉及甲供材料，因此，管道、电缆、输电线路应在设计概算框架下，尽可能按固定资产目录要求细化设置为会计明细科目，不应与其他安装工程概算项目混淆，既达到安装工程施工费及甲供材料投资归概的要求，同时也便于竣工决算时将账面投资准确、清晰地转换为交付的固定资产价值。如会计科目设置时对于管道、电缆、输电线路列示不明晰不准确，虽然可以完成安装工程施工费以及甲供材料的投资归概，但在竣工决算资产交付时，还需要将其涉及的大量安装工程施工费及甲供材料按竣工交付资产明细进行再次清理，往往费时费力。

安装工程概算项下的分部试验及试运项目、系统保温及油漆项目等，最终无法单独形成交付固定资产，但具有投资额大、专业性强等特点，设计概算中将其单独列示，通常在会计科目中也应将其设置为明细科目，以便按概算项目进行投资归概，待竣工决算时再将其实际投资按受益对象分摊计入交付资产价值。

（2）科目设置示例。表3.1.2按照火力发电项目初步设计概算（节选部分内容），并结合某单位火力发电项目固定资产目录要求，对于火力发电项目安装工程及设备投资的会计科目设置进行示范说明。

表3.1.2 安装工程、设备投资的会计科目设置明细（节选）

序号	概算级次	概算项目	是否为明细科目 安装工程	是否为明细科目 需安装设备	序号	概算级次	概算项目	是否为明细科目 安装工程	是否为明细科目 设备投资
1		在建工程			22	2.3	旁路系统	是	是
2		安装工程/需安装设备			23	2.4	除氧给水装置	是	是
3	一	主辅生产工程			24	2.5	汽轮机其他辅机	是	是
4	（一）	热力系统			25	3	热力系统汽水管道		
5	1	锅炉机组			26	3.1	主蒸汽、再热蒸汽及主给水管道		
6	1.1	锅炉本体	是	是	27	3.1.1	主蒸汽管道	是	否
7	1.1.1	组合安装	否	否	28	3.1.2	热再热蒸汽管道	是	否
8	1.1.2	点火装置	否	否	29	3.1.3	冷再热蒸汽管道	是	否
9	1.1.3	分部试验及试运	否	否	30	3.1.4	主给水管道	是	否
10	1.2	风机	是	是	31	3.2	中、低压汽水管道		
11	1.3	除尘装置	是	是	32	3.2.1	抽汽管道	是	否
12	1.4	制粉系统	是	是	33	3.2.2	辅助蒸汽管道	是	否
13	1.5	烟风煤管道			34	3.2.3	中、低压水管道	是	否
14	1.5.1	冷风道	是	否	35	3.2.4	锅炉蒸汽吹洗管道	是	否
15	1.5.2	热风道	是	否	36	3.2.5	……		
16	1.5.3	烟道	是	否	37	4	热力系统保温及油漆		
17	1.5.4	……			38	4.1	锅炉炉墙砌筑及保温	是	否
18	1.6	锅炉其他辅机	是	是	39	4.2	除尘器保温	是	否
19	2	汽轮发电机组			40	4.3	汽轮发电机组设备保温	是	否
20	2.1	汽轮发电机本体	是	是	41	4.4	管道保温	是	否
21	2.2	汽轮发电机辅助设备	是	是	42	5	调试工程	是	否

续表

序号	概算级次	概算项目	是否为明细科目 安装工程	是否为明细科目 需安装设备	序号	概算级次	概算项目	是否为明细科目 安装工程	是否为明细科目 设备投资
43	5.1	分系统调试			53	1.3	皮带机上煤系统	是	是
44	5.2	整套启动调试			54	1.3	碎煤系统	是	是
45	5.3	特殊调试			55	……			
46	（二）	燃料供应系统			56	1.5	调试工程	是	否
47	1	输煤系统			57	1.5.1	分系统调试	否	否
48	1.1	卸煤系统	是	是	58	1.5.2	整套启动调试	否	否
49	1.2	储煤系统			59	1.5.3	特殊调试	否	否
50	1.2.1	煤场机械	是	是	60	2	燃油系统		
51	1.2.2	干煤棚机械	是	是	61	2.1	设备	是	是
52	1.2.3	圆形煤场、煤罐机械	是	是	62	2.2	管道	是	否

3.其他费用

（1）科目设置注意事项。从《火力发电工程建设预算编制与计算规定（2018年版）》来看，其他费用概算项目一般按费用类别进行列示。火力发电项目实际与概算投资对比表中，也以费用类别为基础进行对比，基本满足竣工决算的编制要求。因此项目建设单位在会计科目设置时应以费用类别为明细科目，费用明细类别不满足核算或管理要求的，可再向下设置更明细的会计科目。比如，项目法人管理费、项目前期工作费等均涉及大量的明细费用类别，可根据具体管控需要进行更明细化的科目设置。《火力发电工程建设预算编制与计算规定（2018年版）》中未列示的费用项目，可根据实际情况增设会计科目。

①管理车辆购置费和工器具及办公家具购置费。项目建设单位购置的管理车辆、工器具及办公家具，达到固定资产标准的可在固定资产科目核算，在投资管控及竣工决算概算执行情况对比时将实际投资在管理车辆购置费、工器具及办公家具购置费项目中归概。

②基本预备费。基本预备费是指为因设计变更（含施工过程中工程量增减、设备改型、材料代用）增加的费用、一般自然灾害可能造成的损失和预防自然灾害所采取的临时措施费用，以及其他不确定因素可能造成的损失而预留的工程建设

资金。

火力发电项目建设过程中，大多数企业一般均要求基本预备费无需设置会计科目、无需单独核算，动用基本预备费的实际投资据实在各明细会计科目（概算明细项目）中核算，编制竣工决算报表时也同样处理，在竣工决算说明书中对动用基本预备费的重大项目、金额进行分析说明即可，这种做法的好处是可以保证各明细会计科目（概算明细项目）列支的是完整的实际投资。也有少数企业存在要求设置"基本预备费"会计科目、单独核算动用基本预备费的情况，这种做法的好处是能直观体现动用基本预备费的金额，由于将动用基本预备费的金额单独列示"基本预备费"会计科目，将导致同一建设内容的部分投资填写至相应的明细会计科目（概算明细项目）中，部分投资（指动用基本预备费的部分）填写至"基本预备费"会计科目，割裂了实际投资的完整性。从建设管理实际情况来看，基建期大量的明细项目可能会出现超支或节约，大量的小且碎的超支、节约额一般通过内部相互抵销、节约自行弥补超支的方式来解决资金缺口问题，只有出现大额的难以弥补的超支或概算明细中少列、漏列重大项目，才可能真正动用基本预备费。实际上能动用"基本预备费"的实际投资，大多数情况下也仅限于动用基本预备费的重要项目、重要金额。

③价差预备费。价差预备费是指建设工程项目在建设期间由于价格等变化引起工程造价变化的预测预留费用。价差预备费的科目设置，可参照上述基本预备费的方式进行处理。

④铺底流动资金。《火力发电工程建设预算编制与计算规定使用指南》（2018年版）规定，项目计划总资金是指项目法人单位为工程项目的建设和运营所需筹集的总资金。

项目计划总资金=静态投资+动态费用+铺底流动资金=建筑工程费+安装工程费+设备购置费+其他费用+基本预备费+价差预备费+建设期贷款利息+铺底流动资金

铺底流动资金实际是火力发电项目竣工投产后为生产准备的用于购买原材料、燃料、支付工资及其他经营费用等所需的周转资金，不属于工程总投资范畴，因此无需设置会计科目单独核算，也无需在竣工决算报表中填列。从实务操作来看，火力发电项目各机组通过试运行之后即进入生产期间，此时基建期间资金余额亦用于生产经营所需，生产经营售电收入亦用于支付基建欠款，基建资金与生产资金相互混合不便准确区分，实际投入的铺底流动资金难以准确统计。此外，火力发电项目概算中的铺底流动资金是根据生产流动资金或30天燃料费用所需资金计算得出的数据，项目建设单位在募集项目建设、运营资金时应当统筹考虑包括铺底流动资金在内的项目计划总资金需求，但会计核算及竣工决算报表编制时均无需单独考虑。

（2）科目设置示例。以下按照火力发电项目初步设计概算，对火力发电项目其他费用的会计科目设置进行示范说明（见表3.1.3）。

表3.1.3 其他费用科目设置明细

序号	概算级次	概算项目	是否为明细科目	序号	概算级次	概算项目	是否为明细科目
1		在建工程		16	2.1	租赁费	可根据管控需要设置明细科目
2		待摊支出		17	2.2	办公费	
3	一	建设场地征用及清理费		18	2.3	……	
4	（一）	土地征用费	是	19	（二）	招标费	是
5	（二）	施工场地租用费	是	20	（三）	工程监理费	是
6	（三）	迁移补偿费	是	21	（四）	设备材料监造费	是
7	（四）	余物清理费	是	22	（五）	施工过程造价咨询及竣工结算审核费	是
8	（五）	水土保持补偿费	是	23	（六）	工程保险费	是
9	二	项目建设管理费		24	三、	项目建设技术服务费	
10	（一）	项目法人管理费		25	（一）	项目前期工作费	
11	1	项目管理机构开办费	是	26	1	租赁费	可根据管控需要设置明细科目
12	1.1	差旅费	可根据管控需要设置明细科目	27	2	办公费	
13	1.2	办公费		28	3	咨询费	
14	1.3	……		29	4	……	
15	2	项目管理工作经费	是	30	（二）	知识产权转让与研究试验费	是

续表

序号	概算级次	概算项目	是否为明细科目	序号	概算级次	概算项目	是否为明细科目
31	（三）	设备成套技术服务费	是	49	（二）	燃油费	是
32	（四）	勘察设计费		50	（三）	其他材料费	是
33	1	勘察费	是	51	（四）	厂用电费	是
34	2	设计费	是	52	（五）	售出电费	是
35	（五）	设计文件评审费		53	（六）	售出蒸汽费	是
36	1	可行性研究文件评审费	是	54	（七）	脱硫装置启动试运费	是
37	2	初步设计文件评审费	是	55	（八）	脱硝装置启动试运费	是
38	3	施工图文件审查费	是	56	五、	生产准备费	
39	（六）	项目后评价费	是	57	（一）	管理车辆购置费	车辆可在固定资产科目核算
40	（七）	工程检测费		58	（二）	工器具及办公家具购置费	可在固定资产等资产类科目或本科目核算
41	1	电力工程质量检测费	是	59	（三）	生产职工培训及提前进场费	是
42	2	特种设备安全监测费	是	60	六、	大件运输措施费	是
43	3	环境监测及环境保护验收费	是	61	七、	基本预备费	否
44	4	水土保持监测及验收费	是	62	八、	价差预备费	否
45	5	桩基检测费	是	63	九、	建设期贷款利息	
46	（八）	电力工程技术经济标准编制费	是	64	（一）	利息支出	是
47	三、	整套启动试运费		65	（二）	存款利息收入	是
48	（一）	燃煤费	是	66	十、	铺底流动资金	否

4.工程物资

（1）科目设置注意事项。项目建设单位应设置工程物资科目，并在其项下设置材料、设备、工具及器具、备品备件等明细科目，按实物明细设立收、发、存明细账，对材料、设备、工具及器具、备品备件入库、出库、结存进行数量和价值核算。

（2）科目设置示例。以下对于火力发电项目工程物资的会计科目设置进行示范说明（见表3.1.4）。

表3.1.4　　　　　　　　　　工程物资科目设置明细

序号	级次	科目名称	是否为明细科目
1	一	工程物资	
2	（一）	材料	是
3	（二）	设备	是
4	（三）	工具及器具	是
5	（四）	备品备件	是

（五）会计科目核算内容

1.建筑工程科目

建筑工程指按照批准的建设内容发生的建造房屋、构筑物、设备附着物、道路，以及列入建筑工程概算内的暖气、卫生、通风、照明、煤气、消防、除尘等设备价值及装修装饰工程，列入建筑工程概算内的各种管道、电力电讯、电缆导线的敷设工程等建筑工程所发生的支出，不包括按照合同规定支付给施工单位的预付备料款和预付工程款。根据《火力发电工程建设预算编制与计算规定使用指南》（2018年版）规定，建筑工程费概算中除建筑工程的本体费用之外，也包括以下主要项目。

（1）建筑物的给排水、采暖、通风、空调、照明设施。

（2）建筑物的平台扶梯。

（3）建筑物照明配电箱，建筑物的避雷接地装置。

（4）消防设施，包括气体消防、水喷雾系统设备、喷头及其探测报警装置。

（5）采暖加热站（制冷站）设备及管道、采暖锅炉房设备及管道、厂区采暖管道。

（6）混凝土或石材砌筑的文丘里除尘器、箱、罐、池等。

（7）建筑物用电梯的设备及其安装，工业用电梯井的建筑结构部分。

（8）各种直埋设施的土方、垫层、支墩，各种沟道的土方、垫层、支墩、结构、盖板，各种涵洞，各种顶管措施。

（9）建筑物的金属网门、栏栅，独立的避雷针、塔。

（10）屋外配电装置的金属构架、支架、避雷针塔、栏栅。

（11）建（构）筑物的防腐设施，混凝土沟、槽、池、箱、罐等的防腐设施。

（12）冷却塔内部的配水管、托架、淋水装置、除水装置及其结构等。

（13）水工结构、水工建筑、预应力钢筋混凝土管、顶管措施、岸边水泵房引水管道。

（14）燃气—蒸汽联合循环电厂独立布置的余热锅炉烟囱。

（15）建筑专业出图的厂区工业管道。

（16）建筑专业出图的设备基础框架、地脚螺栓。

（17）凡建筑工程建设预算定额中已明确规定列入建筑工程的项目，按定额中的规定执行，例如二次灌浆均列入建筑工程等。

2.安装工程科目

安装工程投资指按照批准的建设内容发生的进行设备安装等所发生的人工、材料、机械作业，以及为测定安装工程质量、对单体设备及系统设备进行单机试运行和系统联动无负荷试运行所发生的支出，不包括被安装设备本身的价值以及按照合同规定支付给施工单位的预付备料款和预付工程款。根据《火力发电工程建设预算编制与计算规定使用指南》（2018年版）规定，安装工程费概算中除包括工艺系统的各类设备、管道、线缆及其辅助装置的组合、装配，以及其材料费用之外，也包含以下主要项目。

（1）各种设备、管道的保温油漆。

（2）设备的维护平台及扶梯。

（3）电缆、电缆桥（支）架及其安装，电缆防火。

（4）发电机出线间的金属构架、支架、金属网门。

（5）厂用屋内配电装置及发电机出线小间的金属结构、金属支架、金属网门。

（6）锅炉砌筑工程、灰沟镶板砌筑。

（7）施工现场加工配制组装的金属外壳里的除尘器、水膜式除尘器。

（8）混凝土水膜式除尘器、箱、罐的内部加热装置、搅拌装置。

（9）化学水处理系统金属管道的内外防腐。

（10）冷却塔内的钢制循环水管道。

（11）循环水系统、补给水系统、厂区及厂外除灰系统（包括灰水回收系统）的工艺设备、管道及其内衬，包括各种钢管、铸石管、铸铁管、钢闸板门、闸槽及启闭机。

（12）设备本体照明、道路、屋外区域（如变压器区、配电装置区、管道区、储煤场、油罐区等）的照明。

（13）厂区接地工程的接地极、降阻剂、焦炭等。

（14）消防水泵房设备、管道，消防车辆。

（15）集中控制系统中的消防控制装置、空调系统的自动控制装置安装。

（16）工业用电梯及其设备安装。

（17）生活污水处理系统的设备、管道及其安装。

（18）燃气—蒸汽联合循环电厂余热锅炉炉顶布置的余热锅炉烟囱及旁路烟道。

（19）工艺专业出图的厂区工业管道。

（20）工艺专业出图的设备基础框架、地脚螺栓。

（21）凡设备安装工程建设预算定额中已明确规定列入安装工程的项目，按定额中的规定执行。

3.设备投资科目

设备投资指按照批准的建设内容发生的各种设备的实际成本，包括需安装设备、不需安装设备的实际成本，不包括按照合同规定支付给设备供应单位的预付（备料）款。火力发电项目设备投资以需要安装设备为主，一般设立需安装设备科目，如有不需安装设备，除可在固定资产科目核算以外，也可设立不需安装设备科目核算。《火力发电工程建设预算编制与计算规定使用指南》（2018年版）规定如下。

（1）在划分设备与材料时，对同一品名的物品不应硬性确定为设备或材料，而应根据其供应或使用情况分别确定。

（2）随设备供货的零部件、备品备件、专用机械工具均列入相应设备的设备费概算。

（3）对随设备本体供应或者是设备本体的一个部件的，应属于设备的一部分，否则应属于材料。例如，管道及阀门在一般情况下属于材料，但随设备本体供应的管道及阀门应属于该设备的一部分。

（4）凡属于一个设备的组成部分或组合体，无论用何种材料做成，或由哪个制造厂供应，即使是现场加工配制的，均属于设备。例如，热力系统的工业水箱和疏水箱、油冷却系统的油箱、酸碱系统的酸碱储存罐、水处理系统的水箱、油处理系统的油箱等均属于设备。

（5）设备中的填充物品，无论其是否随设备供应，都属于设备的一部分。例如汽轮发电机组冷却用汽轮机油，变压器、断路器用的变压器油，大型转动机械冷却系统用的机械油，润滑系统的润滑油，化学水处理箱、罐内的各种填料，蓄电池组用的硫酸，钢球磨煤机第一次装入的钢球及润滑油，转动机械的电动机，化学水处理系统用箱、罐的防腐内衬等，均属于设备。

（6）凡属于各生产工艺系统设备成套供应的，无论是由该设备厂供应，或是由其他厂家配套供应，或在现场加工配制，均属于设备。

（7）某些设备难以统一确定其组成范围或成套范围的，应以制造厂的文件及其供货范围为准，凡是制造厂的文件上列出且实际供应的，应属于设备。

（8）对于设备扩大供货范围内的，应按照常规的成套供货方式和设计专业划分。例如，某些水泵的进出口阀门，有时制造厂虽亦供应，但不固定在本体范围内，并且也不计入水泵本体价格的，应属于材料。

（9）对于成套供应的设备材料，在编制建设预算时，应根据常规单独采购时的划分方式进行划分。

（10）自动阀门的动力装置随阀门主体划分，阀门属于材料的，其动力装置也属于材料，阀门属于设备的，其动力装置属于设备；阀门传动装置（包括远方操作装置），不分传动方式（手动或自动），也一律随阀门性质界定；随设备本体供应的阀门，需要在现场增加的远方操作装置属于材料。

（11）对于进口设备，应根据本工程的设计规定，按照其设备设计供货范围界定。

（12）随设备供应的设备基础框架、地脚螺栓属于设备，随设备供应以外的属于材料。

（13）锅炉或汽轮机供货范围内随设备本体供应的管道及阀门，给水泵汽轮机的排汽管道应划为设备。

（14）锅炉主蒸汽出口阀门、再热蒸汽进出口阀门、汽轮机高压缸蒸汽进出口阀门、低压缸蒸汽进口阀门、主给水泵进出口阀门属于设备。

（15）对于直接空冷机组，空冷管道上的排气管蝶阀及排气管道伸缩节属于设备。

（16）循环水系统的旋转滤网、启闭机械均属于设备，钢闸板门、拦污栅、拦污网属于材料。

（17）成套供应的牺牲阳极装置及其备（辅）料属于设备。

（18）配电系统的断路器、电抗器、电流互感器、电压互感器、隔离开关属于设备，封闭母线、共箱母线、管形母线、软母线、绝缘子、金具等属于材料。

（19）热工控制检测仪表、显示仪表、过程控制仪表、变送器、执行器、计算机、配电箱等属于设备。钢管、合金管、管缆、仪表加工件及配件（钢制卡式管接头、压垫式管接头、承插焊管接头等）、仪表阀门（针型阀、三阀组、五阀组等）、电磁阀、汇线桥架、电缆、补偿导线、接线盒等属于材料。

（20）建筑工程中给排水、采暖、通风、空调、消防、采暖加热（制冷）站（或锅炉）的风机、空调机（包括风机盘管）和水泵属于设备。

需要注意的是，设备费概预算中包含随设备供货的备品备件、专用机械工具，是出于将随设备供货的备品备件、专用机械工具作为一个整体计列概算项目。实务操作中，应将火力发电项目设备采购合同中随同主设备附带的备品备件、专用机械工具，以及单独采购的备品备件，均纳入"工程物资——工具及器具、备品备件"科目核算，并建立数量金额式明细账核算入库、出库、结存情况，分析投资管控、概算执行情况时，随主设备附带的备品备件、专用机械工具应随同主设备一并归概。详见本节中工程物资会计科目设置、会计核算的具体内容及第六章第五节中"二、工器具及备品备件管理"的内容。

4.其他费用

其他费用是指为完成工程项目建设所必需的，但不属于建筑工程费、安装工程费、设备购置费、基本预备费的其他相关费用。根据《火力发电工程建设预算编制与计算规定使用指南》（2018年版）规定，其他费用的主要项目及具体内容如下。

（1）建设场地征用及清理费。建设场地征用及清理费是指为获得工程建设所必需的场地，并使之达到施工所需的正常条件和环境而发生的有关费用。包括土地征用费、施工场地租用费、迁移补偿费、余物清理费及水土保持补偿费。

各地出台了很多与土地、环境保护等相关的收费项目，如土地复垦费、植被恢复费、水土保持补偿费、权属地基调查费、房屋拆迁配套费、宅基地补偿费、房屋拆迁赔偿费、青苗赔偿费等，这些费用的划分，应按照"建设场地征用及清理费"中各项目的定义分类汇总计入相关费用。与环保和水土保持有关的费用应按照是属于补偿、工程项目还是行政收费性质、监测及验收，分别划入水土保持补偿费、项目前期工作费、工程本体（或辅助生产工程）费用或工程建设检测费。如土地复垦费和植被恢复费一般是施工租用场地到期后进行复垦和植被恢复发生的费用，因此应计入"施工场地租用费"；对于在山区、丘陵区、风沙区以及水土保持规划确定的容易发生水土流失的其他区域开办生产建设项目或者从事其他生产建设活动，损坏水土保持设施、地貌植被，不能恢复原有水土保持功能的情况，应当向水行政主管部门缴纳水土保持补偿费，专项用于水土流失预防和治理，应当归入"水土保持补偿费"；对于权属地基调查费、房屋拆迁配套费、宅基地补偿费、房屋拆迁赔偿费、青苗赔偿费等，如果是工程所征用土地上发生的，应计入"土地征用费"，如果是施工租用场地上发生的，应计入"施工场地租用费"。

为满足建设需要，对建设场地范围内的军事区、规划区、机关、企业、住宅及其他建筑物、电力线、通信线、公路、铁路、地下管道、沟渠道、坟墓、林木等进行拆除、迁移、改造、封闭或采取限制措施所发生的补偿费用，以及打谷场、鱼塘、经济作物的赔偿费用，应按照以下原则处理：需要迁移补偿的列入"迁移补偿"项目，征用场地内建筑物的清理费用列入"余物清理费"；需要就地保护的设施和打谷场、鱼塘、经济作物的赔偿费用，属于被征用土地上的计入"土地征用费"项目，属于所租用的建设场地上的计入"施工场地租用费"。

在办理土地征用和相关赔偿工作中，要同各级政府部门、村镇和村民做多次协调工作，所发生的协调费用和招待费已按照国家有关招待费标准在项目法人管理费项目中综合考虑，不在"建设场地征用及清理费"计列。

关于森林砍伐及植被恢复费用应视该土地的使用性质而定。如果是厂区被征用土地上的林木砍伐和植被恢复费用，在"迁移补偿费"中考虑；如果是在租用的施工场地上的林木砍伐和恢复费用，在"施工场地租用费"中考虑。

①土地征占用费。土地征占用费是指按照《中华人民共和国土地管理法》及相关规定，建设项目法人单位为取得工程建设用地使用权而支付的费用。包括土地补偿费、安置补助费、耕地开垦费、土地出让金、勘测定界费、征地管理费、证书费、手续费以及各种基金和税金等。

为办理土地使用权证向政府部门交纳的税费应列入"土地征用费"项目；在征地过程中发生的土地补偿金、土地出让金、安置补助费、耕地开垦费、耕地占用税、勘测定界费、征地管理费、办证费等应列入"土地征用费"项目。

②施工场地租用费。施工场地租用费是指为保证工程建设期间的正常施工，需临时占用或租用场地所发生的费用，包括占用补偿、场地租金、场地清理、复垦费和植被恢复等费用。其中，土地复垦指对在生产建设过程中因挖损、塌陷、压占、污染等造成破坏的土地采取整治措施，使其达到可供利用状态或恢复生态的活动。土地复垦适用范畴为非生产建设或临时堆放活动造成的土地破坏。

③迁移补偿费。迁移补偿费是指为满足工程建设需要，对所征用土地范围内的机关、企业、住户及有关建筑物、电力线、通信线、铁路、公路、沟渠、管道、坟墓、林木等进行迁移所发生的补偿费用。

④余物清理费。余物清理费是指为满足工程建设需要，对所征用土地范围内遗留的建筑物等有碍工程建设的设施进行拆除、清理所发生的各种费用。

⑤水土保持补偿费。水土保持补偿费是指开办生产建设项目的单位，按照有关规定应缴纳的专项用于水土流失预防和治理的水土保持补偿费用。

对于构成工程实体的具体水土保持项目如"挡土墙""护坡""厂区绿化"等，应按照工程项目划分，列入本体工程，不列入本项费用。

需要说明的是，实务中，有的项目建设单位将土地征用费用纳入"无形资产（土地使用权）"科目核算，有的建设单位将土地征用费用纳入"土地征用费"科目核算，在竣工决算及概算执行分析情况时，应将属于土地征用费范围内的征地费用均纳入土地征用费概算项目进行归概。

（2）项目建设管理费。项目建设管理费是指建设项目经政府行政主管部门核准后，自核准至本期工程全部机组商业运行的合理建设期内对工程进行组织、管理、协调、监督等工作所发生的费用。包括项目法人管理费、招标费、工程监理费、设备材料监造费、施工过程造价咨询及竣工结算审核费、工程保险费等。

①项目法人管理费。项目法人管理费是指项目管理机构在项目管理工作中发生的机构开办费及日常管理性费用，包括以下内容。

一是项目管理机构开办费：包括相关手续的申办费，项目管理人员临时办公场所建设、维护、拆除、清理或租赁费用，必要办公家具、生活家具、办公用品和交通工具的购置或租赁费用。

二是项目管理工作经费：包括工作人员的基本工资、工资性补贴、辅助工资、职工福利费、劳动保护费、社会保险费、住房公积金；采暖及防暑降温费、日常办公费用、差旅交通费、技术图书资料费、教育及工会经费；固定资产使用费、工具用具使用费、水电费；工程档案管理费；合同订立与公证费、法律顾问费、咨询费、工程信息化管理费、工程审计费；工程会议费、业务接待费；消防治安费、设备材料的催交和验货费、印花税、房产税、车船税费、车辆保险费；建设项目劳动安全验收评价费、工程竣工交付使用的清理费及验收费等。

三是关于工程审计，按照谁委托谁付费的原则处理。如果是国家审计，费用由国家审计部门负担；如果是项目上级主管部门委托，费用由上级主管部门负担；如果是项目法人委托审计，其费用在项目法人管理费中考虑。

四是在发电工程建设项目中，设备材料的合同签订、催交验货、现场开箱检查等工作一般由项目法人单位的物资部门负责管理服务，其费用应视其工作内容在相应费用项目下支付。设备材料的招标、订货、合同签订服务费用在招标费用中考虑；催交验货服务费用在项目管理工作经费中考虑；现场开箱检查费用在采购及保管费（包括在材料预算价格中）中考虑。但如果项目法人与物资部门签订的是供货合同，物资部门作为供货代理商赚取设备材料差价时，其所有费用均包括在设备材料价格中，不应另行计费。

五是关于工程的达标评优费用。按照正常的施工验收规程、规范，竣工工程必须为达标工程，不另计费用。如果需要评优，按照谁主张谁负担的原则，如果是施工企业主张的，费用在施工企业的管理费中列支；如果是建设项目法人主张的，费用在项目法人管理费中列支。

六是如果工程发生市政配套费用时，应视其性质进行归类处理。市政配套设施的工程费用应单列工程项目计入建安工程费，政府部门的市政配套审批收费在"项目前期工作费"概算中已经考虑，市政配套设施的检查验收费用在"项目法人管理费"概算中已经考虑。

七是工程决算是项目法人单位财务部门的正常工作，费用由项目法人管理费开支。

会计核算实务中有时将为项目建设管理购置的工器具及办公家具达到固定资产或无形资产标准的分别确认为固定资产、无形资产等，不符合固定资产及无形资产确认标准的作为流动资产纳入项目法人管理费科目核算。无论在哪个科目核算，在归概算时都应还原至项目法人管理费概算项目中。根据资产实物管理要求，这些资产（包含流动资产）应登记资产台账进行管理（工器具及办公家具台账）。

②招标费。招标费是指按招投标法及有关规定开展招标工作，自行组织或委托具有资格的机构编制审查技术规范书、最高投标限价、标底、工程量清单等招标文件的前置文件，以及委托招标代理机构进行招标所需要的费用。

技术规范书一般委托设计单位编制完成，其费用应在本项费用内列支。

招标费中不包括项目前期工作中发生的招标费用，例如采用招标方式确定项目可行性方案编制单位等，该阶段的费用均在前期工作费中列支。

③工程监理费。工程监理费是指依据国家有关规定和规程规范要求，项目法人委托工程监理机构对建设项目全过程实施监理所支付的费用，包括环境监理和水土保持监理所发生的费用。

④设备材料监造费。设备材料监造费是指为保证工程建设所需设备材料的质量，按照国家行政主管部门颁布的设备材料监造（监制）管理办法的要求，项目法人或委托具有相关资质的机构在主要设备材料的制造、生产期间对原材料质量以及生产、检验环节进行必要的见证、监督所发生的费用。

⑤施工过程造价咨询及竣工结算审核费。施工过程造价咨询及竣工结算审核费是指依据国家有关法律、法规，根据工程合同和建设资料，项目法人单位组织

工程造价专业人员或委托具有相关资质的咨询机构，自工程开工至竣工开展施工过程造价咨询以及工程竣工结算审核所发生的费用。

⑥工程保险费。工程保险费是指项目法人对项目建设过程中可能造成工程财产、安全等直接或间接损失的要素进行保险所支付的费用。

（3）项目建设技术服务费。项目建设技术服务费是指委托具有相关资质的机构或企业为工程建设提供技术服务和技术支持所发生的费用。包括项目前期工作费、知识产权转让与研究试验费、设备成套技术服务费、勘察设计费、设计文件评审费、项目后评价费、工程建设检测费、电力工程技术经济标准编制费。

①项目前期工作费。项目前期工作费是指项目法人在前期阶段进行分析论证、预可行性研究、可行性研究、规划选址或选线、方案设计、评审评价，取得政府行政主管部门核准所发生的费用，以及项目核准后尚未完成的项目前期工作费用。包括进行项目可行性研究、规划选址论证、用地预审论证、环境影响评价、劳动安全卫生预评价、地质灾害评价、地震灾害评价、水土保持方案编审、矿产压覆评估、林业规划勘测、文物普查、社会稳定风险评估、生态环境专题评估、防洪影响评价、航道通航条件评估等各项工作所发生的费用，分摊在本工程中的电力系统规划设计、接入系统设计的咨询费与文件评审费，以及开展项目前期工作所发生的管理费用等。

需要注意的是，实务中，火力发电项目建设过程中经常出现项目法人管理费与项目前期工作费相互混淆的情况。具体应当参照本书中第六章第二节"容易混淆费用的区分"进行处理。

②知识产权转让与研究试验费。知识产权转让费是指项目法人在本工程中使用专项研究成果、先进技术所支付的一次性转让费用；研究试验费是指为本建设项目提供或验证设计数据进行必要的研究试验所发生的费用，以及设计规定的施工过程中必须进行的研究试验所发生的费用。需要注意的是，知识产权转让与研究试验费不包括以下费用：

一是应该由科技三项费用（即新产品试制费、中间试验费和重要科学研究补助费）开支的项目；

二是应该由管理费开支的鉴定、检查和试验费；

三是应该由勘察设计费开支的项目。

③设备成套技术服务费。设备成套技术服务费是指项目法人为满足机组成套设备运行参数匹配要求，委托设备成套专业机构进行设备成套技术咨询、商务咨询和现场技术服务所支付的费用。如果委托设备成套专业机构承担设备监造或招标代理业务，应在设备监造或招标费用中列支费用。

④勘察设计费。勘察设计费是指对工程建设项目进行勘察设计所发生的费用，包括项目的各项勘探、勘察费用，初步设计费、施工图设计费、竣工图文件编制费，施工图预算编制费，以及设计代表的现场技术服务费。按其内容分为勘察费和设计费。

勘察费：是指项目法人委托有资质的勘察机构按照勘察设计规范要求，对项目进行工程勘察作业以及编制相关勘察文件和岩土工程设计文件等所支付的费用。

设计费：是指项目法人委托有资质的设计机构按照工程设计规范要求，编制建设项目初步设计文件、施工图设计文件、施工图预算、非标准设备设计文件、竣工图文件等，以及设计代表进行现场技术服务所支付的费用。设计费分为基本设计费和其他设计费。

基本设计费是指根据国家行政主管部门的有关规定，设计单位提供编制初步设计文件、施工图设计文件，并提供设计技术交底、解决施工中的设计技术问题、参加试运考核和竣工验收等服务所收取的费用。

其他设计费是指根据工程设计实际需要，项目法人单位委托承担工程基本设计的设计单位或具有相关资质的咨询企业，提供基本设计以外的相关服务所发生的费用。包括总体设计、主体设计协调、采用标准设计和复用设计、非标准设备设计文件编制、施工图预算编制、竣工图文件编制等。

⑤设计文件评审费。设计文件评审费是指项目法人根据国家及行业有关规定，对工程项目的设计文件进行评审所发生的费用。包括可行性研究文件评审费、初步设计文件评审费、施工图文件审查费。

⑥项目后评价费。项目后评价费是指根据国家行政主管部门的有关规定，项目法人为了对项目决策提供科学、可靠的依据，指导、改进项目管理，提高投资效益，同时为投资决策提供参考依据，完善相关政策，在建设项目竣工交付生产

段时间后，对项目立项决策、实施准备、建设实施和生产运营全过程的技术经济水平和产生的相关效益、效果、影响等进行系统性评价所支出的费用。

⑦工程建设检测费。工程建设检测费是指根据国家行政主管部门及电力行业的有关规定，对工程质量、环境保护、水土保持设施、特种设备（消防、电梯、锅炉、压力容器等）安装进行检验、检测所发生的费用。

工程建设检测费主要包括电力工程质量检测费、特种设备安全监测费、环境监测及环境保护验收费、水土保持监测及验收费、桩基检测费。

电力工程质量检测费由原工程质量监督检测费转变而来，是专用于电力工程质量监督机构在履行职责时，按照监督检查大纲的要求，委托检测试验机构对工程实体质量进行抽检所发生的检测费用。相关的检测试验费用均按照"谁委托谁付费"的原则，由委托方支付。根据概预算定额的相关内容，各类检测试验费用应按照如下规则在相应的费用项目下列支：

建筑工程各类材料（包括混凝土）的检测试验费用，在施工企业的"企业管理费"中列支。安装工程各类材料的入库检验费用，作为采购保管费用的一部分，在装置性材料费中列支。在施工过程中，对锅炉、压力容器、压力管道焊缝及焊接材料的金属检测，在锅炉、汽轮机、各类辅机和管道安装工程中列支。在安装工程施工过程中，对阀门、管件、耐火、保温、防腐等材料的抽样检测，在概预算定额中已经包括。

环境监测及环境保护验收费是指依据环境保护有关法律、法规、规章、标准和规范性文件及环境影响报告书等，对环境进行监测、分析和评价，以及对项目配套的环境保护设施、措施进行验收，编制监测及验收报告，公开相关信息所发生的费用。环境监测及验收工作由项目建设单位自行或者委托第三方监测或验收机构实施，编制监测及验收报告以及报告评审的费用在此项费用下列支。环境保护验收工作，目前已由政府行政验收调整为项目建设单位自主验收。

水土保持监测及验收费。水土保持监测及验收费是指依据水土保持有关法律、法规、规章、标准和规范性文件及水土保持方案等，对建设项目扰动土地情况、取土（石、料）弃土（石渣）情况、水土流失情况进行监测，以及对建设项目水土保持设施、措施进行验收，编制监测及验收报告，公开相关信息所发生的费用。

水土保持监测及验收工作由项目建设单位自行或者委托第三方监测或验收机构实施，编制监测及验收报告以及报告评审的费用，在此项费用下列支。水土保持验收工作，目前已由政府行政验收调整为项目建设单位自主验收。

火力发电工程专项用于水土流失预防和治理的水土保持补偿费用，在"建设场地征用及补偿费"中单独列支。

⑧电力工程技术经济标准编制费。电力工程技术经济标准编制费是指根据国家行政主管部门授权编制电力工程计价依据、标准、规范和规程等所发生的费用。

（4）整套启动试运费。整套启动试运费是指发电工程项目按照电力行业启动验收规程规定，在投产前进行机组整套启动、调试和试运行所发生的燃料、辅料、水、电等费用，扣除售出电费和售出蒸汽费后的净值。整套启动试运费中暴露的设备缺陷处理或因施工质量、设计质量等问题造成返工所发生的费用，按照"谁的责任由谁处理并负担相应费用"的原则处理，不在本项费用下列支。燃煤发电工程机组整套启动试运费＝燃煤费＋燃油费＋其他材料费＋厂用电费－售出电费－售出蒸汽费。

整套启动试运费计算公式中"其他材料费"中的其他材料主要指整套启动试运过程中所消耗的水、蒸汽、酸、碱，锅炉的炉水加药，以及氮气、氢气、二氧化碳等材料。

工程同步建设脱硫（脱硝）时，脱硫（脱硝）装置整套启动试运小时采用机组的整套启动试运小时数；不同步建设脱硫（脱硝）时，脱硫（脱硝）装置整套启动试运小时数按照设计文件规定的试运行时间计算。如果没有相关数据时，可按照168小时进行。

改扩建工程在整套启动试运时，如果需要生产运行单位配合，所发生的费用按以下原则计算：如果是启动用电配合应支付电费、启动蒸汽应支付蒸汽费，费用按照整套启动试运费中的相关规定支付。

试运购电价按照从电网购电单价计算。试运售电价、售热价按照以下顺序确定：

①当地物价主管机构核定的试运上网电价和售热单价；

②与电网、热网企业签订的协议试运上网电价和售热单价；

③当地类似工程的试运上网电价和售热单价；

④按照规定的价格计算方法（如标杆电价）确定的变动成本电价和成本热价。

（5）生产准备费。生产准备费是指为保证工程竣工验收合格后能够正常投产运行提供技术保证和资源配备所发生的费用。包括管理车辆购置费、工器具及办公家具购置费、生产职工培训及提前进厂费。

①管理车辆购置费。管理车辆购置费是指生产运行单位进行生产管理必须配备车辆的购置费用，费用内容包括车辆原价、购置税费、运杂费、车辆附加费等。

②工器具及办公家具购置费。工器具及办公家具购置费是指为满足电力工程投产初期生产、生活和管理需要，购置必要的家具、用具、标志牌、警示牌、标示桩等发生的费用。

对于现场标志及投产工程的设备、设施标号牌，凡属于施工现场标志的，由施工单位企业管理费开支；凡属于即将投产设备、设施的，全部由"工器具及办公家具购置费"开支。

工器具及办公家具购置费中所规定的"必要的标志牌、警示牌、标示桩等"的界定按照相应的安全施工及文明施工环境规程、规范执行。不包括展示企业形象的标志墙、标志牌、广告牌和发电厂视觉识别系统等，展示企业形象的标志墙、标志牌、广告牌和发电厂视觉识别系统等应当在企业生产经营费用中列支。

需要说明的是，实务中，项目建设单位购置的管理车辆、工器具及办公家具，达到固定资产标准的可在固定资产科目核算，在投资管控及竣工决算概算执行情况对比时将实际投资在管理车辆购置费、工器具及办公家具购置费项目中归概。有的项目建设单位将不符合固定资产确认标准的工器具及办公家具纳入项目法人管理费科目核算，根据资产精细化管理要求，项目建设单位可将在工器具及办公家具购置费及固定资产等科目核算的这些资产纳入资产台账（包括工器具及办公家具台账）进行管理。

需要注意的是，本处的工器具及办公家具购置费经常与项目法人管理费项下的工器具及办公家具购置费相互混淆，具体处理方式详见本书第六章第二节"容易混淆费用的区分"。

③生产职工培训及提前进厂费。生产职工培训及提前进厂费是指为保证电力

工程正常投产运行，对生产和管理人员的培训以及提前进厂进行生产准备所发生的费用，其内容包括培训人员和提前进厂人员的培训费、基本工资、工资性补贴、辅助工资、职工福利费、劳动保护费、社会保险费、住房公积金、差旅费、资料费、书报费、取暖费、教育经费和工会经费等。

需要注意的是，火力发电项目建设过程中经常出现项目法人管理费与生产职工培训及提前进厂费相互混淆的情况，具体处理方式详见本书第六章第二节"容易混淆费用的区分"。

（6）大件运输措施费。大件运输措施费是指超限的大型电力设备在运输过程中发生的路、桥加固、改造，以及障碍物迁移等措施费用。

（7）建设期贷款利息。建设期贷款利息是指项目法人筹措债务资金时，在建设期内发生并按照规定允许在投产后计入固定资产原值的利息。

5.工程物资科目

（1）材料。火力发电项目材料是指项目建设单位购置用于进行建筑安装工程施工、构成工程实体或有助于工程实体形成的各种物品，如钢材、水泥、砖、瓦等。火力发电项目采购的材料，均应纳入本科目核算，并建立数量金额式明细账核算入库、出库、结存情况。

（2）设备。火力发电项目设备是指项目建设单位购置或建造用于实现建设项目使用功能的机器设备，如三大主机、变配电设备等。火力发电项目采购的设备，均应纳入本科目核算，并建立数量金额式明细账核算入库、出库、结存情况。

（3）工具及器具。工具及器具一般是指工程项目建成投产后运营、维护所使用的工具和器具。如生产和维修用的各种工具，试验室、化验室用的各种计量、分析、化验、保温、烘干用的仪器等。火力发电项目设备采购合同中随同主设备附带的工具及器具，以及单独采购的工具及器具，均应纳入本科目核算，并建立数量金额式明细账核算入库、出库、结存情况。

（4）备品备件。备品备件一般指工程项目建成投产后因运行磨损或维修需定期或不定期更换易损件或零配件，比如随主设备配套的备用轴承、齿轮、螺丝、垫片等。火力发电项目设备采购合同中随同主设备附带的备品备件以及单独采购的备品备件，均应纳入本科目核算，并建立数量金额式明细账核算入库、出库、结存情况。

　　各科目具体核算方法详见本书第二章第一节"五、竣工决算相关制度"中会计准则相关规定的内容。

第二节　设计阶段

　　设计阶段包括初步设计和施工图设计。初步设计文件主要包括初步设计图纸、初步设计概算等，应当满足编制施工招标文件、主要设备材料订货和编制施工图设计文件的需要。施工图设计主要包括施工图设计图纸、施工图预算等成果文件，应按照批准的初步设计概算开展施工图设计管理工作，施工图设计应当满足设备材料采购、非标准设备制作和工程施工等工作需要。因火力发电项目会计核算、竣工决算编制与初步设计概算密切相关，因此，本节中主要介绍初步设计方面与竣工决算相关联的基础性工作。

一、主要管理工作

（一）初步设计方面

　　1.项目建设单位应当引入竞争机制，可以采用招标方式确定设计单位，根据项目特点选择具有相应资质和经验的设计单位。

　　2.在工程设计合同中，应细化设计单位的权利和义务。

　　3.项目建设单位应当向设计单位提供开展设计所需的详细的基础资料，并进行有效的技术经济交流，避免因资料不完整造成设计保守、投资失控等问题。

　　4.建立严格的初步设计审查和批准制度，加强对初步设计的审查，提高初步设计的完整性、准确性，避免遗漏项目、超规模、超面积和超标准等问题。

（二）施工图设计方面

　　1.建立严格的概预算编制与审核制度。概预算的编制要严格执行国家、行业和地方政府有关建设和造价管理的各项规定和标准，完整、准确地反映设计内容和当时当地的价格水平。重点审查概预算编制依据、项目内容、工程量计算、定额套用等是否真实、完整和准确。

2.建立严格的施工图设计管理制度和交底制度。施工图设计基本完成后，应召开施工图会审会议，由项目建设单位、设计单位、施工单位、监理单位等共同审阅施工图文件，设计单位应进行技术交底，介绍设计意图和技术要求，及时沟通问题，修改不符合实际和有错误的图纸，会议应形成书面纪要。

3.项目建设单位应当严格按照国家法律法规和本单位管理要求执行各项设计报批要求，上一环节尚未批准的，不得进入下一环节，杜绝出现边勘察、边设计、边施工的"三边"现象。

4.可以引入设计监理，提高设计质量。

二、初步设计文件

（一）初步设计文件的组成

初步设计文件一般由说明书、图纸、计算书和专题论证报告四部分组成。设计规范中对说明书、图纸两部分成品作了具体规定；计算书虽然不属于设计成品，但它是设计工作的一项重要组成部分；专题论证报告是设计说明书的补充和深化。根据国家能源局发布的《火力发电厂初步设计文件内容深度规定》（DL/T 5427–2009），初步设计文件一般包括如下内容（见表3.2.1）。

表3.2.1　　　　　　　　　　初步设计文件组成明细

序号	内容	序号	内容
第一卷	总的部分	第十一卷	采暖通风及空气调节部分
第二卷	电力系统部分	第十二卷	水工部分
第三卷	总图运输部分	第十三卷	环境保护部分
第四卷	热机部分	第十四卷	消防部分
第五卷	运煤部分	第十五卷	劳动安全及工业卫生
第六卷	除灰渣部分	第十六卷	节约能源及原材料
第七卷	电厂化学部分	第十七卷	施工组织大纲部分
第八卷	电气部分	第十八卷	运行组织与设定成员部分
第九卷	热工自动化部分	第十九卷	概算部分
第十卷	建筑结构部分	第二十卷	主要设备材料清册

竣工决算编制过程中主要使用"第十九卷 概算部分"及"第二十卷 主要设备材料清册"的相关内容，因此决算编制人员应了解熟悉这两卷的具体内容。

（二）初步设计概算

火力发电项目初步设计概算文件通常是竣工决算编制的基础，也是标段划分、招投标、投资归概、概算执行及回归分析、竣工资产组资等的重要依据。

《火力发电厂初步设计文件内容深度规定》（DL/T 5427-2009）规定，初步设计概算书应编制的表格为：表一甲——发电工程总概算表、表二甲——安装工程专业汇总表、表二乙——建筑工程专业汇总表、表三甲——安装工程概算表、表三乙——建筑工程概算表、表四——其他费用计算表、表五甲——发电工程概况及主要技术经济指标。

1.发电工程总概算表

发电工程总概算表填写的项目名称应符合发电工程预算标准的规定，每项费用的数值由表二、表四及各类价差计算表等对应位置引用至表一甲，表一甲的名称前注明工程名称（见表3.2.2）。

表3.2.2 表一甲——发电工程总概算表

机组容量：

序号	工程或费用名称	建筑工程费（万元）	设备购置费（万元）	安装工程费（万元）	其他费用（万元）	合计（万元）	各项占静态投资（百分比）	单位投资（元/千瓦）
一	主辅生产工程							
（一）	热力系统							
（二）	燃料供应系统							
（三）	除灰系统							
（四）	水处理系统							
（五）	供水系统							
（六）	电气系统							
（七）	热工控制系统							
（八）	脱硫工程							
（九）	脱硝工程							
（十）	附属生产工程							

续表

序号	工程或费用名称	建筑工程费（万元）	设备购置费（万元）	安装工程费（万元）	其他费用（万元）	合计（万元）	各项占静态投资（百分比）	单位投资（元/千瓦）
二	与厂址有关的单项工程							
（一）	交通运输工程							
（二）	储灰场、防浪堤、填海、护岸工程							
（三）	水质净化工程							
（四）	补给水工程							
（五）	地基处理工程							
（六）	厂区、施工区土石方工程							
（七）	临时工程							
三	编制基准期价差							
四	其他费用							
（一）	建设场地征用及清理费							
（二）	项目建设管理费							
（三）	项目建设技术服务费							
（四）	整套启动试运费							
（五）	生产准备费							
（六）	大件运输措施费							
五	基本预备费							
六	特殊项目							
（一）	工程静态投资（一至六项合计）							
（二）	各项占静态投资（%）							
（三）	各项静态单位投资（元/千瓦）							
七	动态费用							
（一）	价差预备费							
（二）	建设期贷款利息（万元）							
（三）	工程动态投资（一至七项合计）							
（四）	各项占动态投资（%）							
（五）	各项动态单位投资（元/千瓦）							
八	铺底流动资金							
九	项目计划总资金（万元）							

注：如编制基准期价差已在各单位工程中计算，本表中不再单独体现"编制基准期价差"费用金额。

2.安装、建筑工程专业汇总表

表二按专业编制，表的名称前注明专业名称，除建筑的"主厂房本体"应填写至分项工程外，其余项目一律填写至单位工程。单位工程的名称及编排秩序应符合发电工程预算标准的规定，安装、建筑每项费用的数值应由表三对应位置引用至表二，技术经济指标按"预算标准"的规定填写。

（1）安装工程专业汇总表（见表3.2.3）。

表3.2.3 　　　　　表二甲——安装工程专业汇总表 　　　　　单位：元

序号	工程项目名称	设备购置费	安装工程费				合计	技术经济指标		
			装置性材料费	安装费	其中人工费	小计		单位	数量	指标

注：1.按单位工程从表三汇入。
　　2.技术经济指标按项目划分表中的技术经济指标单位填写。

（2）建筑工程专业汇总表（见表3.2.4）。

表3.2.4 　　　　　表二乙——建筑工程专业汇总表 　　　　　单位：元

序号	工程项目名称	设备购置费	建筑费		建筑工程费合计	技术经济指标		
			金额	其中人工费		单位	数量	指标

注：1.按单位工程从表三汇入。建筑工程中给排水、暖气、通风、空调、照明、消防等项目按建筑费、设备费汇总计入表二，再以建筑工程费（建筑费+设备费）合计数汇入表一。
　　2.技术经济指标按项目划分表中的技术经济指标单位填写。

3.安装、建筑工程概算表

安装、建筑工程概算表（表三甲、表三乙）为概算文件的基本核算表。每一项单位工程应包括直接费、间接费、利润和税金，取费计算可以采用单位工程逐项取费、单位工程综合费率取费或单位工程表二逐项取费等方式。安装、建筑工程概算表的编号、项目名称应符合发电工程预算标准的统一规定，"预算标准"中没有的项目，可自行补充，补充的名称应与设计名称相同。

（1）安装工程概算表（见表3.2.5）。

表3.2.5   表三甲——安装工程概算表   单位：元

序号	编制依据	项目名称	单位	数量	单重	总重	单价				合价			
							设备	装置性材料费	安装	其中人工费	设备	装置性材料费	安装	其中人工费

注：1.在编制依据栏应注明采用的定额或指标编号，调整使用的应注明调整系数，参照使用的应注明"参+编号"；采用其他资料时应注明"参××工程"，"补"或"估"字样。

    2.单价栏中的数据应保留两位小数，合价栏中的数据只保留整数，有小数时四舍五入。

（2）建筑工程概算表（见表3.2.6）。

表3.2.6   表三乙——建筑工程概算表   单位：元

序号	编制依据	项目名称	单位	数量	设备单价	建筑费单价		设备合价	建筑费合价	
						金额	其中人工费		金额	其中人工费

注：1.在编制依据栏应注明采用的定额或指标编号，调整使用的应注明调整系数，参照使用的应注明"参+编号"；采用其他资料时应注明"参××工程"，"补"或"估"字样。

    2.给排水、暖气、通风、空调、照明、消防等项目中的设备购置费列入设备栏中。

    3.单价栏中的数据应保留两位小数，合价栏中的数据只保留整数，有小数时四舍五入。

4.其他费用计算表

各项费用应写明编制和计算依据、必要的计算方法和说明，工程或费用项目名称以及编排秩序应符合发电工程预算标准的规定。凡发电工程预算标准中没有的项目需列入时，应说明其列入依据（见表3.2.7）。

表3.2.7   表四——其他费用计算表   单位：元

序号	工程或费用项目名称	编制依据及计算说明	合价

注：编制依据及计算说明必须详细填写，并注明数据来源及计算过程。

5.发电工程概况及主要技术经济指标（见表3.2.8）

表3.2.8 表五甲——发电工程概况及主要技术经济指标

本期容量		兆瓦		规划容量	兆瓦
厂区自然条件及主厂房特征					
场地土类别		地震烈度	度	地下水位	米
布置方式		主机布置		框架结构	
汽机房跨度	米	汽机房柱距	米	设备露天程度	
主要工艺系统简况					
输煤系统			除尘系统		
制粉系统			除灰系统		
主蒸汽系统			电气主接线		
化学水系统			供水系统		
脱硫系统			脱硝系统		
主要技术经济指标					
静态投资		万元		单位投资	元/千瓦
厂区占地		平方米		厂区利用系数	%
主厂房体积		立方米		主厂房指标	立方米/千瓦
标准煤耗		千克/千瓦时		厂用电率	%
发电成本		元/千瓦时		电厂定员	人

三、概算整理

火力发电项目初步设计概算从表一至表五，包含总概算表和各专业工程汇总表、专业工程概算表等，是逻辑严密、内容翔实的一整套表格。从成本与效益考虑，用于竣工决算编制的概算并不需要那么详细，因此，需要对初步设计概算明细按照便于概算分析与资产形成的原则，按竣工决算报表的结构进行整理。

从火力发电项目初步设计概算明细级次来看，先按费用性质划分为建筑工程、安装工程、设备投资、其他费用四个部分，在费用性质之下，再按工程具体子项分别在建筑工程、安装（设备）工程下列示。一般工程子项先按主辅生产工程及与厂址有关的单项工程进行区分，然后再按十大系统进行划分，十大系统以下的概算明细中一般仍包括子系统、单位工程、分部分项工程等多个层级。

从火力发电项目账务核算及投资控制角度来讲，由于概算子项繁多，故并不需要管控到每个概算项目的最末级明细，实际工作中也难以对最末级项目的概算投资执行情况进行管控。从竣工决算编制及竣工资产组资的角度来看，会计科目核算细到每一项资产是最理想的，但火力发电项目资产种类繁多、数量庞大，且概算口径与资产口径不完全一致，需考虑成本效益原则，进行合理的会计科目设置。

因此，概算整理时需要综合考虑会计核算、概算投资管控与资产组资对于概算口径的要求，选取适当的概算口径。从目前火力发电项目竣工决算编制实务来看，概算整理时一般先按费用性质分为建筑工程、安装工程、设备投资、其他费用四个部分，再按工程子项依次选取到单位工程级次的概算子项，基本能满足上述投资管控与资产组资要求。少量无法满足的，可增设台账解决。概算整理后，一方面作为会计核算的明细科目（或项目核算），一方面作为竣工工程决算一览表（竣建02表）左半部分的概算内容填列。具体概算整理相关内容详见本章第一节"二、会计核算"及第四章第九节"竣工决算报表的编制"。

四、会计核算

初步设计经审批通过后，应根据整理后的初步设计概算明细对于已设置的会计科目进行修正，以确保初步设计概算与会计科目相互匹配勾稽，以便于会计核算及竣工决算编制时实际投资清晰准确归概。

第三节　施工准备阶段

火力发电项目设计工作完成后，可进入施工准备阶段。施工准备阶段的重点就是开展招标采购工作，因此，本节主要讲解招标采购工作对于竣工决算的影响。招标采购时，需确定项目的招标模式，招标模式不同，对标段的划分也不同，招标模式及标段划分可对招标文件及合同的格式、内容详略程度、管控要求等产生重大影响；招标文件、合同内容都将对会计核算产生重大影响。这些过程中的基础性工作，也将影响到竣工决算报表的编制与交付资产的清理。

一、主要基础工作

施工准备阶段重点是开展招标采购工作，项目建设单位需要根据招标方式，在招标文件、合同范本等中落实竣工决算编制所需要的基础资料，主要包括以下各项。

1.根据工程建设管理要求，选择合适的招标模式，主要有平行发包或EPC总承包两种。

2.进行概算分解，合理划分招标标段，在概算额度范围内控制各标段招标金额。

3.将各招标标段工程和设备明细与概算子项建立对应关系，以便后续投资归概。

4.结合运营期固定资产管理要求，设置招标报价表明细项目要求。

5.根据竣工决算基础工作相关要求，在招标文件中落实施工单位需要配合的各项工作。

二、火力发电工程招标模式

火力发电项目投资规模大，质量标准要求高，技术复杂且专业性强，因此对于设计、施工、设备供应等单位要求较高。目前火力发电项目建设主要采用平行发包和设计采购施工总承包（EPC）两种模式，也有部分电厂或电厂的部分专业工程采用"建设—经营—转让"（BOT）等模式。近年来，EPC总承包模式呈逐渐增加的趋势。

（一）平行发包方式

火力发电项目建设单位采用平行发包管理方式，需将火力发电项目按照实施阶段（设计、施工等）和工程范围（单项工程或专业工程等）分解成多个标段进行招标，由工程设计单位、施工承包商、工程监理和设备材料供应商等各种不同性质的参建单位分别予以实施。该方式具有通过市场充分竞争优选供应商、缓解项目建设单位资金压力等优点。同时，也存在一些弊端，如：（1）现场有多个独立的施工企业同时作业，需要增加临时生产、生活设施、材料堆场，容易对现场场地的使用产生交叉干扰；（2）造成项目建设单位的管理工作量增加，组织协调的工作量也随之增加；（3）多个施工企业分标段施工，可能会造成进场费、临时措施费等的增加。因此，在平行发包模式下，合理划分标段对电厂建设具有重要意义。

（二）设计采购施工总承包方式（EPC）

EPC总承包是指总承包单位按照合同约定，同时承担工程项目的设计、采购、施工任务，并对工程的质量、安全、工期、造价全面负责的总承包方式。主要有以下优缺点：

1.优点

（1）把设计、采购、施工组合为三位一体，解决了平行发包模式中设计、施工、采购等环节之间的脱节、拖沓问题，可以提高项目建设的效率。

（2）将设计、采购、施工、造价控制紧密联系，可以通过实施限额设计强化投资管控能力。

（3）可以发挥总承包单位的管控优势，减少项目建设单位的管理资源投入，降低项目管理费用。

（4）项目建设单位和总承包单位之间的合同范围、目的、标准有清晰、明确的界限，总承包单位作为合同履约方承担履约主体责任，可以转移、降低项目建设单位在设计、招标、采购、施工等多方面的风险。

（5）可以发挥总承包单位统筹协调优势，加快设计、施工及设备交付进度，有效缩短工期。

2.缺点

（1）如果总承包单位综合实力不强，协调管控水平不高，可能难以有效保证项目建设的顺利实施。

（2）项目建设单位主要是通过总承包合同对总承包单位进行监管，对工程实施过程参与程度较低，控制力度较弱。

（3）总承包单位的管理或财务一旦出现重大问题，可能导致项目面临停工等巨大风险。

（三）BOT方式

BOT模式意为"建设—经营—转让"，在我国一般被称作"特许经营权"模式，是指政府部门、项目建设单位就某个工程项目与承包单位签订特许经营权协议，授予承包单位来承担该工程项目的投资、融资、建设、经营与维护，在协议规定的特许期限内，承包单位向该工程项目使用者收取适当的费用，由此回收工程项目的投资、建造、经营和维护成本，并获取合理回报，在特许期限满之后无偿（个别也有偿移交）把资产移交给政府方或项目建设单位。BOT是一种项目融资方式，也是一种项目经营管理方式，它是将企业建造购置一项长期资产运营受益的活动转变为购买服务以受益的活动。

20世纪80年代为引进外资需要，个别火力发电厂采用BOT模式建设，如1984年香港合和实业公司和中国发展投资公司等作为承包商与广东省政府合作在深圳投资建设了沙角B电厂项目，是中国首家BOT项目；1995年广西来宾电厂二期工程是中国引进BOT方式的一个里程碑，为中国利用BOT方式提供了宝贵的经验；近年来，需要政府补贴的垃圾焚烧发电厂多采用BOT模式建设。

此外，部分火力发电项目中出现将其中部分专业工程采用BOT模式建设运营的情况，如脱硫工程、脱硝工程、环保岛工程等。采用BOT模式建设的工程，由承包单位承担该工程项目的投资、融资、建设、经营与维护。在BOT资产未移交前，资产的所有权、运营权、收益权均不属于项目建设单位，项目建设单位因此也未产生任何的资金投入和投资支出。

BOT模式的优点是可以在减少甚至无需项目建设单位投入资金的情况下即可完成相关建设内容，减轻了项目建设单位建设期间的债务负担；缺点是项目建设单位需长期向BOT项目运营单位购买产品或服务，减少了自建项目所能享受的合理利润。

火力发电厂采用BOT模式建设的脱硫脱硝工程，在BOT运营期满之前，不构成火力发电项目建设单位的建设投资，也不形成自己的资产，也不需要编制竣工决算，故本节不作分析。

三、发包方式对于招标文件的影响

招标文件是招标工程建设的大纲，是向投标单位提供参加投标所需要的一切情况。因此，招标文件的编制质量和深度，关系着整个招标工作的成败。招标文件的繁简程度，要视招标工程项目的性质和规模而定。建设项目复杂、规模庞大的，招标文件要力求精练、准确、清楚；建设项目简单、规模小的，文件可以从简，但要把主要问题交代清楚。

项目建设单位应按照国家法规、技术规范，以及上级主管单位管理制度的有关规定，结合已经确定的工程发包方式、标段划分方案、招标方式等具体情况编制招标文件，从建设项目的实际需要出发，对招标文件的内容分别提出不同的管理要求；同时，项目建设单位应加大对招标文件的审核工作力度。

（一）平行发包方式

如火力发电项目采用平行发包方式，在完成核准备案手续后，即可组织开展三大主机招标采购工作。项目建设单位可依据可行性研究报告中主机设备投资估算明细编制招标文件，主机设备招标时应避免出现招标内容不详尽、不明晰的情况。如果由于各种原因导致招标文件内容出现不详尽、不明晰的情况，在签订合同时，也应当根据实际招标采购结果将合同内容进行详尽、明晰列示。

主机设备招标采购结束后即可完成初步设计文件编制，平行发包项目招标时应根据初步设计文件将招标内容列示详尽、清晰，与设计概算予以匹配。

平行发包的建设项目需将不同管理阶段的工作、单项工程或专业工程等建设内容划分为多个标包进行招标，由工程设计单位、施工承包商、工程监理和设备材料供应商等参建单位分别予以实施，使得各参建单位之间的专业协作关系较为复杂，招标组织管理的工作量较大，对招标文件的编制提出了较高要求。

项目建设单位在编制招标文件时，在合理划分工程标段的基础上，应进一步明确各参建单位的工作范围和工作界面，以及各参建单位之间的专业协作关系。此外，项目建设单位应通过拟定招标文件中合同条款，建立起设计、施工、监理和供应商等对项目建设单位负责的管理机制，力求降低项目建设单位的管理难度，确保建设目标顺利实现。

（二）EPC总承包方式

EPC工程总承包方式涉及的参建单位较少，但承包范围大，工程总承包单位需承担对分包单位的管理职能，各参建单位之间的专业协作由工程总承包单位负责，项目建设单位主要管好总承包单位即可，管理关系较为简单。

项目建设单位在编制招标文件时，除全面描述招标项目需求外，可通过拟定招标文件合同条款，进一步加强对合同分包的管理工作力度，建立起合同分包单位对工程总承包单位负责、工程总承包单位对项目建设单位负责的管理机制。此外，项目建设单位应根据火力发电工程的特点，设置满足火力发电项目使用功能、使用条件、交付标准、考核评价等管理条款，确保建设目标顺利实现。

四、招标文件对合同的影响

通过火力发电项目招标情况来看，采用平行发包为主的项目，通常是按照初步设计的建设内容明细进行条块分割划分后进行的，招标文件中的招标内容编制越详尽、越明晰，则与设计概算的匹配度越高。但也存在部分采用平行发包的项目招标内容不详尽、不清晰，与设计概算难以匹配、偏离度较大的情况。采用总承包模式的项目，有的项目的招标文件存在招标内容不详尽、不明晰的情况，甚至有的招标内容只有框架而没有具体明细，据此招标结果签订的合同也同样存在合同内容不详尽、不明晰的情况，有的合同甚至只有框架没有明细内容，有的合同即便有明细内容也往往出现与设计概算难以有效匹配、偏离较大的情况。

在招标采购阶段，还应当对于投标价款、合同价款中的增值税率予以明确约定，以利于双方在建设过程中遇到税率变化时能合法、合理进行合同结算价款调整处理，维护双方合法权益。有的招标文件中未对投标报价的增值税及增值税率变化予以清晰准确的规定，导致投标报价时出现含糊不清的情况，可能给后续遗留纠纷隐患。有的设备采购招标项目涉及随主设备附带供应专用工具、备品备件，但在招标内容中未列示专用工具、备品备件配置明细或具体要求，或未要求投标人单独报出专用工具、备品备件的价格及实物明细，导致实际签订的设备采购合同中无专用工具、备品备件的实物明细或价格明细，有的项目建设单位也未将其纳入实物及价值双重管理，形成大量的账外资产。

针对平行发包模式下招标内容不详尽、不清晰的情况，应以设计概算为依据编制招标文件，应加强对招标文件内容的审核，可以有效提高后续会计核算、概算归集、投资管控的便捷性、准确性。

针对EPC总承包模式下招标内容不详尽、不明晰的情况，可在出具初步设计文件后，由总承包方依据初步设计文件、分项分包合同等对于总承包合同内容按设计概算口径进行分解，分解后的EPC总承包合同明细内容应与设计概算明细相互匹配，可以有效提高后续会计核算、概算归集、投资管控的便捷性、准确性。

综上，招标文件内容越详尽、越明晰，与设计概算的匹配度越高，则实际签订合同内容明细也将明晰、详尽，会计核算也将更快捷、清晰、准确，实际投资支出概算归集的难度也就越小。无论采用平行发包或EPC总承包模式，合同中都应体现出具体建设施工内容明细及价款明细，建设施工内容明细应当与火力发电项目设计概算明细相互匹配，前后呼应。这样合同明细才能与依据设计概算明细设置的会计科目明细建立勾稽对应关系，便于建设过程及竣工决算编制中的实际投资清晰、准确归概。

五、招标文件对竣工决算基础工作的影响

从招标文件与竣工决算基础工作的衔接、匹配情况来看，招标文件内容是否详略得当，是否与批复概算口径一致，是否满足固定资产投资全寿命周期管理需要，都将对于竣工决算基础工作产生重大影响。

（一）应规范主机采购以满足投资归概、资产组资及生产需求

火力发电项目在完成核准备案手续后，即可组织开展三大主机招标采购工作。有的主机设备招标采购在初步设计之前进行，项目建设单位应依据可行性研究报告中主机设备投资估算明细编制招标文件，并根据招标结果签订合同。主机设备招标采购结束后应完成初步设计文件编制，初步设计概算中应将主机设备概算口径与实际招标采购内容相互匹配、衔接。如主机设备招标采购在初步设计之后，项目建设单位应依据初步设计概算明细编制主机设备招标文件，并根据招标采购结果签订合同，初步设计中主机设备概算明细与实际招标采购内容应相互匹配、衔接。

主机设备招标文件中应避免出现招标设备清单不详尽、不明晰的情况，否则易出现设备明细组资困难。如已发生此问题，在签订合同时，也应当根据实际招标采购结果将合同设备清单明细内容与价值进行详尽、明晰列示。

主机设备招标采购时往往随设备附带供应大量的专用工具、备品备件，在招

标采购时，应注意规避以下常见问题：未了解实际需求情况即盲目采购、随意采购，导致实际使用效率不高、闲置浪费甚至报废造成损失；招标文件中未列示专用工具、备品备件实物明细清单，未要求投标人按实物明细清单进行单独报价，或实际签订的设备采购合同中无专用工具、备品备件的实物明细及价格组成，导致竣工决算时无法从中清理出实物明细资产及其价值，不能将其纳入实物及价值双重管理，既形成大量账外资产，也导致主机设备价值虚高，由于专用工具、备品备件的使用年限往往低于主机设备，将导致后续各年少计折旧而虚增利润。

主机招标时经常包含技术服务、职工培训、考察交流等费用，如属于与主机设备选型采购或安装调试直接相关的费用，应列入设备资产价值；如属于与设备后续生产相关的费用，应从生产准备费的培训费中列支；如与设备不直接相关的，则不应计入项目总投资。

（二）应建立与批复概算口径对应的投资管理体系

从目前火力发电项目的合同管理情况看，无论是采用EPC工程总承包方式签订的合同，还是采用平行发包方式签订的合同，有的合同明细内容的设置没有与批复设计概算的口径保持一致，甚至形成合同明细与设计概算口径两条线的情况，导致工程建设过程中无法实现各分项合同的动态管理与控制，会计核算无法按照设计概算归集投资成本等一系列管理问题，给建设项目的后续管理和竣工决算工作带来不利影响。

招标文件是项目建设单位实施工程建设的工作依据，招标文件确定的技术标准和要求、设计图纸、工程量清单、合同条款等，既是招标投标活动的主要依据，也是合同文件构成的重要内容，对招标人和中标人具有约束力。因此，无论是EPC工程总承包方式还是平行发包方式，项目建设单位在招标管理过程中编制招标控制价、工程量清单、设备采购报价清单时，均应注意与批复初步设计概算的口径保持对应，从而建立起与批复概算口径对应的建设项目投资管理体系，为工程建设过程中实现各分项合同的动态管理与控制、提高财务核算管理水平、工程竣工决算时完成概算执行情况分析及考核等各项管理工作奠定基础。

（三）应满足固定资产投资全寿命周期管理需要

有的项目建设单位在编制招标文件时，没有充分考虑固定资产投资的全寿命周期管理工作需要，导致工程竣工后形成的交付使用资产不能满足建设项目竣工决算以及生产运营期间资产管理等工作要求。如采用EPC工程总承包方式的建设项目，有的项目建设单位和工程总承包单位存在"重实体建设、轻资产管理"的传统理念，项目建设单位对合同分包管理缺乏约束力，工程总承包单位在项目实施过程中不愿意提供分包合同及相关设备、专用工具、备品备件明细，导致EPC总承包单位在工程竣工后提供的实物资产移交清册，以及申报工程结算时提供的采购设备名称、规格型号、数量等情况，与现场实际形成的交付使用资产严重不符，给后续管理工作造成不利影响。

固定资产投资是建造和购置固定资产的经济活动，是社会固定资产再生产的主要手段，固定资产投资管理除满足立项决策、工程设计、招标采购、工程实施、工程验收等各阶段的管理要求外，还应满足工程竣工后资产运营管理的工作需要，即固定资产投资应满足全寿命周期管理的工作需要。项目建设单位在编制招标文件时，还应关注以下事项。

1.结合固定资产目录的管理要求编制招标采购清单

项目建设单位在编制工程量清单、确定设备采购范围及报价体系时，可以对其中包含的固定资产进行合理筹划，结合固定资产目录的管理要求确定明细资产和有关固定资产重要附属设备的交易价格，满足固定资产投资全寿命周期管理的工作需要。

2.EPC建设项目应加强对分包合同的管理工作力度

采用EPC工程总承包方式的火力发电项目，项目建设单位在编制招标文件时，应对分包合同的招标采购方式、采购范围、投标报价体系，以及工程总承包单位和分包单位在工程竣工阶段提交的实物资产移交清册、申报工程结算时提供的采购设备明细等提出明确要求，满足建设项目竣工决算及资产运营管理的工作需要。

六、火力发电工程标段划分

工程标段是将一个整体工程按实施内容、工程范围等切割成多个工程段落，并把工程段落或单个或组合起来进行招标的客体。标段划分是工程施工招标工作过程中的重要环节，标段划分应按照专业独立、方便施工、方便区分责任、方便管理的原则进行，标段划分直接关系到工程建设管控的实施及效果。

（一）影响工程标段划分的因素

项目建设单位可以把工程建设内容按多种方式划分为多个标段，但在划分标段时，应综合考虑以下因素的影响，以确保标段划分合理，便于实施。

1.工程的资金来源

如果建设工程的资金以向承包单位融资的方式解决，这类项目可采取把设计、施工合并为一个标段的标段划分形式，并采用EPCT（即设计采购施工/交钥匙）合同形式。

2.工程的性质

一般来说，电力等通用能源工程或其他通用工业工程，项目建设单位能够得到专业的技术服务，能够准确全面地表述雇主要求，能够根据工程的功能和现场施工条件客观地制作标底，可以采用把设计、采购、施工合并为一个标段的工程总承包方式。不具备上述条件的，可以把设计、采购、施工分别划分为单独标段。但标段划分也应适度，标段划分过小、过多将导致有较强实力的大型施工企业参与投标的可能性减少，管理协调的工作量及难度增加。

3.工程的技术要求

凡对工程的各个部分都没有特殊的技术要求且不涉及专利等知识产权的项目，在施工发包给总承包单位的过程中或之后，都不宜通过项目建设单位限制或指定分包的形式，把施工划分为多个标段或过多地干预总承包单位的履约行为，否则就会造成总承包单位的职责难以明确的局面。只有对工程的特定部分（包括生产设备、配套设施）有特别要求的项目或工程的特定部分涉及专利等知识产权的项目，项目建设单位可采用把上述特定部分单独划分为一个标段，或通过指定分包方式满足对工程特定部分的特殊要求，同时也要在合同条款中特别明确承包单位之间的责任范围。

4.对工程造价的期望

如果项目建设单位希望以固定总价方式锁定工程的造价风险，宜采用把设计和施工合并为一个标段的标段划分方式，在承包单位同时负责设计及施工的情况下，设计变更并不能构成其增加工程价格的理由，只有由项目建设单位提起的变更才可调整工程价格，这样就具备了采用固定总价的基本条件。如果项目建设单位希望按实际发生的工程量支付工程价格，宜采用把设计和施工划分为两个标段的方法，任何设计的变更都构成调整工程价款的依据，在实际的工程量或实际成本的基础上结算工程价款。

5.对工期的期望

如果项目建设单位希望锁定工期风险，宜采取把设计和施工合并为一个标段的标段划分形式。在承包单位同时负责设计及施工的情况下，设计变更不能成为其延长工期的理由，因而合同工期相对于单纯施工合同具有更大的确定性，同时总承包单位集设计和施工责任于一身，也更有利于其控制工期。

6.对质量的期望

如果项目建设单位希望对工程的质量责任有较大的确定性，拟采用把设计和施工合并为一个标段的标段划分方式，因为承包单位负责设计的同时对工程的质量责任没有推托的余地。如果项目建设单位对设计单位有特殊的要求，以确保工程的质量，拟采用把设计和施工划分为两个标段的标段划分方式，并由项目建设单位直接确定设计单位。

7.资金的充裕程度

如果项目建设单位的资金相对充裕，可采取把设计和施工合并为一个标段的标段划分方式，因为一般情况下，总承包单位的责任越大，其报价会相应提高，而且一旦总承包合同生效，项目建设单位的付款义务是不容中断的。如果项目建设单位的资金较为紧张，需进行阶段性筹资，可采取把设计和施工划分为两个标段的标段划分方式，这样可使施工部分的招标与项目建设单位资金的实际到位情况相匹配；另外在已有图纸的情况下，对标底的计算会更加准确，相对比较容易组织承包单位的合理竞价。

8.对现场平面布局的统一规划

要充分考虑现场平面布局的统一规划，既要考虑空间上的相对独立，又要考虑布置的合理性与安全性，便于施工责任的区分和管理，对现场的临水、临电、道路、电源、接线、道口位置都应明确。

以上是通用的影响标段划分的因素，不同的工程还有其特殊的因素，应用于具体工程时，各个因素应予以考虑的权重也是各不相同，只有充分遵循上述标段划分的原则，才能客观地评价和平衡以上影响标段划分的因素，以达到合理划分工程标段的目的。

（二）标段划分的原则

目前，火力发电建设项目发包多采用平行发包方式或EPC工程总承包方式。由于火力发电工程项目规模大、技术复杂、涉及的专业面广，EPC总承包单位通常也不可能自行完成整个项目的建设任务，在工程建设中也要将部分项目进行专项分包。因此，无论是采用平行分包方式，还是在EPC工程总承包方式下的进一步分包，都将涉及标段划分问题，合理划分工程标段就成为火力发电工程招标管理过程中的关键环节。下面以平行发包模式为例，说明项目建设单位在标段划分时应考虑的主要原则。

1.概算分解原则

概算分解控制是根据批准的建设项目初步设计概算，结合建设项目的实际情况，按分项工程对建设项目进行分解，相应将设计概算进行分解，编制各分项工程合同的预控金额，确保各分项工程合同与批准概算的口径保持一致、在项目建设过程中实现各分项工程合同的动态管控、项目总投资不突破设计概算的投资控制管理活动。因此，概算分解控制是划分工程标段的一项基本原则，应该贯穿于工程标段划分的全过程。

2.责任明确原则

标段是作为招标客体的工程段落，构成建设合同的标的。如果承包单位在履行合同中与项目建设单位或其他单位的履约责任难以准确区分，则无法客观确定承包单位的应尽义务和应有权利。因此，责任明确是划分标段的首要原则，包括质量责任明确、成本责任明确、工期责任明确、环保责任明确、知识产权责任明确和安全责任明确等，其中质量、成本、工期、安全是承包单位的基本职责，这四项基本职责在一个标段中能够被明确认定，是划分标段正确与否的基本判定依据。现就承包单位的质量、成本、工期、安全四大基本职责的明确与标段划分的关系阐述如下。

（1）质量责任明确。对所承包工程的质量责任是承包单位的基本技术责任，质量责任可划分为设计责任和施工责任。如果一个承包单位既负责工程设计又负责工程施工，其对所承包工程应负的质量责任比较明确；如果一个承包单位仅负责工程施工，则显然其对图纸的错误只能尽告知义务而不能负相应的质量责任，所以一旦工程出现质量问题，首先应分清是设计问题还是施工问题。相对而言，明确仅负责工程施工的承包单位应承担的质量责任的难度会大一些。如果一个工程由几个承包单位施工，则承包单位的工作界面、质量责任更容易混淆，所以在划分标段时更应重视承包单位的质量责任是否可以明确、如何进行明确的问题。基于不同工程的性质不同，其质量责任能够予以明确的范围也各不相同，能够客观地划分承包单位的质量责任或通过相应的条款约定在一定的条件下明确承包单位的质量责任是标段划分的重要前置条件之一。

（2）成本责任明确。对所承包工程的成本责任是承包单位的基本经济责任。成本责任明确，是指承包单位成本和费用的支付范围明确，与标段划分也有内在联系。标段划分越细，越会在承包单位之间产生更多的共同成本和共同费用，如建筑工程的大型临时设施等，因标段划分不当导致承包单位之间对成本费用的支付责任互相推诿的案例时有发生，所以能够明确承包单位的成本责任也是标段划分的重要前置条件之一。

（3）工期责任明确。工期责任明确是指承包单位在工期上尽可能地不受设计单位或其他承包单位完成工作进度的影响和制约，对于工期责任具有完全的控制力，标段划分越细，承包单位在工期上受其他承包单位的制约越大，其工程责任更难以确定。

（4）安全责任明确。安全责任明确是指承包单位安全管理范围明确，与标段划分也有内在联系。如标段划分越细，同一施工场地多个施工单位同时交叉施工，将会在承包单位之间产生更多、更细的安全边界范围。因标段划分不当导致承包单位之间对安全管理责任互相推诿的案例也时有发生，所以能够明确承包单位的安全责任也是标段划分的重要前置条件之一。

3.经济高效原则

标段划分越细，项目建设单位对工程的直接控制权将越大，大多数情况下，项目建设单位可以通过价格竞争最大化的手段更经济地发包工程。然而各标段工程间的协调也越难，协调风险相应越大，同时承包单位的责任相对更难以确定。

所以标段细分比较容易取得相对经济的发包价格，却不易取得工程建设的高效率。采用设计施工总承包的标段划分方法则较容易取得工程建设的高效率，但价格较高。标段划分中的经济高效原则，指的是要根据工程的自身条件平衡经济与高效的关系，找到一个最佳的标段划分方案，以合理实现效率与经济的统一。

4.客观务实原则

客观务实是指一切从实际出发，标段划分要充分考虑到被划分工程的特殊性，包括潜在竞标对象的具体情况、项目建设单位的财力和管理能力等一切客观的相关因素，从中找出决定标段划分方式的主要因素。只有尽可能地做到主观设想符合客观实际情况，这种设想才能达到预期的目标，因此客观务实是标段划分的一项基本原则，应贯穿于标段划分的全过程。

5.便于操作原则

标段划分后的可操作性是划分标段应遵循的基本原则。主要包括：（1）招标的可操作性，即划分后的标段在市场上有一定的竞标对象，可以形成合理的价格竞争；（2）项目建设单位管理的可操作性，即项目建设单位有相应的管理力量或能委托有资质的咨询工程师协调好各标段承包单位之间在工程界面及质量、工期、成本、安全、环保等方面的衔接关系；（3）项目建设单位确定标底的可操作性，即在设计图纸尚未具备的情况下，项目建设单位有能力和有客观条件确定合理的标底，以控制工程造价。

（三）常见的火力发电项目标段划分

火力发电工程的标段划分应根据实际情况，考虑工程整体施工场地布置和工程协调，减少工程接口和交叉作业，均衡工作量划分，合理利用各种资源，增加投标企业竞争性，方便管控工程建设进度和发挥专业化公司优势等。表3.3.1为某火力发电项目初步设计获得批复后，采用平行发包方式下的标段划分情况。

表3.3.1　　　　　　　　　　　项目标段划分一览表

序号	项目阶段	采购项目	项目类别
一、	立项（建设前期工作阶段）	初步（预）可研、决策论证，抗震、安全预评价、地灾、环评、水保、可研等编制及评审服务项目等	服务类
二、	设计阶段	初步设计、施工图设计等	服务类

续表

序号	项目阶段	采购项目	项目类别
三、	施工准备与项目建设阶段		
（一）	建安工程		
1	厂区外项目	进场道路、铁路专用线、码头、运灰道路、储灰场施工等	工程类
2	厂区内项目		
（1）	五通一平	施工用水、电、气、通讯、道路，场地平整等	工程类
（2）	主标段	1标段（#1机组）、2标段（#2机组）、3标段（输煤系统）建筑工程施工、4标段（#1、#2机组）安装工程施工等	工程类
（3）	附属工程	围墙及大门、办公楼、宿舍、食堂、检修楼及材料库、厂区绿化施工等	工程类
（二）	物资采购		
1	主机	锅炉、汽轮机、发电机三大主机采购	物资类
2	辅机	分批次辅机采购	物资类
3	其他	化学药品、石灰石、液氨、工器具、办公家具家电采购等	物资类
（三）	其他项目		
1	监理及监造	施工监理、设计监理、水保监理、环保监理、水保监测、设备材料监造等	服务类
2	电力工程质量监督	质量监督及检测	服务类
3	锅炉及压力容器检测	锅炉及压力容器检测	服务类
4	性能试验	性能试验	服务类
四、	竣工验收阶段		
1	整套试运调试		服务类
2	竣工验收	环保、消防、水土保持、档案、劳动安全与职业卫生、特种设备（锅炉压力容器、起吊机械）、涉水工程（水利、港务、海事、航道）、铁路、防雷接地等专项验收及项目整体竣工验收	服务类

　　上述标段划分的方法各有利弊，一般情况下，只有在项目施工开始后，标段划分的影响才会逐步体现出来。总体上讲，质量、工期、造价、安全、环境等是影响标段划分方法选取的重要因素。

第四节 项目建设阶段

主要标段招标采购结束后，火力发电项目即进入施工建设阶段，此阶段项目建设单位的主要内容是依据初步设计开展建设工作。由于火力发电项目的招标采购批次、内容较多，施工建设阶段中仍然伴随着招标采购工作的持续进行。在此阶段，应做好概算分解工作，将所有签订合同纳入各个概算明细范围，以利于办理合同结算时进行准确归概，提高建设过程会计核算的准确性、规范性；同时应做好合同台账、设备物资台账的备查登记工作，为项目结束后竣工结算及竣工决算奠定基础。

一、建设期基础性工作

1. 计划部门应对批复的概算进行分析，根据实际管控需求对概算进行分解，并负责对各部门实际管理中涉及的概算问题答疑解惑，指导工程、物资、财务等部门对已签订合同按概算口径进行分解及归类。

2. 应及时建立健全工程、物资、会计及财务管理等各项规章制度。

3. 项目建设单位的计划部门应作为合同管理主责部门，做好合同登记管理工作。

4. 合同管理主责部门（计划部门）、合同承办部门（如物资部、工程部、行政部等）、财务部门均应在合同签订后及时建立完整规范的合同台账。台账应按顺序完整登记合同编号、签约单位、标的、主要内容、价款、付款条款、工作成果要求、实际结算挂账、实际结算付款、发票接收、对方履约等合同信息。合同废止或变更的，应依规履行相关管理程序，并完整登记在合同台账中。财务管理部门、合同承办部门或主责部门应定期核对合同台账所登记的内容。

5. 合同管理主责部门应建立保函台账管理制度，对于履约、预付款、质量等保函的收取、合规审核、真伪查验、保管、定期清查、有效期预警、退还、登记台账、主责部门等重要管理环节予以明确，并规范建立保函台账。

6. 财务部门根据批复概算及会计核算科目体系，及时进行规范核算。

7.计划部门基建过程中应做好涉及概算与实际投资重大变化的文件资料整理工作，及时梳理概算调整及批复、概算外项目审批、设计变更等资料。

8.各业务部门要形成联动机制，及时整理归档涉及的可研、初设、概算调整、投资计划、报建批复、政府许可、证照、招投标及合同资料等，并实行资料（源）共享、工作共享，减少重复工作、冗余工作。

二、进度结算管理

在火力发电项目建设过程中，大量的合同需根据履约进度进行价款计量与结算，工作实践中也存在较多的常见问题。主要有：没有严格遵循结算流程，进度结算手续不齐全，甚至未经审核审批确认即办理付款；超出合同约定比例付款，向合同单位借出资金；随意变更合同付款方式，未依据约定办理付款，未依据约定及时扣回预付款、代垫款、考核扣款、质保金等；先付款后索要发票、不定期索要发票，收取发票情况混乱不清；计量结算随意进行概算归集，管控脱节导致账实不符；与合同单位长期不对账，预付款、进度款、考核款、代垫款、代扣款、质保金等各种情况夹杂后容易产生差异；未建立保函失效预警机制。

项目建设单位在建设过程中应当及时办理进度结算，实行精细化管理，规避各类结算风险。

1.进度结算应根据分管控制的原则，由具体业务经办部门按规定程序办理审查、验收以及签证手续，并对经济业务的真实性、概算归集的准确性负责，相关部门负责人及各级领导应当按照职责权限予以签字确认。

2.由于工程设计变更等引起施工结算、设备物资采购发生变化时，应经监理、设计等单位审查同意，按照审批程序办理变更手续，经相关部门负责人及各级领导批准后作为工程结算付款的依据。

3.严格按照合同条款办理预付款、进度款、到货款、尾款、质量保证金等款项支付手续，不得提前支付或超合同、超进度办理结算付款，不得随意借出资金，避免资金超付风险。

4.办理合同进度付款时，应严格核查资金计划、合同、进度结算报表或结算单，严格按照合同条款及时足额扣回预付款、甲供材料款、代垫水电费、考核扣款、质量保证金等各类款项，应关注累计支付的工程进度款是否超出合同约定额度或比例。办理进度付款前及时取得相关合规的全额发票。

5.财务部门应加强工程往来款的管理，定期组织相关部门对工程往来款项进行清理结账，年末应与往来单位核对账目。

6.应定期清查核对相关单位提交的履约保函、质量保函，确保其安全、完整、有效，临近失效期限的应当及时要求其提交新保函。

三、合同管理

火力发电项目合同多，投资大，业务部门分工明确，各自按职责范围建立了合同台账，但实务中普遍存在一个问题：缺乏项目统一的完整的合同台账。主要是没有明确对全部基建合同统一管理的牵头主责部门，合同台账分散在计划、工程、物资等各业务部门自行管理，各业务部门的台账口径不统一、数据不同步、长期不核对。

由于无合同牵头主责管理部门，加之各业务部门合同管理不善，导致对基建项目合同的整体签订情况难以梳理清楚；各业务部门因人员紧张、缺乏经验等，对合同管理的重视不够，未建立合同台账或虽建立合同台账但漏登、错登、随意中断等问题比比皆是；不重视合同编号管理，大量合同无编号，随意编号，编号中断、重复、前后矛盾，严重影响合同完整性管理；纸质合同存档不及时、不完整，大量补充合同、变更合同未及时归档甚至遗失；合同中止或解除仅以口头方式进行，未依规履行程序，也未及时进行台账登记；合同管理人员调整时资料交接不清，前后不接续造成管理断档；部门内部、部门间合同未建立核对机制，纸质合同与电子合同不一致、合同信息与台账不一致、部门间合同台账不一致、台账与实际不一致、台账与账簿不一致。

以上诸类问题日积月累、久积沉疴，各业务部门对自身管理的合同都难以梳理清楚，导致项目建设单位更难以梳理出完整、准确、清晰的整体项目合同管理台账，给建设过程中的合同履行、合同结算、会计核算、概算执行、投资归概、竣工决算编审、资产交付等都带来重大不利影响。由于项目建设单位各业务部门在建设过程中缺少合同台账，或虽有合同台账但难以正常、有效使用，工程结算及竣工决算时往往需要花费更多的时间及精力对合同管理情况进行专项清理。因此本书针对以上合同管理中的弊端提出以下解决思路。

（一）合同管理主责部门的职责

1.明确合同管理主责部门及其职责

项目建设单位应指定计划或其他部门作为合同管理主责部门，合同管理主责部门牵头管理火力发电项目建设涉及的全部合同。合同管理主责部门管理的重点是"管全盘（全部合同）""管整体（整体项目建设）""管完整性（全部编号前后连续）""管变化（补充、变更、中止、解除）"，以有效规避多头管理导致的各种弊端。

2.规范合同管理细则

合同管理主责部门应负责对各业务部门申报的合同按合同编号规则统一编号，然后再传递至行政部门履行盖章手续，合同种类及编号相关规则应清晰、准确、明了，便于理解执行。合同编号应规范完整，前后接序，不存在断号、重号或不按规则编号等情况。合同签订完成后，合同管理主责部门应首先在合同管理台账中进行登记，至少应登记合同编号、签约单位、合同标的、主要内容、价款、付款条款、工作成果要求、实际结算挂账与付款、对方履约等情况。合同废止或发生变更，应依规履行相关手续，并在台账中完整登记。合同台账应做到随签约、随登记，过程中应做好核对、清查及纠错等工作，避免因登记不及时、不完整等导致合同台账管理失控失真，难以复盘。合同台账管理人员休假、调岗、调动时应将合同台账作为重要的工作资料完整交接，交接前后人员应做到无缝对接。

3.定期清查核对合同台账

合同管理主责部门应组织合同归口业务管理部门（工程部、物资部、行政部等）及财务部定期核对合同台账。核对的主要内容一般包括合同履约、结算及付款，核对过程中还应当关注管理中存在的合同漏登、内容错误、补充合同、修改合同、中止合同、解除合同等情况。合同管理主责部门应定期将纸质合同与合同台账进行核对。

4.做好合同的动态管理与控制

合同管理主责部门应当会同概预算主责部门完成所有合同的概算归集工作，总承包合同、大型合同涉及多个概算项目的，应对于合同内容按概算口径进行分解，以利于各业务部门按照概算口径建立合同台账、财务部门按概算口径进行会计核算。

为统一合同管理，较好的方式是通过信息系统把合同管理内容固化，把与合同管理相关的各岗位职责固化，把合同管理流程固化，从而保障合同信息口径统一、数据统一、标准统一。

（二）合同归口业务管理部门的职责

1.规范建立合同台账

工程部、物资部、行政部、前期工作部、生产准备部等为合同归口业务管理部门，应做好本部门签署或履行合同的履行、结算、支付的备查登记工作。若发生合同变更、终止、解除等情况，应依规办理相关手续，及时登记合同台账。合同履行情况应据实、准确、完整地记录在合同台账中。各类合同均应清晰记录预付款保证金（保函）、履约保证金（保函）约定及收取情况，设备类合同应记录专用工具、备品备件约定及履约情况，施工类合同应记录水电费、考核奖罚款约定及履约情况。

2.各业务部门合同台账互有侧重不可相互替代

业务合同及合同台账管理工作应属于合同归口业务管理部门的重要职责，合同管理主责部门、合同归口业务管理部门及财务部门对于合同及合同台账管理的职责、范围、深度、细度及关注点各不相同，不是相互替代的关系。合同归口业务管理部门不得以其他部门已建立合同台账为由推卸责任，不建立或不登记合同台账。合同归口业务管理部门也应做好及时登记、过程中管理及交接管理等合同台账管理工作。

3.定期核对合同台账

合同归口业务管理部门应定期与合同管理主责部门、财务部门核对合同台账。合同归口业务管理部门应定期核对纸质合同与合同台账信息。

（三）财务部门的职责

财务部门作为负责会计核算、财务管理的业务部门，建立、登记项目整体的合同台账，并做好所有合同的履行、结算、支付的备查登记工作，定期与会计账簿、合同管理主责部门、合同归口业务管理部门进行清查核对。

（四）合同台账的格式

由于火力发电项目合同数量较多、金额较大，涉及会计核算业务笔数及合同信息、内容较多，实务中，可能难以将所有合同需登记备查信息在一个台账表格中完整、清晰列示，因此可以将合同台账分为合同汇总台账和合同明细台账两部分来进行登记。

合同汇总台账，是从项目总体管控的角度，对于构成项目基建投资的所有合同进行统计，登记各个合同累计的列账（结算入账）、付款、发票等情况，合同汇总台账与合同明细台账是总体与明细的关系。合同汇总台账中各个合同列账、付款、发票等累计情况应依据合同明细台账中各个合同的列账（结算入账）、付款、发票等明细情况汇总整理后进行填写。

1.合同汇总台账登记说明

（1）合同汇总台账登记时，应包含各个合同已核算入账投资的归概情况及对应的批复概算，可以动态对比反映实际投资与概算、合同与概算、合同与实际履行的差异情况。

（2）应按合同实际投资财务入账情况进行登记，建设过程中及竣工决算时应进行核对，核实投资是否遗漏。

（3）在某一时点，在应结算金额栏填入合同预计结算金额，与无合同费用实际发生金额相加，并结合已发生投资情况，可动态反映该时点上工程总投资预计发生、已发生情况，与概算对比可动态反映概算超支或节约情况。

（4）合同汇总台账的核心内容是梳理合同已结算金额的基建投资核算入账、投资归概，以及已结算金额与账面会计科目计列投资的核对。台账中的已入账金额应与固定资产、无形资产或在建工程项下的建筑工程、安装工程、需安装设备、其他费用等明细科目定期核对，数据应相互勾稽匹配。

（5）应定期登记台账，将登记工作分散到日常工作中。

合同汇总台账具体填列可参考第四章第四节"二、合同清理的范围及方法"。

2.合同汇总台账表样（见表3.4.1）

3.合同明细台账登记说明

合同明细台账中登记各个合同的具体每笔列账、付款、发票等明细情况，经

合同汇总台账

表3.4.1

序号	合同编号	合同名称	对方单位	合同金额	应结算金额	结算与入账差异	已入账含税金额			未入账含税金额			未开发票金额	对应概算	概算金额	备注
							已入账含税金额	不含税入账金额	增值税进项税额	未入账含税金额	未入账不含税金额	未入账增值税进项税额				
一	建筑工程合同															
二	安装工程合同															
三	设备物资采购合同															
四	服务类合同															

汇总后形成各合同累计的列账、付款、发票等情况。

（1）已入账投资是指会计核算已记入"在建工程""固定资产""无形资产""工程物资"等科目的不含税金额及相应的增值税进项税额。

（2）变更、补充及解除合同，均应在合同台账中注明原因，变更合同应列清原合同金额、变更后合同金额、合同单位、合同内容等；补充合同应注明原合同关系，是增加价款还是增加合同内容。

（3）合同金额按合同内容填写，合同应结算金额应使用最终确定的结算金额，如需结算审计则填写审定金额。在未完成结算审计前，可按合同金额预填（但需要在备注栏中注明），以便于统计合同未入账金额。

（4）合同明细台账登记内容可以根据合同管控要求进行增减，合同台账不仅可用于竣工决算，也可在建设管理过程中发挥积极、重要的作用。

合同明细台账具体填列可参考第四章第四节"二、合同清理的范围及方法"。

4.合同明细台账表样（见表3.4.2）

四、工程物资管理

火力发电项目设备类投资占总造价比例较高，另外出于节省造价、控制质量等考虑，很多项目都采用项目建设单位自行采购部分主要材料的方式，因此火力发电项目建设过程中涉及大量的工程物资（本处工程物资包括项目建设单位采购的设备、材料、备品备件、专用工具等）。

火力发电项目建设节奏比较紧促，可能存在专业管理人员紧缺、经验不足的情况，面临大量、大额、种类繁多的工程物资，如果管控措施跟不上，就容易出现管理脱节、账实不清的混乱局面，实务中经常出现以下问题：工程物资入库、出库、库存管理混乱，没有规范履行相应的管理流程，或虽有流程但简单粗放流于形式，流程记录与实物流向严重不符；不注重工程物资实物与价值的双重管理，工程物资入库、出库未及时依规进行账务核算，实物流向与账务处理脱节，日积月累大量工程物资无法及时核销出库，导致账实严重不符。以上问题给工程物资的安全完整管理、基建投资的及时准确核算、竣工决算编制时的账务及资产清理都将带来较大不良影响。

合同明细台账

表 3.4.2

合同编号	合同名称	对方单位	合同金额	应结算金额	结算与入账差异	入账及付款明细									备注
						记账日期	凭证号	摘要	科目	不含税入账金额	增值税进项税金	含税入账金额	已开发票金额	应付款项	
一	建筑工程合同														
二	安装工程合同														
三	设备物资合同														
四	服务类合同														

因此，火力发电项目建设过程中需加强工程物资的动态管理，应做好以下几方面基础性工作。

（一）入库管理

设置库存管理系统，在基建材料、设备、工器具、备品备件入库时，应及时、完整、准确地办理验收入库手续，并进行实物及价值双重核算管理，保证账实相符。尤其应关注工器具、备品备件的入库验收情况，确保供应商完全履行供货合同。

（二）出库管理

基建物资、设备出库时，应以设计文件、施工图为准，按实际耗用对象（概算项目）进行申领出库，按需领用，多领未用的应作退库处理。应进行实物及价值双重核算管理，按实际耗用对象（概算项目）及时进行会计核算，保证账实相符。基建期间（含调试期）备品备件领用应核实实际消耗量，并与调试单位、质量监督单位及设备供应商对接，确定是否属于合理消耗。非合理消耗应由备品备件供应商或设备供应商免费补足。基建期间（含调试期）工器具的领用或借用应办理出库、借用手续。施工单位或调试单位使用完毕后应及时交回，损坏或遗失的应照价赔偿。

在建设过程中，大型设备可能涉及多批次出库情况，应督促设备物资部门参照设备合同供货明细对大型设备出库明细进行汇总整理后，按台套组合后及时向财务部门移交出库手续，保证出库设备明细的完整性和会计核算的便捷性。

（三）库存管理

基建项目竣工后，剩余的基建物资应由保管单位与接收单位办理交接手续，列清合同名称或编号、供应商、物资名称、规格型号、计量单位、金额、保管地点等，交接前应进行清查盘点，并进行实物及价值双重核算管理，保证账实相符。剩余物资要与账面库存进行核对，账实不符的应核查追究责任，责任人应照价赔偿。

（四）工具及器具、备品备件

火力发电项目建设过程中一般随主设备购置大量的工具及器具、备品备件，动辄数百万元乃至数千万元。工具及器具、备品备件具有特殊性、复杂性，应进行规范管理，具体详见本书第六章第六节"二、工器具及备品备件管理"。

（五）建立工程物资台账

火力发电项目建设过程中，财务部门牵头指导设备物资部门对属于交付资产范围的基建物资、需安装设备、不需安装设备、备品备件、专用工具、软件、剩余设备物资等资产做好台账登记。建立台账时，应参照集团资产目录的规定，对于资产进行归纳、合并、分摊、整理，全面、准确登记资产名称、规格型号、计量单位、数量、供应商、安装部位、金额、合同名称或编号等信息，并定期与财务账核对一致。

1.工程物资台账登记说明

（1）应按受益原则，将合同中涉及的运杂费、服务费等在合同内相关设备、物资间进行分摊。

（2）"合同内容明细"列中的设备物资名称应按合同明细进行登记。

（3）"采购入库"项下的"资产类别与名称"列中的资产类别应按照设备、材料等出库时所对应的会计明细科目（或概算明细项目）填写，以便于后续竣工交付资产组资时按概算项目分摊对应的安装施工费；资产名称应按照项目建设单位或上级单位固定资产目录中资产名称填写，固定资产目录中计量单位、数量的格式与采购合同中不匹配的，应在"采购入库"项下增加计量单位、数量等列次进行规范填写。

（4）"是否单列资产"应根据固定资产目录并结合流动资产、无形资产的确认标准进行判断，不属于固定资产目录范围或按常规不作为固定资产、流动资产、无形资产管理的，应在合同采购明细入库清理时按关联性将其金额合并或分摊至其他可交付资产之中。

（5）一个合同中采购多项设备，涉及多个概算归集对象，应分别按各项设备进行填写。

（6）台账中的设备、材料、工器具、备品备件的入库、出库、库存金额，应与工程物资项下的设备、材料、工具及器具、备品备件等明细科目定期核对，数据应相互勾稽匹配。

（7）台账中的设备、材料、工器具、备品备件的出库金额应与固定资产、无形资产、建筑工程、安装工程、需安装设备等会计科目定期核对，数据应相互勾稽匹配。

（8）"领用出库"项下的"增值税进项税"需根据已出库设备、材料明细所对应的增值税进项税进行填写。

（9）"安装部位""属固定资产""属流动资产""属无形资产""概算名称""概算金额"等需根据已出库设备、材料等的领用信息、实物状况，并结合投资归概、设计概算等填写。

（10）其他费用中核算的办公家具、办公设备等，也应按合同口径在工程物资台账登记。没有合同直接采购的设备、材料、家具、工器具、备品备件，应按会计科目口径也在工程物资台账中登记。

工程物资台账具体填列可参考第四章第五节"三、资产清理的内容"。

2.工程物资台账表样（见表3.4.3）

五、会计核算

项目建设阶段会计核算主要涉及工程建筑安装施工进度结算、工程物资进度结算、咨询服务类合同进度结算等，及时、准确、全面地将进度结算核算至正确的会计科目，可为基建过程中投资动态管控及后续竣工决算时投资清理奠定基础。

（一）工程进度结算的会计核算

火力发电项目建设期间，建筑、安装等施工工程需定期（按月或季度）办理进度款项结算，财务部门需同步将工程进度结算按会计明细科目（概算明细口径）完整、及时、准确地进行会计核算。工程进度结算报表主要以施工内容、工程量、价款进行列示，部分财务人员由于对施工内容、概算内容不熟悉、不了解，对于如何整理工程进度结算明细、如何将工程进度结算明细与会计明细科目进行衔接、如出现无法衔接匹配内容如何处理等都存在一定的理解及操作困难。

施工单位申报的进度结算报表是按照当期具体的施工进度和工程量清单口径申报的，虽然大部分施工进度内容是与概算内容匹配的，但也存在一部分施工进度内容与概算不匹配的情况。进度款会计核算的难点是将按施工口径申报的工程结算报表调整为以概算为口径的结算报表，以对应到会计明细科目，完成实际投资按概算口径进行归概。

表3.4.3

工程物资台账

序号	合同内容明细	规格型号	供应厂家	合同明细			采购入库							领用出库												库存		备注
				计量单位	数量	合计（含税）	资产类别与名称	日期	凭证号	数量	不含税金额	增值税进项税	含税金额	是否单列交资	日期	凭证号	数量	安装部位	属固定资产	属流动资产	属无形资产	增值税进项税	含税金额	概算名称	概算金额	数量	金额	
1	A设备合同																											
1.1	×××设备																											
……																												
10	无合同的																											

有的项目建设单位在工程进度款结算时未处理好以施工为口径的工程结算报表与以概算为口径的结算报表的转换关系，导致将施工口径进度报表转换为概算口径进度报表时出现偏差和混乱，日积月累后会计核算中的各明细科目与实际结算情况严重背离，会计核算明细数据严重失真，也导致概算执行对比、竣工决算编制时均无法直接使用会计核算明细数据，增加了后期编制清理工作量。

解决这个问题的关键是要完整、准确地理解概算明细内容与施工结算明细内容之间的对应关系，理清产生差异的原因，通过科学合理的方法对差异进行规范处理，从而将施工结算正确归集至对应的概算项目，这项工作需要计划、工程和财务部门协同配合共同完成。火力发电项目工程结算主要按《电力建设工程工程量清单计算规范——火力发电工程》或《火力发电工程建设预算编制与计算规定》编制，两者口径基本一致，故大多可与概算直接对应，无法对应的一般为变更项目、合同（概算）外增加项目或合同中的安全文明措施费、进出场费项目等。因此，对于结算明细按概算口径进行整理的关键是要准确识别哪些是属于合同中的安全文明措施费、进出场费等项目，哪些是属于对概算的变更项目或概算外增加项目。前者需按受益对象在施工合同内进行合并或分摊后形成整理后的合同结算明细，按概算口径进行归概；后者需按照初步设计概算的章节、内容将其归概至正确的概算项目或作为概算外项目进行投资列示，以真实、准确地反映、分析这些项目的投资完成情况，而不应直接合并或分摊。

同时，如果能在施工单位申报结算过程中提前予以规范，要求施工单位以设计概算明细为基准，严格按照概算口径申报工程结算，对于变更项目或合同外项目也要求参照概算明细进行整理分类后规范、明晰列示，可以有效减少差异项目整理的难度和工作量，有助于及时完成工程进度报表中结算明细的归概整理，可以提高会计核算的准确性、便捷性。

需要注意的是，根据《火力发电工程建设预算编制与计算规定（2018年版）》，火力发电项目初步设计概算中"与厂址有关的单项工程"项下的"地基处理""厂区及施工区土石方工程""临时工程"等部分概算项目并不直接形成交付资产，但这部分概算项目投资额较大，具有一定的专业性，概算中往往将其单独计列。因此，进度结算时也应将这些项目的实际投资按照概算同口径进行清理归概，以便于真实、准确地反映、分析这些项目概算执行情况的差异及原因。这部分投资可在竣工决算资产清理时再行分摊或合并至相应的交付资产中。

考虑到施工结算明细内容按概算明细整理工作的复杂性、专业性、烦琐性，从简化流程、减少工作量、提高工作效率等方面考虑，也可以不按月整理，而采用定期（按季度、半年、年度）整理的方式进行。通过定期整理，可以有效保证最终数据结果的完整性、准确性。各月度结算报表核算入账可将无法及时整理的内容在会计科目中设置一个特殊的明细科目暂时记录，待定期整理工作完成后对于前期各月会计核算汇总数据进行调整，以保证最终会计核算数据的完整性、准确性、匹配性。

下面以某火力发电项目建筑工程A标段月度结算报表（节选部分）进行举例说明。

1.经审核确认后的月度结算报表

表3.4.4为已经审核确认的某火力发电项目建筑工程A标段月度结算报表，为简化计算，结算表中已对结算含税金额依据适用增值税率进行了价税分离，表中列示的均为不含增值税的金额。

2.对月度结算按概算（会计科目）口径整理后进行投资归概

对上述结算进度报表按概算（会计科目）口径整理，进行投资归概：

（1）施工图清单中漏项内容，施工承包单位在申报结算中单独列示，按照概算口径，将实际投资归集到具体的工程项目概算中。

（2）设计变更内容，施工承包单位在申报结算中单独列示，按照概算口径，将实际投资归集到具体的工程项目概算中。

（3）施工承包单位申报结算中单独列示新增工程——灯光篮球场，概算明细中无此内容，经履行相关审批手续确认其应属于火力发电项目投资计列范围后，作为火力发电项目的概算外项目进行处理。

（4）安全文明措施费属于施工合同的措施费用，不属于概算明细项目，因其受益对象为合同内所有施工内容，因此应在合同内其他施工内容间进行分摊。

（5）除上述以外，结算进度报表中其他内容均属于概算项目内容，可以按对应的概算进行投资归概。

根据上述原则，应将厂区施工图清单中漏项内容、设计变更内容实际投资归概至各自相应工程项目概算，安全文明措施费按照工作内容、受益对象等进行分摊，整理后的进度报表内容应按概算口径进行列示，概算外项目应单独列示。对按概算明细整理后的结算进度款进行分类汇总后，按适用税率（开票税率）计算对应增值税进项税额。整理后进度报表见表3.4.5。

表3.4.4　　某火力发电项目建筑工程A标段月度结算报表（节选部分）

序号	名称	单位	数量	申报结算（不含增值税，元）			
				人工费	材料费	机械费	合计
一	主辅生产工程			2,345,392.14	7,890,230.77	4,623,093.31	14,858,716.22
（一）	热力系统			2,345,392.14	7,890,230.77	4,623,093.31	14,858,716.22
1	主厂房本体及设备基础			2,345,392.14	7,890,230.77	4,623,093.31	14,858,716.22
1.1	主厂房本体			2,026,028.94	6,253,002.95	4,448,025.31	12,727,057.20
1.1.1	基础工程			1,663,589.98	4,593,091.47	4,126,532.80	10,383,214.25
1.1.1.1	机械施工土方主厂房土方	m³	3,033	28,786.33	121.33	37,037.00	65,944.66
1.1.1.2	主厂房石方开挖	m³	6,066.67	19,534.67	20,748.00	133,224.00	173,506.67
1.1.1.3	……			1,615,268.98	4,572,222.14	3,956,271.80	10,143,762.92
1.1.2	框架结构			362,438.96	1,659,911.48	321,492.51	2,343,842.95
1.1.2.1	汽机房现浇钢筋混凝土A列柱	m³	426	101,888.12	360,545.10	57,433.32	519,866.54
1.1.2.2	……			260,550.84	1,299,366.38	264,059.19	1,823,976.41
1.2	锅炉基础			319,363.20	1,637,227.82	175,068.00	2,131,659.02
1.2.1	设备基础锅炉基础	m³	7,600.00	319,363.20	1,637,227.82	175,068.00	2,131,659.02
二	与厂址有关的单项工程			3,313,306.61	4,701,422.50	4,959,777.68	12,974,506.79
（一）	储灰场			803,161.55	847,755.90	774,651.33	2,425,568.78
1	灰棚			803,161.55	847,755.90	774,651.33	2,425,568.78

续表

序号	名称	单位	数量	申报结算（不含增值税，元）			
				人工费	材料费	机械费	合计
1.1	干灰棚现浇钢筋混凝土挡土墙	m³	19,650	233,676.28	116,890.01	321,229.32	671,795.61
1.2	……			569,485.27	730,865.89	453,422.01	1,753,773.17
（二）	地基处理			1,452,670.00	1,832,880.00	3,178,970.00	6,464,520.00
1	主厂房区域砌浆砌毛石换填	m³	13,000	162,800.00	344,550.00	692,950.00	1,200,300.00
2	灰棚换填中砂垫层	m³	29,000	1,289,870.00	1,488,330.00	2,486,020.00	5,264,220.00
（三）	临时工程			1,057,475.06	2,020,786.60	1,006,156.35	4,084,418.01
1	施工电源10kV	km	10	568,945.00	1,300,000.00	934,568.00	2,803,513.00
2	施工水源			488,530.06	720,786.60	71,588.35	1,280,905.01
三	施工图清单中漏项			79,349.32	1,017,399.00	211,861.20	1,308,609.52
1	主厂房增加钢筋混凝土基础	m³	3,580	79,349.32	1,017,399.00	211,861.20	1,308,609.52
四	设计变更			419,218.00	1,042,352.80	185,658.80	1,647,229.60
1	锅炉设备桩基础变更	m³	3,100	419,218.00	1,042,352.80	185,658.80	1,647,229.60
五	新增工程			13,453.43	123,563.45	55,645.30	192,662.18
1	灯光篮球场	m²	660	13,453.43	123,563.45	55,645.30	192,662.18
六	措施费			300,000.00	500,000.00	200,000.00	1,000,000.00
1	安全文明措施费			300,000.00	500,000.00	200,000.00	1,000,000.00
	合计			6,470,719.50	15,274,968.52	10,236,036.29	31,981,724.31

表3.4.5 月度结算按概算（会计科目）口径整理后

序号	名称	申报结算（不含税）	投资归概	分摊安全文明措施费	分摊后结算（不含税）	按会计科目（概算）分类汇总后结算（不含税）	增值税进项税	含税金额
一	主辅生产工程	14,858,716.22		479,596.17	15,338,312.39			
（一）	热力系统	14,858,716.22		479,596.17	15,338,312.39	—		—
1	主厂房本体及设备基础	14,858,716.22		479,596.17	15,338,312.39	—		—
1.1	主厂房本体	12,727,057.20	主厂房本体	410,792.41	13,137,849.61	14,488,697.24	1,303,982.75	15,792,679.99
1.1.1	基础工程	10,383,214.25		335,139.97	10,718,354.22			—
1.1.1.1	机械施工土方主厂房土方	65,944.66		2,128.50	68,073.16			—
1.1.1.2	主厂房石方开挖	173,506.67		5,600.29	179,106.96			—
1.1.1.3	……	10,143,762.92		327,411.18	10,471,174.10			—
1.1.2	框架结构	2,343,842.95		75,652.44	2,419,495.39			—
1.1.2.1	汽机房现浇钢筋混凝土A列柱	519,866.54		16,779.78	536,646.32			—
1.1.2.2	……	1,823,976.41		58,872.66	1,882,849.07			—
1.2	锅炉基础	2,131,659.02	锅炉设备基础	68,803.76	2,200,462.78	3,900,860.16	351,077.41	4,251,937.57
1.2.1	设备基础锅炉基础	2,131,659.02		68,803.76	2,200,462.78			—

续表

序号	名称	申报结算（不含税）	按投资归概	分摊安全文明措施费	分摊后结算（不含税）	按会计科目（概算）分类汇总后结算（不含税）	增值税进项税	含税金额
二	与厂址有关的单项工程	12,974,506.79		418,779.36	13,393,286.15			—
（一）	储灰场	2,425,568.78		78,290.31	2,503,859.09			—
1	灰棚	2,425,568.78	灰棚	78,290.31	2,503,859.09	2,503,859.09	225,347.32	2,729,206.41
1.1	干灰棚现浇钢筋混凝土挡土墙	671,795.61		21,683.61	693,479.22			—
1.2	……	1,753,773.17		56,606.70	1,810,379.87			—
（二）	地基处理	6,464,520.00		208,655.91	6,673,175.91			—
1	主厂房区域浆砌毛石换填	1,200,300.00	主厂房地基处理	38,742.19	1,239,042.19	1,239,042.19	111,513.80	1,350,555.99
2	灰棚换填中砂垫层	5,264,220.00	灰棚地基处理	169,913.72	5,434,133.72	5,434,133.72	489,072.03	5,923,205.75
（三）	临时工程	4,084,418.01		131,833.14	4,216,251.15			—
1	施工电源10kV	2,803,513.00	施工电源	90,489.25	2,894,002.25	2,894,002.25	260,460.20	3,154,462.45
2	施工水源	1,280,905.01	施工水源	41,343.89	1,322,248.90	1,322,248.90	119,002.40	1,441,251.30
三	施工图清单中漏项	1,308,609.52		42,238.11	1,350,847.63	—	—	—
1	主厂房增加钢筋混凝土基础	1,308,609.52	主厂房本体	42,238.11	1,350,847.63			—

续表

序号	名称	申报结算（不含税）	投资归概	分摊安全文明措施费	分摊后结算（不含税）	按会计科目（概算）分类汇总后结算（不含税）	增值税进项税	含税金额
四	设计变更	1,647,229.60		53,167.78	1,700,397.38	—	—	—
1	锅炉设备基础桩基变更	1,647,229.60	锅炉设备基础	53,167.78	1,700,397.38		—	—
五	新增工程	192,662.18		6,218.58	198,880.76	—	—	—
1	灯光篮球场	192,662.18	概算外项目	6,218.58	198,880.76	198,880.76	17,899.27	216,780.03
六	措施费	1,000,000.00			—	—	—	—
1	安全文明措施费	1,000,000.00	合同内需分摊		—	—	—	—
	合计	31,981,724.31		1,000,000.00	31,981,724.31	31,981,724.31	2,878,355.19	34,860,079.50

3. 会计核算

该施工合同约定，每期结算进度款时需开具全额发票，除扣留质保金3%以外，其他款项需结算完毕后15日内付清。会计分录如下：

（1）进度款核算挂账时：

借：在建工程/建筑工程/主辅生产工程/热力系统/主厂房本体及设备基础/主厂房本体   14,488,697.24

在建工程/建筑工程/主辅生产工程/热力系统/主厂房本体及设备基础/主厂房附属设备基础/锅炉设备基础   3,900,860.16

在建工程/建筑工程/与厂址有关的单项工程/储灰场/灰棚

     2,503,859.09

在建工程/建筑工程/与厂址有关的单项工程/地基处理/全厂地基处理/主厂房地基处理   1,239,042.19

在建工程/建筑工程/与厂址有关的单项工程/地基处理/全厂地基处理/灰棚地基处理   5,434,133.72

在建工程/建筑工程/与厂址有关的单项工程/临时工程/施工电源

     2,894,002.25

在建工程/建筑工程/与厂址有关的单项工程/临时工程/施工水源

     1,322,248.90

在建工程/建筑工程/主辅生产工程/附属生产工程/厂前公共福利工程/灯光篮球场（概算外项目）   198,880.76

应交税费——增值税——进项税额（9%）   2,878,355.19

贷：应付账款——应付施工款——A电建工程有限公司

     33,814,277.11

应付账款——应付质保金——A电建工程有限公司

     1,045,802.39

注：灯光篮球场属于概算外项目，在会计核算时，应当根据火力发电项目概算章节内容，为其增设新的会计明细科目，并标注"概算外项目"，经查阅该火力发电项目概算明细，需新增会计科目"在建工程/建筑工程/主辅生产工程/附属生产工程/厂前公共福利工程/灯光篮球场（概算外项目）"。

（2）付款时：

借：应付账款——应付施工款——A电建工程有限公司

33,814,277.11

贷：银行存款等 33,814,277.11

工程进度款会计核算时，应注意项目建设单位垫付施工单位的水电费应及时扣回或冲抵各期进度款，扣回或冲抵垫付水电费时应依据税法要求计算增值税销项税。工程进度结算时，按照合同约定或公司内部管控制度要求，对施工单位质量、进度、安全、文明等的考核奖励或处罚款项，其实质属于对施工合同结算内容的调整，应当据实取得相关发票；收取的罚款则直接抵扣施工单位的进度结算，由施工单位按扣除罚款后的净额开出发票。有奖有罚笔数较多开具发票有困难的，可在工程完工后奖罚相抵开具净支出的发票或将奖罚金额纳入合同整体结算后开具发票。

（二）工程物资的会计核算

火力发电项目工程物资应规范办理入库、出库手续，并通过"工程物资"科目进行核算。工程物资出库后，应根据安装部位、使用目的、受益对象等，在"在建工程——建筑工程""在建工程——安装工程""在建工程——需安装设备"等明细科目核算。有的火力发电项目将采购的工程物资直接计入"在建工程——建筑工程""在建工程——安装工程""在建工程——需安装设备"等科目，未通过"工程物资"科目核算。上述情况属于粗放式管理，不符合设备物资精细化管理的要求。工程物资的管理及核算应注意以下方面：

1.做好入库、出库、结存的核算

火力发电项目采购的设备、材料、工器具及备品备件，分别通过"工程物资——设备""工程物资——材料""工程物资——工器具""工程物资——备品备件"等科目核算，并建立数量金额式明细账，核算入库、出库、结存情况。即便是出于简化管理流程考虑，将设备物资采购到场后整体移交至施工单位管理，也应根据施工图中设备材料清册做好设备物资的最终据实清算，避免超领。设备物资应建立定期结存盘点机制，确保账实相符。

2.工程物资价值核算时应进行分摊组合

火力发电项目采购的设备、材料、工器具及备品备件中，有的合同包括技术

服务费、培训费、运杂费、生产期维护费等。在实物价值管理及会计核算时，应根据合同供货明细，将不构成设备物资实体的但与设备价值相关的技术服务费、培训费、运杂费按服务范围、受益对象等进行分摊、组合后计入设备、材料的价值。生产期维护费用应计入生产成本，受益期间较长的，先在"长期待摊费用"科目归集，后按照受益期间进行分摊。

3.代保管的工程物资业务应及时核算

有的火力发电项目引入设备物资代保管单位，项目建设单位应切实履行自身设备物资管理的主体责任，将设备物资代保管单位作为本单位设备物资管理的有机组成部分来考虑，应要求代保管单位依据设备物资合同约定办理入库验收，依据出库领用审批手续办理出库，入库、出库、结存资料应及时、完整传递至财务部门进行会计核算。设备物资代保管单位应建立数量金额式明细账核算入库、出库、结存情况。

4.工程物资领用出库信息应完整，归概准确

设备、材料、工器具及备品备件领用出库时，应在领用单据中准确填写领用单位、施工单位、安装部位、名称、计量单位、数量、规格型号等内容，计划、物资部门依据安装部位、受益对象等对于设备、材料、工器具及备品备件进行概算归集，并在领用单据中准确填写所对应的各级概算明细。领用出库后发生施工单位或安装部位调整的，应履行领用出库单据变更手续，相应的概算对象也应据实调整。

5.大型设备应按台套办理出库核算，保证其完整性

建设过程中，大型设备可能涉及多批次出库情况，应督促设备物资部门参照设备合同供货明细对大型设备出库明细进行汇总整理后，以台套为单位向财务部门移交出库手续，保证出库的完整性和会计核算的便捷性。

6.工具及器具、备品备件应纳入实物及价值双重管理

有的项目建设单位与供应商签订的设备购置合同条款中，约定随主设备购置单独计价的备品备件及专用工具，备品备件及专用工具与设备金额共同组成了合同总价款。但在会计核算时，未将备品备件及专用工具单独核算，而是将实际尚未出库耗用的备品备件及专用工具直接计入主设备价值，混淆了主设备与备品备件及专用工具等的核算范围，虚增了设备价值，虚减了备品备件及专用工具等流

动资产价值。合同中单独计价的备品备件及专用工具和设备实质是各自相对独立的购置行为，应当单独核算各自采购的价值，入库验收合格后应分别纳入"工程物资"科目下的设备、工具及器具、备品备件等明细科目核算。备品备件及专用工具没有标价的，应当估价入账。估价方式依次为：查阅投标文件，向供货方或其他设备制造商询价，向其他同行单位询价，设备管理部门合理估价。竣工决算时，达到固定资产标准的备品备件及专用工具应作为固定资产移交生产，未达到固定资产标准的备品备件、专用工具作为流动资产移交生产。

第五节　项目竣工验收阶段

项目竣工验收阶段主要包括机组调试完成满负荷运行，机组投入生产完成设备性能考核试验，达到机组设计能力，完成各项专项验收，办理项目竣工结算及整体竣工验收。在该阶段，项目建设单位应合理界定试运行完成的截止时点，划清基建期与生产期的界限，准确核算试运行收入及成本、资本化借款费用、项目建设管理费等，确定基建成本与生产成本的界限；及时依规办理各类合同的竣工结算，确保基建投资完整、准确、及时核算入账，为后续竣工决算奠定基础。

一、主要管理工作

竣工验收期间，项目建设单位各部门应紧密协同，按照试运行计划及竣工验收计划做好各方面工作，应注意以下几个方面：

（1）应做好进入、退出整套系统试运阶段相关记录的收集、整理及归档工作。涉及多次试运的，应进行清查、梳理、甄别，确保存档资料程序完整合规，逻辑通顺缜密，资料间相互印证，无遗漏、错误、矛盾之处。

（2）应按试运行计划做好试运期间消耗物资的入库、出库、结存管理工作。物资入库手续应据实、序时办理。物资出库需凭审批齐全的出库单据才能办理，手工与电子化物资管理系统中出库手续不同步的，需先以手工出库手续为准办理物资出库，手工出库单据中均应履行经办人员亲笔签名、盖章及审核、审批等各环节手续，待电子化物资管理系统具备上线条件后，及时将手工单据序时、完整、准确录入物资管理系统，并由经办、审核、审批岗位依规在电子化物资系统中履行相关流程手续，手工单据应装订并归档保存。所有物资出库单据中要素应规范填写，领用单位、日期、事由（概算项目）、计量单位、数量、单价、金额等均应真实、完整、准确。

（3）火力发电项目燃煤、燃油等主要物资出库目前主要采用按机组、按日或工作班次进行计量的方式，燃煤、燃油等主要物资出库应明确到机组、天或工作班次，应将出库物资单据或报表归档保存，以便于准确统计试运行与生产期各自的消耗量。

（4）试运行结束后，应立即对燃煤、燃油等主要物资库存进行清查盘点，财务部门应参加监盘，盘点结果应向分管领导书面报告，物资盘存出现盘亏、盘盈的应追查并核实原因，重大盘亏、盘盈的应向单位主要领导书面汇报。盘亏、盘盈应在落实管理、考核责任的基础上进行处理，如涉及生产期的应纳入生产期处理。

（5）应做好试运行期间发电量、上网售电量的统计工作。上网售电量应取得电网公司的售电量确认手续，如电网公司售电量涵盖试运行和生产期间未作区分的，应根据机组发电量日报表数据对于上网售电量在试运行及生产期间进行合理区分。试运行电价应以电网公司试运行结算电价为准，应注意勿遗漏应计入试运行电价的自建送出线路等各类补贴收入。

（6）应做好试运行收入、支出的核算工作。试运行收入、支出核算均应及时取得相关部门提交的入库、出库、发售电量、电价等原始证据材料，应以业务发生当期序时证据资料为准，财务部门可以拒绝接收无正常理由长期拖延不办理出入库手续的后补资料。应密切关注库存物资盘存结果差异以及试运行期间、试运行结束后发电耗煤率等主要能耗指标变化，分析核实试运行物资消耗量有无重大差错，必要时要求相关部门分析核查原因。

（7）试运行结束后，应及时组织开展基建剩余设备、材料、专用工具、备品备件清查盘点及移交工作。首先应核实是否账实相符，不符的应追查并核实原因。属于基建期间其他单位或部门借用未还的应及时追回，无法追回的应要求其照价赔偿，赔偿收入由财务部门收取并及时核算入账。基建剩余设备、材料、专用工具、备品备件由基建移交生产后，纳入生产设备物资管理。

（8）试运行结束后，应及时组织开展基建设备、材料的包装物、废旧物资清查盘点，根据清查情况登记造册后建立管理台账纳入废旧物资管理。包装物、废旧物资确无后续使用需求的，应依规办理相关手续予以处置，处置收入冲减基建投资。

（9）应根据整套启动试运完成情况，准确划分基建期与生产期的时间界限，依规准确核算资本化借款费用、项目建设管理费。针对分批通过试运行的情况，应遵循公用系统随首批机组通过试运行、实质重于形式的原则，合理确认资本化借款费用、项目建设管理费。

（10）应制订各项专项验收的工作计划，提前熟悉了解各专项验收的依据、条件、要求与程序等。验收条件具备后，应先组织自查自验，按照验收标准进行查缺补漏、整改完善。自查合格后，再向相关行政主管部门申请专项验收。必要时聘请中介咨询机构协助，提高验收通过率。

（11）应及时完成专项验收、各类合同竣工结算的账务核算工作，确保基建投资完整、准确、及时核算入账，为竣工决算编制奠定基础。

二、竣工结算

合同对方单位按照合同要求完成所承包的全部工程，经验收质量合格后，应向发包人申请进行的工程价款结算，称为竣工结算。火力发电项目在竣工验收阶段，大量的合同内容已履行完毕，需要依据合同约定办理竣工结算，也有部分合同在火力发电项目建设期间即已经履约完毕，需在建设过程中陆续办理竣工结算。

（一）施工合同

1.工程竣工结算的编制

工程竣工结算书应由施工单位编制，是施工单位与项目建设单位进行工程价款结算、计取工程款项的重要依据。施工单位应在工程竣工验收合格后的一定工作日内，向项目建设单位递交竣工结算报告及完整的结算资料。这里的结算资料是指对施工单位完成的全部工作价值的详细结算，以及根据合同条件应付给施工单位的费用合计，主要包含建筑工程费、安装工程费及合同规定应付给施工单位的其他费用。

2.项目建设单位审核竣工结算

在合同规定时间内，承包人需编制完成竣工结算书，并在提交竣工验收报告的同时递交给发包人（项目建设单位）。项目建设单位在收到竣工结算书后，应按合同约定时间核对，并提出审查意见。项目建设单位经过审查核定后的工程竣工结算是核定建设工程造价的依据，也是建设项目验收后编制竣工决算和核定新增固定资产价值的依据。以下以某火力发电项目竣工结算审核管理办法为例，说明项目建设单位审核工程竣工结算的具体流程。

（1）承包单位在工程竣工验收合格后30日内（或按合同约定执行）向监理单位报送《工程竣工结算申请表》《工程竣工结算表》等工程结算资料。

（2）监理单位在规定时间内按照档案管理要求对移交的竣工资料进行验收交接，并在《工程竣工结算申请表》上签署意见；监理单位收到承包商完整的工程结算书后5个工作日内组织审核，并经总监理工程师签署审核意见。

（3）工程部对工程质量、工期、安全、资料移交等方面进行审核，同时对工程结算范围及工程量进行审查并确认，在《工程竣工结算申请表》上签署意见。

（4）物资部对工程结算中甲供材料的领用进行审核，并提交甲供材料实际领用数量、规格、调拨价、超计划领用情况等资料，并在《工程竣工结算申请表》上签署意见。

（5）安全监察部、工程部分别对安全文明施工、质量情况进行审核后，在《工程竣工结算申请表》上签署意见。

（6）造价咨询单位的造价工程师根据经监理单位、工程部审核之后的《工程竣工结算表》和物资部提供的甲供材料领用进行审核，并将审核确认后的《工程竣工结算表》递交项目建设单位计划部。

（7）计划部对合同价款调整或工程结算价款进行审核确定，签署审核意见后，将经承包商、监理单位、造价咨询单位、计划部审核确认并加盖公章后的《工程竣工结算表》纸质版本及其他资料提交项目建设单位领导进行审核；同时编制《甲供材料实际领用量与结算量的差异表》，递交物资部办理物资退还等手续。

（8）分管副总经理针对经计划部的初步审核结果进行审核确认，签署审核意见。

（9）项目建设单位总经理对审定结果进行确认，签署审批意见。

（10）计划部根据最终审核结果，在3—5天内对结算价款进行修正和完善相关信息后进行审核确认。

（11）工程部根据项目建设单位的《档案管理办法》将经承包商、监理单位、造价咨询单位和计划部共同盖章确认的《工程竣工结算表》（需打印出并经承包商、监理单位、造价咨询单位、计划部、分管副总经理、总经理审批签字确认）等相关资料存档管理。

3.上级单位或中介机构审核竣工结算

根据目前火力发电项目竣工结算的惯例，通常由上级单位或项目建设单位委派内部审计部门或委托造价咨询单位对工程结算进行全面审核，并出具审核报告（审核报告中附的《工程竣工结算定案表》为最终审定金额）。

火力发电工程竣工结算审计专业性较强，主要是对工程造价的复核和确认。竣工结算审核过程中一般重点关注以下事项。

（1）审核竣工结算编制依据。审核竣工结算的编制依据是否符合国家有关规定，资料是否齐全，手续是否完备，对遗留问题处理是否合规等。

（2）审核竣工结算工程量。重点审核竣工结算中投资比例较大的分项工程，容易混淆或存在漏洞的项目，容易重复列项的项目，容易重复计算的项目，图纸是否与现场实际相符，无图纸的项目应深入现场核实。

（3）审核分部分项工程、措施项目清单计价。重点审核竣工结算所列分部分项工程、措施项目的合理性，综合单价及计算的准确性。

（4）审核变更及隐蔽工程的签证。重点审核竣工结算中工程变更是否合规合理，变更增加的项目是否重复计算，变更减少的项目是否扣减，变更是否已得到执行，是否有设计变更执行情况反馈单，变更签证手续是否齐全、内容是否清楚。

（5）审核规费、税金及其他费用。重点审核竣工结算中规费、税金、其他费用计算是否正确，计算基础是否符合规定，有无错套费率。

（6）审核施工企业资质。重点审核施工企业的资质，对无资质等级及无取费证书的施工企业，应按规定降低综合单价或重新确定综合单价。

（7）审核工程合同。重点审核工程合同资料是否真实、齐全、合法、合规。

4.工程竣工结算价款支付

竣工结算审核完毕后，项目建设单位应根据审定的竣工结算书在合同约定时间内向承包人支付竣工结算价款。以下以某火力发电项目竣工结算管理办法为例，说明竣工结算价款支付的流程。

（1）承包商在工程竣工后30日内根据审定的《工程竣工结算表》向监理工程师报送《工程付款申请单》及完整的工程档案材料，同时应提交施工发票。

（2）工程部按照《档案管理办法》规定的档案要求对工程竣工结算资料进行审核确认，审核后报送计划部；各专业工程师对《工程付款申请单》签署"因质量是否发生扣款"的意见经主任审批后报安全监察部。

（3）计划部审核承包单位付款申请审批表中结算金额，计划部在收到发票之后，按照建安发票登记格式予以备案。

（4）安全监察部对《工程付款申请单》签署"因安全事故是否发生扣款"的意见后提交物资部审核。

（5）物资部针对"甲供材料多领用情况是否退还及扣款"签署意见后提交财务部审核。

（6）财务部审核各种扣款项和应留质保金，并经部门主任审核后报分管副总经理。

（7）分管副总经理对《工程付款申请单》审核并签署审批意见后，计划部编制《付款审批单》。申请支付金额在资金计划内的，《付款审批单》经计划部主任、财务部主任审核后，总经理审批；申请支付金额超过资金计划的，《付款审批单》经计划部主任、财务部主任、总会计师、分管副总经理审核后，总经理审批。

（8）财务部根据审批的《付款审批单》在5日内向承包商支付款项。

（9）《工程付款申请单》经承包单位、监理单位、项目建设单位加盖公章后作为财务付款依据并存档。

需要注意的是，火力发电项目有时会出现施工单位由于各种原因遗留或无法完成部分合同内施工内容的情况。这些工程属于施工合同的范围，但在原施工单位无法完成的情况下，项目建设单位可能委托其他单位进行施工，因此在结算付款时需要扣除原施工单位尚未完成工程的相关费用。

因施工合同通常需要履行结算审核程序后才能办理竣工结算，为避免已开发票金额大于结算审定金额的情况，可以在合同中约定：施工单位在累计已开发票金额接近结算金额时（一般为已开发票金额达到预估或申报结算金额的90%左右），可暂停开具发票，待结算审核完成之后根据审定金额补开剩余的发票。

施工合同结算审核完成后，应根据审定结算明细及时完成各个施工合同的竣工结算入账核算，分别进行基建投资补入账（审定结算明细金额大于已累计入账明细金额）或红字冲销（审定结算明细金额小于已累计入账明细金额）的账务处理，保证审定结算明细金额与入账金额相互勾稽、匹配。具体可参照本章第四节中"工程进度结算的会计核算"进行处理。

近年来增值税率呈现下降趋势，签订合同时点与施工期间的适用增值税率可能存在变化，项目建设单位在办理最终结算付款时可与施工单位沟通协商，根据合同约定及沟通结果对未按实际适用税率结算的施工价款进行相应的调整。

5.工程竣工结算争议处理

项目建设单位和施工单位对工程质量有异议，拒绝办理工程竣工结算的，已竣工验收或已竣工未验收但实际投入使用的工程，其质量争议按该工程合同中的相关保修内容执行，竣工结算按合同约定办理；已竣工未验收且未实际投入使用的工程以及停工、停建工程的质量争议，双方应就争议部分共同委托有资质的检测鉴定机构进行检测，根据检测结果确定解决方案，或按工程质量监督机构的处理决定执行后办理竣工结算，无争议部分的竣工结算按合同约定办理。

（二）其他合同

其他合同（设备材料、咨询服务类合同）的对方单位合同义务履行完毕后，应办理最终（竣工）结算。这些合同的内容、范围均比较宽泛，因此结算方式也呈多样性。

1.设备材料合同

（1）设备材料合同以项目建设单位物资管理部门验收入库单据作为结算数量依据，以合同约定价格作为结算单价，依据合同约定条款办理价款结算。

（2）应要求工程、物资、生产等部门反馈设备材料质量优劣性、供货及时性等方面意见，将其纳入设备材料合同结算依据，与合同条款进行对比，分析是否符合供货要求，是否涉及合同考核扣款。

（3）应关注基建剩余的较大数量设备材料情况，及时核查原因。如由于超量采购、重复采购、设计变更等方面原因导致产生大量库存的，应依规追究相关单位或人员的相应责任。可与设备材料供货单位积极沟通协商，探讨研究采用退货、回收、变卖等方式解决库存设备材料的问题，减少长期大量积压设备材料造成的损失。

（4）应及时取得全额合规发票，足额预留质量保证金（保函）。

（5）应由经办部门、验收部门、使用部门、财务部门、分管领导等履行相关审核、审批程序后完成最终结算付款。

2.咨询服务合同

（1）咨询服务合同以使用或验收部门经验收合格的咨询服务工作成果作为结算数量依据，以合同约定价格作为结算单价，依据合同约定条款办理价款结算。

（2）应要求使用或验收部门反馈咨询服务工作成果质量优劣性、服务及时性等方面意见，将其纳入咨询服务合同结算依据，与合同条款进行对比，分析是否符合合同要求，是否涉及合同考核扣款。

（3）应关注服务内容相似或雷同的咨询服务合同是否存在重复签订合同情况，重复签订合同的应及时核查原因；由于前期工作质量不合格不达标导致重新开展咨询服务工作的，应追究相关单位违约责任或个人的管理责任。

（4）应及时取得全额合规发票。

（5）应由经办部门、验收部门、使用部门、财务部门、分管领导等履行相关审核、审批程序后完成最终结算付款。

下面以某火力发电项目监理合同最终结算为例说明竣工结算流程：

在签发工程竣工移交证书后30日内，监理单位完成竣工资料的整理工作后，项目建设单位按合同约定的比例支付监理单位的竣工资料整理费用。监理单位完成了工程结算工作后，经项目建设单位工程部和财务部审核后，按合同约定的比例支付工程结算监理服务费。在签发工程质量保修期终止证书后30日内，项目建设单位应结清工程质量保修期的监理服务费和其他应向监理单位支付款项的余额，并扣减其他应从监理单位扣回的款项后，向监理单位一次性返还全部的监理工作质量保证金。

近年来增值税率呈现下降趋势，签订合同时点与合同履约期间的适用增值税率可能存在变化，项目建设单位在办理最终结算付款时可与对方单位沟通协商，对于未按实际适用税率结算的合同价款进行相应的调整。

三、会计核算

（一）试运行会计核算

《基本建设财务规则》（财政部令第81号）规定，基建收入是指在基本建设过程中形成的各项工程建设副产品变价收入、负荷试车和试运行收入以及其他收入。负荷试车和试运行收入包括水利、电力建设移交生产前的供水、供电、供热收入等。其他收入包括项目总体建设尚未完成或者移交生产，但其中部分工程简易投产而发生的经营性收入等。符合验收条件而未按照规定及时办理竣工验收的经营性项目所实现的收入，不得作为项目基建收入管理。项目所取得的基建收入扣除相关费用并依法纳税后，其净收入按照国家财务、会计制度的有关规定处理。

《火力发电工程建设预算编制与计算规定使用指南》（2018年版）规定，整套启动试运费是指发电工程项目按照电力行业启动验收规程规定，在投产前进行机组整套启动、调试和试运行所发生的燃料、辅料、水、电等费用，扣除售出电费和售出蒸汽费后的净值。整套启动试运费计算公式中的其他材料主要指整套启动试运过程中所消耗的水、蒸汽、酸、碱，锅炉的炉水加药，以及氮气、氢气、二氧化碳等材料。整套启动试运费具体明细见表3.5.1。

表3.5.1　　　　　　　　　　整套启动试运费明细表

序号	项目	序号	项目
1	燃煤发电工程	2.2	其他材料费
1.1	燃煤费	3	脱硫装置
1.2	燃油费	3.1	还原剂材料费
1.3	其他材料费	3.2	其他材料费
1.4	厂用电费	4	燃气—蒸汽联合循环电厂
1.5	整套启动调试费	4.1	燃料费
1.6	售出电费	4.2	其他材料费
1.7	售出蒸汽费	4.3	厂用电费
2	脱硫装置	4.4	售出电费
2.1	石灰石材料费	4.5	售出蒸汽费

试运行收支核算应注意以下几点。

（1）整套启动试运费中不包括启动试运中暴露出来的设备缺陷处理或因施工质

量、设计质量等问题造成返工所发生的费用。整套启动试运费中暴露出来的设备缺陷处理或因施工质量、设计质量等问题造成返工所发生的费用，按照"谁的责任由谁处理并负担相应费用"的原则处理。

（2）机组整套启动试运费＝燃煤（燃气）费＋燃油费＋其他材料费＋厂用电费＋整套启用调试费－售出电费收入－售出蒸汽费收入＋脱硫装置试运费＋脱硝装置试运费。

火力发电工程试运行成本扣除试运行收入后净额计入工程成本，试运行完成后的收入及成本全部计入当期损益。

（3）试运行期间涉及的售电量、售蒸汽量、燃煤（燃气）、燃油、其他费用、厂用电等统计截止时点均应按照满负荷试运行结束的时点来统计（300MW及以上的机组应连续完成168小时满负荷试运行，300MW以下的机组应连续完成96小时满负荷试运行）。截止时点之前的属于试运行收支，截止时点之后的属于生产收支。目前火力发电工程的计量系统均具有高度的智能化、自动化，通过查阅、分析、计算相关的上网电量、售汽量、材料出库记录等即可统计出完整、准确的试运行期间收支数据。

（4）同步建设两台及以上机组的，且各台机组满负荷试运行结束的时点不一致的，应按照受益原则，据实、合理区分各台机组试运行的售电量、售蒸汽量、燃煤（燃气）、燃油、其他费用、厂用电等。应该据实核算调试用燃煤、燃油、备品备件等费用，严格按照试运行完成的截止时点划分燃煤、燃油等出库成本，确认试运行收入，不得将投产后的燃煤、燃油等成本、试运行收入计入基建投资。

（5）应当正确界定试运行完成后的机组消缺费用。对于试运行记录上需要进行消缺的工程维修费用扣除第三方责任单位承担的部分，其余计入工程调试成本；未在试运行记录上的消缺费用，一般应计入生产期费用。

（6）按设备供货合同供应的检修用备品配件、施工后剩余的安装用易损易耗备品配件、专用仪器和专用工具，由项目建设单位组织施工单位在机组移交生产后45天内移交给生产单位。如本期工程其余机组安装调试时需要继续使用，应由使用单位向生产单位办理借用手续，并按时归还。

需要注意的是，财政部办公厅于2021年9月28日发布的《关于征求〈企业会计准则解释第15号（征求意见稿）〉意见的函》（财办会〔2021〕32号）中提出，拟自2022年1月1日起改变原有试运行销售收入冲减固定资产成本的做法，将符合要求的试运行销售收入计入当期损益，不再冲减固定资产成本。具体为：企业将固定资产达到预定可使用状态前产出的产品或副产品，比如测试固定资产可否正常运转时产出的样品，或者将研发过程中产出的产品或副产品对外销售的（以下统称"试运行销售"），应当按照《企业会计准则第14号——收入》《企业会计准则第1号——存货》等适用的会计准则对试运行销售相关的收入和成本分别进行会计处理，计入当期损益，不应将试运行销售相关收入抵销相关成本后的净额冲减固定资产成本或者研发支出。固定资产达到预定可使用状态前的必要支出，比如测试固定资产可否正常运转而发生的支出，应计入该固定资产成本。测试固定资产可否正常运转，通常指评估该固定资产的技术和物理性能是否达到生产产品、提供服务、对外出租或用于管理等标准，而非评估固定资产的财务业绩。

待上述《企业会计准则解释第15号》正式颁布后，需依据其具体规定对火力发电项目试运行收入、成本进行核算。

（二）竣工阶段会计核算

在火力发电项目竣工阶段，大量合同履行完毕后需办理竣工结算，大量的建设业务需完成最终收尾，会计核算时应注意做好以下方面的基础性工作：

（1）有的火力发电项目建安施工合同等的竣工结算需要经过多个层级的结算审核或复审，应以最终层级的结算审核结果作为竣工结算核算及付款的依据。

（2）应核对建安合同竣工结算是否经过建设单位内审部门、外聘中介机构或上级单位组织的结算审核，最终结算结果是否已经过各方书面确认。依据规定应当完成最终结算审核但尚未完成的，应核查原因。需由外部中介机构或上级单位进行结算审核但尚未完成的，可暂以建设单位内部结算审核结果办理预估结算入账手续，但不应据以开具最终发票及办理最终付款，待最终结算审核完成后再进行账务调整和发票开具。

（3）应核对竣工结算资料中已结算金额、本次结算金额、概算归集是否正确，与累计已入账金额、会计科目等进行核对，复核入账金额、会计科目是否正确，竣工结算金额应与最终累计入账金额一致。

（4）应核对已开发票是否合规，累计开票金额是否与竣工结算金额相符，未开、少开发票的应补足发票。

（5）应核对建安合同竣工结算资料（含竣工结算审核报告、建设单位竣工结算流程审核审批资料等，下同）中是否列示了应扣的代垫款（水电费等）、质保金、甲供物资扣款等，是否列示了考核奖罚款。相关的应扣款、考核款是否与合同约定及建设单位相关部门记录相符，是否符合相关管理规定。施工单位领用甲供物资的，应关注甲供物资是否进行结算清理或审核，是否涉及甲供物资超领扣款。

（6）应核对竣工结算资料中的应付、应扣、已付、已扣款项金额是否与会计账簿中相关记录匹配，应与对方单位核对往来账务，核对应收、应付款项余额是否真实准确，是否应扣尽扣、应付尽付，有无超额付款的情况。应依据核对无误的竣工结算资料、账务资料办理扣款、付款手续及账务核算。质保金采用保函方式的，应核对保函格式、金额及时效等是否符合合同约定。

（7）对建安工程竣工结算进行清理，形成建安工程资产明细。具体资产清理过程可参考第五章第五节"资产清理"。

（8）根据工程物资合同最终结算，与工程物资台账进行核对，理清入库、出库、库存情况，实物流与价值流未同步的及时进行账务处理，做到入库、出库、库存账实相符。

（9）应及时登记、更新合同台账，复核合同台账中入账金额、概算项目与会计核算入账金额、会计科目是否存在差异。

（10）应根据试运行完成的截止时点，准确划分基建期与生产期的界限，准确核算资本化借款费用、项目建设管理费、试运行收支等。

四、预结转固定资产

火力发电项目达到预定可使用状态后，由于尚未编制竣工决算，因此只能办理预结转固定资产（简称"预转固"，按行业习惯，此处的"转固"与"预转固"的"固"均包含固定资产、无形资产及其他长期资产，下同），并自次月起计提折旧。目前大部分企业的预转固工作较及时，但受基建投资梳理不完整、不准确的影响，预转固金额与实际不含税投资总额差异较大，容易高估或低估资产价值，加之固定资产分类不准确，因此影响预转固后多提或少提折旧，影响生产期会计利润的真实性、准确性。

（一）预转固流程

1.确定"预转固"的时点

《企业会计准则第4号——固定资产》应用指南规定，已达到预定可使用状态但尚未办理竣工决算的固定资产，应当按照估计价值确定其成本，并计提折旧；待办理竣工决算后，再按实际成本调整原来的暂估价值，但不需要调整原已计提的折旧额。

《企业会计准则第17号——借款费用》规定，购建或者生产的符合资本化条件的资产需要试生产或者试运行的，在试生产结果表明资产能够正常生产出合格产品，或者试运行结果表明资产能够正常运转或者营业时，应当认为该资产已经达到预定可使用或者可销售状态。购建或者生产的符合资本化条件的各部分分别完工，且每部分在其他部分继续建造过程中可供使用或者可对外销售且为使该部分资产达到预定可使用或可销售状态所必要的购建或者生产活动实质上已经完成的，应当停止与该部分资产相关的借款费用的资本化。

国家能源局发布的《火力发电建设工程启动试运及验收规程》（DL/T 5437-2009）规定，整套启动试运阶段是从炉、机、电等第一次联合启动时锅炉点火开始，到完成满负荷试运移交生产为止。同时满足下列要求后，即可以宣布和报告机组满负荷试运结束：机组保持连续运行；对于300MW及以上的机组，应连续完成168小时满负荷试运行；对于300MW以下的机组一般分72小时和24小时两个阶段进行，连续完成72小时满负荷试运行后，停机进行全面的检查和消缺，消缺完成后再开机，连续完成24小时满负荷试运行，如无必须停机消除的缺陷，亦可连续运行96小时；机组满负荷试运期的平均负荷率应不小于90%额定负荷；其他相关装置投入率不小于《火力发电建设工程启动试运及验收规程》规定指标；机组各系统均已全部试运，并能满足机组连续稳定运行的要求，机组整套启动试运调试质量验收签证已完成。达到满负荷试运结束要求的机组，应宣布机组试运结束，并报告启委会和电网调度部门；至此，机组投产，移交生产单位管理。

国家电力监管委员会发布的《发电机组进入及退出商业运营管理办法》（电监市场〔2011〕32号）规定"第六条　新建发电机组进入商业运营前应当完成以

下工作：新建火力发电机组按《火力发电建设工程启动试运及验收规程》（DL/T 5437-2009）要求完成分部试运、整套启动试运。""第十一条 新建发电机组满足第六条要求后90日内取得同意新建发电机组进入商业运营的意见书（简称"商转意见书"）的，调试运行期自机组首次并网的时点起，至满足第六条要求的时点止。因发电企业自身原因在满足第六条要求后90日内未取得商转意见的，调试运行期自机组首次并网的时点起，至取得商转意见书之日的24点止。"

综上，火力发电项目试运行期满截止时点为完成满负荷试运的时点，即为完成168小时或96小时满负荷试运行的时点，同时也是火力发电项目达到预定可使用状态的时点。火力发电项目机组分批完成满负荷试运的，应以分批完成满负荷试运时点作为该批机组达到预定可使用状态的时点。

由于火力发电项目完成满负荷试运之后，才能向电力监管机构申请出具商转意见书，商转意见书出具日期一般晚于完成满负荷试运的时点，因此，不应将取得商转意见书日期作为火力发电项目达到预定可使用状态的标准。

火力发电项目应在完成168小时或96小时满负荷试运行，达到预定可使用状态的当月，完成预转固。

2.梳理确定合理的"预转固"金额

梳理确定合理的预转金额（不含税投资金额）主要分为以下几个步骤。

（1）全面清理合同入账情况。全面清理合同入账情况，理清各个合同需补记入账金额，并依规进行正式入账或暂估入账处理。如合同已结算，则根据结算书金额清理未入账金额；如合同未完成结算，应由合同管理部门按合同金额加预计变更金额清理未入账金额。清理程序与本书第四章第四节中的合同入账清理程序相同。

相关会计分录为：

合同暂估入账时，借记"在建工程——建筑工程——暂估投资""在建工程——安装工程——暂估投资""在建工程——需安装设备——暂估投资""在建工程——待摊支出——暂估投资"等科目，贷记"应付账款——暂估款"，金额为合同需补记入账不含税金额。

（2）全面清理账面投资。全面清理无合同投资账面情况，按投产时间梳理试运行收入、资本化借款费用、项目建设单位管理费等投资的应入账金额和截止时点，并依规进行正式入账或暂估入账处理。清理程序与本书第四章第六节中的账务清理程序相同。

相关暂估入账会计分录同上。

（3）确定"预转固"金额。完成上述步骤后，即可清理出预转金额（不含税投资金额）。根据概算明细及合同明细，按固定资产类别进行组资。

3．"暂转固"的方法

"预转固"可分别按照固定资产目录、概算的系统分类或者不分类直接以总额"暂转固"。

（1）按照固定资产目录转固虽然资产明细最精确，但工作量较大，难以在机组投产当月完成，而且因最终决算金额确定之后需要对各项固定资产的价值和已提折旧进行调整，调整工作量也很大。因此这种方式较少使用。

（2）按照概算的系统分类进行分类"预转固"，以分类折旧率计算折旧。在最终竣工决算时将预转固冲销，重新按照固定资产建立卡片，将预转固至正式转固期间已提折旧按比例分摊至固定资产中，按照固定资产净值及剩余折旧期间计算后期折旧。这种方式也较常使用。

（3）直接以总额"暂转固"，固定资产不分类，工作量最小，按照综合折旧率计算折旧。在最终竣工决算时将预转固冲销，重新按照固定资产建立卡片，将预转固至正式转固期间已提折旧按比例分摊至固定资产中，按照固定资产净值及剩余折旧期间计算后期折旧。这种方式也较常使用，但不满足会计准则固定资产按分类折旧的要求。

4．"预转固"处理

（1）会计处理。"预转固"时，借记"固定资产"及相关明细科目，贷记"在建工程——预转固"科目。金额为预转固定资产的总价值。预转固工作完成后，除未完工程账面投资和无需预转固投资以外，在建工程科目总余额借贷相抵应为0，各明细科目仍保留余额，便于后续编制竣工决算。

（2）确定预转固定资产价值时应关注的特殊事项。

长期待摊费用：投产当期直接转入管理费用，不需要计入预转固价值。

基建管理用固定资产：已在"固定资产"等相关科目入账核算，不需要计入预转固价值。

无形资产：已在"无形资产"等相关科目入账核算，不需要计入预转固价值。

生产准备费中的备品备件购置费、未达到固定资产标准的工器具及办公家具购置费应单独结转为流动资产，不计入预转固价值。

5.总投资无法清理时的预转固

"预转固"一般应以实际投资作为计算依据。有的项目由于财务及计划部门基础工作薄弱等原因，难以在短期内清理出基本完整、准确的总投资，为了按时完成预转固，可以采取通过概算清理调整确定实际投资进行预转固的方式。此方法的基本原理是根据项目建设情况，清理批复概算并据实调整，使其尽可能接近实际投资，最终根据清理调整后的投资进行"预转固"。

（二）整体"预转固"

如一个火力发电项目同步建设的多台机组在同一月份完成满负荷试运，则应对该火力发电项目除尾工外在同一月份完成整体"预转固"，"预转固"的流程可参考上文"（一）预转固流程"中的说明。

（三）分批"预转固"

火力发电项目在两台或多台机组同时建设，第一台机组通过满负荷试运行后，即进入生产经营状态，相关资产需要计提折旧计入生产经营成本。在首台机组达到预定可使用状态时，预估转固金额的准确性对当期的经营成本具有一定影响。因此，完整梳理第一台机组的"预转固"金额比较关键。第一台机组的"预转固"金额梳理时应考虑以下因素。

1."预转固"部分的范围确定

第一台机组"预转固"的范围可以从随同第一台机组一并投入使用的设备、房屋及构筑物的范围来梳理。已投入使用的设备设施预转固，未投入使用的不转固。因两台或多台机组共用无法分隔的设备、房屋及构筑物在第一台机组投入运行时已经使用，因此该部分设备、房屋及构筑物也达到预定可使用状态，应进行"预转固"。如化学水处理系统、附属生产工程设施、主厂房等。第二台机组独立的设备、房屋及构筑物未投入使用，因此第一台机组预转固时无需"预转固"。

2."暂转固"部分的金额确定

在第一台机组达到预定可使用状态时，项目建设单位普遍存在建安工程未结算完毕以及需安装设备未及时办理入库、出库的情况。虽然预转固金额及折旧属于会计估计的内容，不追溯调整，但预转固金额的价值如果不够准确，则可能导致企业经营成本变化较大。因此，需要相对准确地确定预转固部分的投资。在难以及时、完整、准确梳理出实际投资的情况下，可以参照批复概算金额来梳理实际投资，但同时应充分考虑概算与实际、合同金额及合同条款变动、设计变更等因素，力求使梳理出的投资更接近实际投资，避免出现重大偏差。

分批"预转固"时，"预转固"方法、"预转固"处理、总投资无法清理时的"预转固"，可以参考上文"（一）预转固流程"中的说明。

需要说明的是，第一台机组"预转固"时，整个火力发电项目的公用系统大多已达到可使用状态，如主辅生产工程中的水处理系统、供水系统、电气系统、热工控制系统、附属生产工程等；与厂址有关的单项工程，如大部分的厂区用地、交通运输工程、储灰场工程、补给水工程等。这部分工程需要随同第一台机组同时"预转固"，一般情况下，同步建设两台机组项目时，首台机组"预转固"比例占总投资的60%—70%。

第四章
竣工决算编制工作

通过了解火力发电工程的基础知识及竣工决算的相关理论，我们掌握了火力发电工程竣工决算的基本内容。上一章介绍了在建设过程的各阶段，如何将竣工决算落实到火力发电工程的日常基础管理工作中，以分担后期竣工决算阶段的编制工作量，也为最终的竣工决算打下良好的基础。本章将从竣工决算工作的组织、编制程序及工作内容、编制成果资料等方面对竣工决算的编制工作进行详细介绍。考虑到并非所有项目都能在建设过程中规范做好竣工决算基础工作，因此本章未考虑对建设过程中竣工决算基础工作成果的利用，而是全面、系统地介绍火力发电工程竣工决算编制的全部工作内容。

第一节　竣工决算编制内容

一、竣工决算报告

竣工决算报告是竣工决算编制的成果性文件，一般包括竣工决算报告封面、竣工决算报告目录、竣工工程全景或主体工程彩照、竣工决算说明书、全套竣工决算报表、项目核准文件、概算批复文件、竣工验收报告、竣工决算审计报告及其他重要文件。竣工决算报告所包括内容除最主要的竣工决算报表和竣工决算说明书外，其余均可依据项目建设单位及其上级单位管理需要进行调整。竣工决算报表的格式也可在不改变基本数据逻辑的基础上微调或增加表格。一般央企集团都会制定自己的竣工决算报告格式与要求，本节以常见的火力发电竣工决算报告为例讲解（同第二章第六节）。

（一）竣工决算报表

竣工决算报表主要包括：竣工工程概况表（竣建01表），竣工工程决算一览表（汇总表）（竣建02表）、竣工工程决算一览表（明细）（竣建02-1表）、预计未完工程明细表（竣建02表附表），其他费用明细表（竣建03表）、待摊支出分摊明细表（竣建03表附表），移交资产总表（竣建04表）、移交资产明细表（竣建04-1表、竣建04-2表、竣建04-3表、竣建04-4表），竣工工程财务决算表（竣建05表）、竣工工程应收应付款项明细表（竣建05表附表）等，具体如下。

1.竣工工程概况表（竣建01表）：反映建设竣工工程的基本情况，为全面考核竣工工程主要技术经济指标等提供依据。

2.竣工工程决算一览表（竣建02表、竣建02-1表和竣建02表附表）：竣工工程决算一览表（竣建02表、竣建02-1表）反映竣工工程投资、考核概算的执行情况与实际投资的完成情况，并据以计算交付使用资产价值。预计未完收尾工程明细表（竣建02表附表）反映工程已经竣工，但尚有少量尾工需要继续完成的情况。

3.其他费用明细表（竣建03表）：反映全部"待摊支出"及直接移交使用的各种资产的概算数和实际发生数。

4.待摊支出分摊明细表（竣建03表附表）：反映全部"待摊支出"实际发生的分摊计算结果。分摊方法参照电力行业其他费用核算、分摊办法的规定。

5.移交资产总表（竣建04表）：是交付使用资产各明细表的汇总表。将各交付使用资产明细表的最后一行合计数，按项分别填入本表相应栏次内。

6.移交资产明细表：包括移交资产——房屋、构筑物一览表（竣建04-1表）、移交资产——安装机械设备一览表（竣建04-2表）、移交资产——不需要安装机械设备、工器具及家具一览表（竣建04-3表）、移交资产——长期待摊费用、无形资产、待抵扣增值税一览表（竣建04-4表）。

7.竣工工程财务决算表（竣建05表）：反映竣工工程累计发生的资金来源（资本金、基建投资借款及债券资金）与其所形成的各种资产总价值以及竣工结余资金等情况。

8.竣工工程应收应付款项明细表（竣建05表附表）：反映截至竣工决算编制基准日，基建往来客户的应收、应付款明细，是竣建05表中应收、应付款的明细表。

（二）竣工决算说明书

竣工决算说明书是总括反映竣工工程建设成果和经验、全面考核与分析工程投资与造价的书面总结，是竣工决算报告的重要组成部分，其主要内容包括以下几方面。

1.对工程的总体评价，从工程进度、质量、安全、投资等方面进行分析说明。

（1）进度情况。主要说明开工和竣工时间，以实际工期对照合理工期是提前还是延期。着重说明各工程项目之间工期的衔接与系统的协调情况。

（2）质量情况。要对质量监督部门的验收评定等级、合格率和优良品率进行说明。

（3）安全情况。根据劳动、监理和施工部门记录，对有无设备和人身事故等进行说明。

（4）投资情况。应对照概算工程总投资、造价目标，说明总投资与单位千瓦投资分别是节约还是超支，用金额和百分率进行分析说明。

2.建设依据。主要对项目"可行性研究报告""项目建议书""设计任务书""概算批准文件"等的批准单位、批准日期和文号进行说明。

3.主体工程造型、主设备和主体结构。应说明主体工程造型、结构和主设备的有关情况，说明主要建筑的布置和主体设备的合理性。

4.工程施工管理。主要说明在建设过程中发生的问题和解决办法、施工技术组织措施情况、采用了哪些先进科学技术、取得了哪些经验和教训等。

5.各项财务和技术经济指标的分析。

（1）概算执行情况分析。包括实际基建支出与概算进行对比分析，单位投资分析，动用基本预备费的项目、金额、动用原因及依据的列表分析说明。

（2）新增生产能力的效益分析。本项目对当地社会经济和企业的作用分析，投资回收分析，投产以后新增生产能力分析，电力项目还应对发电量、负荷量等能力进行分析。

（3）财务状况分析。列出历年资金计划、到位及使用情况，有无资金严重短缺和过剩情况及形成原因，并对筹资成本进行分析说明。

6.财务管理情况分析。在项目建设过程中的会计账务处理情况，包括制定了哪些财务规章制度，采取了哪些措施促进了基建工程财务管理工作的开展，对控制工程投资、节约建设资金、支持并服务于工程建设、提高经济效益等方面的作用。

7.结余资金情况。说明竣工结余资金的占用形态、处置情况，包括剩余物资、基建应收款项、基建占用生产资金等。

8.预留尾工工程的说明。说明预留尾工工程的原因、项目内容、拟完成时间等。

9.审计意见处理情况。要逐项说明历次审计、检查、审核、稽查意见及整改落实情况。

10.债权债务清理情况。列表说明各项债权和债务单位、金额、原因等情况。

11.竣工决算报表编制说明。

（1）待摊支出分摊原则和计算情况说明。说明待摊支出各项费用分摊的依据和方法。

（2）转出投资原则。项目法人若存在为项目配套的专用设施投资（如专用道路、专用通信设施、送变电站、地下管道等），但对其没有产权或者控制权时，应说明该类投资转出移交情况。

（3）概算回归说明。对项目动用基本预备费、价差预备费等的实际情况进行回归说明。

（4）数据勾稽关系说明。竣工决算报表间应满足勾稽关系，如有特殊情况不满足的，应进行说明。

（5）其他特殊处理说明。

12.征地拆迁补偿情况、移民安置情况。

13.大事记。是对建设期间包括筹备期间至竣工验收的有关活动、工程关键进度节点以及重大事项，按时间顺序进行编纂的基本建设项目历史记录。每条大事记应包含有时间、人物、地点、内容等相关信息，逐条记录。大事记至少应涵括项目建设依据和重大工程节点内容。

（三）其他

1.竣工决算报告封面。包括外封和内封。外封包括项目建设单位名称、建设项目名称、编制日期等；内封应包括建设项目名称、建设项目负责人、编制竣工决算领导小组及参加编制竣工决算报告人员名单、编制日期等，可以将竣工决算报表封面作为内封。建设项目名称应按经批复的初步设计文件上的项目名称填写；编制日期为竣工决算报告编制完成日期；正式报出的竣工决算报告应加盖项目建设单位公章和法人代表章。其他填写要求同"报表封面"。

2.竣工决算报告目录。应按照报告所含内容依次列出，并标出页码。竣工决算报告目录内容包含竣工工程全景或主体工程彩照、竣工决算报告情况说明书、全套竣工决算报表、概算批准文件和竣工验收报告、审计报告及其他重要文件五项，其中全套竣工决算报表至少需列出五张主表目录，批复文件应列明各项批复文件名称。

3.竣工工程全景和主体工程彩照。主要包括工程全景、主体建筑物、大型设备及重要领导视察图片或重要工程节点图片等。一般包括1张工程全景，2—4张主体工程及设备照片，2—4张领导视察照片。火力发电项目可包括主厂房、烟囱、冷却塔、锅炉、汽轮机、发电机、主变压器等。

4.核准文件、概算批准文件和竣工验收报告。核准文件为国家或地方发改部门核准项目建设的批复文件；概算批准文件为经上级单位批复的初步设计概算批文；竣工验收报告为上级单位批复或备案的项目投产达标文件或竣工验收证书、总体竣工验收报告。

5.审计报告及其他重要文件。包括竣工决算审计报告、用地批复、环境评价报告批复、水土保持报告批复、项目建议书批复、可行性研究报告批复、初步设计评审报告、开工批复文件、工程造价总目标批复、执行概算批复、重大设计变更批复、历年投资计划、工程结算总投资批复（含未完工程项目）、概算外投资项目批复、质量检查验收文件、机组交接证书、电网并网证书等。

二、主要工作内容

编制竣工决算的主要工作包括两个主要环节，一是全面清理合同、资产、账务、文件资料、未完工程等，二是根据清理结果编制决算报表（上表）和编写决算说明书。本节先简单介绍这两项工作的主要内容，后续从第二节开始依次详细介绍具体工作方法。

（一）基础资料清理

在编制项目竣工决算前，项目建设单位应当认真做好各项清理工作，包括账目核对及账务调整、财产物资核实处理、债权实现和债务清偿、档案资料归集整理等，如日常基础工作比较完善，则可以直接利用日常基础工作成果。具体包括以下内容。

1.合同清理。清理工程施工合同，设备采购合同和其他费用合同的应结算金额、已入账金额、已支付金额、应付款金额等执行情况，未执行完成的合同结合资产清查结果落实未完工程情况，核对债权债务，并将合同清理情况与财务账进行核对。

2.资产清理。根据合同清理的结果，逐项清查核实房屋、构筑物、已安装设备、不需要安装设备，全面盘点库存设备、物资和工程现场结余财产，落实工程结余财产、物资情况，并将上述核查情况与财务账进行对照，以保证账实相符。

3.账务清理。根据相关文件和会计资料，梳理建设项目的基本建设资金来源情况，与项目建设单位各股东和有关开户银行进行资本金到位及借款本金、利息情况的清理，划分建设期与经营期利息支出的界限，提出账务调整意见；核实基本建设支出情况，根据合同清理结果调整账务；对调整账后往来账余额进行检查核实，核对往来账目。

4.文件资料清理。对项目建设单位积累的竣工决算相关资料进行清理，对形成的竣工决算相关资料进行核查。竣工决算相关资料包括项目立项、核准文件，项目概算及调整概算文件，公司董事会纪要，工程历年投资计划，工程招投标资料，合同台账及文本，工程进度、质量、安全管理、设计、监理等工作总结资料，合同结算资料，工程验收资料，房屋构筑物面积，工程征地面积和征地文号及全厂占地面积，工程耗用钢材、水泥、木材的概算总量和实际总量，调试电量记录，建设过程中在建评审、年度审计等文件，各类法律文件，等等。

5.预计未完工程清理。按规定具备投产条件的项目，当未完工作量不超过概算总投资的5%，且对建设项目投产运行无重大影响时，可以将未完工程预计纳入竣工决算，并按概算项目编报未完工程明细表。对工程未完项目进行全面清理，对符合条件的未完工程根据预计发生的工程费用支出，取得相关依据后，预估进入决算投资。

（二）编制决算报表与说明书

编制决算报表的整体思路是：根据合同清理、账务清理、预留未完收尾工程的清理结果，确定工程实际总投资，编制竣工决算一览表；根据资产清理得到资产明细表；根据合同与账务清理结果，确定其他费用，编制其他费用明细表及待摊支出分摊明细表；将需要分摊的其他费用在建安工程与需安装设备中分摊，得到分摊后的移交资产价值，编制移交资产明细表及总表；根据账务清理及其他资料清理结果，编制竣工财务决算表和竣工工程概况表。根据文件资料的清理结果，基于已编制的竣工决算报表，编写竣工决算说明书。

三、其他事项

（一）竣工决算编制的概算选取

火力发电工程实际投资考核对比的基础是初步设计概算，因此，竣工决算的概算数据一般取自初步设计概算。实务编制时，决算编制人员应选取经上级单位批准的、最终确定的火力发电工程初步设计文件及相应的概算或调整概算。有的单位也以执行概算作为竣工决算编制的依据。

我们认为，执行概算是工程建设实施阶段，以设计概算静态投资为控制目标，按照设计概算价格水平，以招标设计的工程量及合同的人工、机械效率和材料消耗量为依据，结合工程招标和建设管理实际情况进行编制的。执行概算是对设计概算静态投资管理目标的进一步分解、细化和重组，更贴近项目投资的实际情况。但执行概算是根据上级单位内部控制目标以及各个项目的具体情况编制的，是项目建设单位自己为进一步控制投资，按主要标段已签订合同或中标结果来编制的，不是按概算规则编制的，不具有行业参考价值，因此一般不作为概算对比的口径。同时，财政部《基本建设项目竣工财务决算管理暂行办法》也明确规定，竣工财务决算的编制依据主要包括经批准的可行性研究报告、初步设计、概算及概算调整文件。

（二）竣工决算编制基准日

竣工决算的编制应以一个基准时点为时间界限来确定决算总投资。编制基准时点发生变化，竣工决算的结果也将随之改变。在火力发电项目竣工决算的编制过程中，为了确保决算数据的统一，所有工程价款结算和账务处理应确定一个截止日期，避免决算数据的多次调整和修改，这个截止日期就是竣工决算编制的基准日期，也是确定账务清理范围的一个重要参考。

根据企业会计准则的相关规定，建设项目应在达到预定可使用状态时结转固定资产，达到预定可使用状态后的成本支出应计入生产经营成本。因此，火力发电项目各类投资的资本化结束时点即为项目达到预定可使用状态的时点。根据财政部《基本建设项目竣工财务决算管理暂行办法》（财建〔2016〕503号）规定，基本建设项目完工可投入使用或者试运行合格后，应当在3个月内编报竣工决算。火力发电项目竣工投产日期到编制竣工决算报告日期之间往往存在一定的时间差。目前，关于竣工决算报告编制基准日的确定有三种模式。

第一种模式，以达到预定可使用状态时点（火力发电以通过试运行时点，下同）当日（或当月月末，便于报表与账核对）作为编制基准日。持这种模式观点的人认为，达到预定可使用状态时点是资本化截止时点，也是基建工程截止时点，该时点之后发生的影响竣工决算报表数据的业务均属于报表期后事项，可以通过调整报表的形式计入决算报表；截止时点后，收到的项目资本金、收到或归还的借款均不列入项目资金来源；往来款、结存资金也应在试运行当月截止。对于截止时点后至竣工决算报表编制完成前，财务新入账的投资则视同竣工决算报表日后的期后事项，同时调整增加截止日的投资和应付款。此种模式下，资金来源与往来款余额的时点不是同一时点。如竣工报表编制日期与达到预定可使用状态时点比较接近（如3个月内），那么该种模式给编制清理带来的工作量不大，而如果两者时点相差比较大，则可能导致竣工财务决算表（竣建05表）往来款的数据失真。但由于往来款不是决算编制的重点，往往被忽略。

第二种模式，以竣工决算编制时最近一期的会计截止日（月底）作为编制基准日。持这种模式观点的人认为，编制基准日就是编制时截止账面数据的日期，以与编制日接近的会计截止日为基准日，有利于投资相关的账务处理入完账（除未完工程外），也有利于往来账款的核对，同时保证会计账簿的资金来源、往来款余额、资金结存数据与竣工财务决算表（竣建05表）的数据一致。此种模式的优点是不存在时间差异，缺点是由于竣工决算编制日期往往滞后于达到预定可使用状态时点（资本化结束日期）较长的时间，项目投产之后增、减的借款和项目资本金纳入基建项目资金来源，可能会出现借款已大量归还或大额项目资金在投产后到位的情况，掩盖了项目资本金不到位问题，也导致决算报表的资金来源数据失真。

第三种模式，综合模式，以竣工决算编制时最近一期的会计截止日（月底）作为编制基准日，但报表中资金来源的数据以达到预定可使用状态时点为截止日。持这种模式观点的人认为，竣工决算报表反映的数据是工程投资完成额的时期数据（财务核算完成日）与资金来源和结存的时点数据（投产日）的结合，产生了财务核算完成日与投产日的时间差异。依据实质重于形式的原则，可以以财务核算完成日（具备决算编制条件）作为决算编制基准日，但对于项目资金来源，则严格以达到预定可使用状态日截止，分批投产的，为最后一批投产日期截止。编制竣工决算时，建设单位已进入生产运营期，一般运营期与建设期在同一账套中进行会计核算，由于生产运营产生的资产与负债不能纳入竣工决算报表，从而导致竣工决算报表的资金来源与资金占用不平衡。同时，竣工决算报表的资金来源与债务、资产的会计截止时点不一致，也会导致竣工决算报表的资金来源与资金占用不平衡。上述不平衡差额可视同基建资金和生产资金的相互占用，其中借方差额作为生产占用基建资金，列入结存资金的"资金占用——生产占用"；贷方差额作为基建占用生产资金，列入资金来源的"资金来源——生产资金"。

本书建议采用第三种模式，理由是：以达到预定可使用状态时点反映基建期间实际投入的建设资金，之后的资金来源变动属于生产运营期的业务事项，视同生产运营期资金来源，不属于工程决算编制范围。往来款余额的时点确定以决算报告编制日为标准，主要是达到预定可使用状态时点时，各主要标段合同的结算工作暂未结束，往来款余额并不准确，在对各标段合同的结算进行清理后，竣工决算编制日就可以准确反映各标段合同截至项目决算实际编制时点的未付款金额。第三种模式下，资金来源与往来款余额的时点不是同一时点，存在时间差异，但这种模式既解决了资金来源失真问题，也保持了竣工财务决算表与会计账面金额的一致性。

竣工决算报告编制基准日前，项目建设单位应确定以下事项已完成，具备竣工决算编制的条件：合同结算基本完成，资产清理完成，收集整理与竣工决算相关的项目资料已完成，竣工决算的账务清理已完成，预备费的动用事项已批复，未完工程投资及预留费用清理已完成。

竣工决算的基准日期确定后，所有与建设成本、资产价值和结余资金相关联的财务收支事项应在基准日期前入账，以保证竣工决算投资的完整性。主要包括竣工决算账务清理、预留费用计列等会计业务及预计未完工程投资清理。

竣工决算编制的基准日期与会计年度并不关联，为适应会计核算结转账务习惯及便于账务核对，基准日期一般选择在月末。

第二节　决算编制的组织与管理

竣工决算编制工作是一项专业性、复杂性较高的工作，为做好此项工作，项目建设单位应加强对竣工决算工作的组织和领导，按照制定的编制程序及流程开展编制工作，并做好编制人员的分工及工作安排。具体应做好以下几项主要工作。

一、成立竣工决算管理机构

竣工决算报告是包括前期筹备、招标采购、施工技术、工程管理、造价结算、资产管理、会计核算等多方面内容的综合性文件，是对建设项目全过程及建设成果的全面总结，需要各部门共同参与。为协调各部门及时、高效地完成相关的配合工作，确保竣工决算编制工作按期顺利完成，通常应当成立竣工决算领导小组和办公室。

竣工决算编制工作一般在火力发电项目投产初期开始，而这个时期正是企业建设向生产转型的关键时期，人员工作调整比较大，工作繁忙而缺乏规律，应当成立竣工决算领导小组和办公室，将竣工决算编制作为一项特殊的重要工作认真对待，才能保证编制工作的顺利开展。

竣工决算编制一般由财务部门主持开展，但也并非财务部门能独立完成的工作。无论是投资支出按概算口径归集入账核算，还是工程结算明细的资产化清理以及交付资产的大量非价值性信息（如位置、资产组合等），都离不开计划、工程、生产等部门的支持和配合。编制报告时，也会遇到大量的非财务部门所能解决的专业问题，需要由各部门的专业人员配合完成。因此应当成立竣工决算领导小组和办公室，以有效协调、调配非财务部门力量参与竣工决算编制工作。

竣工决算工作从开始启动、编制完成到通过审计和上级单位批准，一般要历经数月乃至更长时间，有必要成立决算领导小组和办公室来专门负责协调、推进、督导相关工作。

竣工决算领导小组组长一般应由项目建设单位主要负责人担任，各部门负责人担任领导小组成员。竣工决算领导小组办公室设在财务部门，由财务部门负责人担任办公室主任。竣工决算领导小组组长及办公室负责人应定期组织召开竣工决算专题会议，检查工作进度，协调解决竣工决算编制工作中存在的问题，必要时聘请外部中介机构或专家协助、指导工作。

竣工决算领导小组可将竣工决算工作纳入项目建设单位绩效考核范围，定期进行绩效考核，以明确责任、提高效率、保证质量。

二、竣工决算的工作程序

（一）编制准备

在竣工决算编制之前，应进行编制准备工作清理，主要核实影响竣工决算编制的前置性主要工作是否均已完成，是否具备开展竣工决算编制的条件。应当根据编制准备工作清理情况，结合火力发电项目的实际情况，制定竣工决算编制工作方案，以确定竣工决算编制的组织领导、工作分工、工作程序、时间安排、决算基准日，并明确编制要求。

（二）编制实施

编制实施阶段工作流程主要包括竣工决算资料收集、竣工财务清理、计列未完工程及预留费用、竣工决算报告编写及内部审查等。

1.竣工决算资料收集

编制实施阶段，应当对与竣工决算相关的资料进行收集和整理，以备竣工决算编制工作中使用。

2.竣工财务清理

竣工财务清理主要包括合同清理、资产清理、账务清理等内容。

（1）合同清理。应当对火力发电项目建设投资涉及的全部合同进行清理，理清有合同部分的投资成本，理清各合同应结算金额及已结算入账金额，确定各合同需要暂估或补记入账金额，理清各合同的会计入账科目与概算明细的对应关系，确定竣工决算表的数据来源。

（2）资产清理。对于火力发电项目建设投资涉及的全部形成资产进行逐项清理，初步形成符合建设单位或上级单位固定资产目录要求的交付资产清单（分摊其他费用前），以备后续编写竣工决算交付资产明细表。

（3）账务清理。在合同清理的基础上，清理无合同投资应结算金额及已结算入账金额，并结合资产清理，梳理实际投资，清理往来账务，清理项目的资金来源、使用、结存情况。

3.计列未完工程及预留费用

结合编制准备工作清理以及合同、资产、账务清理的情况，理清未完工程及预留费用情况，确定如何在竣工决算投资中计列，并依规进行账务核算。

4.按概算口径对投资归概

在上述1、2、3步骤的基础上，按概算口径梳理出竣工决算投资，建立概算与投资的对比关系，完成竣工决算一览表编制。

5.分摊其他费用

根据实际投资归概、交付资产清单，分摊其他费用，完善具体资产的数量、技术特征和生产厂家等相关信息，编制竣工决算交付资产明细表。

6.形成报表及说明书（初稿）

编制项目概况表、竣工财务决算表、竣工决算说明书等，完成竣工决算报告初稿。

7.内部审查及调整

竣工决算报告初稿由项目建设单位组织审查，根据审查意见进行修改完善。

（三）决算审计

根据目前火力发电项目竣工决算流程，一般由项目建设单位或上级单位组织进行竣工决算审计，根据审计结果调整竣工决算报告后，上报上级单位（没有上级单位的根据公司管理权限由董事会或股东会批准）进行竣工决算批复。项目建设单位根据批复后的竣工决算报告正式结转固定资产。竣工决算的一般流程如图4.2.1所示。

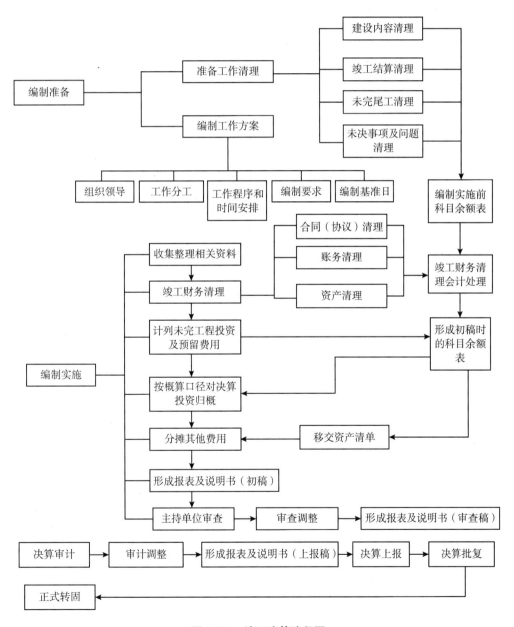

图4.2.1 竣工决算流程图

三、编制人员分工及工作内容

火力发电工程因投资大，建设时间跨度较长，加之工程结算往往滞后比较多，竣工决算编制基础清理工作较繁杂。为提高工作效率，在编制竣工决算编制工作方案时，一般将编制人员按专业分设为四个小组，即建安工程小组、设备投资小组、其他费用小组、综合小组。

（一）编制小组及分工

1.建安工程小组

建安工程小组主要负责竣工决算报告中的建筑安装工程部分的编制内容，具体工作如下：核对账务记录→账务调整→确定分摊待摊支出前的各类资产明细→盘点实物资产→分摊待摊支出。

（1）核对账务记录，同时完善建筑工程设备的相关信息。首先，取得截至编制基准日的"在建工程——建筑工程""在建工程——安装工程"科目余额表（一级到末级），并取得项目批准概算，核对科目的设置是否与批准概算一致。其次，取得施工合同、施工结算书、结算审核报告、项目建设单位物资采购合同及"在建工程——建筑工程"或"在建工程——安装工程"的明细账及相关凭证，逐步核对建筑安装工程账面记录的完整性和正确性。根据合同，批准概算及竣工图纸核对已入账的建筑工程，设备及主要材料的名称、规格、生产厂家（供货单位）、概算项目（以概算书为准）、数量、价格等信息。

（2）账务调整。编制人员根据核对结果对建筑安装投资支出进行明细清理及账务调整，使会计科目核算内容与概算子项口径内容一致，并正确填报竣工工程决算一览表（竣建02表）的建筑安装投资。

（3）确定分摊待摊支出前的各类明细资产。从归概后的建筑安装投资所对应的施工合同竣工结算明细中清理出竣工交付的资产明细清单，作为竣工决算交付资产明细表的编制依据。

（4）盘点核实房屋、构筑物、管路线路资产。根据上述步骤编制完成的交付资产表，对相关资产进行实物盘点，同时落实房屋、构筑物资产的坐落位置，管路线路资产的分布或起止点，核实房产的面积、构筑物的规模以及管路线路资产输送能力等资产特征。

（5）分摊待摊支出。待完成建筑安装工程投资、设备投资及其他费用的清理及资产化后，将不形成实体资产的待摊支出，按照受益范围摊入由分解投资形成的实体资产价值中。待摊支出摊入资产价值后，可编制完成房屋、构筑物资产表和管路线路资产表。

2.设备投资小组

设备投资小组主要负责编制竣工决算报告中的设备投资部分，具体工作为：核对账务记录→账务调整→资产组价→设备分类→分摊安装费→盘点实物资产→分摊待摊支出。

（1）核对账务记录同时补充相关设备信息。首先，取得截至编制基准日的"在建工程——需安装设备"科目余额表（一级到末级），并取得项目批准概算，核对科目的设置是否与批准概算一致。其次，取得设备合同、"在建工程——需安装设备"的明细账及相关的凭证，逐笔核对需安装设备账务记录的完整性和正确性。根据设备出库领用清单和竣工图纸将设备的名称、规格、生产厂家（供货单位）、领用部门、数量、价格、所在位置等信息进行补充。

（2）账务调整。编制人员根据账务核对结果对需安装设备支出进行账务调整，使会计科目核算内容与概算内容一致，并正确填报竣工工程决算一览表（02表）的设备投资。

（3）设备资产组价。在实际采购成套设备工作中，为明确技术要求，对于电子设备主要按独立的功能模块列单订货；为方便大型设备运输，在订货时往往将整体设备分为更详细的部件明细列明在供货明细表中；为方便系统工艺设备的到货验收，也常常在供货明细表上列出系统的各独立单元。然而设备到货清单中的列示项目（散件）并不能直接作为资产交付使用，还要根据设备各部分的功能，按照装配图纸，在专业技术人员的配合下，将购进的设备散件（安装连接件、部件、功能块）价格组装合并到整机的价格中，形成一个独立、完整的设备价值。

未按实物交付资产，对已经按"套"和"系统"为单位入账的设备投资，应依据验收入库清单或合同供货清单，对设备信息（尤其是设备价格信息）进行整理。

（4）设备资产分类。建设项目竣工投入使用后，形成需安装设备、不需安装设备、备品备件和无形资产等，编制需安装机械设备资产明细表（未分摊其他费用和安装费用）、不需要安装设备、工器具和家具明细表。

（5）分摊安装费用。对需安装设备而言，必须经过安装才能正常使用，有的设备必须在设备基础上进行安装，所以交付使用资产的价值还要考虑设备基础价值和分摊安装费用。

（6）盘点资产。根据上述步骤完成的交付资产表，对相关资产进行实物盘点，落实设备和工器具的保管单位、需安装设备的安装部位、数量及规格型号等。

（7）分摊待摊支出。将不形成实体资产的待摊支出，按照受益范围摊入由分解投资形成的实体资产价值中。需要注意的是，不需安装设备和工器具一般不摊入费用。

3.其他费用小组

其他费用小组主要负责编制竣工决算报告中的其他费用部分，具体工作如下。

（1）结合概算，按照其他费用项目签订的合同和实际执行结果，对其他费用实际支出进行复核，将其中的建筑安装投资及设备投资调出，同时接收从建筑安装工程、设备等科目调入的其他费用，编制会计分录进行账务调整。

（2）根据未完工程清单及已签订合同等资料，编制未完工程和预计负债入账凭证，或审核其入账的正确性。

（3）区分待摊支出、流动资产、长期待摊费用、无形资产等项目的内容及金额。并注意以下事项：

①从项目建设单位法人管理费投资支出中，分出建设期已用固定资产和流动资产，并计算产生的折旧额或确定流动资产是否已经消耗；

②依据土地征用合同，从建设场地征用及清理费中，分出独立形成无形资产（土地使用权）和各宗土地的征地费；

③依据技术服务合同，从项目建设技术服务费科目中，划分出应作为无形资产移交的专利技术和非专利技术价值，以及单个或局部资产的受益费用；

④依据运行合同，检查生产职工培训及提前进场费科目的核算是否正确，并将其作为形成长期待摊费用的依据；

⑤检查生产准备费——管理车辆购置费的投资支出，若已作为固定资产核算，

应复核其核算的正确性，将其作为其他费用投资的填表依据；

⑥检查生产准备费——工器具和家具购置费科目核算的正确性，把已入账的工器具和家具费用单独记录，为填写资产表准备资料；

⑦检查生产准备费——整套启动试运费科目核算的正确性，特别注意生产期与建设期的正确划分；

⑧根据贷款合同，检查借款利息支出资本化的正确性，尤其注意多台机组分批投产时，借款本息在基建期和生产期的划分。

（4）根据上述程序，填写其他费用明细表（竣建03表）、待摊支出分摊明细表（竣建03表附表）、不需安装设备和工器具表（竣建04-3表）和移交资产及长期待摊费用、无形资产、待抵扣增值税一览表（竣建04-4表）。

4.综合小组

综合小组主要负责编制工作的整体情况，综合把握编制工作全局，其主要工作有以下内容。

（1）制订相关的工作计划，准备有针对性的竣工决算报告编制方案；

（2）核对概算，确定适用的概算子项口径和固定资产目录；

（3）搜集、整理、催要重要及关键和基础性资料；

（4）熟悉关键图纸，编制建设项目说明书、项目概况书、财务决算表；

（5）解决编制组成员工作中遇到的问题；

（6）协调编制组内工作进度和配合部门的关系，汇总编制过程中需沟通协调的问题，并与有关部门沟通解决。

（二）其他部门及人员的配合工作

除了四个编制小组外，竣工决算编制工作还需要工程、计划、技经、物资、生产、安全、综合等部门配合，其他部门及人员的配合工作安排如下。

（1）计划部门、工程部门配合财务人员，对合同及非合同投资按设计概算口径进行分解，协助财务人员进行投资支出的清理及归概。

（2）技经、物资、生产部门对照交付资产项目的内部组成和经济内容，对竣工结算书内的内容进行拆分组合，确定交付资产的价值。

（3）物资部门正确登记设备和甲供装置性材料台账，正确填写或审核物资出库单（物资名称、技术规格、数量、制造或供应厂家、计量单位和领用数量，具体使用地点或系统），配合财务人员进行设备出库核算及设备交付清理。

（4）计划，工程，安全部门整理工程进度、质量、安全等方面的资料，撰写竣工决算报告说明书中与进度、质量、安全管理相关的内容。

（5）综合部门清理火力发电项目建设程序性文件，撰写竣工决算报告说明书中建设依据的相关内容。

（6）工程和生产部门共同撰写竣工决算报告说明书中主体工程造型、主设备和主体结构的相关内容。

（7）工程部门整理工程施工管理资料，撰写竣工决算报告说明书中工程施工管理的相关内容。

（8）生产部门撰写竣工决算报告说明书中新增生产能力效益分析的相关内容。

（9）工程、计划、物资等部门共同分析投资超支或节约的原因，撰写竣工决算报告说明书中概算执行情况分析的相关内容；共同清理概算外项目、动用基本预备费及价差预备费项目，撰写竣工决算报告说明书中动用基本预备费及价差预备费情况说明等内容。

（10）工程、计划、物资、生产等部门共同清理尾工工程，编制预计未完收尾工程明细表，撰写竣工决算报告说明书中尾工工程说明。

（11）工程、物资、生产部门应配合参与竣工交付资产清查盘点工作。

（12）解答编制竣工决算报告过程中提出的技术性问题。

第三节　竣工决算资料收集

在项目建设过程中，项目建设单位应及时做好竣工决算相关资料的搜集、归纳和整理工作，并规范建立相关资料台账，为后续竣工决算编制工作顺利进行创造条件。

一、建设程序资料

收集建设项目中重要的建设程序报建资料，其主要目的是梳理、核查建设程序是否齐全完整、合法合规。在查阅建设程序文件资料时，应注意文件中有效期限、建设范围、建设规模、建设地点等的相关规定，如发现实际建设事宜与批复文件不符的、建设程序存在瑕疵或疏漏的，应及时按照相关规定采取重新申报、补办等补救措施，避免给后续竣工验收或办理其他手续带来不利影响。近几年来，政府部门积极推进简政放权、放管结合、优化服务的改革举措，越来越多的建设程序由审批制变为备案制，有的建设程序经中介机构审查后向政府部门报备即可，但并不意味着相关建设程序可以随意减免。因此应当依据现行政策，对重要建设程序文件进行完整梳理。竣工决算编制工作中需收集核查的建设程序文件，应以行政级别最高的单位最终批复文件为准，包括但不限于以下内容（见表4.3.1）。

表4.3.1　　　　　　　　　　　　　建设程序资料明细表

序号	文件名称	用途
1	1.基建项目的立项申请（项目申请报告或预可行性研究报告）及批复文件；2.可行性研究报告及批复文件；3.政府部门下发的同意开展前期工作的批复（即路条批复文件）；4.政府部门（发展改革委）关于基建项目的核准文件；5.政府环境保护主管部门（环保厅（局））下发的环境影响报告书批复文件；6.政府水土保持主管部门（水利厅（局））下发的水土保持方案批复文件；7.政府国土主管部门（自然资源部（厅、局））下发的项目建设用地预审批复文件；8.政府林业主管部门（林业（厅、局））下发的项目建设用地（林地）预审批复文件；9.政府海域，水域主管部门下发的项目建设，生产使用海域、水域批复文件；10.政府规划（城建规划、建设局等）或国土主管部门下发的项目选址及规划批复文件（包括建设工程规划许可证、建设用地规划许可证、项目选址建议书批复等）；11.政府国土主管部门（自然资源厅（局））下发的关于项目建设用地地质灾害评价报告的批复文件；12.政府地震主管部门（地震局）下发的关于项目建设用地地震安全评价报告的批复文件；13.政府文物主管部门（文物局）下发的关于项目建设用地文物保护评价报告的批复文件；14.政府水资源主管部门（水利（厅）局）下发的关于项目建设、生产使用水资源的批复文件；15.政府消防管理部门（城建部门）下发的关于项目消防设计审查批复文件；16.电网公司签署的项目电网接入系统设计审查意见；17.政府主管部门颁发的施工许可证；18.政府价格主管部门（物价局或发改委）下发的项目上网电价批复文件；19.政府国土主管部门（自然资源厅（局））下发的关于项目建设用地压覆矿产资源调查报告的批复文件	核实是否履行了相关报建程序，具体内容可用于撰写竣工决算说明书中"建设依据"，同时作为竣工决算报告的重要附件一并装订
2	上级单位关于基建项目初步设计（或扩大初步设计）的批复	核实是否经过审批，具体内容可用于撰写竣工决算报告说明书及概算执行情况分析

续表

序号	文件名称	用途
3	与基建项目初步设计（或扩大初步设计）批复投资金额一致的项目初步设计文件（概算表）	概算表用于编制竣工决算报表，进行概算执行情况分析
4	上级单位批复的项目执行概算	是否批复了执行概算，具体内容可用于撰写竣工决算报告说明书
5	上级单位批复的工程总结算报告及其明细	是否批复工程总结算，具体内容可用于撰写竣工决算报告说明书及投资完成对比分析，与合同实际结算进行核对

二、质量、进度、安全管控资料

收集建设项目重要的质量、进度、安全管控资料，主要目的是检查作为建设项目主要管控目标的质量，进度，安全管理制度的建立、健全、执行情况，将管控目标与实际执行情况进行比对，用于撰写竣工决算报告说明书中的建设项目质量、进度、安全管理情况，总结分析经验教训。质量、进度、安全管控资料包括但不限于以下内容（见表4.3.2）。

表4.3.2　　　　　　　质量、进度、安全管控资料明细表

序号	文件名称	用途
1	火力发电项目在建设工程质量监督部门（省级电力建设工程质量监督中心站）办理质量监督注册登记的手续	检查质量管理制度建立、健全、执行情况，检查质量监督手续是否依规及时办理，质量监督结论是对项目建设质量的最终评价结论，质量管控目标与实际执行情况进行比对，用于撰写竣工决算报告说明书中的建设项目质量管理情况，总结分析质量管理方面的经验教训
2	建设工程质量监督部门（省级电力建设工程质量监督中心站）出具的火力发电项目《质量监督检查结论签证书》或《并网前（或并网后）质量监督检查报告》	
3	上级单位、项目建设单位的质量管理制度	
4	集团或上级单位下达的火力发电项目安全管理控制目标	检查安全管理制度建立、健全、执行情况，将安全管控目标与实际执行情况进行比对，用于撰写竣工决算报告说明书中的建设项目安全管理情况，总结分析安全管理方面的经验教训
5	火力发电项目安全管理部门月度、年度或定期例会、报告、总结等	
6	上级单位、项目建设单位的安全管理制度	

续表

序号	文件名称	用途
7	集团或上级单位下达的火力发电项目进度管理控制目标	检查进度管理制度建立、健全、执行情况，检查进度管理措施是否及时有效，将进度管控目标与实际执行情况进行比对，用于撰写竣工决算报告说明书中的建设项目进度管理情况，总结分析进度管理方面的经验教训
8	火力发电项目工期管理部门（计划、工程等）月度、年度或定期例会、报告、总结等	
9	火力发电项目主要、关键工程进度节点计划与实际对比图表及分析说明等，主要、关键工程的完工验收资料	
10	上级单位、项目建设单位的进度管理制度	
11	项目建设单位涉及质量、进度、安全事项的股东会、董事会决议，党委会、总经理办公会纪要，专项会议纪要等	核查有无重大的质量、安全、进度特殊事项
12	项目建设单位基建项目建设管理制度（包括不限于进度、安全、质量、投资、招投标、概预算、合同、结算、决算、资金、会计核算、财务管理等）	核实内控制度建立、健全、执行情况，用于撰写竣工决算报告说明书
13	监理单位营业执照、资质证书、监理工作总结，监理合同	撰写竣工决算报告说明书中监理制度执行情况

三、验收资料

收集建设项目重要的验收资料，其主要目的是梳理、核查验收程序是否齐全完整、合法合规。在查阅验收资料时，应注意与建设程序批复文件中规定的竣工验收主体、范围、方式、时限等进行对比，如发现实际验收工作与建设程序批复文件不符的，验收工作存在瑕疵或疏漏的，应及时按照相关规定采取重新申报、补办等补救措施，避免给后续竣工验收或办理其他手续带来不利影响。需核查的验收文件应以行政级别最高的单位最终批复文件为准，某专项验收分批次进行的应核查全部或主要内容的验收批复资料。近几年来，政府部门积极推进简政放权、放管结合、优化服务力度的改革举措，越来越多的验收程序由审批制变为备案制，有的验收程序经中介机构审查后向政府部门报备即可，但并不意味着相关验收程序可以随意减免。因此应当依据现行政策，对于重要验收文件进行完整梳理，验收资料文件包括但不限于以下内容（见表4.3.3）。

表4.3.3 验收资料明细表

序号	文件名称	用途
1	建设、施工、监理、设计等单位共同签发的火力发电项目通过168小时或96小时满负荷试运行的验收文件，电网公司或电力主管部门同意火力发电项目投入商业运行的文件	完成168小时或96小时满负荷试运行是火力发电机组达到预定可使用状态的时点，是基建与生产的分界点。火力发电项目投入商业运行的文件用于撰写竣工决算报告说明书中火力发电项目投入商业运行的情况
2	建设单位按照环境保护规定完成的环境保护设施竣工验收报告	
3	建设单位按照水土保持规定完成的水土保持设施竣工验收报告及水土行政主管部门出具的水土保持设施验收报备证明	
4	消防主管部门（城建部门）下发的消防竣工验收批复文件	
5	政府档案主管部门或上级单位下发的档案竣工验收批复文件	核实各专项竣工验收是否依规完成，有无不达标项目，尚未完成的是否需要发生投资支出，同时用于撰写竣工决算报告说明书中的各专项竣工验收情况
6	建设单位委托中介机构编制完成的建设项目安全验收评价报告及安全主管部门（安监局）下发的劳动安全（安全防护设施）竣工验收备案文件	
7	建设单位组织职业卫生专业技术人员完成的职业病防护设施竣工验收报告	
8	涉水工程（水利、港务、海事、航道）主管部门下发的涉水工程竣工验收批复文件	
9	铁路主管部门（铁路局）下发的铁路专用线竣工验收批复文件	

四、结算资料

收集与工程项目相关的招投标、建筑安装施工合同、EPC承包合同、设备材料合同、其他服务咨询合同等的结算资料，包括结算审核报告、定案表、结算台账、结算审核台账、工程（合同）结算书、各方确认的结算说明、结算争议或纠纷说明等（见表4.3.4）。

表4.3.4 结算资料明细表

序号	文件名称	用途
1	基建项目招标台账、招投标文件	用于撰写竣工决算报告说明书中招投标制度执行情况
2	与建设项目相关的合同及合同台账	用于合同结算及入账情况清理，撰写竣工决算报告说明书中合同制度执行情况

续表

序号	文件名称	用途
3	结算审核报告、定案表、结算台账、结算审核台账、工程（合同）结算书、各方确认的结算说明	确定是否经过结算审计，未经结算审核的实际结算金额是否经各方共同确认一致，确定合同结算金额，据以开展合同清理、资产清理、账务清理
4	结算争议或纠纷说明等	核实各方有无争议或纠纷，金额是否确定，是否对竣工决算产生重大影响
5	尾工工程情况表（工程名称、预计开工、完工时间、投资额、相关合同、目前进度等）	梳理尾工工程明细，编制竣工决算报表，撰写竣工决算报告说明书

五、权证资料

收集与工程项目有关的房产证、土地使用权证（或土地出让合同）、不动产证、水域海域使用权证、车辆行驶证等产权证明文件，收集购买房产、车辆的相关批复，政府能源主管部门（能源局）颁发的项目电力业务许可证（发电）等（见表4.3.5）。

表4.3.5　　　　　　　　　权证资料明细表

序号	文件名称	用途
1	房产证	清查梳理各类资产权属是否明晰，是否登记至项目建设单位名下，特殊类资产购置是否履行了审批手续
2	土地使用权证（或土地出让合同）	
3	不动产证	
4	水域海域使用权证	
5	车辆行驶证	
6	电力业务许可证（发电）	核实是否取得了发电业务许可，用于撰写竣工决算说明书

六、财务资料

应收集的财务资料主要包括：资金来源总账及明细账，建筑工程、安装工程、需安装设备、待摊投资、工程物资及与其他与工程投资相关的总账及明细账，结存货币资金、工程物资盘存明细表及各往来科目余额明细表，各年度科目余额表，各年度基建财务报表，项目建设期间的审计报告、项目资本金验资报告及其他与工程相关的咨询报告书等。

搜集以上资料的目的是清理账务核算资料，清理合同，梳理竣工决算总投资，撰写竣工决算报告说明中的财务核算管理情况。

七、资产清查资料

应收集基建交付生产资产清理盘点表及差异处理情况说明、设备材料结存明细表、备品备件及专用工具移交明细表等，主要目的是清查整理竣工交付资产明细、设备材料等结存明细，编制交付资产明细表。

八、其他资料

应收集与工程项目相关的其他资料，包括不限于以下资料（见表4.3.6）。

表4.3.6 其他资料明细表

序号	文件名称	用途
1	项目建设单位组织结构图和职能部门及主管人员名单	分析项目建设单位组织架构设置情况，是否符合内控管理规定，用于撰写竣工决算报告说明书
2	项目建设单位公司章程	撰写竣工决算报告说明书中建设项目法人制度执行情况
3	各年度固定资产投资计划	分析各年度投资计划完成情况，用于撰写竣工决算报告说明书中各年度固定资产投资计划执行情况
4	项目建设单位关于基建项目投资、筹资、建设管理等重大事项的股东会、董事会决议，党委会、总经理办公会议纪要，专项会议纪要等	清查梳理重大事项资料，分析其对于竣工决算的影响，用于撰写竣工决算报告说明书中的其他需要说明事项
5	工程大事记、主体工程照片	用于撰写竣工决算报告说明书，编制竣工决算报告
6	与工程项目有关的涉及法律诉讼、仲裁事务的判决、调解、仲裁、执行文书	分析重大诉讼、仲裁事项对于竣工决算的影响，用于撰写竣工决算报告说明书中的其他需要说明事项
7	其他相关资料	

第四节　合同清理

根据《企业内部控制规范》的要求，企业对外发生经济行为，除即时结清方式外，应当订立书面合同。从火力发电项目基建投资构成比重来看，签订合同的投资额占基建投资的绝大部分，因此进行竣工决算编制时，对于投资清理的主要工作是对项目所有合同投资的清理。

一、合同清理的目的

合同清理的目的主要有：确定建设项目有合同部分的投资成本；理清各合同应结算金额及已结算入账金额，确定各合同需要暂估或补记入账金额；理清各合同的会计入账科目与概算明细的对应关系，确定竣工决算表的数据来源。

已结算入账是指截至竣工决算编制基准日，已将合同应结算金额核算计入基建投资成本支出类会计科目的账务处理，具体指计入"在建工程""固定资产""无形资产""工程物资""长期待摊支出""应交税费——应交增值税进项税"等相应的会计科目。基建投资涉及的预付款项、应收款项挂账不属于基建投资入账。未结算入账或未全部结算入账是指截至竣工决算编制基准日，将合同应结算金额的全部或部分尚未核算计入基建投资成本支出类会计科目的情况。

清理时应注意未实施与未入账的区别。已实施完毕的合同应及时将结算金额核算入账，实际核算中，由于办理结算、核算滞后等原因，也存在已实施完毕的合同结算金额或部分实施的合同进度结算金额未及时入账或足额入账的情况。一般情况下，尚未实施的合同不应核算入账。

二、合同清理的范围及方法

（一）合同清理的范围

合同清理应涵盖从项目前期筹划到竣工决算编制基准日签订的所有与基建相关的合同，不包括与基建无关的生产合同。一般分为建筑类合同、安装类合同、设备材料类合同、咨询服务类合同四大类。

（二）合同清理的方法

1.清查整理出完整的合同台账

合同清理时应检查合同台账是否完整，确保所有应纳入基建投资的合同均包含在内。应注意合同编号规则是否规范，编号是否连续，出现断号、重号的需核实原因。有的项目建设单位合同由多个业务部门分头管理，应注意各部门合同台账相互核对、查缺补漏后汇总入合并台账。应将纸质版合同与合同台账进行核对。还可通过核对财务账面支出，检查合同台账遗漏的合同。多个项目签订一个合同的，应对合同金额进行合理拆分。

需要说明的是，本章中所列的合同、资产、账务清理等相关表格、台账可能与本书"第三章　建设过程中的竣工决算基础工作"中的表格和台账有所不同，主要原因在于第三章中的表格、台账在火力发电项目建设过程中需要经常使用，因此登记内容应尽可能做到详细、全面，而本章中清理的工作主要是满足竣工决算编制需求，因此本章中合同、资产、账务清理等相关表格和台账在第三章的基础上进行了相应精简。如果火力发电项目建设过程中已经按照第三章的建议全面，系统，及时，准确地登记了合同、资产、账务清理等相关表格和台账，则在竣工决算编制时通过对其有效利用，可大大减少相关清理工作量。

2.根据合同及合同台账编制合同清理表

对所有应计入建设项目成本的合同进行清理，编制合同清理表，分别列示：合同编号、合同签订单位、合同金额、最终结算金额、财务入账金额、结算与入账金额的差额、入账科目、应归入概算明细项目等内容。清理合同时，应核对合同内容是否涵盖生产期的相关内容、是否与建设项目相关；应核对合同是否有超概算的异常差异，合同内容是否为概算外项目等。

由于火力发电项目合同金额较大，涉及清理的会计核算业务笔数及相关内容较多，可能难以在一个表格中完整、清晰列示，因此可以将合同清理分为合同清理汇总表和合同清理明细表两部分列示。

3.清理各类合同结算金额

（1）建筑类、安装类施工合同。建筑类、安装类施工合同结算审定金额应与各项定案表金额一致，如不能进行明细核对，则结算审定合计金额应与工程结算审核报告审定金额完全一致。应关注未进行结算审核的施工合同，核实是否属于结算审核范围，是否需要进行结算审核，避免投资不准确或后续调整。如结算金额无需进行结算审核，应关注结算金额是否经项目建设单位与施工单位双方确认一致，对未结算或未审定结算金额的合同应在备注中说明。

（2）设备、材料类合同。各合同内容中的设备、材料、运杂费、服务费等项目金额合计数应当与合同实际结算金额一致，应关注材料类合同结算金额是否经项目建设单位与供应单位双方确认一致。

需要说明的是，设备（含材料）类合同入账清理时，既要注意通过"工程物资"科目核算的设备、材料合同的结算入账情况，也要注意通过"在建工程""固定资产"等科目核算的设备、材料的出库情况，前者是对合同履行情况的清理，后者是对设备、材料构成基建投资的清理。

（3）咨询服务类合同。咨询服务类合同一般不需经过结算审核，通常以合同金额作为结算金额，但应当关注存在变更的合同、合同金额不固定的开口或费率合同、附有调价条款的合同，特别是截至竣工决算编制基准日尚未履行完毕的合同，应清查核实其应结算金额；应清查是否将生产期的合同混入基建合同中，分析判断合同的性质；应关注服务期间跨越基建与生产期的合同，防止生产期费用列入基建工程投资。

4.分别采用正向、逆向方式清理合同入账

（1）合同入账正向清理。合同入账正向清理是指以合同台账去查找入账记录的方式。以常用的手工清理方式为例：先导出完整的会计序时账，通过检索合同编号、合同单位、合同标的关键字等从序时账中查找合同的入账记录，将查找到的入账记录粘贴至合同入账清理表中的合同入账记录行次中，同时在序时账中将已对应到合同的入账记录进行标记（在序时账行次中登记合同名称、编号或以颜色进行标识），表示该笔入账记录已对应至相应的合同，与其他尚未对应至合同的凭证记录予以区分。应注意在序时账中做好准确标记非常重要，否则已经清理过的入账记录可能会与尚未清理过的入账记录相互混淆，导致清理明细重复或遗漏。

（2）合同入账逆向清理。合同入账逆向清理是以合同入账记录去查找合同。合同正向清理完成后，再清查序时账中的入账记录还有哪些未对应到相应合同（主要通过登记标识来查看），根据入账记录去反查对应合同，对合同正向清理中遗漏或重复入账的内容进行补充完善，将遗漏的合同补入合同台账，重复的则调整会计记录。同时，也可以通过逆向方式清理出无合同费用支出投资。

5.合同清理的查缺补漏

以上合同清理工作完成后，还应对基建项目往来款项客户的借方余额进行清

理（如预付账款、应收账款、其他应收款、在建工程或工程物资中的预付款项、应付账款、其他应付款等），存在余额的应核查原因。一般情况下，竣工决算编制基准日不应存在基建往来款项尚未核销的借方余额。

通过概算对比、实际盘点等程序，对于有概算但无实际投资项目、实际投资与概算差异较大的项目、盘盈或盘亏的资产项目等，都应查明原因，调查核实有无漏列合同、未履行合同、未结算入账合同等情况。

6.根据合同清理结果进行账务处理

合同清理后存在结算入账差异的，项目建设单位应督促相关部门依规履行相关手续后完成结算入账，手续不齐暂无法办理正式结算的应及时预估入账，增值税进项税额无法预估入账的，应建立备查台账完整登记尚未入账的增值税金额，以保证账面金额、未入账增值税进项税额与合同结算金额的匹配性。

7.合同清理汇总表及明细表范例

下面以某火力发电项目为例，说明合同清理的具体操作。鉴于火力发电项目合同、资产、账务内容等较多，无法一一列示，因此本书中只列示了部分合同中的主要内容及涉及主要资产和账务的清理范例，主要是为了说明合同清理时需要列示的重要内容、清理后的结果，以及清理结果在决算编制其他环节的具体应用。

（1）合同清理汇总表。合同清理汇总表（见表4.4.1），是站在项目总体管控的角度，对于构成项目基建投资的所有合同进行清理，登记各个合同累计的列账、付款、发票等情况，合同清理汇总表与合同清理明细表是总体与明细的关系。合同清理汇总表应依据合同清理明细表中各个合同的列账、付款、发票等明细情况汇总整理后填写。通过下述的合同清理汇总表可以看出：

①该火力发电项目停车场建设合同尚未入账，经核实了解尚未开工建设，停车场属于已经过审批的概算外项目，应作为尾工投资处理。

②设备、材料合同的价款结算（入库）及出库的账务核算均在合同清理明细表中进行了清理列示，明细表中设备、材料出库时也列示了相应会计科目（即概算项目）。合同清理汇总表中填列的设备，材料合同已入账金额是指设备、材料合同结算（入库）时计入工程物资明细科目及增值税进项税额的金额，反映合同是否已经足额结算、是否存在差异，由于按设备、材料合同的结算（入库）对应概算有一定困难，因此合同清理汇总表中未列示设备、材料合同的对应概算。

表4.4.1

合同清理汇总表

单位：元

序号	合同编号	合同名称	对方单位	合同金额	应结算金额	结算与入账差异	已入账金额			未入账金额			未开发票金额	对应概算	概算金额	备注
							合税金额	不含税金额	增值税进项税	合税金额	不含税金额	增值税进项税				
一		建筑工程合同														
1	略	场地平整施工合同	略	8,300,000.00	8,111,134.94	—	8,111,134.94	7,441,408.20	669,726.74					建筑工程/与厂址有关的单项工程/厂区及施工区土石方工程/生产区土石方工程	7,500,000.00	
2		施工电源工程施工合同		3,240,139.67	3,362,242.26	—	3,362,242.26	3,084,625.93	277,616.33					建筑工程/与厂址有关的单项工程/临时工程/施工电源	3,400,000.00	
3		建筑工程A标段施工合同		210,034,562.00	213,115,557.14	—	213,115,557.14	195,518,859.79	17,596,697.35							
3.1					71,358,483.12		71,358,483.12	65,466,498.29	5,891,984.83					建筑工程/主辅生产工程/热力系统/主厂房本体及设备基础/主厂房本体	73,221,304.06	
3.2					1,763,634.41	—	1,763,634.41	1,618,013.23	145,621.18					建筑工程/主辅生产工程/热力系统/主厂房本体及设备基础/主厂房附属设备基础	1,682,103.46	

续表

序号	合同编号	合同名称	对方单位	合同金额	应结算金额	结算与入账差异	已入账金额			未入账金额			未开发票金额	对应概算	概算金额	备注
							含税金额	不含税金额	增值税进项税	含税金额	不含税金额	增值税进项税				
3.3					137,378,440.96	—	137,378,440.96	126,035,266.94	11,343,174.02					建筑工程/主辅生产工程/其他建筑工程（明细略）	138,752,225.00	
3.4					2,614,998.65	—	2,614,998.65	2,399,081.33	215,917.32					建筑工程/与厂址有关的单项工程/临时工程/施工降水		
4		停车场建设合同		5,600,000.00		—	—							概算外项目—停车场	2,650,000.00	停车场为概算外项目，经审批同意列入决算投资，决算编制基准日尚未开工
……																
二		安装工程合同														
1		安装工程A标段施工合同		73,225,096.00	73,766,667.30	—	73,766,667.30	67,675,841.56	6,090,825.74	—	—	—				
1.1					65,812,491.86		65,812,491.86	60,378,432.90	5,434,058.96					安装工程/主辅生产工程/热力系统/锅炉机组/锅炉本体	66,735,214.00	

第四章　竣工决算编制工作

续表

序号	合同编号	合同名称	对方单位	合同金额	应结算金额	结算与入账差异	已入账金额			未入账金额			未开发票金额	对应概算	概算金额	备注
							含税金额	不含税金额	增值税进项税	含税金额	不含税金额	增值税进项税				
1.2					433,132.94		433,132.94	397,369.67	35,763.27					安装工程/主辅生产工程/热力系统/锅炉机组/风机	395,345.00	
1.3					3,765,721.46		3,765,721.46	3,454,790.33	310,931.13					安装工程/主辅生产工程/电气系统/电缆及接地/电缆	11,611,078.00	
1.4					1,877,660.52		1,877,660.52	1,722,624.33	155,036.19					安装工程/主辅生产工程/电气系统/电缆及接地/桥架及支架	1,807,654.00	
1.5					812,785.71		812,785.71	745,674.96	67,110.75					安装工程/主辅生产工程/电气系统/电缆及接地/电缆保护管	750,786.00	
1.6					1,064,874.81		1,064,874.81	976,949.37	87,925.44					安装工程/主辅生产工程/电气系统/电缆及接地/电缆防火	1,105,632.00	
……																

201

续表

序号	合同编号	合同名称	对方单位	合同金额	应结算金额	结算与入账差异	已入账金额			未入账金额			未开发票金额	对应概算	概算金额	备注
							含税金额	不含税金额	增值税进项税	含税金额	不含税金额	增值税进项税				
三		设备、材料采购合同					—									
1		超超临界燃煤锅炉设备采购合同		928,247,000.00	928,247,000.00		928,247,000.00	821,457,522.12	106,789,477.88							
2		一次风机采购合同		4,788,000.00	4,788,000.00	—	4,788,000.00	4,237,168.14	550,831.86							
3		主厂房集控室中央空调采购安装合同		2,799,000.00	2,799,000.00	—	2,799,000.00	2,476,991.15	322,008.85							
4		电缆采购合同		按实际数量结算	7,946,873.95		7,946,873.95	7,032,631.81	914,242.14							
四		服务类合同					—									
1		锅炉设备监造服务合同		1,200,000.00	1,200,000.00	—	1,200,000.00	1,132,075.48	67,924.52					其他费用/项目建设管理费/设备材料监造费	1,200,000.00	
2		××电厂新建工程设计合同		12,480,000.00	12,480,000.00	1,248,000.00	11,232,000.00	10,596,226.41	635,773.59	1,248,000.00	1,177,358.49	70,641.51	1,248,000.00	其他费用/项目建设技术服务费/勘察设计费/设计费	13,000,000.00	决算编制基准日124.80万元尚未结算入账

续表

序号	合同编号	合同名称	对方单位	合同金额	应结算金额	结算与入账差异	已入账金额			未入账金额			未开发票金额	对应概算	概算金额	备注
							含税金额	不含税金额	增值税进项税	含税金额	不含税金额	增值税进项税				
3		工程档案整理归档服务合同		450,000.00	450,000.00	450,000.00	—							其他费用/项目建设管理费/项目法人管理费	10,000,000.00	项目法人管理费概算为1,000万元，决算编制基准日档案整理归档服务合同对义务尚方未履行完毕
……																

③火力发电项目工程设计合同尚有部分金额未入账，经核实后为尚未结算入账的合同尾款，建设单位应抓紧催促设计单位办理合同尾款结算手续，如无法及时办理结算的应对合同尾款（不含税金额）做补入账处理，涉及增值税进项税应作备查登记。

④工程档案整理归档服务合同尚未入账，经核实后档案整理归档工作正在进行中，尚未结算，工程档案整理属于基建项目建设管理的内容之一，因此应作为预留费用处理。

（2）合同明细清理表。合同明细清理表（见表4.4.2）中登记各个合同的每笔列账、付款、发票等明细清理情况，经汇总后形成各合同累计的列账、付款、发票等情况。

设备、材料合同的价款结算（入库）及出库的账务核算均在合同清理明细表中进行了清理列示，明细表中设备、材料出库时也列示了相应会计科目（即概算项目）。小计行次已入账金额是指设备、材料合同结算（入库）时计入工程物资明细科目及增值税进项税额的金额，反映合同是否已经足额结算、是否存在差异。

应付款项列中，正数金额为合同结算时应付款项核算入账金额，负数金额为支付的合同款项金额，各合同小计行的应付款项金额为该合同的应付款项余额。

合同明细清理表

表4.4.2

单位：元

合同编号	合同名称	对方单位	应结算金额	结算与入账差异	记账日期	凭证号	摘要	科目	入账及付款明细					备注
									不含税入账金额	增值税进项税金额	含税入账金额	未开发票金额	应付款项	
一	建筑工程合同													
JZ-001	场地平整施工合同	略	8,111,134.94	—	小计						8,111,134.94		—	
					略	略	结算	在建工程/建筑工程/与厂址有关的单项工程/厂区及施工区土石方工程/生产区土石方工程	7,441,408.20	669,726.74	8,111,134.94		8,111,134.94	
					略	略	付款	应付账款/建筑工程款/A建筑工程公司					-8,111,134.94	
JZ-002	施工电源施工工程施工合同		3,362,242.26	—	小计				3,084,625.93	277,616.33	3,362,242.26		—	
					……	……	结算	在建工程/建筑工程/与厂址有关的单项工程/施工电源/临时工程/施工电源	3,084,625.93	277,616.33	3,362,242.26		3,362,242.26	
					……	……	付款	应付账款/建筑工程款/B建筑工程公司					-3,362,242.26	
JZ-003	建筑工程A标段施工合同		213,115,557.14		小计				195,518,859.79	17,596,697.35	213,115,557.14		6,393,466.71	
							结算	在建工程/建筑工程/生产工程/热力系统/主厂房本体及设备基础/主厂房本体	6,546,649.83	589,198.48	7,135,848.31		7,135,848.31	

续表

入账及付款明细

合同编号	合同名称	对方单位	应结算金额	结算与入账差异	记账日期	凭证号	摘要	科目	不含税入账金额	增值税进项税金额	含税入账金额	未开发票金额	应付款项	备注
2							结算	在建工程/建筑工程/主辅生产工程/热力系统/主厂房本体及设备基础/主厂房附属设备基础	161,801.32	14,562.11	176,363.43		176,363.43	
3							结算	在建工程/建筑工程/与厂址有关的单项工程/临时工程/施工降水	239,908.13	21,591.73	261,499.86		261,499.86	
4							结算	在建工程/建筑工程/主辅生产工程/热力系统/主厂房本体及设备基础（明细略）	12,603,526.69	1,134,317.40	13,737,844.09		13,737,844.09	
5							结算	在建工程/建筑工程/主辅生产工程/热力系统/主厂房本体及设备基础主厂房本体	58,919,848.46	5,302,786.35	64,222,634.81		64,222,634.81	
6							结算	在建工程/建筑工程/主辅生产工程/热力系统/主厂房本体及设备基础主厂房附属设备基础	1,456,211.91	131,059.07	1,587,270.98		1,587,270.98	
7							结算	在建工程/建筑工程/与厂址有关的单项工程/临时工程/施工降水	2,159,173.20	194,325.59	2,353,498.79		2,353,498.79	
8							结算	在建工程/建筑工程/主辅生产工程/其他建筑工程（明细略）	113,431,740.25	10,208,856.62	123,640,596.87		123,640,596.87	

续表

合同编号	合同名称	对方单位	应结算金额	结算与入账差异	记账日期	凭证号	摘要	科目	入账及付款明细					备注
									不含税入账金额	增值税进项税金额	含税入账金额	未开发票金额	应付款项	
9	JZ-004 停车场建设合同						付款	应付账款/建筑工程款/C建筑工程公司					-206,722,004.3	尚未开工建设
					小计									
……														
二	安装工程合同													
AZ-001	安装工程A标段施工合同		73,766,667.30	—	小计				67,675,841.56	6,090,825.74	73,766,667.30		2,213,000.02	
1							结算	在建工程/安装工程/主辅生产工程/热力系统/锅炉/锅炉本体	60,378,432.90	5,434,058.96	65,812,491.86		65,812,491.86	
2							结算	在建工程/安装工程/主辅生产工程/热力系统/锅炉机组/风机	397,369.67	35,763.27	433,132.94		433,132.94	
3							结算	在建工程/安装工程/电气系统/电缆及接地/电缆	3,454,790.33	310,931.13	3,765,721.46		3,765,721.46	
4							结算	在建工程/安装工程/主辅生产工程/电气系统/电缆及接地/桥架及支架	1,722,624.33	155,036.19	1,877,660.52		1,877,660.52	

续表

合同编号	合同名称	对方单位	应结算金额	结算与入账差异	记账日期	凭证号	摘要	科目	入账及付款明细					备注
									不含税入账金额	增值税进项税金额	含税入账金额	未开发票金额	应付款项	
5							结算	在建工程/安装工程/主辅生产工程/电气系统/电缆及接地/电缆保护管	745,674.96	67,110.75	812,785.71		812,785.71	
6							结算	在建工程/安装工程/主辅生产工程/电气系统/电缆及接地/电缆防火	976,949.37	87,925.44	1,064,874.81		1,064,874.81	
7							付款	应付账款/安装工程款/E电建工程公司					−71,553,667.28	
……														
			小计						821,457,522.12	106,789,477.88	928,247,000.00		27,847,410.00	
三	设备物资合同													
SB-01	超超临界锅炉设备采购合同		928,247,000.00											
1							入库	工程物资/设备	818,459,469.03	106,399,730.97	924,859,200.00		924,859,200.00	
2							入库	工程物资/备品备件	1,038,761.06	135,038.94	1,173,800.00		1,173,800.00	
3							入库	工程物资/专用工具	1,959,292.03	254,707.97	2,214,000.00		2,214,000.00	
4							出库	在建工程/需安装设备/主辅生产工程/热力系统/锅炉机组/锅炉本体	245,537,840.71	31,919,919.29	277,457,760.00			
5							出库	在建工程/需安装设备/主辅生产工程/热力系统/锅炉机组/锅炉本体	572,921,628.32	74,479,811.68	647,401,440.00			

续表

合同编号	合同名称	对方单位	应结算金额	结算与入账差异	记账日期	凭证号	摘要	科目	不含税入账金额	增值税进项税金额	含税入账金额	未开发票金额	应付款项	备注
6							付款	应付账款/设备款/F锅炉有限公司					-900,399,590.00	
SB-02	一次风机采购合同		4,788,000.00	—	小计				4,237,168.14	550,831.86	4,788,000.00		143,640.00	
1							入库	工程物资/设备	4,237,168.14	550,831.86	4,788,000.00		4,788,000.00	
2							出库	在建工程/需安装设备/主辅生产工程/热力系统/锅炉机组/风机	4,237,168.14	550,831.86	4,788,000.00			
3							付款	应付账款/设备款/G风机有限公司					-4,644,360.00	
SB-03	主厂房集控室中央空调采购、安装合同		2,799,000.00	—	小计				2,476,991.15	322,008.85	2,799,000.00		83,970.00	
1							入库	工程物资/设备	2,476,991.15	322,008.85	2,799,000.00		2,799,000.00	
2							出库	在建工程/建筑工程/主辅生产工程/热力系统/主厂房本体及设备基础/主厂房本体/中央空调	2,476,991.15	322,008.85	2,799,000.00			
3							付款	应付账款/设备款/H空调有限公司					-2,715,030.00	
SB-04	电缆采购合同		7,946,873.95		小计				7,032,631.81	914,242.14	7,946,873.95		—	

续表

合同编号	合同名称	对方单位	应结算金额	结算与入账差异	记账日期	凭证号	摘要	科目	不含税入账金额	增值税进项税金额	含税入账金额	未开发票金额	应付款项	备注
1							入库	工程物资—材料	7,032,631.81	914,242.14	7,946,873.95		7,946,873.95	
2							出库	在建工程/安装工程/主辅生产工程/电气系统/电缆及接地/电缆	6,938,363.72	901,987.29	7,840,351.01			
3							付款	应付账款/材料款/K电缆有限公司					-7,946,873.95	
……														
四	其他合同													
FY-01	锅炉设备监造服务合同		1,200,000.00	—	小计									
1							结算	在建工程/待摊支出/项目建设管理费/设备材料监造费	1,132,075.48	67,924.52	1,200,000.00		36,000.00	
2							结算	在建工程/待摊支出/项目建设管理费/设备材料监造费	566,037.74	33,962.26	600,000.00		600,000.00	
3							付款	应付账款/服务费/L监理有限公司	566,037.74	33,962.26	600,000.00		-1,164,000.00	
FY-02	××电厂新建工程设计合同		12,480,000.00	1,248,000.00	小计				10,596,226.41	635,773.59	11,232,000.00		336,960.00	

续表

合同编号	合同名称	对方单位	应结算金额	结算与入账差异	记账日期	凭证号	摘要	科目	不含税入账金额	增值税进项税金额	含税入账金额	未开发票金额	应付款项	备注
									入账及付款明细					
1							结算	在建工程/待摊支出/项目建设技术服务费/勘察设计费/设计费	1,177,358.49	70,641.51	1,248,000.00		1,248,000.00	
2							结算	在建工程/待摊支出/项目建设技术服务费/勘察设计费/设计费	9,418,867.92	565,132.08	9,984,000.00		9,984,000.00	
3							付款	应付账款/服务费/M设计有限公司					-10,895,040.00	
FY-03	工程档案整理归档服务合同		450,000.00	450,000.00	本合同小计									合同履行中,尚未结算入账
……														

第五节　资产清理

一、资产清理的目的

基本建设项目竣工决算的一个主要目的，即为正确核定各类新增资产价值，并为办理资产交付提供依据。围绕此目标，竣工决算中的一项重要工作内容就是清理项目建设过程中形成的各类资产明细，最终形成竣工交付资产明细。

资产清理的过程涉及工程专业知识、会计核算理论、运营单位实物管理要求等，并非简单的现场盘点、实物造册。虽然基本建设项目属于固定资产投资，但竣工决算后形成的资产不仅限于固定资产，不同的项目、不同的建设过程，以及企业会计准则有关的核算要求，使得竣工决算后形成的资产除固定资产外，还有无形资产、流动资产、长期待摊费用、递延资产等。资产清理时需同步确定资产分类。

资产清理具体是指，在充分了解项目建设内容、建设过程、技术装备工艺流程的基础上，综合考虑建设或运营单位的实物管理需求，根据国家、行业、集团企事业单位资产管理分类及编码规则和会计政策，对项目建设中签订的各类施工、采购、服务合同协议内容进行梳理，对照现场实物，编制形成资产明细的过程。资产清理后形成的资产明细应当信息完整、价值准确，资产条目列示合理，不仅符合企业会计准则及项目建设单位会计核算的要求，同时应满足资产后续修理、改造、变更组合、出售、报废等不同状态下实物管理和价值管理的需要。

二、资产清理的依据及参考

（一）国家标准及规范

《固定资产分类及代码》（GB/T 14885-2010中国标准分类号A24、国际标准分类号35.040）于2011年1月10日由原国家质量监督检验检疫总局、中国国家标准化管理委员会发布。为更准确地界定通信传输类资产的分类，2013年中国标准化研究院对《固定资产分类及代码》（GB/T 14885–2010）进行修改，增加了有关通信传输类资产的内容。

此标准针对固定资产作出了明确的定义与分类。即固定资产为使用期限在一年以上，单位价值在规定标准以上，并且在使用过程中基本保持原有物质形态的资产，单位价值虽未达到规定标准，但是耐用时间在一年以上的大批同类物资，作为固定资产管理。此标准同时按固定资产的基本属性分类，将固定资产区分为土地房屋及构筑物、通用设备、专用设备、文物和陈列品、图书档案、家具用具装具及动植物六个门类，同时适当兼顾行业管理的需要，又细分大、中、小类三个层级，列示了不同类别下的固定资产。

（二）部门规章及规范性文件

部门规章及规范性文件包括以下内容。

1.企业会计准则及指南：《企业会计准则》《企业会计准则第1号——存货》《企业会计准则第4号——固定资产》《企业会计准则第5号——生物资产》《企业会计准则第6号——无形资产》《企业会计准则第1号——存货》应用指南、《企业会计准则第4号——固定资产》应用指南、《企业会计准则第5号——生物资产》应用指南、《企业会计准则第6号——无形资产》应用指南。

在《企业会计准则》及配套应用指南、准则解释等规范文件中，对存货（流动资产）、固定资产、无形资产、生物资产、长期待摊费用也分别作了明确，具体如下。

固定资产：是指企业为生产商品、提供劳务、出租或经营管理而持有的，使用寿命超过一个会计年度的有形资产。

无形资产：是指企业拥有或者控制的没有实物形态的可辨认非货币性资产，它能够从企业中分离或者划分出来，并能单独或者与相关合同、资产或负债一起，用于出售、转移、授予许可、租赁或者交换，或源自合同性权利或其他法定权利，无论这些权利是否可以从企业或其他权利和义务中转移或者分离。

生物性资产：是指有生命的动物和植物，分为消耗性生物资产、生产性生物资产和公益性生物资产。消耗性生物资产是指为出售而持有的或在将来收获为农产品的生物资产，包括生长中的大田作物、蔬菜、用材林以及存栏待售的牲畜等。生产性生物资产是指为产出农产品、提供劳务或出租等目的而持有的生物资产，包括经济林、薪炭林、产畜和役畜等。公益性生物资产是指以防护、环境保护为主要目的生物资产，包括防风固沙林、水土保持林和水源涵养林等。

存货（流动资产）：是指企业在日常活动中持有以备出售的产成品或商品、处在生产过程中的在产品、在生产过程或提供劳务过程中耗用的材料和物料等。

2.企业内部控制规范及指引：《企业内部控制基本规范》（财会〔2008〕7号）、《企业内部控制应用指引第8号——资产管理》。

在上述内部控制规范性文件中，针对企业经营过程中涉及的存货、固定资产、无形资产分别提出了具体的管理要求，同时要求企业制定相应的存货保管制度、固定资产目录、固定资产清查管理制度、无形资产管理办法等，从企业内控角度明确了资产管理的类别及相关要求。

（三）企业固定资产制度与目录

由于资产种类繁多，千差万别，无论是国家标准还是部门规章及规范性文件，均无法囊括所有资产及类别并一一罗列。《固定资产分类及代码》（GB/T 14885-2010）虽然作为国家标准推行，但仅为推荐性标准，而非强制性标准，且对其中尚未列出的固定资产，预留代码"99"为收容项；《企业会计准则》从会计核算和财务管理的角度提出了资产的分类和定义，也是原则性规定；《企业内部控制规范》则立足于内控角度，从具体的管理要求上对资产进行了分类。

大多企业为统一规范资产管理工作，会依据国家标准、《企业会计准则》和其他相关规定，结合自身实际情况，建立固定资产管理制度或办法，对相应资产的类别、定义、范围及管理作出详细的规定，编制企业的固定资产目录，并在过程中修订细化、适时调整更新。企业固定资产管理办法与目录是竣工决算编制资产清理的基本标准。

各火力发电企业固定资产目录基本相似，与《火力发电工程建设预算编制与计算标准》的编排衔接，根据其系统及专业分类原则，按照火力发电资产的设备属性、生产流程及从属系统、设备分布情况确定。固定资产目录除详细罗列企业所涉及的各项固定资产外，同时明确固定资产的分类分级标准、计量单位、折旧政策（残值率与折旧年限），对设备的主要部件及附属设备做了必要的说明，可用于确定固定资产类别、固定资产账卡的登记对象和登记单位，依照规定的折旧率计算固定资产折旧，区分固定资产与低值易耗品的界限。企业固定资产目录可作为资产清理的直接依据。

企业固定资产目录也不一定能详尽列示所有固定资产名称，在资产清理过程中，应以现行的国家标准、部门规章及规范性文件、企业单位相关的制度规定为依据，在对资产进行罗列、分类、组合及补充时，仍需对上述依据进行实质性把握和主观判断。

以某火力发电单位固定资产目录（见表4.5.1）为例，该单位固定资产目录分为四个级次，第一级次是将固定资产分为房屋、构筑物、发电专用设备、通用设备四类；第二、第三级次是在第一级次分类基础上逐级进行细化分类（构筑物只区分为三个级次，第三级即为具体的固定资产名称）；第四级次为具体的固定资产名称，备注列主要是对固定资产所包含的附属设备、设施的范围、内容进行说明。

表4.5.1　　　　　　　　　　　某火力发电企业固定资产目录

序号	一级分类	二级主要分类	三级主要分类	四级分类	备注
1	房屋	生产用房	一般生产用房、受腐蚀生产用房、受强腐蚀生产用房、简易生产用房、仓库等其他生产用房	具体房屋名称	
		非生产用房	一般非生产用房、简易非生产用房、其他非生产用房		
		管理用房	钢混结构、砖混结构、简易用房、其他管理用房		
2	构筑物	池罐	水池、油池、灰池、泥池、气罐、油罐、煤罐、混料罐、储酸罐等		
		仓	水仓、煤仓、污泥仓、缓冲仓、搅拌仓、矸石仓、材料仓等		
		槽	油槽、水槽、料槽、煤槽、顺槽等		
		道路、沟、渠、管道、涵洞、井、码头、塔等	具体名称略		

续表

序号	一级分类	二级主要分类	三级主要分类	四级分类	备注
3	电力专用设备	发电及供热设备	锅炉及附属设备、汽轮发电机及附属设备、输煤设备、除灰除尘除渣设备、供热管路及设备、化学水处理设备、煤粉设备、排污及疏水处理设备、输油设备、制氢设备等	具体设备名称	
		变电配电设备	变压器、电气及控制设备、控制电缆等		
		配电线路及设备	配电设备、其他配电线路及设备		
		用电计量设备	三相电度表、单相电度表、无功电度表、电压互感器、电流互感器、分时计量器、变送器柜等		
		输电设备	铁塔输电线路、水泥杆输电线路、电缆输电线路、启备变保护装置、启备变故障录波装置等		
		脱硫脱硝专用设备	脱硫专用设备、脱硝专用设备等		
4	通用设备	办公、车辆、计算机设备、通信设备等	根据二类分类进行细化分类（略）	具体设备名称	

三、资产清理的内容

考虑到资产列示的完整性要求，竣工决算时，资产清理应建立在完整合同台账及财务核算资料的基础上进行。从现有合同协议、财务账内清理出实际建造或采购的资产清单，形成初步的采购明细，对照现场实物逐一核查调整，最终形成实际资产明细表，从而完成资产清理工作。

采购明细是基于项目建设所有的采购内容，并按资产形成口径梳理而成的准资产明细。因为没有经过现场确认盘点和基于实物基础的重新组合，不是实际的资产明细，不能以此作为资产交付的依据；但采购明细反映了投资所应当包含的资产内容（也可视同为账面资产清单），包括工程、设备、费用等，且是基于资产形成口径梳理而成的，具备了资产形成的基础，可作为资产明细的过渡。

《企业内部控制基本规范》要求，企业对外发生经济行为，除即时结清方式外，应当订立书面合同。一般企业的制度体系中也包含合同管理内容，要求对经营过程中发生的对外经济业务签订合同以明确权利义务、控制风险，项目建设同样如此。在建设过程中，伴随着施工、采购、咨询、服务等活动的开展，产生大量的合同或协议，资产清理的重点也是从合同协议入手。

（一）梳理合同支出，形成采购明细

前面提及的合同清理工作完成后，形成了初步完整的项目合同清理表，并有对应的合同协议文本。资产清理即以合同清理为基础，对全部合同协议内容进行梳理，按资产名称口径整理出资产明细，形成采购明细。

首先，尽量完整搜集项目合同协议的原始资料，包含合同文本、技术协议、附件及结算资料。按照费用类别将上述资料分为四类，即设备采购类、材料采购类、建筑安装类、其他服务类，分别着手清理每类合同中的资产。

1.设备采购类合同

此类合同采购内容多为设备装置等，与资产对应关系强，合同采购内容稍加判断调整即可形成采购明细，清理时应注意以下方面。

（1）通常以合同的分项报价明细为基础形成采购明细。

（2）合同明细中独立的设备（或成套）装置，按固定资产划分原则形成单项资产。

（3）合同内单独报价的运杂费、安装费等不能形成资产实体，但可明确指定为某一项或几项资产费用的，直接将其计入相应的资产价值中；如此类费用无法明确为某一项或几项资产的，则作为合同内的公共费用将其金额分摊至合同中的其他资产价值中。

（4）应按照固定资产目录要求对整理完的设备明细进行梳理。有时也会出现固定资产目录中资产类别、名称、级次等与实际设备明细不一致的情况，此时应灵活采用按资产台套列示与按资产明细列示相结合的方式，既列出资产台套名称，又列出资产台套下的其他资产明细，无论是采用较粗的资产明细管理模式，还是采用较细的资产明细管理模式，都可满足要求。

（5）火力发电项目批复概算及实际投资口径中只包含用于工程建设实体设备、材料，库存的设备、材料未用于工程建设实体，不属于竣工决算总投资范围，也不属于竣工决算移交资产，在竣工决算时作为结余资金项下的库存物资列示，也需按库存物资清理实物明细。火力发电项目设备概算金额中包括设备及随设备供

货的备品备件、专用工具价值，库存的备品备件、专用工具，既应随同设备投资一并纳入设备概算项目进行投资归概，也应作为竣工决算移交资产进行实物明细清理。

下面以本章第四节"二、合同清理的范围及方法"所列举的设备采购合同为例，说明资产清理过程。

设备清理表中以实物、数量及价值方式，从左至右分别列示设备采购合同中设备的入库、出库、结存情况，以及出库设备投资应归集的概算项目。本书将设备清理表拆分为"设备清理明细表（合同及入库）"及"设备清理明细表（出库及库存）"两部分分别进行展示。

（1）设备清理明细表（合同及入库）（见表4.5.2）。设备清理明细表（合同及入库）主要填写设备采购合同内容、实际采购内容，合同中包含的运杂费等应分摊至各设备明细中，专用工具、备品备件也应列示明细。受表格篇幅限制，清理表格中的规格型号、供应厂家、记账日期、凭证号等予以省略，未填写具体内容。

（2）设备清理明细表（出库及库存）（见表4.5.3）。设备清理明细表（出库及库存）主要填写设备、专用工具、备品备件的出库及库存情况，出库设备及备品备件、专用工具所对应的会计科目（概算项目），随主设备购置的库存备品备件、专用工具应与主设备一并进行投资归概。受表格篇幅限制，设备清理表格中的记账日期、凭证号、安装部位、概算金额等予以省略，未填写具体内容。

清理设备出库时，应当按照固定资产目录中设备名称、规格型号、计量单位、所含附属设备范围等对出库设备进行整理，使整理后设备出库清单满足填列移交资产明细表的要求。应注意的是，安装工程费通常按照需安装设备的类别进行归概，因此设备出库清单中的设备类别可先按概算明细中设备类别进行归类，以便于竣工组资时按设备类别分摊安装费用。应根据设备出库单据、现场实际情况、设备保管地点等，清理出设备安装部位或保管使用单位。

设备清理明细表中的出库应当与"在建工程——需安装设备""在建工程——建筑工程""在建工程——安装工程""固定资产"等科目余额及核算内容相互勾稽匹配，库存应当与"工程物资——设备""工程物资——工具及器具""工程物资——备品备件"等科目余额及核算内容相互勾稽匹配。

表4.5.2

设备清理明细表（合同及入库）

单位：元

| 序号 | 合同内容明细 | 合同结算 | | | | | 入库 | | | | |
		规格型号	供应厂家	计量单位	数量	含税金额	日期	凭证号	数量	分摊运杂费后不含税含税金额	增值税进项税	含税金额
一	超超临界燃煤锅炉及附属设备买卖合同（SB-01）					928,247,000.00				821,457,522.12	106,789,477.88	928,247,000.00
1	锅炉设备	略	略			923,698,000.00	略	略		818,459,469.03	106,399,730.97	924,859,200.00
1.1	地脚螺栓、柱底板及安装架			台套	2.00	400,000.00			2	136,491,193.50	17,743,855.15	154,235,048.65
1.2	钢架			台套	2.00	153,641,400.00				33,776,921.64	4,390,999.81	38,167,921.45
1.3	水冷壁系统			台套	2.00	38,120,000.00			2	233,727,082.59	30,384,520.74	264,111,603.33
1.4	过热器系统			台套	2.00	263,780,000.00			2	40,014,842.11	5,201,929.47	45,216,771.58
1.5	汽水分离器（包括内部装置）及吊挂装置			台套	2.00	45,160,000.00			2	374,449,429.19	48,678,425.80	423,127,854.99
1.6	其他设备（明细略）			台套	2.00	422,596,600.00				1,038,761.06	135,038.94	1,173,800.00
2	备品备件					1,173,800.00				272,743.36	35,456.64	308,200.00
2.1	受热面弯头			个	200.00	308,200.00			200	766,017.70	99,582.30	865,600.00
2.2	喷水减温调节阀			个	2.00	865,600.00			2	1,959,292.03	254,707.97	2,214,000.00
3	专用工具					2,214,000.00				37,168.14	4,831.86	42,000.00
3.1	高强螺栓扳手（电动）			副	6.00	42,000.00			6	1,922,123.89	249,876.11	2,172,000.00
3.2	炉内检修平台			套	1.00	2,172,000.00			1			

续表

合同结算

序号	合同内容明细	规格型号	供应厂家	计量单位	数量	含税金额	日期	凭证号	数量	分摊运杂费后不含税金额	增值税进项税	含税金额
4	运杂费					1,161,200.00						
二	一次风机采购合同（SB-02）					4,788,000.00				4,237,168.14	550,831.86	4,788,000.00
1	一次风机			台	2.00	4,688,000.00			2	4,237,168.14	550,831.86	4,788,000.00
2	运杂费			项	1.00	100,000.00				—	—	
三	主厂房集控室中央空调采购、安装合同（SB-03）					2,799,000.00				2,476,991.15	322,008.85	2,799,000.00
1	中央空调			套	1.00	2,799,000.00			1	2,476,991.15	322,008.85	2,799,000.00

表 4.5.3

设备清理明细表（出库及库存）

单位：元

序号	是否单列资产	设备类别与名称	日期	凭证号	出库					库存			
					数量	安装部位	不含税金额	增值税进项税	含税金额	会计科目（概算项目）	数量	不含税金额	增值税进项税	含税金额
一		燃煤锅炉买卖合同					818,459,469.03	106,399,730.97	924,859,200.00		—			
1		锅炉设备	略	略			818,459,469.03	106,399,730.97	924,859,200.00	在建工程/需安装设备/主辅生产工程/热力系统/锅炉机组/锅炉本体				
1.1	是	超超临界燃煤锅炉			2		136,491,193.50	17,743,855.15	154,235,048.65					
1.2	是	水冷壁系统			2		33,776,921.64	4,390,999.81	38,167,921.45					
1.3	是	过热器系统			2		233,727,082.59	30,384,520.74	264,111,603.33					
1.4	是	汽水分离器			2		40,014,842.11	5,201,929.47	45,216,771.58					
1.5	是	锅炉其他设备（明细略）			—		374,449,429.19	48,678,425.80	423,127,854.99		—			
2		备品备件			—		—	—	—	在建工程/需安装设备/主辅生产工程/热力系统/锅炉机组/锅炉本体	—	1,038,761.06	135,038.94	1,173,800.00

续表

序号	是否单列资产	设备类别与名称	日期	凭证号	数量	安装部位	出库 不含税金额	出库 增值税进项税	出库 含税金额	会计科目（概算项目）	库存 数量	库存 不含税金额	库存 增值税进项税	库存 含税金额
2.1	是	变热面弯头									200	272,743.36	35,456.64	308,200.00
2.2	是	喷水减温调节阀									2	766,017.70	99,582.30	865,600.00
3		专用工具							—	在建工程／需安装设备／主辅生产工程／热力系统／锅炉机组／锅炉本体	—	1,959,292.03	254,707.97	2,214,000.00
3.1	是	高强螺栓扳手（电动）									6	37,168.14	4,831.86	42,000.00
3.2	是	炉内检修平台									1	1,922,123.89	249,876.11	2,172,000.00
二		风机采购合同			2.00	—	4,237,168.14	550,831.86	4,788,000.00	—				
1	是	一次风机			2.00		4,237,168.14	550,831.86	4,788,000.00	在建工程／需安装设备／主辅生产工程／热力系统／锅炉机组／风机				

续表

序号	是否单列资产	设备类别与名称	日期	凭证号	数量	安装部位	不含税金额	增值税进项税	含税金额	会计科目（概算项目）	数量	不含税金额	增值税进项税	含税金额
							出　库				库存			
三		主厂房集控室中央空调采购合同			1.00	—	2,476,991.15	322,008.85	2,799,000.00		—			
1	是	中央空调			1.00		2,476,991.15	322,008.85	2,799,000.00	在建工程/建筑工程/主辅生产工程/热力系统/主厂房本体及设备基础/主厂房本体				

2.材料采购类合同

从采购主体及方式来划分，建设单位采购的材料一般指甲供材料。甲供材料，指项目建设单位采购并供施工单位建筑、安装施工时使用的材料。一般情况下，施工合同及工程结算文件里都有详细的甲供材料清单。在工程建设全过程中，甲供材料贯穿于工程招投标、合同签订、财务核算、工程结算和工程审计等诸多环节。资产清理时应注意甲供材料的核算方式、结算模式及发票开具等情况，以确定对资产价值的影响。

在工程招投标环节，有两种关于甲供材料发包结算的情况。第一种：发包方将甲供材料从工程造价中剥离，然后将不含甲供材料金额的工程造价对外进行公开招标。此模式下，后续合同及结算额中不包含甲供材料内容及金额；第二种：发包方不剥离工程造价中的甲供材料，将包含材料的工程造价对外进行公开招标。

对应于上述两种招标模式，存在两种结算法，即总额结算法和差额结算法。总额结算法是指发包方将甲供材料金额计入工程结算价，差额结算法是指发包方不将甲供材料金额计入工程结算价。

总额结算法下，甲供材料的量与价均包含在具体的工程结算中，在对相应的建筑安装合同进行资产清理时，已包含了对甲供材料的梳理。因此，此部分材料合同不再重复梳理。

差额结算法下，甲供材料的量与价未包含在具体的工程结算中，因此需要对此部分材料进行单独清理。实际操作时，可参考对应建筑安装类合同的竣工结算文件，以合理确定甲供材料的用途、具体使用部位、数量及金额，以形成采购明细。

与建筑安装类合同、设备类合同清理不同，梳理甲供材料合同形成的采购明细时，材料采购明细主要体现为固定资产的安装材料、建筑材料，属于固定资产的组成部分，除专业管道、电缆、输电线路等以外，一般不形成单独可移交的固定资产。

梳理甲供材料合同时，应基于前述合同清理的结果，确定材料的出入库及领用情况。截至项目投产日，已入库未领用的甲供材料，即库存物资在竣工决算时纳入资金结存项下处理，不计入竣工决算投资；已入库已领用的甲供材料，按实际用途、具体领用部位及数量、金额等梳理形成采购明细。

下面以本章第四节"二、合同清理的范围及方法"所列举的材料采购合同为例，说明资产清理过程。

材料清理表中以实物、数量及价值方式，从左至右分别列示材料采购合同中材料的入库、出库、结存情况，以及出库材料投资应归集的概算项目。受本书页面篇幅所限，我们将材料清理表拆分为"材料清理明细表（合同及入库）"及"材料清理明细表（出库及库存）"两部分分别进行展示。

（1）材料清理明细表（合同及入库）（见表4.5.4）。材料清理明细表（合同及入库）主要填写材料采购合同内容、实际采购内容，合同中包含的运杂费等应分摊至各材料明细中。受表格篇幅限制，清理表格中的供应厂家、记账日期、凭证号等予以省略，未填写具体内容。

（2）材料清理明细表（出库及库存）（见表4.5.5）。材料清理明细表（出库及库存）主要填写材料出库及库存情况、出库材料所对应的会计科目（概算项目）。应根据材料出库单据、现场实际情况、材料保管地点等，清理出材料安装部位或保管使用单位。受表格篇幅限制，设备清理表格中的记账日期、凭证号、安装部位、概算金额等予以省略，未填写具体内容。

材料清理明细表中的出库应当与"在建工程/建筑工程""在建工程/安装工程"等科目核算内容相互勾稽匹配，库存应当与"工程物资/材料"科目余额及核算内容相互勾稽匹配。

3.建筑安装类合同

（1）清理内容。火力发电项目的房屋、构筑物一般来源于两类，一类是直接购买已经建成的房屋，如从房地产开发商处购买写字楼、商品房，分别作为办公大楼、后勤生活基地等。另一类是项目建设单位通过发包方式委托施工单位完成相应房屋、构筑物的建设。

针对第一类，应以实际不含增值税购买价款、相关税费等填列至竣建04-1表中该项资产的"建筑费用"处，如购买后随即投入使用或购买时已达到预定可使用状态的，可不向该资产分摊摊入费用。如购买后经必要装修或改造后才能投入

材料清理明细表（合同及入库）

单位：元

表4.5.4

序号	合同内容明细	规格型号	合同结算				日期	凭证号	入库			
			供应厂家	计量单位	数量	合计（含税）			数量	不含税金额	增值税进项税	含税金额
一	电缆采购合同（SB-04）		略			7,946,873.95	略	略	28,787.29	7,032,631.81	914,242.14	7,946,873.95
1	电力电缆	ZRC-YJV3*150		米	28,787.29	4,325,386.87				3,827,775.99	497,610.88	4,325,386.87
2	电力电缆	ZRC-YJV3*95		米	16,880.00	837,433.60			16,880.00	741,091.68	96,341.92	837,433.60
3	电力电缆	ZRC-YJV3*240		米	1,924.00	440,153.48			1,924.00	389,516.35	50,637.13	440,153.48
4	控制电缆	ZC-KVVP0.45/0.7519*1.5		米	30,800.00	680,680.00			30,800.00	602,371.68	78,308.32	680,680.00
5	控制电缆	ZC-KVVP0.45/0.7510*4		米	45,500.00	1,421,875.00			45,500.00	1,258,296.46	163,578.54	1,421,875.00
6	控制电缆	NH-KVVP0.45/0.754*1.5		米	23,500.00	241,345.00			23,500.00	213,579.65	27,765.35	241,345.00

单位：元

材料清理明细表（出库及库存）

表4.5.5

序号	合同内容明细	是否单列资产	整理后资产类别及名称	规格型号	日期	凭证号	出库				会计科目（概算项目）	库存			
							数量	不含税金额	增值税进项税	含税金额		数量	不含税金额	增值税进项税	含税金额
一	电缆采购合同		电缆		略	略		6,938,363.72	901,987.29	7,840,351.01	安装工程/主辅生产工程/电气系统/电缆及接地/电缆		94,268.09	12,254.85	106,522.94
1	电力电缆	是	10KV电力电缆	ZRC-YJV3*150			28,196	3,749,153.92	487,390.01	4,236,543.93		591.29	78,622.07	10,220.87	88,842.94
2	电力电缆	是	10KV电力电缆	ZRC-YJV3*95			16,880	741,091.68	96,341.92	837,433.60		—	—	—	—
3	电力电缆	是	10KV电力电缆	ZRC-YJV3*240			1,924	389,516.35	50,637.13	440,153.48		—	—	—	—
4	控制电缆	是	10KV电力电缆	ZC-KVVP0.45/0.7519*1.5			30,000	586,725.66	76,274.34	663,000.00		800	15,646.02	2,033.98	17,680.00
5	控制电缆	是	10KV电力电缆	ZC-KVVP0.45/0.7510*4			45,500	1,258,296.46	163,578.54	1,421,875.00		—	—	—	—
6	控制电缆	是	35KV电力电缆	NH-KVVP0.45/0.754*1.5			23,500	213,579.65	27,765.35	241,345.00		—	—	—	—

使用的，装修或改造支出属于固定资产达到预定可使用状态前的合理必要支出，应将装修或改造支出填列至竣建04-1表中该项资产"建筑费用"处。项目建设单位对于旧房屋或构筑物装修或改造后投入使用的，属于固定资产的更新改造等后续支出，满足《企业会计准则——固定资产》第四条确认条件的，应确认为固定资产填列至该项资产"建筑费用"处，不满足确认条件的应确认为当期损益，在竣工决算报表中填列至竣建04-4表中"长期待摊费用"处。装修或改造所发生设计、监理、建设期贷款利息等填写至竣建04-4表中该项资产"摊入费用"处，"建筑费用"与"摊入费用"汇总后形成外购房屋等资产的交付价值。

针对第二类，应以签订的发包合同及相应的竣工结算书为基础，对建设完成的房屋、构筑物实物及价值进行清理后填写。竣工结算书清理涉及工程计价，具有复杂性、特殊性，本书对此部分工作内容进行了详细阐述。

（2）清理依据。自行建设的建安工程，实际形成的资产与其价值通常无法直接从合同内容中获取，由于合同约定的建设内容与价款往往与实际建设内容和价款差异较大，需将合同协议与结算定案明细结合起来进行清理。建设工程有专门的工程计价规则，应按照法律法规及标准规范规定的程序、方法和依据，对工程造价及其构成内容进行计算。工程计价结果反映了工程的货币价值，是合同价款结算的基础。因此建筑安装类合同的资产价值清理主要依赖于工程计价结果，需要我们了解工程计价的基本知识。

工程计价贯穿于工程建设的各个阶段，形成的计价成果文件包括工程量清单、最高投标限价、招标标底、合同投标价、工程结算文件（含签证、变更等）等，与决算编制阶段紧密相关的是工程结算。因工程合同价款进度结算及付款的需要，工程结算又包含进度结算、竣工结算等。建筑安装类合同的资产清理主要依据竣工结算进行。

2013年12月，住房和城乡建设部颁布了《建筑工程施工发包与承包计价管理办法》（住房和城乡建设部令16号），其中规定："国有资金投资建筑工程的发包方，应当委托具有相应资质的工程造价咨询企业对竣工结算文件进行审核。发包方应当按照竣工结算文件及时支付竣工结算款"。即经过结算审核后的竣工结算文件是发承包双方结算建筑安装合同最终价款的依据。

基于上述建设工程的计价管理和合同结算的要求，对建筑安装类合同应以合同、协议及经审核后的竣工结算文件为依据进行资产清理，形成采购明细。对于不适用2013年住建部16号令文件要求，不需作结算审核的项目，或发承包双方未明确要求作结算审核的项目，竣工决算时，可以经发承包双方签字认可的竣工结算文件作为资产清理的基础。

（3）清理方法。竣工结算书汇总表列示了建筑安装合同的竣工结算价款，竣工结算明细表按工程量清单计价模式详细列示了合同施工内容及结算价款明细组成，竣工结算明细表是按照单项工程、单位工程、分部分项工程的级次，按照工程量清单口径，对于实际完成的建设内容所列示的详细清单。

工程量清单计价是按照工程量清单计价规范规定，在各相应专业工程量计算规范规定的清单项目设置和工程量计算规则的基础上，针对具体工程的设计图纸和施工组织设计计算出各个清单项目的工程量，根据规定的方法计算出综合单价，并汇总各清单合价得出工程总价，工程量清单计价规则如下。

分部分项工程费=∑（分部分项工程量×相应分部分项工程综合单价）

措施项目费=∑各措施项目费

其他项目费=暂列金额+暂估价+计日工+总承包服务费

单位工程造价=分部分项工程费+措施项目费+其他项目费+规费+税金

单项工程造价=∑单位工程造价

建设项目总造价=∑单项工程造价

上式中，综合单价是指完成一个规定清单项目所需的人工费、材料和工程设备费、施工机具使用费和企业管理费、利润以及一定范围内的风险费用。风险费用是隐含于已标价工程量清单综合单价中，用于化解发承包双方在工程合同中约定的风险内容和范围的费用。

对施工类合同竣工结算的清理一般可分为两个步骤进行：第一个步骤是对竣工结算明细按照在建工程明细会计科目（批复设计概算）口径进行投资归概整理，根据整理结果可以完成合同竣工结算后的账务核算，同时也作为竣工工程决算一览表中实际投资的明细数据。第二个步骤是从施工类合同竣工结算明细中清理出竣工交付的资产明细清单，作为竣工决算交付资产明细表的编制依据。第二个步骤可在第一个步骤基础上进行。

因此对竣工结算明细文件的清理重点是先按照概算口径，对工程量清单口径的竣工结算明细表进行清查整理后转化为概算口径的实际投资，按概算口径清理就是将竣工结算书中能够直接归集到概算口径的投资梳理出来，将无法直接归集到概算口径的部分采用合并、分摊等方式归集到概算口径的投资中去，从而完成从工程量清单口径至概算口径的转换，无法按照概算口径归集的概算外项目投资应单独列示。然后再参照固定资产目录中的房屋、构筑物、设备明细，对工程量清单口径或按概算口径的竣工结算明细进行清查整理后转化为固定资产口径的实际交付的房屋、构筑物资产及安装费明细。按资产口径清理就是将竣工结算书中能够单独形成竣工交付资产梳理出来，将无法单独形成交付资产的部分采用合并、分摊等方式计入竣工交付资产中去，从而完成从工程量清单口径或从概算口径的竣工结算明细至固定资产的转换。

在清理转化过程中，应注意以下几点。

①工程量清单包括的分部分项工程、措施项目等，是根据施工内容、工艺等进行计价列示的，可能无法按批复概算（在建工程明细会计科目）口径直接进行投资归概，一般也无法直接作为竣工交付资产列示，因此应在竣工结算投资归概时按单位工程概算口径进行合并或分摊。

②工程量清单重组为交付资产明细的原则是资产的可单独移交性，应以固定资产会计准则为标准，以是否具备独立发挥使用效能或工程效益、是否具备单独移交或使用的资产实体形态作为判断依据。

一份工程量清单重组形成的采购明细中，可将一项资产的各个组成部分合并组合为一项资产，也可将明细清单按资产实物形态组合为多项资产。清单中可明确为某项资产的安装费用，作为一项安装费用列出，并标明所属资产。清单中可明确为某项资产的设备基础费用，作为一项设备基础费用列出，并标明所属资产。工程量清单中包括可独立发挥使用效能的水池、沟槽、管道等，应将其分别清理交付。

③通常情况下，应以单位工程（设备）作为基本单元来清理其安装费用。工程量清单明细中一般按主要明细设备列示其安装施工费用，如设备明细较多，有时也按设备类别列示其安装施工费用。

④有的工程量清单中将补充合同、合同外内容、设计变更、签证、价差、量差等在工程量清单中单独列示，对这部分工程量清单应区分明细内容，先按概算口径整理后完成投资归概，然后再按照工程实质、受益对象等合并或分摊至对应的已清理资产中，无法找到对应资产且可单独形成资产的，应按单独的新增资产列示。

⑤工程量清单中的措施费、风险包干费、规费等可先按概算口径整理后完成投资归概，由于其不能直接形成一项资产，也无法明确为某项资产的组成部分，应视作合同内的公共费用统一分摊；如金额不大，可按重要性原则只在主要实体资产中分摊；如果该类费用的受益范围超出合同范围，则应在全部受益对象中分摊。需要注意的是，有的措施费可能仅与某项资产或某类资产有关，应按工程实质、受益对象分摊或合并至对应资产。

⑥火力发电项目初步设计概算中"与厂址有关的单项工程"项下的"地基处理""厂区及施工区土石方工程""临时工程"等概算项目往往单独列示，结算清理时可先将这些项目的实际投资按照概算口径进行清理归概，然后在资产清理时再按照受益对象分摊或合并至相应的交付资产中。临时工程（如临时水源、临时电源、施工临时道路、临建房屋等），一般应在永久性房屋或构筑物中分摊，分摊基数为永久性工程建筑费用支出。临时工程在火力发电项目建成后继续持续使用，而且价值及使用年限等符合固定资产确认标准的，应作为固定资产进行交付。常见的临时电源、临时水源、临建房屋等，如项目建设单位在生产期间作为固定资产继续长期使用，可分别作为备用电源、备用水源、房屋交付。

⑦有的房屋、构筑物的概算中包括配套的风机、空调、水泵、电梯、楼宇智能设备等，投资清理时，应当按照概算口径进行投资归概；资产清理时，风机、空调、水泵、电梯、楼宇智能设备等，虽然安装在房屋、构筑物中，但与房屋相比具有不同的使用寿命和折旧年限，凡属于企业固定资产目录要求单列并符合固定资产确认标准的，应按设备单独形成固定资产进行移交，填列至竣建04-2表中。

⑧从工程量清单中清理房屋、构筑物、设备具有复杂性，应区分清楚哪些内

容是某项房屋、构筑物、设备的组成部分，哪些内容是某项房屋，构筑物以外的具备单独使用效能或工程效益、具备单独移交或使用的其他资产实体，应结合现场建成实际资产明细情况进行清查梳理，项目建设单位财务、计划、工程、生产等部门应相互配合与协作，通过梳理结算资料、现场踏勘盘点，全面、客观、准确地清理交付资产，应避免重复、遗漏、混淆等情况。

⑨安装工程竣工结算书中分离出的输电线路、专业管道等资产，可能只包含安装费用，输电线路、专业管道等的铺设费用（如埋地费用和架空管道的支架费用）可能在建筑工程竣工结算书中计列，因此该部分费用也应从建筑工程中分离出来，组资时应计入输电线路、专业管道等的价值中。

⑩从工程量清单中清理房屋、构筑物明细时，应注意根据结算或适用增值税率对含税金额进行价税分离。

（4）清理范例。下面以本章第四节"二、合同清理的范围及方法"所列举的建筑安装施工合同为例，说明清理过程。

①完成建筑、安装施工合同竣工结算明细的投资归概整理（见表4.5.6）。首先对于建筑安装施工合同竣工结算明细按概算口径进行清理，并在清理表中结算明细行次所对应的"概算明细""概算金额"列中分别填写概算明细及概算金额，完成结算明细归概，同步梳理出无法直接归概的结算明细，并核实原因及差异。需要注意的是，在竣工结算明细的投资归概整理中，《建筑工程A标段施工合同》中的设计变更增加工程量金额3,282,656.09元属基本预备费列支范围经批准后动用基本预备费，《安装工程A标段施工合同》中的调整价差金额2,378,610.02元属价差预备费列支范围经批准后动用价差预备费，但投资归概时一般应归集至具体的概算项目，而不在基本预备费、价差预备费中归概。在火电项目建设过程中，大多数企业一般均要求基本预备费无需设置会计科目、无需单独核算，动用基本预备费的实际投资据实在各明细会计科目（概算明细项目）中核算，编制竣工财务决算报表时也同样处理。在竣工决算说明书中对动用基本预备费的重大项目、金额进行分析说明即可，这种做法的好处是可以保证各明细会计科目（概算明细项目）列支的是完整的实际投资。其次，将《建筑工程A标段施工合同》《安装工程A标段施工合同》中不属于概算口径的安全、文明措施费及风险包干费进行分摊，因其受益对象为各合同内施工内容，因此将其按各合同内其他施工项目金额

进行分摊。再次，对于分摊后的结算明细金额按概算口径进行整理。由于同一合同内可能出现多处结算金额对应同一概算项目的情况，因此需按概算口径对结算明细进行汇总，从而完成各个合同结算金额整理后的投资归概。最后，根据合同结算开票税率，计算投资归概后的结算金额所对应的增值税进项税额，完成含税金额的投资归概，计算的增值税进项税额总额应与该合同实际的增值税进项税额一致。

②完成包含甲供设备材料的建筑、安装工程投资的归概整理（见表4.5.7）。前述范例中，火力发电项目"建筑工程/主厂房建筑工程/主辅生产工程/热力系统/主厂房本体及设备基础/主厂房本体"概算中包含主厂房集控室中央空调设备，"安装工程/主辅生产工程/电气系统/电缆及接地/电缆"概算中包含电缆价值。因此可根据"建筑、安装施工合同竣工结算明细的投资归概整理表"中的结算明细、"设备清理明细表（出库及库存）"中的甲供设备明细、"材料清理明细表（出库及库存）"中的甲供材料明细，按概算口径清理出包含甲供设备材料的建筑、安装工程的实际投资数据，从而完成建筑、安装工程的投资归概。

③从建筑安装工程中清理初步资产明细。在上述包含甲供设备材料的建筑安装工程投资的归概整理表的基础上，按照固定资产目录，从建筑安装工程结算明细及甲供设备材料明细中清理出初步资产明细。清理初步资产明细的过程中，就是将概算中有但无法形成交付资产的实际投资按照受益对象、范围等分摊或合并至初步资产价值中。工程结算、甲供设备材料明细中列示的工程项目名称、设备材料名称、计量单位、数量、规格型号等信息，并不一定完全与固定资产目录中的资产信息对应或匹配，因此也需要对工程结算、甲供设备材料明细中的内容进行整合处理，并结合资产清查盘点情况，形成符合固定资产目录要求的初步资产明细清单，为后续资产清查盘点及编制竣工决算移交资产明细表做好准备。

范例中，主厂房集控室中央空调为甲供设备，在归概中按照概算口径归入"建筑工程/主辅生产工程/热力系统/主厂房本体及设备基础/主厂房本体"概算项目中，交付资产时，应单独作为需安装设备交付，因此下述资产清理表格中未列示主厂房集控室中央空调。

表4.5.6　建筑、安装施工合同竣工结算明细的投资归概整理表

单位：元

序号	项目名称	审定结算金额（不含税）	概算项目	按概算口径整理后的施工合同结算（分类汇总后）			
				分摊措施费及风险包干费	整理后不含税结算	整理增值税进项税	整理后含税结算
Ⅰ	场地平整施工合同（JZ-001）	7,441,408.20		—	7,441,408.20	669,726.74	8,111,134.94
一	土石方施工	7,441,408.20	建筑工程/与厂址有关的单项工程/厂区及施工区土石方工程/生产区土石方工程		7,441,408.20	669,726.74	8,111,134.94
Ⅱ	施工电源工程施工合同（JZ-002）	3,084,625.93			3,084,625.93	277,616.33	3,362,242.26
一	10kV架空线路工程	3,084,625.93	建筑工程/与厂址有关的单项工程/临时工程/施工电源		3,084,625.93	277,616.33	3,362,242.26
Ⅲ	建筑工程A标段施工合同（JZ-003）	195,518,859.79		4,000,000.00	195,518,859.79	17,596,697.35	213,115,557.14
一	合同价	191,517,831.63		3,916,435.82			
（一）	主辅生产工程	185,167,831.63		3,867,354.49			
1	热力系统	61,711,042.63		1,288,876.55			
1.1	主厂房本体及设备基础	61,711,042.63		1,288,876.55			
1.1.1	主厂房本体	60,271,383.10	建筑工程/主辅生产工程/热力系统/主厂房本体及设备基础/主厂房本体	1,258,808.30	65,466,498.29	5,891,984.83	71,358,483.12
1.1.1.1	主厂房基础工程	13,887,562.77		290,051.07			
1.1.1.1.1	主厂房土方	409,013.16		8,542.51			

续表

序号	项目名称	审定结算金额（不含税）	概算项目	分摊措施费及风险包干费	整理后不含税结算	整理增值税进项税	整理后含税结算
1.1.1.1.2	主厂房石方开挖	691,489.05		14,442.21			
1.1.1.1.3	A列现浇钢筋混凝土独立基础	12,787,060.56		267,066.35			
1.1.1.2	主厂房框架结构	20,377,773.36		425,603.48			
1.1.1.2.1	汽机房现浇钢筋混凝土A列柱	4,412,802.74		92,164.35			
1.1.1.2.2	汽机房现浇钢筋混凝土A列纵梁	5,071,423.84		105,920.09			
1.1.1.2.3	汽机房钢支撑	10,893,546.78		227,519.04			
1.1.1.3	主厂房地面及地下设施	10,644,954.92		222,327.03			
1.1.1.3.1	汽机房细石混凝土耐磨地面面层	8,236,639.98		172,027.76			
1.1.1.3.2	附跨间细石混凝土耐磨地面面层	2,408,314.94		50,299.27			
1.1.1.4	主厂房屋面结构	15,361,092.05		320,826.72			
1.1.1.4.1	汽机房钢屋架	10,557,465.40		220,499.75			
1.1.1.4.2	汽机房钢结构刷防火涂料	1,579,169.88		32,982.02			
1.1.1.4.3	汽机房屋面板钢梁浇制混凝土板	3,224,456.77		67,344.95			

235

续表

序号	项目名称	审定结算金额（不含税）	概算项目	按概算口径整理后的施工合同结算（分类汇总后）			
				分摊措施费及风险包干费	整理后不含税结算	整理增值税进项税	整理后含税结算
1.1.2	主厂房附属设备基础	1,439,659.53	建筑工程/主辅生产工程/热力系统/主厂房附属设备基础	30,068.25	1,618,013.23	145,621.18	1,763,634.41
1.1.2.1	锅炉基础	1,296,633.55		27,081.06			
1.1.2.2	一次风机基础	38,782.17		809.99			
1.1.2.3	一次风机基础橡胶隔震垫	104,243.81		2,177.20			
......							
2	其他建筑工程（明细略，清理过程略）	123,456,789.00					
2.1	其他构筑物（明细略）	49,382,715.60	建筑工程/主辅生产工程/其他建筑工程（明细略）	1,031,391.18	50,414,106.78	4,537,269.60	54,951,376.38
2.2	其他房屋（明细略）	74,074,073.40	建筑工程/主辅生产工程/其他建筑工程（明细略）	1,547,086.76	75,621,160.16	6,805,904.42	82,427,064.58
......							
（二）	单独报价项目清单	6,350,000.00		49,081.33			
1	安全防护措施费	1,000,000.00	概算中无				
2	文明施工措施费	1,000,000.00	概算中无				
3	风险包干费	2,000,000.00	概算中无				

续表

序号	项目名称	审定结算金额（不含税）	概算项目	按概算口径整理后的施工合同结算（分类汇总后）			
				分摊措施费及风险包干费	整理后不含税结算	整理后增值税进项税	整理后合税结算
4	施工降水费	2,350,000.00	建筑工程/与厂址有关的单项工程/临时工程/施工降水	49,081.33	2,399,081.33	215,917.32	2,614,998.65
4.1	主厂房施工降水	2,000,000.00		41,771.34			
4.2	锅炉基础施工降水	350,000.00		7,309.99			
……							
二	设计变更,增加工程量	3,282,656.09		68,560.48			
（一）	主辅生产工程	3,282,656.09		68,560.48			
1	热力系统	3,282,656.09		68,560.48			
1.1	主厂房本体及设备基础	3,282,656.09		68,560.48			
1.1.1	主厂房本体	3,282,656.09	建筑工程/主辅生产工程/热力系统/主厂房本体及设备基础/主厂房本体	68,560.48			
1.1.1.1.1	C30条形基础混凝土	2,461,329.39		51,406.52			
1.1.1.1.2	条形基础砖墙	821,326.70		17,153.96			
……							
三	现场签证	718,372.07		15,003.70			
（一）	001签证（主厂房基础毛石混凝土地基换填）	99,706.14	建筑工程/主辅生产工程/热力系统/主厂房本体及设备基础/主厂房本体	2,082.43			

续表

序号	项目名称	审定结算金额（不含税）	概算项目	按概算口径整理后的施工合同结算（分类汇总后）			
				分摊措施费及风险包干费	整理后不含税结算	整理后增值税进项税	整理后含税结算
（二）	002签证（锅炉基础毛石混凝土地基换填）	145,251.77	建筑工程/主辅生产工程/热力系统/主厂房本体及设备基础/主厂房附属设备基础	3,033.68			
（三）	003签证（主厂房A列3、4轴，B列附跨柱J-2a毛石混凝土）	473,414.16	建筑工程/主辅生产工程/热力系统/主厂房本体及设备基础/主厂房本体	9,887.59			
......							
IV	安装工程A标段施工合同（AZ-001）	67,675,841.56		3,000,000.00	67,675,841.56	6,090,825.74	73,766,667.30
一	主辅生产工程	62,297,231.53		2,889,667.75			
（一）	热力系统	55,703,064.12		2,583,796.17			
1	锅炉机组	55,703,064.12		2,583,796.17			
1.1	锅炉本体	55,323,309.43	安装工程/主辅生产工程/热力系统/锅炉机组/锅炉本体	2,566,181.19	60,378,432.90	5,434,058.97	65,812,491.87
1.1.1	组合安装	51,107,224.26		2,370,617.36			
1.1.2	点火装置	364,978.12		16,929.57			
1.1.3	分部试验及试运	3,851,107.05		178,634.26			
......							
1.2	风机	379,754.69	安装工程/主辅生产工程/热力系统/锅炉机组/风机	17,614.98	397,369.67	35,763.27	433,132.94

续表

序号	项目名称	审定结算金额（不含税）	概算项目	按概算口径整理后的施工合同结算（分类汇总后）			
				分摊措施费及风险包干费	整理后不含税结算	整理增值税进项税	整理后含税结算
1.2.1	组合安装	345,231.54		16,013.62			
1.2.2	分部试验及试运	34,523.15		1,601.36			
……							
（二）	电气系统	6,594,167.41		305,871.58			
1	电缆及接地	6,594,167.41		305,871.58			
1.1	电缆	3,301,643.05		153,147.28			
1.1.1	电力电缆	2,098,733.03	安装工程/主辅生产工程/电气系统/电缆及接地/电缆	97,350.09	2,196,083.12	197,647.48	2,393,730.60
1.1.2	控制电缆	1,202,910.02	安装工程/主辅生产工程/电气系统/电缆及接地/电缆	55,797.19	1,258,707.21	113,283.65	1,371,990.86
1.2	桥架、支架	1,646,262.18	安装工程/主辅生产工程/电气系统/桥架及支架	76,362.15	1,722,624.33	155,036.19	1,877,660.52
1.3	电缆保护管	712,619.96	安装工程/主辅生产工程/电气系统/电缆及接地/电缆保护管	33,055.00	745,674.96	67,110.75	812,785.71
1.4	电缆防火	933,642.22	安装工程/主辅生产工程/电气系统/电缆及接地/电缆防火	43,307.15	976,949.37	87,925.44	1,064,874.81
……							
二	调整价差	2,378,610.02		110,332.25	—	—	—
（一）	热力系统	2,378,610.02		110,332.25	—	—	—

续表

序号	项目名称	审定结算金额（不含税）	概算项目	按概算口径整理后的施工合同结算（分类汇总后）			
				分摊措施费及风险包干费	整理后不含税结算	整理增值税进项税	整理后含税结算
1	锅炉本体	2,378,610.02	安装工程/主辅生产工程/热力系统/锅炉机组/锅炉本体	110,332.25	—	—	—
1.1	人工价差	2,082,526.85		96,598.36			
1.2	材料价差	296,083.17		13,733.89			
……							
三	措施费及风险费	3,000,000.00					
（一）	安全防护措施费	1,000,000.00	概算中无				
（二）	文明施工措施费	1,000,000.00	概算中无				
（三）	风险包干费	1,000,000.00	概算中无				

表 4.5.7

包含甲供设备材料的建筑安装工程投资的归概整理表

单位：元

序号	项目名称	概算项目	整理后的施工合同结算		甲供材料/设备		整理后建筑费用/安装费用（含甲供材料/设备）			备注
			不含税结算	增值税进项税	不含税金额	增值税进项税	不含税金额	增值税进项税	含税金额	
I	场地平整施工合同		7,441,408.20	669,726.74		—	7,441,408.20	669,726.74	8,111,134.94	
一	土石方施工	建筑工程/与厂址有关的单项工程/厂区及施工区土石方工程/生产区土石方工程	7,441,408.20	669,726.74		—	7,441,408.20	669,726.74	8,111,134.94	
II	施工电源工程施工合同		3,084,625.93	277,616.33		—	3,084,625.93	277,616.33	3,362,242.26	
一	10kV架空线路工程	建筑工程/与厂址有关的单项工程/临时工程/施工电源	3,084,625.93	277,616.33		—	3,084,625.93	277,616.33	3,362,242.26	
III	建筑工程A标段施工合同		195,518,859.79	17,596,697.35	2,476,991.15	322,008.85	197,995,850.94	17,918,706.20	215,914,557.14	
一	主厂房本体	建筑工程/主辅生产工程/热力系统(主厂房本体及设备基础/主厂房本体	65,466,498.29	5,891,984.83	2,476,991.15	322,008.85	67,943,489.44	6,213,993.68	74,157,483.12	甲供设备为主厂房集中控制中央空调

续表

序号	项目名称	概算项目	整理后的施工合同结算 不含税结算	增值税进项税	甲供材料/设备 不含税金额	增值税进项税	整理后建筑费用/安装费用（含甲供材料/设备） 不含税金额	增值税进项税	含税金额	备注
二	主厂房附属设备基础	建筑工程/主辅生产系统/主厂房本体及设备基础/主厂房附属设备基础	1,618,013.23	145,621.18	—	—	1,618,013.23	145,621.18	1,763,634.41	
三	其他建筑工程（明细略）	建筑工程/主辅生产工程/其他建筑工程（明细略）	126,035,266.94	11,343,174.02	—	—	126,035,266.94	11,343,174.02	137,378,440.96	
（一）	其他构筑物（明细略）	建筑工程/主辅生产工程/其他建筑工程（明细略）	50,414,106.78	4,537,269.60			50,414,106.78	4,537,269.61	54,951,376.38	
（二）	其他房屋（明细略）	建筑工程/主辅生产工程/其他建筑工程（明细略）	75,621,160.16	6,805,904.42			75,621,160.16	6,805,904.41	82,427,064.58	
四	施工降水费	建筑工程/与厂址有关的单项工程/临时工程/施工降水	2,399,081.33	215,917.32			2,399,081.33	215,917.32	2,614,998.65	
IV	安装工程A标段施工合同		67,675,841.56	6,090,825.74	6,938,363.72	901,987.29	74,614,205.28	6,992,813.03	81,607,018.31	
一	锅炉本体	安装工程/主辅生产工程/热力系统/锅炉机组/锅炉本体	60,378,432.90	5,434,058.97			60,378,432.90	5,434,058.97	65,812,491.87	

续表

序号	项目名称	概算项目	整理后的施工合同结算		甲供材料/设备		整理后建筑费用/安装费用（含甲供材料/设备）			备注
			不含税结算	增值税进项税	不含税金额	增值税进项税	不含税金额	增值税进项税	含税金额	
二	风机	安装工程/主辅生产工程/热力系统/锅炉机组/风机	397,369.67	35,763.27			397,369.67	35,763.27	433,132.94	
三	电力电缆	安装工程/主辅生产工程/电气系统/电缆及接地/电缆	2,196,083.12	197,647.48	4,879,761.95	634,369.05	7,075,845.07	832,016.54	7,907,861.61	甲供材料为电力电缆及控制电缆
四	控制电缆	安装工程/主辅生产工程/电气系统/电缆及接地/电电缆	1,258,707.21	113,283.65	2,058,601.77	267,618.23	3,317,308.98	380,901.88	3,698,210.86	
五	桥架、支架	安装工程/主辅生产工程/电气系统/电缆及接地/桥架及支架	1,722,624.33	155,036.19			1,722,624.33	155,036.19	1,877,660.52	
六	电缆保护管	安装工程/主辅生产工程/电气系统/电缆及接地/电缆保护管	745,674.96	67,110.75			745,674.96	67,110.75	812,785.71	
七	电缆防火	安装工程/主辅生产工程/电气系统/电缆及接地/电缆防火	976,949.37	87,925.44			976,949.37	87,925.44	1,064,874.81	
	本表合计		273,720,735.48	24,634,866.17	9,415,354.87	1,223,996.14	283,136,090.35	25,858,862.31	308,994,952.66	

施工降水费的受益对象为主厂房和锅炉基础，电缆保护管、电缆防火的主要受益对象是电缆，因此采用定向分摊方式分摊至对应的明细资产。施工电源无特定的受益对象，平均分摊至所有交付资产的建筑费用中。

建设场地平整合同施工费与各房屋、构筑物的占地面积密切相关，因此本范例中根据火力发电项目厂区平面分布图中所列房屋、构筑物的占地面积分摊建设场地平整合同施工费。具体分摊过程见表4.5.8。

表4.5.8　　　　　　　　　　　　建设场地平整费分摊表　　　　　　　　　单位：元

序号	项目	待分摊建设场地平整费	占地面积（平方米）	各资产分摊的建设场地平整费
1	主厂房		8,255.00	829,569.94
2	其他主要房屋（明细略）		22,342.00	2,245,215.22
3	其他主要构筑物（明细略）		43,452.00	4,366,623.04
	合计	7,441,408.20	74,049.00	7,441,408.20

完成上述整理之后，可以清理出房屋、构筑物、设备基座、设备安装费等初步资产明细（分摊待摊支出前）（见表4.5.9），可作为资产清查盘点及编制竣工决算移交资产明细表的基础。

4.咨询服务类合同

此类合同采购内容主要为项目建设所需的咨询、服务等。从项目概算口径看，形成的投资多为待摊支出或工程建设其他费用，因此合同内容大多不构成实体资产，只是作为项目整体需分摊或部分资产需分摊的公共费用，如勘察设计合同、监理合同、调试合同、验收检测、代理合同等。通过梳理此类合同服务内容，理清服务费用性质及受益范围，以便于资产组资时对服务费用进行合理分摊。

（二）梳理非合同支出，补充采购明细

火力发电项目的非合同支出，多为费用性支出，一般不直接形成实体资产，也有部分对外采购资产的经济业务因金额体量较小或受其他因素影响，未形成书面合同，体现为非合同支出。为确保项目建成后资产移交的完整性，资产清理时，应同时梳理非合同支出，避免资产遗漏。

表 4.5.9

从建筑安装工程中清理初步资产明细表

单位：元

序号	项目名称	不含税结算	是否形成资产	资产名称	分摊基础	分摊降水费	分摊施工电源	分摊建设场地平整费	分摊电缆保护管、电缆防火施工费	甲供材料	整理后建筑费用/安装费用
I	场地平整施工合同	7,441,408.20			—	—	—	—	—	—	—
一	土石方施工	7,441,408.20	否		—	—	—	—	—	—	—
II	施工电源工程施工合同	3,084,625.93									
一	10kV架空线路工程	3,084,625.93	否								
III	建筑工程A标段施工合同	195,518,859.79							—		
一	主厂房本体	65,466,498.29	是	主厂房	65,466,498.29	2,041,771.34	1,045,670.51	829,569.94			69,383,510.08
二	主厂房附属设备基础	1,618,013.23			1,618,013.23	357,309.99	25,843.89	—		—	2,001,167.11
（一）	锅炉基础	1,472,000.06	是	锅炉基础	1,472,000.06	357,309.99	23,511.68				1,852,821.73
（二）	一次风机基础	146,013.17	是	一次风机基础	146,013.17	2,332.21					148,345.38

续表

序号	项目名称	不含税结算	是否形成资产	资产名称	分摊基础	分摊降水费	分摊施工电源	分摊建设场地平整费	分摊电缆保护管、电缆、防火施工费	甲供材料	整理后建筑费用/安装费用
三	其他建筑工程（明细略）	126,035,266.94			126,035,266.94	—	2,013,111.53	6,611,838.26	—	—	134,660,216.73
（一）	其他构筑物（明细略）	50,414,106.78	是	其他构筑物（明细略）	50,414,106.78		805,244.61	4,366,623.04	—	—	55,585,974.43
（二）	其他房屋（明细略）	75,621,160.16	是	其他房屋（明细略）	75,621,160.16		1,207,866.92	2,245,215.22			79,074,242.30
四	施工降水费	2,399,081.33			—	—	—	—	—	—	—
（一）	主厂房施工降水	2,041,771.34	否								
（二）	锅炉基础施工降水	357,309.99	否								
Ⅳ	安装工程A标段施工合同	67,675,841.56									
（一）	热力系统	60,775,802.57									
（一）	锅炉机组	60,775,802.57			60,775,802.57		—	—	—	—	60,775,802.57

续表

序号	项目名称	不含税结算	是否形成资产	资产名称	分摊基础	分摊降水费	分摊施工电源	分摊建设场地平整费	分摊电缆保护管、电缆防火施工费	甲供材料	整理后建筑费用/安装费用
1	锅炉本体	60,378,432.90	是	锅炉安装费	60,378,432.90						60,378,432.90
2	风机	397,369.67	是	风机安装费	397,369.67						397,369.67
二	电气系统										
(一)	电缆及接地	6,900,038.99			5,177,414.66	—	—	—	1,722,624.32	6,938,363.72	13,838,402.70
1	电缆	3,454,790.33			3,454,790.33	—	—	—	1,722,624.32	6,938,363.72	12,115,778.37
1.1	电力电缆	2,196,083.12	是	电力电缆	2,196,083.12				1,211,524.36	4,879,761.95	8,287,369.43
1.2	控制电缆	1,258,707.21	是	控制电缆	1,258,707.21				511,099.96	2,058,601.77	3,828,408.94
2	桥架、支架	1,722,624.33	是	电缆桥架	1,722,624.33						1,722,624.33
3	电缆保护管	745,674.96	否								
4	电缆防火	976,949.37	否								—
	本表合计	273,720,735.48			259,072,995.69	2,399,081.33	3,084,625.93	7,441,408.20	1,722,624.33	6,938,363.72	280,659,099.19

项目法人管理费，项目前期工作费，生产职工培训及提前进场费等会计科目中可能包含购置的达到固定资产标准的家具、工器具，工器具及办公家具购置费科目中列示的都应当进行资产明细清理。因为是非合同支出，无对应的合同或协议来知晓费用内容，资产清理应从账务梳理入手，结合费用结算单据及验收、入库、出库单据等进行清理。确定可直接构成实物资产的支出，作为单项资产在采购明细中列出，相应参数特征、资产金额一并列出，作为竣工交付资产明细的依据。

（三）整合采购明细，形成初步的资产清单

资产清理阶段，在完成合同协议、财务账面非合同支出梳理后，形成一份基于资产形成口径的完整采购明细，从采购明细转化至资产清单，还需经历明细项的分类组合、费用分摊及实物的核查调整。

基本建设项目建成后移交的资产，其价值并非仅限于原始购置价或施工结算价，建设过程中发生的所有与工程相关的成本费用均会影响其价值形成。从资产形成的角度看，通过资产清理前两个步骤已完成的采购明细主要包含以下几类内容。

1.房屋及构筑物：是指已清理出的房屋、构筑物资产明细清单（资产明细金额中包括施工费用及甲供材料）。

2.需安装设备：是指已清理出的需安装设备明细清单，设备基础也归入需安装设备明细清单中。

3.安装工程费用：是指已经清理出的需安装设备的安装费用明细清单或需安装设备类别的安装费用清单（安装费用金额中包括施工费用及甲供材料）。

4.不需安装设备、工器具、家具：是指已经清理出的不需安装设备、家具、办公设备、随设备附带的备品备件、专用工具等。

5.无形资产项：是指清理出的直接构成资产但无实物载体的土地使用权、软件、专利权、非专利技术等。

项目建设实际发生的安装施工费可能无法完全一一对应于单台设备设施，有的安装费可能与一部分设备设施相关，具体取决于合同内容及工程结算资料是否完整细致以及资产清理工作是否合理到位。此外，建设过程中，安装施工领用的材料量大且频繁，在基建过程未达到精细化管理时，材料领用可能也做不到清晰准确对应至具体的设备设施，大多明确至系统或单位工程。

火力发电项目建设内容包括热力系统、燃料供应系统、除灰系统、水处理系统、供水系统、电气系统、热工控制系统、脱硫脱硝等主辅生产工程，及与厂址有关的单项工程，等等。围绕着这些系统与工程，初步设计概算将各个系统或工程中的房屋、构筑物、管线、设备设施的建筑费、购置费、安装费等按概算口径逐项列出，并一一对应于单台（套）设备、单栋房屋构筑物及单条管线，甚至更细，这为采购明细的分类组合及费用分摊提供了很好的参考基础。

基于上述原因，需安装设备明细清单在列示时，就要注意按照概算口径进行归类整合，整合后的设备类别与需分摊的安装费用项目相互匹配衔接，以满足安装费用的分摊需要。需安装设备明细分类组合后，根据相关性及受益原则，将安装费用分摊至相应的需安装设备中。房屋、构筑物涉及需分摊建筑费用的，可参照分摊安装费用进行处理。

（四）实物清查及专业调整，形成符合实物与价值管理要求的资产明细

形成的初步资产清单，还需完成实物清查、专业调整两项工作，即通过现场实物清查工作验证清单中的资产是否真实存在，是否存在现场有实物但清单中未列出的情况，清单中的资产与现场实物是否一一对应；通过对前期形成的资产清单，按照火力发电资产专业管理的要求进行调整，以满足火力发电厂资产实物管理的特殊要求。

1.清查目标

火力发电工程建设移交的资产清单是后续企业资产管理的基础，符合现场实物情况和专业分工管理的资产清单将有利于企业后期的资产管理。资产清理阶段的实物清查不同于企业日常资产管理中的定期盘点，清理目标旨在解决初步资产清单的两个问题，即客观存在和专业管理。

（1）客观存在。正常情况下，火力发电工程建设周期在3年以上，如包含工程前期及完工后各专项验收、评审及备案等工作，历时更长。资产清理形成的资产清单是基于决算基准日的这一时点移交的资产明细。可能存在部分实物虽为建设内容，但在建设过程中被消耗、使用、调拨、处置等，不符合资产确认移交的原则，应根据实物清查的结果进行调整（间接影响资产价值）。也可能存在为保证施工和管理的正常进行而临时搭建的各种房屋、构筑物、设备设施等临时设施转为永久设施的情况，如，清查过程中发现作为固定资产留用的临时设施，则不应当再将其作为临时费用分摊，应单独确认移交。临时设施包括：临时搭建的职工宿舍、食堂、浴室、休息室、厕所等临时福利设施；现场临时办公室、材料库、临时铁路专用线、临时道路、临时给水、排水、供电等管线、现场预制构件、加工材料所需的临时建筑物以及化灰池、储水池、沥青锅灶等。

工程建设完工后，根据临时设施的现状、性能特点，结合企业运营需要，临时设施或被拆除处理，或被留用作为交付使用资产。根据《火力发电工程建设预算编制与计算标准》，施工单位临时设施费属于措施费范围，包含在所承揽工程实体的造价当中，按设计要求工程竣工后应当拆除，即工完场清。少部分留用的临时设施应根据招投标文件、合同协议等双方约定确定所有权，归建设单位的应列入应交付的资产清单内。项目建设单位临时设施费用一般属于工程前期费、项目建设单位管理费范畴，在资产清理时一般被作为其他费用分摊处理，不形成实物资产。实物清查时，遇有现场留用的临时设施设备，应返回对应其合同或账务记录，调整其分摊口径，形成实物资产进行移交。

（2）专业管理。火力发电厂生产设备一般实施专业分工管理，主要依据电力工业技术管理法规，并结合电厂设备、系统的实际情况，以方便设备检修及管理为原则将设备按专业划分。一般火力发电设备围绕着汽机、锅炉、电气、热控、燃料、化学等专业进行划分。通过实物清查，可按专业分工将发电厂设备分类清理移交，便于后续各专业工程师分类管理。火力发电设备专业管理范围划分一般如下。

汽机专业设备主要包括：汽轮机及其辅助系统、发电机所有轴承及轴瓦、循环水系统、供热系统、发电机氢气和二氧化碳系统机械部分、汽机房内辅助蒸汽、压缩空气、排水、雨水泵内设备系统、综合泵房内设备系统等。

锅炉专业设备主要包括：锅炉及其辅助系统、氨站及其供氨系统、锅炉卸贮供油系统、锅炉主厂房压缩空气系统、脱硝装置及其附属设备、集控柴油发电机机务部分、锅炉房内辅助蒸汽、开闭式冷却水、工业水、排水、空压机及辅助设施、脱硫吸收塔及其附属设备系统、浆液循环泵房、氧化风机房、脱硫机械设备及其辅助系统设备、电袋除尘器设备、气力输灰系统设备、灰库设备。

电气专业设备主要包括：全厂照明、全厂接地网、升压站电气设备、变压器、发电机系统发电机出口断路器、刀闸、发电机中性点电流互感器、发电机出口电流互感器、发电机出口电压互感器、发电机中性点接地变压器、发电机出口离相封闭母线、共箱封闭母线、封母微正压装置、封闭母线测温系统、发电机绝缘过热监测系统、主变低压侧电压互感器、发电机电刷维护、高压开关柜电气一次设备、低压开关柜电气一次设备、电机设备、电气设备高压试验、柴油发电机的电气一次设备（发电机、出口开关、发电机电气一次设备）、电除尘高频开关电源、低压控制柜等。

热控专业设备主要包括：全厂范围内的热工仪表、全厂范围内的阀门、风门挡板执行机构、全厂热力系统中的热工保护联锁控制机柜和就地设备及控制室操作台上热工操作按钮、DCS系统装置；DEH系统装置；TSI控制机柜及传感器；给水泵、风机的振动监测装置和传感器、炉膛火焰监视工业电视系统、锅炉、空气预热器吹灰程控系统的控制部分、炉管泄漏监测报警系统、水区域内控制系统内的仪控设备、灰区域内的灰控制系统内仪控设备、脱硫区域内的仪表和控制系统的设备、脱硝区域内的仪表和控制系统的设备、空压机控制系统仪表和控制设备、汽车衡计量装置、汽水取样系统低温部分、所有化学分析仪表、烟气排放连续监测装置等。

实物清查阶段，应根据现场实物，分系统、分专业对初步资产清单进行清查核实，对前期归类组合错误的资产项进行溯源调整。

一般火力发电企业为方便日常设备运维及检修管理，将设备按专业划分，同时为明确部门及专业职责，界定各现场设备的管理职责和运行职责范围，也明确了设备的分工分界规定，如，部分发电厂机务、电气、热控专业分界规定，调节执行机构属热控专业，但其与机械部分的连接及连杆属于机务工作；电气与机务专业分工分界规定，机务转动设备与电机以靠背轮为界，电机及电机侧靠背轮属电气，机务转动设备及其半靠背轮属机务（机械）专业。针对成套设备或装置，从专业分工分界的角度，其中的机械部分交给机务（机械）专业人员运维、电气部分交给电气专业人员运维。

企业生产设备虽按专业作分工分界规定，但设备是一个有机统一的整体，资产清理时，在满足专业划分、系统管理的需求下，仍应遵循企业会计准则及内部控制规范中有关资产确认及单项移交的原则，列示资产明细，移交实物资产，达到后续资产实物管理和价值管理的双向要求。

需要说明的是，本节前述通过资产清理程序所完成的资产明细清单，是按照概算口径进行归类整合的，资产按概算口径分类与按专业分工管理存在一定的差异。因此，竣工决算时的资产清理、资产交付通常可分为两个环节：第一个环节为按概算口径进行资产明细清理，并完成资产组资，具体包括分摊前的资产清理、分摊安装费及其他费用；第二个环节是在第一个环节基础上，按固定资产目录列示资产明细，按照专业分工进行交付资产的分类整理。在实物清查环节，可以了解项目建设单位资产专业分工管理的模式或要求，为后续按专业分工交付资产打好基础。

2.实物清查

火力发电项目资产明细繁多，资产专业化程度较高，涉及多个专业，更新换代较快，为保证交付资产明细表中填列资产表实相符、不重不漏，项目建设单位应组织人员对初步资产清单进行全面清查盘点。

清查方法：资产清查盘点时应将顺查法与逆查法相互结合，互为补充。顺查法是指以初步资产清单去现场核查实物，逆查法是根据现场实物去核查初步资产清单。以初步资产清单为基础，全面对现场实物进行清理、盘点和核查，以清单对实物、以实物核清单，进行双向核实。

清查人员：因量大范围广，又涉及工程建设过程事项，清查盘点时应组织有序、全员参与。应组织财务、工程、物资、生产、资产管理等部门共同参与，核查人员由熟悉或参与工程建设的专业人员、生产技术专工、资产使用保管专责人员、基建财务核算人员等组成，以便能及时解决核查过程中出现的问题。

清查时间：实物核查的时间不宜过早，从竣工决算过程来看，核查应在初步资产清单形成后；从工程建设周期来看，应在机组通过满负荷试运行之后。实物清查周期控制在一个月之内，避免因时间周期过长，现场实物因维修、改造、更换、调拨等发生变化，给实物确认带来困难。

清查范围：对除隐蔽工程以外的所有资产进行全面清查，理清整个项目实际建成资产明细及运营状况，与初步资产清单进行核对。资产清查盘点的结果也是生产部门、资产管理部门据以对资产实施管理的基础和依据。

注意事项：实物清查前，应以机组通过满负荷试运行时点所属月份的会计期末为基础再次确认设备、材料（包括专用工具、备品备件）的库存情况，倒轧现场领用的设备材料，并与前期设备材料合同清理的数据和口径进行对比分析，以确认初步资产清单的完整性；应注意核实设备的规格型号是否账表一致，有无以小充大、以低充高的。应注意查看设备及材料安装地、存放地及建设场地的犄角旮旯，隐蔽遮挡处存放的未耗用的材料、设备、废旧物资、工器具、备品备件等，表实不符的应清查来源并规范处理，避免形成账外、表外资产；清查盘点过程中应关注是否存在已长期闲置未使用资产或报废资产，如发现应核实原因，做好记录。

通过资产清查，也可以补充、修正、完善初步资产清单中的规格型号、安装部位或保管使用部门、计量单位、数量等资产信息。

3.盘盈盘亏处理

实物清查时，初步资产清单与实物不一致出现的盘盈盘亏情况，应区分情况分别处理：一般非实质性的盘盈盘亏，排除因管理不善所致的毁损、丢失等情况，大多为：专业设备命名或叫法不统一无法对应；成套装置或系统内设备实物管理和资产清单组合口径不一致，组合度过粗或过细导致的差异；固定资产确认原则不统一，设备与材料混淆所致的差异等。出现此类差异时，应首先排除观念及认识差异，确定统一的口径，进行溯源调整。

在基建已报废的资产，不列入初步资产清单，报废净损失应计入待摊支出，竣工决算编制时，将其金额分摊至相关资产价值中。基建期间购置或建造的在投产之后报废的资产，在核实相关资料的基础上编入初步资产清单，在竣工决算交付资产明细表中备注栏注明"已在投产后报废"，并在竣工决算报告说明书中进行专项说明，由项目建设单位按生产期间资产报废程序进行处理。

四、资产清理应注意的事项

（一）"先清查后清单"存在的问题

竣工决算是一项系统性的工作，并非简单的工程结算造价加资产转固的组合，尤其是大中型建设项目。决算编制实务中，因为工程结算环节已核定建安工程造价，部分单位或技术专业人员以核定的工程造价加账面已发生的费用作为建设项目的决算总投资，将现场实物资产按行业或单位的固定资产目录对照罗列，在相应采购价格的基础上，将账面已发生的费用在已列出的资产价值中分摊，这就是"先清查后清单"的资产清理方式。这种方式是项目建设单位资产清理时，首先从现场实物入手，先开展实物清查工作，按实物建卡造册，编制资产明细；然后根据资产明细，查找对应的采购或建造合同填列资产购置价格；最后按照财务账面已列项目投资总额，扣除已列出的资产购置价值，将剩余费用进行分摊。虽然这种资产清理方式形成的资产清单与实物一致，但存在以下问题。

1.没有确定的移交资产外延，项目资产范围不明确

按实物清查造册，形成的资产明细是否完整主要依靠现场实物清查结果，可能存在因人员技术、熟悉程度等原因现场查验不到的情况；清查期间因外借、调拨、移动等不在现场的实物会排除在资产清单之外；项目建设完成后的生产经营期间，因维修技改、零星购置事项导致的现场实物增减变化，也会出现在项目移交资产清单中，甚至可能存在施工单位应建未建、应安未安等情况，由此产生种种差异，影响竣工决算移交资产范围及价值。

2.部分资产溯源困难，影响价值认定

按资产清单对应采购、建造合同，部分实物资产溯源困难，难以确定准确价值。在工程建设过程中，设备材料按合同采购，到货后按其性质、型号规格进行入库管理，领用出库时按实际需要以型号规格为依据，不再直接对应合同。当现场实物无标识，且同类设备材料量大时，很难一一对应至合同，在无唯一标识的情况下，难以确定对应合同的准确性，从而影响资产价值的认定。

3.安装材料及费用分摊范围不明确，影响资产价值组成

以现场清查的实物造册、形成资产明细，建筑安装过程中领用的材料不再直接体现，需加总或分摊的安装材料金额及分摊范围没有清晰的口径与数据，或对

全部资产总额分摊，或对人为判断可辨识的安装材料进行指定分摊，无法辨识的安装材料及费用差额只能采取总额分摊的处理方法，形成的资产价值不准确。工程建设其他费用同样存在此问题。

4.缺少从账面清理到实物清理的过程，存在资产缺失隐患

我们正常的资产清单逻辑是，从合同结算书清理出账面的采购清单，采购清单经过拆分、整合、分摊形成账面资产清单，然后进行现场实物盘点核对，对账实核对差异分析原因进行处理，根据差异处理结果把账面资产清单调整为实际资产清单。从这个过程中，我们可以清楚地看到，这是一个清账与清物的双向核对过程，可以发现盘盈盘亏资产并进行处理，杜绝了账实不符，特别是账有实无的资产缺失风险。而"先清查后清单"的模式，仅以实为主，简单把账面总额进行分摊，没有核对账面资产明细的过程，掩盖了有账无物的风险。

纵观工程建设全过程，其实质就是实物资产建造及价值形成、从计划到实际的过程，项目可行性研究阶段有估算口径的设备清册（计划），设计阶段（包含初步设计和施工图设计）有较为详细的主要设备材料清册（计划），实施阶段有具体的工程物资采购方案、合同协议及相应的工程物资管理，完工阶段则要求形成满足运营期实物管理的资产清单。因此，应沿着建设过程中资产形成的主线，基于建设资料（即合同协议等采购资料）清理形成应交付的资产清单，对照实物进行清查，形成实际的资产清单。一方面项目资产范围明确、价值合理有依据，实物清查有基础；另一方面，通过计划与实际的对比，容易发现建设过程及实物管理中存在的问题，可以及时揭示风险。

（二）基建期与运营期资产的划分（即决算的资产范围）

受竣工决算时点和实物清查时间的影响，资产清理时，应注意区分基建期与运营期资产。基建期资产，即基本建设项目建成交付的资产。运营期资产，即企业基本建设完工转入正常生产经营后，实施固定资产购置计划或技改维修计划增加的资产。火力发电项目经过一定的周期建设完工投运后，并不具备竣工决算的条件，需待各专项验收、竣工结算等工作完成后方可完成竣工决算。此段时间内企业正常的生产经营仍在继续，会伴有资产的零星购置及技改计划实施，由此增加的现场实物不再属于因项目基本建设而形成的资产，不应纳入竣工决算范围内。

实物清查时，应注意清查范围仅为项目建设形成的资产，不包括后续生产经营期技术改造及零星购置增加的资产。

（三）增值税对资产价值的影响

我国从2009年1月1日起，在全国实施消费型增值税政策。2016年5月，全国范围内全面推行营改增。从2015年至2019年4月，国家四次下调增值税税率。以上税收政策的实施，直接影响着竣工决算资产价值的形成。针对历经不同时期的火力发电项目，竣工决算时应根据当时适用的增值税政策，结合合同协议的实际履行及开票情况，合理确认资产价值与增值税进项税额。

清理合同协议时，应根据合同签订时间、采购到货（或完工）时间、合同采购内容、合同履约及发票开具情况，合理分离价税，确定资产价值。财务核算的项目总成本应与形成资产的总价值相等，以此来验证各分项资产价值的准确性。不能简单地按资产含税总额和税率反算资产的不含税价值。

（四）合同内费用分摊需注意事项

资产清理阶段，在梳理合同协议内容时，对于合同内不能直接形成实物资产的费用，根据相关性原则，可在合同内实物资产中分摊或直接计入与之相关的实物资产价值当中，如设备合同中的运杂费、安装费、调试费、技术服务费、培训指导费等，施工合同结算时的措施费、规费、安全文明施工费等。应当注意的是，合同内费用的分摊不影响合同总额，分摊前后，合同金额保持不变。

一般合同内的分摊称之为"一次分摊"；不形成资产的临时工程等在形成资产的建筑物间的分摊，以及安装工程在安装设备之间的分摊，称为"二次分摊"；待摊支出在形成资产的建筑工程与需安装设备之间的分摊，称为"三次分摊"。

第六节　账务清理

一、账务清理的作用

财政部《基本建设财务规则》第三十四条规定："编制项目竣工财务决算前，项目建设单位应当认真做好各项清理工作，包括账目核对及账务调整、财产物资核实处理、债权实现和债务清偿、档案资料归集整理等"。竣工决算需正确反映项目的建设成果、并作为考核分析投资效果、项目建设完成后资产转固和账务处理的依据，需进行大量的基础清理工作，基建期账务清理即为其中的一项重要工作，其作用体现在以下几方面。

（一）认定财务核算项目支出的合理性、相关性

项目投资管控的全过程，历经了可行性研究估算、初步设计概算、施工图设计预算、施工阶段结算、竣工决算五个阶段。在竣工决算阶段，项目投资不再是前期计划、实施阶段，不再是以清单、定额、指数、费率取费等方式确定的数据，而是据实发生的项目成本支出。在竣工决算基准日，项目建设单位财务账面投资额是否反映其实际建设情况，受业务数据完整性及准确性、项目建设单位会计核算模式、相关工程管理人员业务水平的影响，需通过账务清理工作核实确认。

（二）业务数据与财务数据核对，保障投资完整

账务清理和合同清理相结合，将财务核算的项目成本与业务事项（或合同）对接，根据合同实际履约情况进行相应的调整与补充，以完整反映账面投资完成情况。通过账务清理，对核对出来的未入账合同费用金额及时进行正式结算挂账或暂估入账处理，对查找出的会计核算差错及时调整账目，保证账面投资的真实性、完整性、准确性，理清账面投资与概算项目的衔接对应关系，为竣工决算投资归概奠定基础。

（三）为资产正式转固的账务调整打下基础

火力发电项目建设完工转入正常生产运营后，资产转固需作相应的账务处理，涉及固定资产、在建工程、工程物资、原材料及相应的往来科目。竣工决算阶段，账务清理应务必完整到位，为后续资产正式转固的账务调整提供合理准确的数据基础。

二、账务清理的范围

（一）时间范围

从项目建设周期及财务核算期间看，账务清理的时间范围应覆盖火力发电工

程建设及成本核算的全过程，即自项目批复立项，至建设完工投产运营，一般会涉及三到五个完整的会计期间，甚至更长。

一般基本建设项目批复立项前，会有大量的前期工作开展，并发生相应的费用支出，因此账务清理的期间会向前延伸至项目前期工作开始阶段。火力发电工程通过满负荷试运行转商业运营后，仍有大量与建设相关的后续工作需完成，如验收、备案、检测、未完收尾工程、消缺整改、工程结算、财务决算等，账务清理的期间也会相应向后延伸至上述工作基本完成后，即编制竣工决算时点。

（二）主体范围

基本建设项目竣工决算的主体是项目建设单位，项目自建模式下，会计核算主体为项目建设单位，账务清理的主体对象即是项目建设单位。项目代建制模式下，账务清理的对象包括项目建设单位、受托代建单位。对于集团内单位EPC总承包模式下，需要EPC总承包商协助进行账务清理。

三、账务清理的内容

（一）建设资金来源、使用和结余情况

在现阶段，火力发电项目投资动辄达到数十亿元以上，在三到四年时间内，几十亿元建设资金的流向与活动情况是竣工决算应关注且必须反映的内容。账务清理时，对建设资金的清理，主要围绕其来源、使用及结余这三个方面展开。

1.建设资金来源

火力发电工程建设资金主要来源于两方面：自有资金和债务资金。企业融资模式下，资金来源主要有：（1）企业新增可用于投资的权益资本；（2）企业原有可用于投资的现金（包括项目建设期间陆续产生的资金流入）；（3）企业持有的非现金资产直接用于工程建设或变现产生的现金；（4）企业为项目建设新增的债务资金。前三部分均为企业自有资金。项目融资模式下，不存在"企业原有的"资产或负债，此时项目的资金来源为新增权益资本和新增债务资金，即项目建设单位股东方投入的资本金和各种融资借款。

（1）自有资金清理。主要包括权益资本和项目建设单位可用于投资的现金或非

现金资产。会计核算时，权益资本一般体现在"实收资本""资本公积"科目，账务清理时可查阅企业章程、投资协议、股东会或董事会决议等，核实资金的筹集及到位情况。企业原有可用于投资的现金或非现金资产多见于同时开展火力发电工程建设与生产经营的企业，主要为经营积累。目前企业投资项目建设过程中开立基建项目银行专户的情况较少，在此情况下，企业经营积累资金在项目的投入一般较难通过银行账户的转入转出进行明确划分。实务中，通常先清理权益资本和债务资金，结合项目竣工决算总投资、竣工决算编制基准日结余资金综合分析项目整体的资金来源、使用及结余情况，综合判定企业经营积累资金在火力发电工程中的投入情况。

（2）债务资金清理。主要包括各类贷款、债券、应付账款等，会计核算对于债务资金筹集到位的核算科目主要为"短期借款""应付债券""长期借款""长期应付款""应付账款""其他应付款""应交税金"等，资金清理时可通过查阅投资协议、贷款合同、融资租赁协议、债券发行资料、政府补助文件等，核实资金的筹集及到位情况。

债务资金清理时应将贷款及债券等的合同协议文件与资金的实际到位、使用、归还及核算情况进行对比，通常以截至竣工决算基准日（指项目通过试运行日或竣工决算编制日）的债务资金余额作为竣工决算时项目建设资金来源数额（债务资金部分）。部分项目建设单位项目筹资采用集团内部统借统还或按需拨付的方式，并按一定的原则计取分摊资金利息，实际清理时，除对照查阅必要的贷款合同、资金拨付文件外，应根据资金的使用情况及相应的利息分摊金额合理确定此部分债务资金的数额。

建设资金来源清理应注重实质重于形式原则，将会计核算与原始合同、投资协议相互印证，从业务实质判断资金的来源性质。如注意"名股实债"模式下的资金投入并非为了取得目标公司股权，而是为了获取固定收益，且一般不享有参与公司经营管理权利，实质应属于债务资金。《证券期货经营机构私募资产管理计划备案管理规范第4号》规定："此类投资回报不与被投资企业的经营业绩挂钩，不是根据企业的投资收益或亏损进行分配，而是向投资者提供保本保收益承诺，根据约定定期向投资者支付固定收益，并在满足特定条件后由被投资企业赎回股权或者偿还本息";《最高人民法院民二庭第5次法官会议纪要》中明确，投资人目的并非取得目标公司股权，而仅是为了获取固定收益，且不享有参与公司经营管理权利的，应认定为债权投资，投资人是目标公司或有回购义务的股权的债权人。

清理过程中，应当注意其他融资及建设模式对账务清理及竣工决算的影响，如融资租赁、BOT模式等。详见本书第六章第八节"几种建设及融资模式对竣工决算的影响"。

（3）建设资金来源清理的截止时点。本章第一节"三、其他事项"中提及竣工决算编制基准日的确认模式，第一种模式以达到预定可使用状态时点（火电通过试运行时点）当日（或当月月末，便于报表与账核对）作为编制基准日，之后收到的项目资本金、收到或归还的借款均不列入项目资金来源；第二种模式以竣工决算编制时最近一期的会计截止日（月底）作为编制基准日，基准日之前收到的项目资本金、借款均列入项目资金来源。

本书建议采用第一种模式，理由是：以达到预定可使用状态时点反映基建期间实际投入的建设资金，之后的资金来源变动属于生产运营期的业务事项，视同生产运营期资金来源，不属于工程决算编制范围。

2.建设资金的使用

企业投资项目很少为建设资金设立专户，但从项目管控、投资效益的角度讲，建设资金具有专款专用的特点。账务清理时，对建设资金使用情况的梳理应从初步设计概算和合同履约两方面入手。

火力发电工程初步设计文件明确了工程建设的内容，根据《火力发电工程建设预算编制与计算标准》，编制批复的初步设计概算则明确了各项设备设施费用的计划金额，作为项目建设管理及投资控制的依据。竣工决算应依据初步设计概算对账面建设资金的使用情况进行梳理，概算内与工程建设相关的支出根据概算口径计入相应概算子项的投资支出，概算外与工程建设无关的支出即形成对项目建设资金的实际占用，竣工决算时不计入项目的决算总投资。

基于合同履约所作的建设资金使用情况梳理，应结合合同清理工作同步进行。根据合同约定的结算支付条款和实际履约情况，清理财务账。超合同结算支付的款项作为应收款项处理；决算时应支付但未支付的合同款项应确认后续支付的可能性与金额大小，确需支付的应列入应付款项；以借支或预付形式支出的款项核实其支出依据，确认后续结算的可能性与结算支付条件。

3.建设资金结余

此处的建设资金结余，是指在竣工决算基准时点，实际到位的建设资金扣除项目实际投资支出后剩余的建设资金，并不专指货币资金。竣工决算时，建设资金的筹集到位与使用均以项目为边界，与项目无关的投资支出不构成项目投资，在竣工决算时未清理或收回的，属于对建设资金的占用，应体现为建设资金结余。

建设资金的结余，根据资金实物形态不同表现为不同形式，主要包括货币资金、库存物资、预付及应收款项等。

（1）货币资金包括库存现金和银行存款。企业设立专门账户管理使用建设资金的，截至竣工决算基准时点，该账户余额即为结余的货币资金；企业如未开立基建专户管理建设资金，项目建设结余的货币资金无法直接确认，应根据项目资金整体的流入流出情况进行判断。对于生产经营与火力发电项目建设同期进行，且未开立专户存储建设资金的企业，在竣工决算基准时点，银行账户结余资金无法区分生产经营资金和项目建设资金的，且无其他证据证明有建设资金（货币形式）存在的，可视同无货币资金结余。

（2）建设资金结余的库存物资专指工程物资，并非指设备随机购置的备品备件、专用工具和为生产准备的工器具及办公家具等。从工程概算和投资控制角度看，工程建设所需的设备，材料均依据设计文件、图纸及定额标准配置，并无超量采购或储备的考虑与计划。项目建设完工后，库存的工程物资也未用于工程建设实体，因此不应构成竣工决算总投资的内容。但库存物资形成了对建设资金的实际占用，作为结余资金的一种表现形式，归类于建设资金结余。账务清理时，库存物资同样应从账实两方面核实清理，以账查物，以物核账，确定实际的工程物资库存情况，账实不符的，应调整账务。

（3）建设资金结余的另一种形式为预付及应收款项，实际也是对建设资金的占用，这种占用也不形成建设投资，如截至竣工决算基准时点，项目建设单位已支出未收回的各类保证金押金，项目建设单位为参建单位垫支未收回的款项等。此类支出虽不形成建设投资，但与工程建设相关，因工程建设而支付，体现为决算基准时点的预付及应收款项。建设期发生的与工程建设无关的资金借出，或建设资金用于与工程建设无关的其他业务活动，有违建设资金专款专用的要求，在竣工决算时仍收未回的，也体现为应收款项。

竣工决算报告中列示的结余建设资金是项目竣工决算时项目建设单位拥有的资产，也应满足资产存在性、真实性、权属性的要求。因此清理建设项目结余资金情况时，应按照可清查、可盘点、可验证的标准进行清理，以保证清理结果具有足够的支撑依据。货币资金，库存物资通常可以通过询证、盘点来核实，预付及应收款项可以通过实际的资金流水及账务核对记录来核实。

基于决算报表的资金平衡关系（建设资金到位－建设资金使用＝建设资金结余），建设资金筹集、使用及结余情况梳理完成后，应对账务清理结果进行合理性分析。

（二）基本建设项目成本支出情况

项目成本支出的清理应结合合同清理同步进行。根据火力发电工程概算内容及项目建设单位的会计科目设置，项目成本主要包含四项费用，即建筑工程费、安装工程费、设备购置费、其他费用。会计核算时主要集中于"在建工程"科目，也涉及"固定资产""无形资产""工程物资"等科目。编制竣工决算表时，应依据具体的业务合同及事项，从账面清理出项目成本费用，对账面反映工程成本不完整或存在差异的情况，根据实际结算资料补充调整，形成基于会计核算基础完整的项目成本，作为竣工决算总投资确认的基础。

清理合同及资产时，通常将合同按采购内容分为建筑安装合同、设备购置合同、材料购置合同、咨询服务合同四类。实际清理时，也可按合同分类进行。建筑安装合同应根据经审核的工程结算定案资料，核实确认账面结算的成本数据；设备购置合同应以设备装置到货入库及领用出库资料，清理账面成本；材料合同多按计划采购量签订，与实际使用数量差异不确定，多为开口合同，合同金额为暂定金额，清理时应以实际到货结算的材料入库及领用出库资料，清理账面成本；其他费用合同，多为服务类合同，采购内容体现为服务的成果性文件，清理此类成本费用时，应结合合同成果性文件进行判断，确认账面成本支出。通过对合同成本支出的梳理，确认财务账面项目成本的核算情况，并据此进行账务调整，使其完整反映项目合同成本。

"在建工程"科目中的无合同费用支出，应根据费用支出凭据及结算单据，确认属于项目的成本费用。"在建工程"科目外的其他科目可能也会涉及项目成本，应结合完整口径的合同台账及合同文本统一清理确认，对属于项目成本，但因未规范核算而影响项目成本确认的，应进行账务调整，避免项目成本遗漏。

账务清理的结果应使得企业财务账面对项目投资的核算情况一目了然，应对账务清理过程中基于实际凭据作出的调整分录进行汇总，作为竣工决算时账务处理的依据。经调整后的项目成本是项目竣工决算总投资的完整反映。

（三）债权债务情况

此处的债权债务为项目债权债务，专指竣工决算基准时点项目建设单位因项目建设形成的债权债务情况，并非企业全部债权债务。清理工作主要集中于项目建设单位会计核算的往来科目，即"应收应付、预收预付、其他应收"及"其他应付、应交税金、应付职工薪酬"等科目。根据项目建设单位及建设项目实际情况，项目债权债务的清理确认不仅限于会计往来科目内容的梳理，同时应结合合同结算付款情况进行梳理核对，并与债权债务人核实确认。

对于新建火力发电项目、新设项目建设单位的情况，项目建设单位为新成立的企业，项目建设期间，企业无其他业务活动和经营行为。此情形下，主要往来科目核算的就是项目的债权债务增减变化情况，竣工决算基准时点，往来科目的余额即项目的债权债务金额。

对于扩建火力发电项目，项目建设单位为既有企业，项目建设期间，企业同时运营原有火力发电机组，即基建期与经营期并存。此时，主要往来科目核算的是企业整体的债权债务情况，既涉及经营业务，又涉及工程建设，如企业未通过明细科目设置或未利用辅助核算信息对项目加以区分，则无法直接从往来科目余额中清理出项目债权债务情况。此时，应根据合同结算付款情况清理往来科目中与项目相关的债权债务变化情况，确定竣工决算基准时点的项目债权债务金额。

对于同一期间，企业可能存在同时建设多个工程项目的情况，也可能存在供应商同时为基建期和生产期或同时为多个工程项目提供服务的情况，因此应将项目建设合同的结算付款情况与往来科目金额的增减变化情况结合，梳理出与竣工决算项目相关的完整、准确的债权债务。

账务清理确定的债权债务，还应当与债权债务人核实确认，以取得确定可靠的结果。火力发电项目建设周期长，通常跨越几个会计年度，债权债务的核实确认工作在一定程度上可借鉴项目建设单位年度财务决算审计的结论资料，但也应履行必要的核查程序，尤其针对合同标的大、履约周期长、过程中变更调整事项多的交易事项，更应关注其债权债务的形成及确认情况。遇有账务清理结果与项目建设单位年度审计结果存在差异的债权债务，应分析原因，与债权债务人进行核实，以取得外部可靠的支撑资料。

在项目建设单位无项目建设期内相关审计资料可借鉴的情况下，建议应全面履行与债权债务人的债权债务核实工作，避免虚增或少计债权债务的情况，以保证竣工决算成果的准确性。

第七节　预计未完收尾工程清理

一、清理目的

（一）概念及分类

火力发电工程在上级单位审批通过火力发电工程初步设计后，项目建设单位应按照初步设计的明细内容开展建设活动，火力发电工程竣工是指初步设计范围内的所有购建活动全部完成。实际上，火力发电工程购建活动往往按照先主要后次要、先主体后外围、先主机后辅机的原则和顺序开展，对火力发电工程建设运营影响较小的建设内容、建设节点往往会比较靠后，有时也存在由于建设条件不具备导致无法及时开展某项购建活动的情况。因此，有的火力发电项目达到预定可使用状态后，可能还存在初步设计范围内尚未完成的购建活动或费用性支出，统称为未完收尾工程，简称尾工工程。

1.概念

尾工工程是指截至竣工决算编制基准日，已经开展购建活动但尚未完工，或者是计划开展但实际尚未开展的建筑、安装、设备物资购建活动及其他费用支出等。需要注意的是，尾工工程需以经批复的火力发电工程概算为依据。

2.分类

根据尚未完成的购建活动或费用性开支的内容性质不同，尾工工程通常分为预留未完工程、预计工程和预留费用三类。预留未完工程与预计工程也可统称为未完工程。

预留未完工程是指在竣工决算编制基准日时已经开展，但尚未完成的建筑、安装、设备、材料等购建活动。

预计工程是指在竣工决算编制基准日时尚未开展，但预计将在短期内（通常为一年内）需开展购建活动的建筑、安装、设备、材料等购建活动。

预留费用是指在竣工决算编制基准日时，已经开展但尚未完成的服务性支出及资产类支出，以及尚未开展但预计要在近期内（通常为一年内）开展的咨询服务管理类支出或资产类支出。常见的预留费用有后评价费、专项验收费用、征地费用、不动产权办证费用等。

预留未完工程与预计工程的对象是建筑、安装、设备、材料等，具有实物性特征，在购建活动完成后通常可形成实物性资产或属于实物性资产的组成部分；而预留费用除征地费等可形成土地权以外，一般不具有实体性，是需要分摊的费用支出。

3.清理目的

（1）保障决算总投资的完整性。火力发电项目投资大、建设周期长，一般不可避免地会有一定尾工工程。从各大央企、地方国企及政府部门竣工决算规章制度来看，竣工决算中均可以包含一定的尾工工程，但在竣工决算说明书应当说明尾工工程情况。

（2）有利于后续尾工工程的建设与监督。尾工工程应属于批复设计概算内尚未建设完成的内容或尚未发生的支出，如在竣工决算时未全面、准确清理尾工工程导致重大遗漏的，尾工工程实际投资因未纳入基建项目竣工决算而没有出处，资金来源也无法落实，严重时还将涉及责任追究。

（3）避免通过尾工工程人为调整竣工决算总投资。尾工工程应当按照已批复竣工决算中列示内容实施，禁止批复以外的其他项目挤占尾工工程投资。如概算中有但实际未建设的工程，且未批准取消建设的，应当预留尾工投资，否则视为概算甩项。如概算中没有的工程，一般不得预留尾工投资；确实需要建设的应单独立项建设，如经履行概算外项目和预留尾工审批的，也可以纳入尾工投资。

因此，全面、客观、真实、准确地清理尾工工程，既是竣工决算编报的要求，同时对于反映火力发电工程竣工决算总投资，考核设计概算执行水平，体现工程建设成果也具有重要意义。

4.限额规定

《基本建设财务规则》（财政部令第81号）规定，项目一般不得预留尾工工程，确需预留尾工工程的，尾工工程投资不得超过批准的项目概（预）算总投资的5%。目前，各级政府部门、各大央企、各地方国企基本都执行此规定。

尾工工程超过批准项目概（预）算总投资5%的，通常被认为火力发电工程批准概（预）算范围内未完成的工程内容较多，金额占比较大。项目建设单位应抓紧完成尾工工程相关内容，将其占比降至5%以下，才符合竣工决算编报的条件。

5.审批要求

预留尾工工程应当按规定向上级单位办理申报审批手续。行文申报时，应列清尾工工程在基建期间未实施完毕或未实施的具体原因，尾工工程实施的必要性、概算的关联性、内容的完整性、预估投资的合理性、完成的时限性。上级单位一般重点审查尾工工程实施是否必要、内容是否真实、预估投资是否合理。

（二）尾工工程与已完工程的区别

尾工工程与已完工程、已完费用均属于已批准概算范围内容，均可在已批准概算内找到相应的概算明细或概算类别。三者主要区别如下。

1.未完工程与已完工程的区别

已完工程是指截至竣工决算编制基准日，已经完成概（预）算范围内所规定的全部工作内容并完成了相应的验收，能根据合同约定的结算方式办理工程价款结算的建筑、安装、设备、材料购建活动。未完工程是指截至竣工决算编制基准日，已经开展但尚未完工的建筑、安装、设备、材料购建活动，或实际尚未开展的建筑、安装、设备、材料购建活动。已完工程与未完工程的最主要的区别在于实质是否已经完工并经验收合格。

2.预留费用与已完费用的区别

已完费用是指截至竣工决算编制基准日，已经完成实际工作内容的咨询服务管理活动的支出费用或应支出的费用。

预留费用是指截至竣工决算编制基准日，尚未完成或尚未开展工作内容的咨询服务管理活动预计所应支出的费用。

项目建设单位应当按照实质重于形式的原则来区分尾工工程与已完工程，而不应以发票是否开具、结算手续是否办理、财务是否核算入账等方式进行区分。如，A公司某火力发电工程委托B咨询公司，为火力发电工程档案竣工验收提供档案清查整理归档等服务工作，截至竣工决算编制基准日，B咨询公司承担的所有服务工作已按合同约定完成并通过委托方验收，但B咨询公司尚未办理合同价款结算，也未开具发票，A公司财务部门也未办理该服务合同的暂估入账会计核算。针对该合同而言，合同中约定的相关的服务工作内容已全部完成，在竣工决算基准日不应作为未完费用处理，应及时完成合同结算、发票开具、财务核算入账手续，无法及时完成的，应当暂估入账。

需要注意的是，鉴于我国建设用地征用政策的特殊性，有的火力发电工程已经办理建设征用地手续或已经使用建设用地，但在竣工决算编制基准日仍然存在建设用地征迁补偿费用、土地使用权出让费用、土地相关政府税收规费未结清的情况。此种情况要区分对待，对于已经签订相关征迁补偿合同或土地权出让合同，具有清晰明确的结算金额或缴纳标准，确定必须要支出的补偿费用、土地出让费用、税费，应当作为已完费用处理。对于已经签订征地合同并已经完成征地活动实质取得土地使用权的，最终征地费用没有确定但可以合理估计的，也应当作为已完费用处理。除此以外，应以预留费用方式处理。

二、清理方法

火力发电工程竣工后，由于尾工工程在竣工决算编制基准日正在实施或尚未实施，相应的基建投资并未入账核算，因此应借助专门的清理方法来完成尾工工程的清理，并将清理结果全面、准确地纳入竣工决算中，才能保证竣工决算投资的完整性。

（一）核查所有已签订的基建合同履行情况

火力发电工程竣工后，项目建设单位在编制竣工决算报表之前，应组织各合同归口业务管理部门清理已签订的基建合同履行情况。合同清理的主要内容应包括不限于合同对方单位履约情况、甲方单位办理结算及付款情况等，要特别关注合同对方单位尚未履约、未结算完毕的情况，应进一步核查是否属于尾工工程。各合同归口业务管理部门完成的合同履行情况清理结果应与财务部门完成的合同核算账务清理结果进行核对，存在差异的应进一步核查清楚。

（二）核查所有已签订的基建合同财务入账情况

项目建设单位应全面核查火力发电工程所有已签订的基建合同财务入账情况。应当注意的是，长期挂账的预付款、应收款、应付款中的借方余额或贷方负数，应核查其对应的合同及产生的原因。

通过清查合同履行及财务入账情况，对合同应结算金额与已入账金额的差异进行对比分析，查清合同的具体执行情况，判断基建合同是否存在尾工工程。

（三）通过概（预）算与实际投资对比进行清理

火力发电工程竣工后，项目建设单位在编制工程结算总投资报告及竣工决算报告时，均需要将概（预）算与实际投资对比分析。通过概（预）算总额及明细金额、概（预）算明细项目与实际投资明细进行对比，需要注意概（预）算投资中有但实际投资无的项目，概（预）算投资中金额较大但实际投资金额较小的项目，核实其是否存在尾工工程。

（四）通过核查现场资产进行清理

火力发电工程竣工后，项目建设单位应组织生产运行、经营管理、后勤保障等相关部门对各自分管的资产类别及明细资产进行清查，核实实际购建完成的资产名称、规格型号、数量、安装部位等是否满足资产使用需求，是否与概（预）算相匹配，有无缺漏情况。如存在缺漏资产的情况，应核实其是否需要购建，是否属于概（预）算范围。还可通过现场察看，发现批复概算内没有建设完成的在建工程。

各资产管理部门清理现场资产时，应注意资产缺陷消除与尾工工程的关联性。

资产缺陷消除，是指通过对存在运行异常情况的资产进行测试、校验、更换、修理、完善等工作，使异常资产恢复正常工作的过程。如设计、建筑安装施工、设备物资供应等参建单位对于资产缺陷负有责任的，则应由其承担消缺工作，相应的费用应包括在合同范围内，不属于尾工工程。因非参建单位自身原因导致的概算范围内已购建资产的缺陷需要消除，相关投资需由项目建设单位承担的，可作为尾工工程处理。

（五）通过核查梳理基建流程进行清理

火力发电工程竣工后，项目建设单位应组织相关部门对基建程序进行梳理核查，核实是否存在未完成或遗漏相关建设程序的情况。梳理时不仅应注意火力发电工程建设前及建设期间各类报审程序的完整性，还应关注火力发电工程竣工后应履行的相关建设程序，如各类专项验收及证件手续办理情况。验收主要包括消防、环境保护、水土保持、安全防护设施、职业病防护措施、基建档案验收等。证件手续主要包括不动产权证、土地使用权证、海域使用权证、车辆行驶证、发电业务许可证等。

如通过核查梳理发现存在基建程序不完整的情况，则应当根据办理相关手续的流程，梳理需完成的相关工作，科学、合理地确定所需投资，并将其作为尾工工程处理。

（六）清理工作需要各部门通力协作才能完成

火力发电工程尾工工程清理工作涉及基建合同履行情况清理、基建合同财务核算入账情况清理、概（预）算执行情况对比分析、现场资产清理、基建流程梳理等多个方面，需要项目建设单位组织计划、工程、设备物资、生产运营、财务等多个部门共同参与，紧密配合、相互协作，才能完整、准确地完成清理工作。

三、清理结果

（一）预估投资的确定依据

清理出尾工工程后，就需要科学合理地确定以什么金额计列至竣工决算投资中。通常情况下，尾工工程金额应依次采用合同及预计变更金额、合同金额、中标金额、招标控制价、市场询价、采购（施工）预算、概算金额、合理预估等填列。

无上述依据的尾工工程，应当采取有效措施及时促成相关依据的实现，如编制采购（施工）预算，办理招标、询价手续等。

（二）预估投资的明细度

尾工工程的预估金额应当是明确的、明晰的，可追溯复核的，因此只预估一个总金额是不充分的。预估金额对应的依据中应体现出明晰的工作内容、数量、单价、计算过程等。如：预估竣工验收会议费用，应当具有会议预算表，列清参会人数，就餐人数、次数、标准，住宿人数、天数、标准等；预估土地出让费用，应当列清土地面积、出让金标准、相关税费，并附当地土地出让金政策等作为依据。未完工程投资应当以合同、招标控制价、工程预算书、市场询价、设计概算等作为支撑依据。

（三）应履行决策程序

尾工工程清理完成后，应由各业务部门会商审核，经项目建设单位履行决策程序后予以审批确认。审核审批过程中应关注尾工工程实施的必要性、概算的关联性、内容的完整性、金额的合理性、完成的时限性等方面，并归纳整理尾工工程在基建期间未实施完毕或未实施的具体原因，以备向上级单位行文申报。

四、账务处理

1.预留未完工程

预留未完工程在竣工决算编制基准日尚未完成，不符合工程结算及工程成本确认的标准，因此无需进行账务处理。

2.预计工程

预计工程在竣工决算编制基准日尚未实施，不符合工程结算及资产确认的标准，因此无需进行账务处理。

3.预留费用

预留费用为预计需要发生的工程竣工验收、咨询服务等费用性支出，需预估列入竣工决算，按照待摊支出的分摊原则进行分摊后计入交付资产价值。为保证竣工决算后交付资产与账面基建投资数据逻辑匹配，满足由账面基建投资完整结转至交付资产的账务处理，预留费用在竣工决算编制基准日前应进行暂估入账。

4.范例

本处以本章第四节"二、合同清理的范围及方法（二）合同清理的方法7.合同清理汇总表及明细表"中所列举的属于未完收尾工程的两个合同为例。

（1）停车场建设合同（合同金额5,600,000.00元）已经签订，因建设工作尚未开始，因此属于预计工程，竣工决算时无需进行账务处理。

（2）工程档案整理归档服务合同（合同金额450,000.00元）正在履行中，属于预留费用，应当在竣工决算编制基准日前进行暂估入账。该合同增值税率为6%，不含税价款为424,528.30元，增值税进项税额为25,471.70元。会计分录为：

借：在建工程/待摊支出/项目建设管理费/项目法人管理费

424,528.30

贷：应付账款/服务费/N咨询有限公司　　　　424,528.30

第八节　竣工决算投资清理范例

通过本章所述合同、资产、账务、预计未完收尾工程的清理，即可梳理出建设项目竣工决算投资及建设资金的来源、使用、结存情况，并可依据清理结果建立会计账与竣工决算表之间的账表对应关系，为竣工报表编制提供数据依据。

本节接续本章中合同、资产、账务预留未完收尾工程清理各节中所列举范例，说明建设资金来源、使用、结余、债权债务、竣工决算投资清理结果。

一、建设资金来源

接续本章所列举火力发电项目范例，该项目建设资金来源于股东方投入资本金及外部借款，经梳理，截至竣工决算编制基准日，建设资金来源类科目余额如表4.8.1所示。

序号	科目	金额
1	实收资本/×××公司	300,000,000.00
2	长期借款/×××银行	930,000,000.00

表4.8.1   建设资金来源类科目余额   单位：元

经过对本节中所列建设资金来源程序进行梳理，确认该火力发电项目建设资金来源与科目余额中一致，即项目资本金300,000,000.00元，项目借款930,000,000.00元。

二、建设资金使用

接续本章所列举火力发电项目范例，经梳理，截至竣工决算编制基准日，建设资金使用相关科目余额如表4.8.2所示，表格内容说明如下。

1. 为简化范例，未列示"固定资产""无形资产"等科目使用建设资金的情况。

2. "在建工程"项下的明细科目余额，除下述说明以外，与本章第四节"合同清理"、第五节"资产清理"中的各合同计入基建投资的结果是一致的，设备、材料合同计入基建投资的金额是指设备、材料领用出库的金额。

3. 表格中列示的"已入账增值税进项税"是根据合同清理、资产清理、账务清理结果，对于已入账增值税进项税进行概算回归后的归概结果。

4. 由于《××电厂新建工程设计合同》尚未入账含税金额1,248,000.00元尚未办理正式结算手续，账务清理时，项目建设单位以不含税金额1,177,358.49元进行暂估入账。"在建工程/待摊支出/项目建设技术服务费/勘察设计费/设计费"科目余额11,773,584.91元，为《××电厂新建工程设计合同》已正式入账金额10,596,226.42元加暂估入账金额1,177,358.49元，详见第四节"合同清理"中的《××电厂新建工程设计合同》清理结果。设计费暂估入账时未暂估增值税进项税，因此将涉及的增值税进项税70,641.51元在表格中的尚未入账列填列。

5. "在建工程/待摊支出/项目建设管理费/项目法人管理费"科目余额中包含账面发生的项目法人管理费9,450,000.00元及已预估入账的工程档案整理归档服务合同不含税金额424,528.30元，工程档案整理归档服务费预估入账时未预估增值税进项税，因此将涉及的增值税进项税25,471.70元在表格中的尾工投资列填列。

详见本章第四节"合同清理汇总表、明细表"及本章第七节"四、账务处理"中内容。

6．停车场工程 5,600,000.00 元属于尾工工程，无需预估入账，将其单独列示，并根据合同价款及适用税率进行价税分离，以不含税金额、增值税进项税在表格中的尾工投资列填列，其主要目的是将尾工工程按纳入决算投资，也便于财务账与决算表之间相互勾稽匹配。

7．"在建工程/待摊支出/整套启动试运费/燃煤费"科目余额 2,852,613.67 元、增值税进项税 370,839.78 元为会计账簿中核算的无合同的试运费用支出及对应的增值税进项税；"在建工程/待摊支出/整套启动试运费/售出电费"科目余额 -4,032,161.65 元、增值税税额 -524,181.01 元，为取得试运售电收入及对应的增值税销项税，在"在建工程"科目余额、"增值税进项税"统计额中以负数列示；"在建工程/待摊支出/建设期贷款利息"科目 5,434,234.78 元为会计账簿中核算的建设期贷款利息。

8．《建筑工程 A 标段施工合同》中的设计变更增加工程量金额 3,282,656.09 元属基本预备费列支范围经批准后动用基本预备费，停车场建设合同（合同金额 5,600,000.00 元）属于概算外项目经批准后动用基本预备费，《安装工程 A 标段施工合同》中的调整价差金额 2,378,610.02 元属价差预备费列支范围经批准后动用价差预备费，但投资归概时一般应归集至具体的概算项目，不在基本预备费、价差预备费中归概，需在竣工决算说明书中"预备费使用情况说明""概算回归说明"处详细说明。《建筑工程 A 标段施工合同》中的设计变更增加工程量金额 3,282,656.09 元及《安装工程 A 标段施工合同》中的调整价差金额 2,378,610.02 元，详见本章第五节"建筑、安装施工合同竣工结算明细的投资归概整理表"中的相关内容。

9．"工程物资"项下的明细科目余额，与本章第四节"合同清理"，第五节"资产清理"中的备品备件、专用工具、材料库存的结果是一致的。"工程物资/备品备件"科目余额 1,038,761.06 元，"工程物资/专用工具" 1,959,292.03 元分别为锅炉设备库存的备品备件、专用工具，"工程物资/材料"科目余额 94,268.09 元为库存电缆。

建设资金使用清理表

表4.8.2

单位：元

序号	科目条额	建设资金使用相关科目条额		尚未入账		尾工投资		清理后建设资金使用金额		
		不含税金额	增值税进项税	不含税金额	增值税进项税	不含税金额	增值税进项税	不含税金额	增值税进项税	含税投资
1	在建工程/建筑工程/与厂址有关的单项工程/厂区及施工区土石方工程/生产区土石方工程	7,441,408.20	669,726.74					7,441,408.20	669,726.74	8,111,134.94
2	在建工程/建筑工程/与厂址有关的单项工程/临时工程/施工电源	3,084,625.93	277,616.33					3,084,625.93	277,616.33	3,362,242.26
3	在建工程/建筑工程/主辅生产工程/热力系统/主厂房本体及设备基础/主厂房本体	65,466,498.29	5,891,984.83					65,466,498.29	5,891,984.83	71,358,483.12
4	在建工程/建筑工程/主辅生产工程/热力系统/主厂房本体及设备基础/主厂房本体/中央空调	2,476,991.15	322,008.85					2,476,991.15	322,008.85	2,799,000.00
5	在建工程/建筑工程/主辅生产工程/热力系统/主厂房本体及设备基础/主厂房附属设备基础	1,618,013.23	145,621.18					1,618,013.23	145,621.18	1,763,634.41

续表

序号	建设资金使用相关科目余额			尚未入账		尾工投资		清理后建设资金使用金额		
	科目余额	不含税金额	增值税进项税	不含税金额	增值税进项税	不含税金额	增值税进项税	不含税金额	增值税进项税	含税投资
6	在建工程/建筑工程/主辅生产工程/其他建筑工程（明细略）	126,035,266.94	11,343,174.02					126,035,266.94	11,343,174.02	137,378,440.96
7	在建工程/建筑工程/与厂址有关的单项工程/施工降水	2,399,081.33	215,917.32					2,399,081.33	215,917.32	2,614,998.65
8	在建工程/安装工程/主辅生产工程/热力系统/锅炉机组/锅炉本体	60,378,432.90	5,434,058.96					60,378,432.90	5,434,058.96	65,812,491.86
9	在建工程/安装工程/主辅生产工程/热力系统/锅炉机组/风机	397,369.67	35,763.27					397,369.67	35,763.27	433,132.94
10	在建工程/安装工程/电气系统/电缆及接地/电缆	10,393,154.05	1,212,918.42					10,393,154.05	1,212,918.42	11,606,072.47
11	在建工程/安装工程/电气系统/电缆及接地/桥架及支架	1,722,624.33	155,036.19					1,722,624.33	155,036.19	1,877,660.52

续表

序号	科目条额	建设资金使用相关科目条额		尚未入账		尾工投资		清理后建设资金使用金额		
		不含税金额	增值税进项税	不含税金额	增值税进项税	不含税金额	增值税进项税	不含税金额	增值税进项税	含税投资
12	在建工程/安装工程/主辅生产工程/电气系统/电缆及接地/电缆保护管	745,674.96	67,110.75					745,674.96	67,110.75	812,785.71
13	在建工程/安装工程/电气系统/电缆及接地/电缆防火	976,949.37	87,925.44					976,949.37	87,925.44	1,064,874.81
14	在建工程/需安装设备/主辅生产工程/热力系统/锅炉机组/锅炉本体	818,459,469.03	106,399,730.97					818,459,469.03	106,399,730.97	924,859,200.00
15	在建工程/需安装设备/主辅生产工程/热力系统/锅炉机组/风机	4,237,168.14	550,831.86					4,237,168.14	550,831.86	4,788,000.00
16	在建工程/待摊支出/项目建设管理费/设备材料监造费	1,132,075.48	67,924.52					1,132,075.48	67,924.52	1,200,000.00
17	在建工程/待摊支出/项目建设技术服务费/勘察设计费/设计费	11,773,584.90	635,773.59		70,641.51			11,773,584.90	706,415.10	12,480,000.00

续表

序号	科目名称	建设资金使用相关科目余额			尚未入账		尾工投资		清理后建设资金使用金额		
		不含税金额	增值税进项税	不含税金额	增值税进项税	不含税金额	增值税进项税	不含税金额	增值税进项税	含税投资
18	在建工程/待摊支出/项目建设管理费/项目法人管理费	9,874,528.30					25,471.70	9,874,528.30	25,471.70	9,900,000.00
19	在建工程/待摊支出/整套启动试运费/燃煤费	2,852,613.67	370,839.78					2,852,613.67	370,839.78	3,223,453.450
20	在建工程/待摊支出/整套启动试运费/售出电费	-4,032,161.65	-524,181.01					-4,032,161.65	-524,181.01	-4,556,342.66
21	在建工程/待摊支出/建设期贷款利息	5,434,234.78	0.00					5,434,234.78	0.00	5,434,234.78
22	工程物资/备品备件	1,038,761.06	135,038.94					1,038,761.06	135,038.94	1,173,800.00
23	工程物资/专用工具	1,959,292.03	254,707.97					1,959,292.03	254,707.97	2,214,000.00
24	工程物资/材料	94,268.09	12,254.85					94,268.09	12,254.85	106,522.94
25	概算外项目/停车场					5,137,614.68	462,385.32	5,137,614.68	462,385.32	5,600,000.00
	合计	1,135,959,924.18	133,761,783.77	—	70,641.51	5,137,614.68	487,857.02	1,141,097,538.86	134,320,282.30	1,275,417,821.16

三、建设资金结余

建设资金的结余，根据资金实物形态表现为不同形式，主要包括货币资金、库存物资、预付及应收款项等。接续本章所列举火力发电项目范例，该项目竣工决算编制基准日的账面货币资金余额较少，且建设结余货币资金与生产经营货币资金混淆，不可准确区分，因此视同建设资金结余中无货币资金；该项目无预付及应收款项；该项目有库存物资。在上述建设资金使用清理表的基础上，库存物资具体清理如表4.8.3所示。

1.将属于资金使用也属于项目建设成本（竣工决算投资）的"工程物资/备品备件"不含税金额1,038,761.06元及增值税进项税135,038.94元、"工程物资/专用工具"不含税金额1,959,292.03元及增值税进项税254,707.97元，纳入项目建设成本中，并归集至"需安装设备/主辅生产工程/热力系统/锅炉机组/锅炉本体"概算项下。

2.将属于资金使用但不属于项目建设成本（竣工决算投资）的"工程物资/材料"不含税金额94,268.09元及增值税进项税12,254.85元，作为资金结余列示。

表4.8.3　　　　　　　　　　库存物资明细表　　　　　　　　　　单位：元

序号	科目	不含税金额	增值税进项税额	含税金额	清理结果
1	工程物资/备品备件	1,038,761.06	135,038.94	1,173,800.00	列入竣工决算投资
2	工程物资/专用工具	1,959,292.03	254,707.97	2,214,000.00	
3	工程物资/材料	94,268.09	12,254.85	106,522.94	列入建设资金结余

四、债权债务

接续本章所列举火力发电项目范例，经梳理，截至竣工决算基准日，债权债务相关科目余额如表4.8.4所示，表格内容说明如下。

1.该火力发电项目无涉及基建的应收款账。

2."应付账款"项下的明细科目余额，除下述说明以外，与本章第四节"合同清理"中的各合同单位应付账款的结果是一致的。

3."应付账款/建筑工程款/D建筑工程公司"科目清理后的应付款余额5,600,000.00元为尾工投资（停车场建设）预估的应付款项，无需预估入账，将其单独列示，并根据合同价款及适用税率进行价税分离，以不含税金额、增值税进项税在表格中的尾工投资列填列。

4.由于《××电厂新建工程设计合同》尚未入账含税金额1,248,000.00元尚未办理正式结算手续，账务清理时，项目建设单位以不含税金额1,177,358.49元暂估入账。"应付账款/咨询服务费/M设计有限公司"科目1,514,318.49元中包含《××电厂新建工程设计合同》已正式入账设计费的应付款余额336,960.00元及暂估入账金额1,177,358.49元，设计费暂估入账时未暂估增值税进项税，因此将涉及的增值税进项税70,641.51元在表格中的尚未入账列填列。整理后，M设计有限公司的应付账款余额为1,584,960.00元。详见本章第四节"合同清理汇总表及明细表"中内容。

5."应付账款/咨询服务费/N咨询有限公司"科目余额中包含已预估入账的工程档案整理归档服务合同不含税金额424,528.30元，工程档案整理归档服务费预估入账时未预估增值税进项税，因此将涉及的增值税进项税25,471.70元在表格中的尾工投资列填列。整理后，N咨询有限公司的应付款余额为450,000.00元。详见本章第四节"合同清理汇总表、明细表"及本章第七节"四、账务处理"中内容。

五、竣工决算投资（项目建设成本）

在上述建设资金使用清理表的基础上，将属于资金使用但不属于竣工决算投资（项目建设成本）的"工程物资/材料"不含税金额94,268.09元及增值税进项税12,254.85元，作为资金结余列示；将属于资金使用也属于项目建设成本（竣工决算投资）的"工程物资/备品备件"不含税金额1,038,761.06元及增值税进项税135,038.94元、"工程物资/专用工具"不含税金额1,959,292.03元及增值税进项税254,707.97元，纳入项目建设成本中，并归集至"需安装设备/主辅生产工程/热力系统/锅炉机组/锅炉本体"概算项下，清理后竣工决算投资（项目建设成本）如表4.8.5所示。

表4.8.4

应付款项清理表

单位：元

序号	科目	科目余额	未入账金额		尾工投资		清理后应付款余额	合同名称	款项性质
			不含税金额	增值税进项税	不含税金额	增值税进项税			
1	应付账款/建筑工程款/C建筑工程公司	6,393,466.71					6,393,466.71	××电厂新建工程建筑工程A标段施工合同	质保金
2	应付账款/建筑工程款/D建筑工程公司				5,137,614.68	462,385.32	5,600,000.00	停车场建设合同	预留尾工
3	应付账款/安装工程款/E电建工程公司	2,213,000.02					2,213,000.02	××电厂新建工程安装工程A标段施工合同	质保金
4	应付账款/设备款/F锅炉有限公司	27,847,410.00					27,847,410.00	超超临界煤燃锅炉及附属设备买卖合同	质保金
5	应付账款/设备款/G风机有限公司	143,640.00					143,640.00	一次风机采购合同	质保金
6	应付账款/设备款/H空调有限公司	83,970.00					83,970.00	主厂房集控室中央空调采购、安装合同	质保金
7	应付账款/咨询服务费/L监理有限公司	36,000.00					36,000.00	锅炉设备监造服务合同	质保金
8	应付账款/咨询服务费/M设计有限公司	1,514,318.49		70,641.51			1,584,960.00	××电厂新建工程设计合同	进度款、质保金
9	应付账款/咨询服务费/N咨询有限公司	424,528.30				25,471.70	450,000.00	××电厂新建工程整理归档服务合同	预留费用
	合计	38,656,333.52		70,641.51	5,137,614.68	487,857.02	44,352,446.73		

单位：元

竣工决算投资清理表

表 4.8.5

序号	科目名称	不含税金额	增值税进项税	含税金额	概算项目	备注
1	在建工程/建筑工程/与厂址有关的单项工程/厂区及施工区土石方工程/生产区土石方工程	7,441,408.20	669,726.74	8,111,134.94	建筑工程/与厂址有关的单项工程/厂区及施工区土石方工程/生产区土石方工程	—
2	在建工程/建筑工程/与厂址有关的单项工程/临时工程/施工电源	3,084,625.93	277,616.33	3,362,242.26	建筑工程/与厂址有关的单项工程/临时工程/施工电源	—
3	在建工程/建筑工程/主辅生产工程/热力系统/主厂房本体及设备基础/主厂房本体	65,466,498.29	5,891,984.83	71,358,483.12	建筑工程/主辅生产工程/热力系统/主厂房本体及设备基础/主厂房本体	
4	在建工程/主厂房本体及设备基础/主厂房本体/中央空调	2,476,991.15	322,008.85	2,799,000.00	系统/主辅生产工程/热力系统/主厂房本体及设备基础/主厂房本体	—
5	在建工程/建筑工程/主辅生产工程/热力系统/主厂房本体及设备基础/主厂房附属设备基础	1,618,013.23	145,621.18	1,763,634.41	建筑工程/主辅生产工程/热力系统/主厂房本体及设备基础/主厂房附属设备基础	
6	在建工程/建筑工程/主辅生产工程/其他建筑工程（明细略）	126,035,266.94	11,343,174.02	137,378,440.96	建筑工程/主辅生产工程/其他建筑工程（明细略）	
7	在建工程/建筑工程/与厂址有关的单项工程/临时工程/施工降水	2,399,081.33	215,917.32	2,614,998.65	建筑工程/与厂址有关的单项工程/临时工程/施工降水	
8	在建工程/建筑工程/主辅生产工程/附属生产工程/厂前公共福利工程/停车场	5,137,614.68	462,385.32	5,600,000.00	建筑工程/主辅生产工程/附属生产工程/厂前公共福利工程/停车场	概算外项目，按概算章节级次及内容列示
9	在建工程/安装工程/主辅生产工程/热力系统/锅炉机组/锅炉本体	60,378,432.90	5,434,058.96	65,812,491.86	安装工程/主辅生产工程/热力系统/锅炉机组/锅炉本体	—
10	在建工程/安装工程/主辅生产工程/热力系统/锅炉机组/风机	397,369.67	35,763.27	433,132.94	安装工程/主辅生产工程/热力系统/锅炉机组/风机	—
11	在建工程/安装工程/主辅生产工程/电气系统/电缆及接地/电缆	10,393,154.05	1,212,918.42	11,606,072.47	安装工程/主辅生产工程/电气系统/电缆及接地/电缆	—

续表

序号	科目名称	不含税金额	增值税进项税	含税金额	概算项目	备注
12	在建工程/安装工程/主辅生产工程/电气系统/电缆及接地/桥架及支架	1,722,624.33	155,036.19	1,877,660.52	安装工程/主辅生产工程/电气系统/电缆及接地/桥架及支架	—
13	在建工程/安装工程/主辅生产工程/电气系统/电缆及接地/电缆保护管	745,674.96	67,110.75	812,785.71	安装工程/主辅生产工程/电气系统/电缆及接地/电缆保护管	—
14	在建工程/安装工程/主辅生产工程/电气系统/电缆及接地/电缆防火	976,949.37	87,925.44	1,064,874.81	安装工程/主辅生产工程/电气系统/电缆及接地/电缆防火	—
15	在建工程/需安装设备/主辅生产工程/热力系统/锅炉机组/锅炉本体	818,459,469.03	106,399,730.97	924,859,200.00	设备投资/主辅生产工程/热力系统/锅炉机组/锅炉本体	—
16	工程物资/备品备件	1,038,761.06	135,038.94	1,173,800.00	系统/锅炉机组/锅炉本体	—
17	工程物资/专用工具	1,959,292.03	254,707.97	2,214,000.00		—
18	在建工程/需安装设备/主辅生产工程/热力系统/锅炉机组/风机	4,237,168.14	550,831.86	4,788,000.00	设备投资/主辅生产工程/热力系统/锅炉机组/风机	—
19	在建工程/待摊支出/项目建设管理费/设备材料监造费	1,132,075.48	67,924.52	1,200,000.00	其他费用/项目建设管理费/设备材料监造费	—
20	在建工程/待摊支出/项目建设技术服务费/勘察设计费/设计费	11,773,584.90	706,415.10	12,480,000.00	其他费用/项目建设技术服务费/勘察设计费/设计费	—
21	在建工程/待摊支出/项目建设管理费/项目法人管理费	9,874,528.30	25,471.70	9,900,000.00	其他费用/项目建设管理费/项目法人管理费	—
22	在建工程/待摊支出/整套启动试运费/燃煤费	2,852,613.67	370,839.78	3,223,453.45	其他费用/整套启动试运费/燃煤费	—
23	在建工程/待摊支出/整套启动试运费/售出电费	-4,032,161.65	-524,181.01	-4,556,342.66	其他费用/整套启动试运费/售出电费	—
24	在建工程/待摊支出/建设期贷款利息	5,434,234.78	—	5,434,234.78	其他费用/建设期贷款利息	—
	合计	1,141,003,270.77	134,308,027.45	1,275,311,298.22		—

第九节　竣工决算报表的编制

一、竣工工程决算一览表

竣工工程决算一览表用于反映竣工工程投资情况，考核概算的执行情况与实际投资的完成情况，是项目概算执行结果的综合反映，能全面反映工程建设总成本，也是竣工决算报表中最重要的表格之一。报表分三张具体表格：竣工工程决算一览表（总表）（竣建02表）、竣工工程决算一览表（明细表）（竣建02-1表）和预计未完收尾工程明细表（竣建02表附表）。竣建02表（总表）与竣建02-1表（明细表）结构、内容、编制方法完全一致，竣建02表主要是为简单明了地总体反映投资完成情况，以万元为金额单位，工程项目只取至十大系统层级，竣建02表可直接从竣建02-1表引入数据自动生成。本小节就竣建02表及附表的编制进行说明。

（一）竣建02表作用

竣工工程决算一览表（竣建02表及竣建02-1表）的主要作用是：一是确定实际完成总投资，反映实际完成投资的明细构成情况；二是通过将初步设计概算与实际总投资进行对比，反映其差异情况，检查是否存在超出批准概算范围的概算外项目，是否存在单位工程造价严重超概算情况，是否存在非生产性项目投资，是否存在不按相关概算批复文件中的规定购置自用固定资产、挤占虚列工程成本等情况，以及项目建设单位是否擅自提高建设标准、扩大建设规模等。竣工工程决算一览表（竣建02-1表）（明细表）如表4.9.1所示。

（二）竣建02表概算投资的填列

1.概算的选用

初步设计概算是建设单位及其上级单位确定和控制基本建设总投资的依据，可作为确定工程投资最高限额的依据。根据财政部《基本建设财务规则》《基本建

表 4.9.1

竣工工程决算一览表（明细表）

编制单位：　　　　　　　　　　　编制时间：　　　　　　　　　竣建02-1表

单位：元

栏次 / 行次	工程项目	概算价值					实际价值							实际较概算	
		建筑工程	安装工程	设备价值	其他费用	合计	建筑工程	安装工程	设备价值	其他费用	小计	待抵扣增值税	合计	增减额	增减率（%）
	1	2	3	4	5	6=2+3+4+5	7	8	9	10	11=7+8+9+10	12	13=11+12	14=13-6	15=14/6
合计															

设项目竣工财务决算管理暂行办法》（财建〔2016〕503号）等相关规定，基建工程建设应控制在批准的概算总投资规模、范围和标准以内；项目竣工决算以初步设计报告及概算、概算调整批复等为编制依据。竣工决算报表中的概算应当以经批准的最终的初步设计概算或调整概算为依据。具体详见本章第一节"三、其他事项（一）竣工决算编制的概算选取"中内容。

2.概算的细度

对于竣工工程决算一览表（竣建02-1表）（明细表）概算对比的细度选择，法律法规均未作出相关的规定，主要根据投资管理、资产形成需要结合具体条件确定。在编制实践中，因为受到相关条件的影响，如会计科目核算的细度、建筑安装工程的承包方式（总承包或分项承包）、建筑安装工程结算方式等，在填列竣建02-1表时，应根据实际情况选择编制的细度，可参考以下原则。

（1）概算项目级次明细，应考虑竣工决算制度中概算执行情况对比细度的要求。

（2）必要时对建筑、安装和设备投资以主表和附表分开列示。

（3）火力发电项目以批准概算中的单位工程（设备、安装、建筑工程向下第四级）进行对比，基本满足一般竣工决算的编制要求。

（4）竣工工程决算一览表（竣建02表）中其他费用一般按费用类别进行列示，各分项应在竣工工程决算一览表（竣建02-1表）（明细表）及其他费用明细表（竣建03表）中再具体列示。

在本书第三章第一节"二、会计核算（四）会计科目的具体设置"中对按概算子项设置会计明细科目的原则也有说明。

3.概算的填列

初步设计概算分为四部分：建筑工程费、设备购置费、安装工程费、其他费用及动态费用。需按一定顺序、结构填写入竣工决算报表中竣工工程决算一览表（竣建02表）概算部分。填列内容包含工程项目名称、概算金额和概算序号三部分。

（1）报表中的列项填列工程项目名称，填列的顺序为建筑工程、安装工程、设备投资、其他费用。

（2）报表的横项则对照初步设计概算的建筑工程费、安装工程费、设备购置费、其他费用的金额进行填列。

（3）建筑工程费、安装工程费、设备购置费、其他费用属于静态投资。价差预备费及建设期间贷款利息属于动态费用，其中价差预备费的金额根据概算的归属分别填列在建筑工程、安装工程和设备购置费项下（与概算原表保持一致）；建设期间贷款利息则在其他费用项下。

（三）竣建02表实际完成投资的填列

1."建筑工程费""安装工程费"实际投资

根据"在建工程"科目下的建筑工程、安装工程明细科目的数据填列。"在建工程"科目下的建筑工程、安装工程明细核算内容主要包含三部分：各建安工程标段结算金额、甲供材料、零星工程。其实际投资的归概过程如下。

（1）在建设管理日常基础工作中，项目建设单位在设置会计科目时，应根据批准概算中的单位工程名称来设置相关的会计科目，明细科目设置应与概算口径一致（详见第三章）。

（2）在招标阶段，项目建设单位根据概算，把工程拆分成相对合理、便于管理的若干标段，根据拆分的标段进行招标，从而保证各施工标段是可以对应到初步设计概算中的工程内容。

（3）在工程建设过程进度结算时，每个月或季度，施工单位会向项目建设单位上报工程进度申请表以申请工程款，其上报的工程进度申请表中的单位工程与初步设计概算中的工程项目基本一致。财务部门根据工程进度申请表中各单位工程的结算金额来确定应归入的概算子项，在相应会计明细科目中核算，以正确反映初步设计概算中的单位工程的实际完成投资金额。

（4）在工程竣工结算完成后，应根据专业的造价机构审核确定，并经项目建设单位、施工方签字确认的各建安工程标段的结算金额，调整各单位工程的最终投资金额，计入相应会计科目。

（5）对于项目建设单位自采购的甲供材料，也需要通过会计科目归集对应到概算子项中。甲供材料在材料入库时计入"工程物资"会计科目，出库时根据出库单中标注的材料施工位置，确定应归属的单位工程，结转计入"在建工程——建筑工程"或"在建工程——安装工程"相关的会计明细科目，完成概算归集。基建期间，财务部门应及时结转甲供材料，如实反映甲供材料的领用情况，确定各单位工程的甲供材料结算金额，工程完工后，未领用的甲供材料作为库存材料移交生产。

（6）零星的建筑或是安装工程应根据实际情况归属到单位工程中，确定与其相关会计科目的入账金额。其结算金额需经项目建设单位、施工方及监理方三方确认。

火力发电项目按验收规程完成满负荷试运行后，项目进入投产状态。基建支出与生产期间的改造支出界限模糊，应合理分清两者的工程支出情况。项目投产后，除整套启动调试验收报告中的消缺工程项目，其余改造工程（除未完工程）不应计入项目投资中。

"建筑工程费""安装工程费"具体清理过程及范例详见本章第四至第八节中相关内容。

2."设备购置费"实际投资

应根据"在建工程"会计科目下的"需安装设备"明细科目或明细账金额填列。设备投资的归概过程与上文中"建筑工程费""安装工程费"的归概过程基本一致。区别只在于建安工程依据工程结算书确定概算项目，而设备投资在物资出库时明确归属概算项目。在建设期间，设备入库时计入"工程物资"会计科目中，设备出库时根据设备出库单中标注的设备安装位置，明确概算子项，列入按概算口径设置的"设备投资"的明细科目。为保障"设备投资"明细账核算金额准确，需注意以下几点。

（1）分摊采保费：竣建02表中的"设备购置费"，包括设备原值、运输费、设备检验费及采购保管费。大部分项目建设单位的采购保管费单独核算计入"工程物资采购保管费"会计科目中，项目建设单位不将其按每月或每年分摊至各受益对象，在最后编制竣工决算报表时，才考虑分摊采购保管费计入各概算子项，这种分摊采用"报表分摊账面不调"（或者"表摊账不摊"）的模式。如采购保管费概算在其他费用概算中单列，则无需在竣建02表中分摊。

（2）清理采购明细：通过设备投资的财务与合同清理流程，可以确定每个设备合同的入账金额和采购明细。设备合同的结算金额一般为合同金额，但也存在合同金额与实际到货金额不一致的情况，如四大管道的实际结算金额往往与合同签订金额不一致，需依据结算资料清理。

（3）登记物资台账：物资部门在基建期间应做好设备台账登记工作，台账应登记设备名称、规格、型号、制造厂家、数量、设备结算金额、订货、到货、验收、入库、出库、安装部位等内容。财务与物资部门应当定期核对物资台账，账账一致。

（4）资产盘点核对：物资部门应在工程完工后全面盘点库存设备、物资和工程现场结余财产，落实工程结余财产、物资情况。工程退回的物资，办理退库手续；报废、毁损的物资，经技术鉴定后，及时报项目建设单位审批，经审批后，冲减工程成本；清查的账外物资，估价入账；由施工单位代保管的物资，应办理转库手续，经验收确认后，将基建物资及相关资料转入生产相关管理部门。财务部门根据设备清理结果，最终调整设备入账金额。

（5）分离设备增值税：火力发电项目自2009年起购置设备产生的增值税可进行抵扣，故设备价值均为不含税金额。财务清理过程中，确定每项设备可抵扣的增值税金额，填写在竣工工程决算一览表（竣建02表）中的"待抵扣增值税额"列中。

"设备购置费"具体清理过程及范例详见本章第四至第八节中相关内容。

3."其他费用"实际投资

根据"在建工程"科目下的待摊支出明细科目的数据填列，为根据财务、合同清理结果调整后的最终的决算金额，反映除建筑工程、安装工程、设备投资外的其他支出的实际发生数额。

"其他费用"具体清理过程及范例详见本章第四至第八节中相关内容。

4."预备费"的填列

竣工工程决算一览表（竣建02表）中的"基本预备费"和"价差预备费"只是资金来源，不是工程项目，在"概算价值"栏中按批准概算金额填列，"实际价值"栏不填列。实际价值应分别列入相关工程项目中。实际动用了预备费的工程项目，在竣工决算说明书中具体说明。

5."预留尾工工程"的填列

竣工工程决算一览表（竣建02表）中，"预留尾工工程"行次，因预留尾工工程已包含在本表上面行次的工程动态总投资中，该栏目单独反映工程总投资中包含的未完工程总体情况，应根据预计未完收尾工程明细表（竣建02表附表）中对应的"未完成工作量"项下的"建筑工程""安装工程""设备价值""其他费用"

的合计数填列。

（四）预计未完收尾工程明细表（竣建02表附表）

表4.9.2反映建设项目竣工达到可使用状态，但尚需继续完成的尾工情况。

1.具体工程项目名称

具体工程项目名称按概算所列单位工程或费用项目名称填列。如尾工工程具体名称与概算单位工程不一致，则应分级次填写，先列所属概算单位工程名称，再详细列具体尾工工程或费用名称。尾工工程的概（预）算价值应与竣建02-1表相应项目的概算金额一致。

2.预留尾工工程全部价值

按尾工工程预计的全部投资支出数填列，预留尾工工程全部价值减去"已完成工作量"，即为"未完成工作量"。预留尾工工程全部价值应按相关依据确定，依次为合同加预计变更、合同金额、招标金额、市场询价、预算金额、概算金额等填列。预留尾工工程应为概算内项目或经上级单位单独批准列入尾工的项目，没有概算具体对应项目的，原则上不能预留。

3.简要说明

主要对未完项目的预留依据、预估金额依据、预计完工时间、实施单位等进行说明。

（五）范例

1.竣工工程决算一览表（竣建02-1表）（明细表）（见表4.9.3）

本处接续本章第四至第八节中列举范例，说明竣工工程决算一览表（竣建02-1表）（明细表）的编制情况。表格内容说明如下。

（1）概算金额为经批复的初步设计概算金额。

（2）"厂前区公共福利工程/停车场"批复概算中无此项目，因此概算金额无数据，表格中按照火力发电项目初步设计概算的级次及内容，将其列至对应的概算章节下。

（3）表格中实际投资数据来自本章第四至第八节中清理结果，详见第八节"竣工决算投资清理表"中内容。

表 4.9.2

预计未完收尾工程明细表

编制单位：

编制时间：

竣建 02 表附表

单位：元

行次 \ 栏次	具体工程项目名称	所在地或部门	计量单位	数量	概（预）算价值	已完成工作量 金额	未完成工作量 建筑工程	未完成工作量 安装工程	未完成工作量 设备价值	未完成工作量 其他费用	未完成工作量 增值税进项税	未完成工作量 小计	预留尾工全部价值	简要说明
	1	2	3	4	5	6	7	8	9	10	11	12	13=6+12	14
1														
合计														

表4.9.3

竣工工程决算一览表（明细表）

编制单位：　　　　　编制时间：　　　　　竣建02-1表

单位：元

行次\栏次	工程项目 (1)	概算价值 建筑工程 (2)	安装工程 (3)	设备价值 (4)	其他费用 (5)	合计 (6=2+3+4+5)	实际价值 建筑工程 (7)	安装工程 (8)	设备价值 (9)	其他费用 (10)	小计 (11=7+8+9+10)	待抵扣增值税 (12)	合计 (13=11+12)	实际较概算 增减额 (14=13-6)	增减率(%) (15=14/6)
一	建筑工程	227,205,632.50	—	—	—	227,205,632.50	213,659,499.75	—	—	—	213,659,499.75	19,328,434.59	232,987,934.34	5,782,301.84	2.54
（一）	主辅生产工程	213,655,632.50	—	—	—	213,655,632.50	200,734,384.29	—	—	—	200,734,384.29	18,165,174.20	218,899,558.49	5,243,925.99	2.45
1	热力系统	213,655,632.50	—	—	—	213,655,632.50	195,596,769.61	—	—	—	195,596,769.61	17,702,788.88	213,299,558.49	-356,074.01	-0.17
1.1	主厂房本体及设备基础	213,655,632.50	—	—	—	213,655,632.50	195,596,769.61	—	—	—	195,596,769.61	17,702,788.88	213,299,558.49	-356,074.01	-0.17
1.1.1	主厂房本体	73,221,304.06				73,221,304.06	67,943,489.44				67,943,489.44	6,213,993.68	74,157,483.12	936,179.06	1.28
1.1.2	主厂房附属设备基础	1,682,103.44				1,682,103.44	1,618,013.23				1,618,013.23	145,621.18	1,763,634.41	81,530.97	4.85
1.1.3	其他建筑工程（明细略）	138,752,225.00				138,752,225.00	126,035,266.94				126,035,266.94	11,343,174.02	137,378,440.96	-1,373,784.04	-0.99
……															
10	附属生产工程	—	—	—	—		5,137,614.68	—	—	—	5,137,614.68	462,385.32	5,600,000.00	5,600,000.00	
10.1	厂前区公共福利工程	—	—	—	—		5,137,614.68	—	—	—	5,137,614.68	462,385.32	5,600,000.00	5,600,000.00	
10.1.1	停车场	—	—	—	—		5,137,614.68	—	—	—	5,137,614.68	462,385.32	5,600,000.00	5,600,000.00	
……															
（二）	与厂址有关的单项工程	13,550,000.00	—	—	—	13,550,000.00	12,925,115.46	—	—	—	12,925,115.46	1,163,260.39	14,088,375.85	538,375.85	3.97
1	厂区、施工区土石方工程	7,500,000.00	—	—	—	7,500,000.00	7,441,408.20	—	—	—	7,441,408.20	669,726.74	8,111,134.94	611,134.94	8.15

续表

行次	工程项目	概算价值 建筑工程	安装工程	设备价值	其他费用	合计	实际价值 建筑工程	安装工程	设备价值	其他费用	小计	待抵扣增值税	合计	实际较概算 增减额	增减率（%）
栏次	1	2	3	4	5	6=2+3+4+5	7	8	9	10	11=7+8+9+10	12	13=11+12	14=13-6	15=14/6
1.1	生产区土石方工程	7,500,000.00				7,500,000.00	7,441,408.20	—			7,441,408.20	669,726.74	8,111,134.94	611,134.94	8.15
2	临时工程	6,050,000.00	—	—		6,050,000.00	5,483,707.26	—	—	—	5,483,707.26	493,533.65	5,977,240.91	-72,759.09	-1.20
2.1	施工电源	3,400,000.00	—	—		3,400,000.00	3,084,625.93	—	—	—	3,084,625.93	277,616.33	3,362,242.26	-37,757.74	-1.11
2.2	施工降水	2,650,000.00				2,650,000.00	2,399,081.33				2,399,081.33	215,917.32	2,614,998.65	-35,001.35	-1.32
……														—	
三	安装工程		82,405,709.00			82,405,709.00	—	74,614,205.28			74,614,205.28	6,992,813.03	81,607,018.31	-798,690.69	-0.97
（一）	主辅生产工程	—	82,405,709.00			82,405,709.00	—	74,614,205.28			74,614,205.28	6,992,813.03	81,607,018.31	-798,690.69	-0.97
1	热力系统	—	67,130,559.00			67,130,559.00	—	60,775,802.57			60,775,802.57	5,469,822.23	66,245,624.80	-884,934.20	-1.32
1.1	锅炉机组	—	67,130,559.00			67,130,559.00	—	60,775,802.57			60,775,802.57	5,469,822.23	66,245,624.80	-884,934.20	-1.32
1.1.1	锅炉本体		66,735,214.00			66,735,214.00		60,378,432.89			60,378,432.89	5,434,058.97	65,812,491.86	-922,722.14	-1.38
1.1.2	风机		395,345.00			395,345.00		397,369.68			397,369.68	35,763.26	433,132.94	37,787.94	9.56
……														—	
2	电气系统	—	15,275,150.00			15,275,150.00	—	13,838,402.71			13,838,402.71	1,522,990.80	15,361,393.51	86,243.51	0.56
2.1	电缆及接地	—	15,275,150.00			15,275,150.00	—	13,838,402.71			13,838,402.71	1,522,990.80	15,361,393.51	86,243.51	0.56
2.1.1	电缆	—	11,611,078.00			11,611,078.00	—	10,393,154.05			10,393,154.05	1,212,918.42	11,606,072.47	-5,005.53	-0.04

续表

行次	工程项目 (1)	概算价值					实际价值							实际较概算	
		建筑工程 (2)	安装工程 (3)	设备价值 (4)	其他费用 (5)	合计 (6=2+3+4+5)	建筑工程 (7)	安装工程 (8)	设备价值 (9)	其他费用 (10)	小计 (11=7+8+9+10)	待抵扣增值税 (12)	合计 (13=11+12)	增减额 (14=13-6)	增减率（%）(15=14/6)
2.1.2	桥架、支架		1,807,654.00			1,807,654.00		1,722,624.33			1,722,624.33	155,036.19	1,877,660.52	70,006.52	3.87
2.1.3	电气保护管		750,786.00			750,786.00		745,674.96			745,674.96	67,110.75	812,785.71	61,999.71	8.26
2.1.4	电缆防火		1,105,632.00			1,105,632.00		976,949.37			976,949.37	87,925.44	1,064,874.81	-40,757.19	-3.69
……						—							—	—	
三	设备投资	—	—	930,149,504.00	—	930,149,504.00	—	—	825,694,690.26	—	825,694,690.26	107,340,309.74	933,035,000.00	2,885,496.00	0.31
（一）	主辅生产工程	—	—	930,149,504.00	—	930,149,504.00	—	—	825,694,690.26	—	825,694,690.26	107,340,309.74	933,035,000.00	2,885,496.00	0.31
1	热力系统	—	—	930,149,504.00	—	930,149,504.00	—	—	825,694,690.26	—	825,694,690.26	107,340,309.74	933,035,000.00	2,885,496.00	0.31
1.1	锅炉机组	—	—	930,149,504.00	—	930,149,504.00	—	—	825,694,690.26	—	825,694,690.26	107,340,309.74	933,035,000.00	2,885,496.00	0.31
1.1.1	锅炉本体	—	—	925,249,504.00	—	925,249,504.00	—	—	821,457,522.12	—	821,457,522.12	106,789,477.88	928,247,000.00	2,997,496.00	0.32
1.1.2	风机	—	—	4,900,000.00	—	4,900,000.00	—	—	4,237,168.14	—	4,237,168.14	550,831.86	4,788,000.00	-112,000.00	-2.29
……															
四	其他费用	—	—	—	25,400,000.00	25,400,000.00	—	—	—	21,600,640.70	21,600,640.70	646,470.09	22,247,110.79	-3,152,889.21	-12.41
（一）	项目建设管理费	—	—	—	11,200,000.00	11,200,000.00	—	—	—	11,006,603.78	11,006,603.78	93,396.22	11,100,000.00	-100,000.00	-0.89
1	建设项目法人管理费				10,000,000.00	10,000,000.00				9,874,528.30	9,874,528.30	25,471.70	9,900,000.00	-100,000.00	-1.00
2	设备材料监造费				1,200,000.00	1,200,000.00				1,132,075.48	1,132,075.48	67,924.52	1,200,000.00	—	—
……															

293

续表

行次	工程项目	概算价值					实际价值							实际较概算	
	1	建筑工程 2	安装工程 3	设备价值 4	其他费用 5	合计 6=2+3+4+5	建筑工程 7	安装工程 8	设备价值 9	其他费用 10	小计 11=7+8+9+10	待抵扣增值税 12	合计 13=11+12	增减额 14=13-6	增减率（%）15=14/6
(二)	项目建设技术服务费	—	—	—	13,000,000.00	13,000,000.00	—	—	—	11,773,584.90	11,773,584.90	706,415.10	12,480,000.00	-520,000.00	-4.00
1	勘察设计费	—	—	—	13,000,000.00	13,000,000.00	—	—	—	11,773,584.90	11,773,584.90	706,415.10	12,480,000.00	-520,000.00	-4.00
1.1	设计费				13,000,000.00	13,000,000.00				11,773,584.90	11,773,584.90	706,415.10	12,480,000.00	-520,000.00	-4.00
……						—					—		—	—	
(三)	整套启动试运费				1,200,000.00	1,200,000.00				-1,179,547.98	-1,179,547.98	-153,341.23	-1,332,889.21	-2,532,889.21	-211.07
1	燃煤费				2,500,000.00	2,500,000.00				2,852,613.67	2,852,613.67	370,839.78	3,223,453.45	723,453.45	28.94
2	售出电费（收入）				-1,300,000.00	-1,300,000.00				-4,032,161.65	-4,032,161.65	-524,181.01	-4,556,342.66	-3,256,342.66	250.49
……															
五	基本预备费				5,140,000.00	5,140,000.00							—	-5,140,000.00	-100.00
六	项目静态总投资	227,205,632.50	82,405,709.00	930,149,504.00	30,540,000.00	1,270,300,845.50	213,659,499.75	74,614,205.28	825,694,690.26	21,600,640.70	1,135,569,035.99	134,308,027.45	1,269,877,063.44	-423,782.06	-0.03
七	价差预备费				5,342,805.00	5,342,805.00								-5,342,805.00	-100.00
八	建设期贷款利息				5,550,000.00	5,550,000.00				5,434,234.78	5,434,234.78		5,434,234.78	-115,765.22	-2.09
九	项目动态总投资	227,205,632.50	82,405,709.00	930,149,504.00	41,432,805.00	1,281,193,650.50	213,659,499.75	74,614,205.28	825,694,690.26	27,034,875.48	1,141,003,270.77	134,308,027.45	1,275,311,298.22	-5,882,352.28	-0.46
	其中：预留尾工工程						5,137,614.68			424,528.30	5,562,142.98	487,857.02	6,050,000.00		

2.预计未完收尾工程明细表（竣建02表附表）（见表4.9.4）

本处接续本章第四至第八节中列举范例，说明预计未完收尾工程明细表（竣建02表附表）的编制结果。

二、其他费用表

其他费用表反映除建筑工程、安装工程、设备投资外的其他投资支出的概算数和实际发生数，形成资产情况，以及分摊待摊支出的表格，共包含"其他费用明细表（竣建03表）""待摊支出分摊明细表（竣建03表附表）"两张表格。其他费用表是竣工工程决算一览表与交付资产表之间的纽带与桥梁。通过其他费用表，先分离出可单独形成资产的部分，剩下需分摊计入交付资产价值的待摊支出部分；然后通过竣建03表附表，把费用分摊到各项资产中，从而实现由工程项目到移交资产的价值组成，也就是资产组资的过程。本章就其他费用表（竣建03表及附表）的编制进行说明。

（一）其他费用明细表（竣建03表）

其他费用表（竣建03表）中的"其他费用"包括待摊支出、固定资产、无形资产和长期待摊费用等。"其他费用"的实际投资金额为根据财务、合同清理结果调整后的最终的决算金额填列。

项目建设单位在设置会计科目时，应根据初步设计概算中的"其他费用"口径来设置"待摊支出"三级会计科目。根据调整后的待摊支出金额进行填列。

直接计入"固定资产"会计科目的资产归属于概算口径中的"管理车辆购置费"及"工器具及办公家具购置费"。如基建期间购买的运输车、消防车等交通工具归入"管理车辆购置费"概算口径，购买的办公电脑、复印机等办公设备应归入"工器具及办公家具购置费"概算口径。火力发电项目试运行通过并投产后，为生产期间购置的固定资产，不应计入基建总投资。

生产职工培训及提前进厂费是指项目建设单位在项目投产前进行各项准备工作所发生的生产单位管理费、生产职工培训费、办公及生活用具购置费等。生产职工培训及提前进厂费先在"在建工程——基建工程支出——待摊支出"中单设明细科目归集，在首台机组试运行通过当月自本科目一次性转入"长期待摊费用"核算，并于当月摊销计入"管理费用"科目。

表4.9.4

预计未完收尾工程明细表

竣建02表附表

编制单位：　　　　　编制时间：　　　　　单位：元

栏次 行次	具体工程项目名称	所在地或部门	计量单位	数量	概（预）算价值	已完成工作量 金额	未完成工作量 建筑工程	安装工程	设备价值	其他费用	增值税进项税	小计	预留尾工全部价值	简要说明
	1	2	3	4	5	6	7	8	9	10	11	12	13=6+12	14
一	附属生产工程					—	5,137,614.68	—	—	—	462,385.32	5,600,000.00	5,600,000.00	
（一）	厂前区公共福利工程					—	5,137,614.68	—	—		462,385.32	5,600,000.00	5,600,000.00	
1	停车场	厂区北门外两侧	平方米	1,000.00	10,000,000.00	9,450,000.00	5,137,614.68	—	—		462,385.32	5,600,000.00	5,600,000.00	停车场建设合同560万元，尚未开工建设，属于已经过审批的概算外项目和尾工项目
二	建设项目法人管理费						—	—		424,528.30	25,471.70	450,000.00	450,000.00	

续表

行次 \ 栏次	具体工程项目名称	所在地或部门	计量单位	数量	概(预)算价值	已完成工作量 金额	建筑工程	安装工程	设备价值	未完成工作量 其他费用	增值税进项税	小计	预留尾工全部价值	简要说明
	1	2	3	4	5	6	7	8	9	10	11	12	13=6+12	14
1	工程档案整理归档服务费									424,528.30	25,471.70	450,000.00	450,000.00	工程档案整理归档服务合同45万元尚在实施中
	合计				10,000,000.00	9,450,000.00	5,137,614.68	—	—	424,528.30	487,857.02	6,050,000.00	6,050,000.00	

基建期间的无形资产一般为土地使用权及购买软件等。无形资产应按概算口径归集至设备投资、其他费用等概算项目中。其他费用表（竣建03表）如表4.9.5所示。

表4.9.5 其他费用明细表

编制单位： 编制时间： 竣建03表 单位：元

栏次 行次	费用项目	概算数	实　际　数					合计
			待摊支出	固定资产	流动资产	长期待摊费用	无形资产	
	1	2	3	4	5	6	7	8=3+4+5+6+7
1								
2								
3								
	合计							

（二）待摊支出分摊明细表（竣建03表附表）

待摊支出分摊明细表（竣建03表附表）编制的内容是根据受益情况将其他费用合理分摊到建筑工程、安装工程及设备购置中。摊入的其他费用价值是移交的房屋、构筑物及设备价值的重要组成部分，直接影响到其价值的准确性。待摊支出分摊明细表（竣建03表附表）如表4.9.6所示。

表4.9.6 待摊支出分摊明细表

编制单位： 编制时间： 竣建03表附表 单位：元

栏次 行次	工程项目	费用项目工作量	项目法人管理费	招标费	工程监理费	……	合计
	1	2	3	4	5	……	11
1							
2							
	合计						

待摊支出分摊明细表（竣建03表附表）中填列的其他费用数据与其他费用明细表（竣建03表）中需要分摊费用的对应数据一致，直接形成的固定资产、无形资产、长期待摊费用及建筑工程中生活福利工程一般不分摊其他费用。

其他费用的分摊原则是：可直接划分受益对象的直接分摊（定向分摊），不能直接划分受益对象的以受益范围基建支出基数计算分摊。分摊的方法包括实际受益对象分摊方法及按照实际投资比例分摊方法，其中：按实际投资比例分配率=（待摊支出余额−其中可直接分配部分）÷（建筑工程余额+安装工程余额+需安装设备余额）。其他费用分摊原则可参考表4.9.7。

表4.9.7　　　　　　　　　　　　其他费用分摊原则

序号	项目	会计科目	摊入项目	备注
一	建设场地征用及清理费			
1	土地征用费	待摊支出	作土地使用权移交	部分企业将征地补偿费，划拨土地征支出分摊入建筑、安装、设备
2	施工场地租用费	待摊支出	建筑、安装、设备	本表中设备指需安装设备，以下同
3	迁移补偿费	待摊支出	作土地使用权移交	部分企业将迁移补偿费、余物清理费、水土保持补偿费分摊入建筑工程，或分摊入建筑、安装、设备
4	余物清理费	待摊支出	作土地使用权移交	
5	水土保持补偿费	待摊支出	作土地使用权移交	
二	项目建设管理费			
1	项目法人管理费	待摊支出	建筑、安装、设备	
2	招标费	待摊支出	建筑、安装、设备	
3	工程监理费	待摊支出	建筑、安装、设备	
4	设备材料监造费	待摊支出	设备、材料	能分清服务对象的部分进行定向分摊
5	施工过程造价咨询及竣工结算审核费	待摊支出	建筑、安装	服务内容不包含设备的可不分摊至设备
6	工程保险费	待摊支出	按保险对象范围分摊	
三	项目建设技术服务费			
1	前期工作费	待摊支出	建筑、安装、设备	
2	知识产权转让与研究试验费	待摊支出	作专利权、非专业技术移交	不形成无形资产的按服务对象分摊
3	设备成套服务费	待摊支出	设备	在设备内分摊，如概算列入设备费则不用分摊
4	勘察设计费	待摊支出	建筑、安装、设备	
5	设计文件评审费	待摊支出	建筑、安装、设备	

续表

序号	项目	会计科目	摊入项目	备注
6	项目后评价费	待摊支出	建筑、安装、设备	
7	工程检测费	待摊支出	按服务对象分摊	
8	电力工程技术经济标准编制费	待摊支出	建筑、安装、设备	
四	整套启动试运费	待摊支出	安装	
五	生产准备费			
1	管理车辆购置费	固定资产		
2	工器具及办公家具购置费	有关资产科目或待摊支出	作资产直接移交	
3	生产职工培训及提前进厂费	待摊支出	转入生产成本	
六	大件运输措施费	待摊支出	设备	按服务对象定向分摊
七	建设期贷款利息	待摊支出	建筑、安装、设备	

1.建设场地征用及清理费的分摊。建设场地征用及清理费一般包括土地征用费、施工场地租用费、迁移补偿费、余物清理费、水土保持补偿费。

《企业会计准则第6号——无形资产》规定，外购无形资产的成本，包括购买价款以及直接归属于使该项资产达到预定用途所发生的其他支出。《企业会计准则第21号——租赁》规定，以出让、划拨或转让方式取得的土地使用权，适用《企业会计准则第6号——无形资产》。《企业会计准则讲解2010》"第七章　无形资产"中指出，企业取得土地使用权的方式有行政划拨取得、外购取得及投资者投资取得几种，企业取得的土地使用权通常应确认为无形资产。根据上述准则及准则讲解，项目建设用地无论是以划拨还是出让方式取得都应确认为土地使用权；土地使用权的成本应包括土地出让金、征地拆迁费、迁移补偿费、余物清理费、"三通一平"费等以使土地权达到预定用途所发生的合理必要支出。

划拨土地与出让土地的差异只在于没有缴纳土地出让金、没有明确土地使用年限（目前可以无限期使用），如转让需要补办土地出让手续。划拨土地也取得国土部门的土地使用权证，从法律关系来看，也是对项目建设单位使用土地权利的确认。本书建议，划拨土地权的摊销年限，可以依据基建项目的预计运行年限确定，而项目的预计运行年限可考虑采纳可行性研究报告、初步设计的相关数据。但实务中，有的建设项目将迁移补偿费、余物清理费、划拨土地的征地费用、出让土地的征地补偿费等进行了分摊，并未作为"无形资产——土地使用权"交付。常见的有两种分摊方式：第一种是以受益对象投资额为基数分摊，即以建筑、安装、需安装设备投资的合计金额作为基数，根据单项受益对象所占基数的比例来分摊；第二种是以地上建筑物的占地面积为基数分摊，以土地总面积作为基数，根据各项地上建筑物占地面积的比例分摊。

施工场地租用费的受益对象是建筑、安装、需安装设备投资，一般情况下在所有受益范围内应按实际投资比例分摊法进行分摊。

2.项目建设管理费的分摊。项目建设管理费一般包括项目法人管理费、招标费、工程监理费、设备材料监造费、施工过程造价咨询及竣工结算审核费、工程保险费等。

项目法人管理费、招标费、工程监理费的受益对象是建筑、安装及需安装设备，一般情况下在所有受益范围内按实际投资比例分摊法进行分摊。

设备材料监造费的服务对象是需安装设备及材料，能分清服务对象的直接分摊到相应的服务对象中，无法分清服务对象的按照实际投资比例分摊法在设备、材料中分摊。

施工过程造价咨询及竣工结算审核费的受益对象一般是建筑、安装投资，可在受益范围内按实际投资比例分摊法进行分摊。

工程保险费应根据保险范围来确定受益对象，按实际受益对象分摊。若保险合同是对整个火力发电项目建设进行投保，则应以建筑、安装、需安装设备投资的合计金额作为基数，根据单项受益对象所占基数的比例来分摊。

3.项目建设技术服务费的分摊。项目建设技术服务费一般包括前期工作费、知识产权转让与研究试验费、设备成套服务费、勘察设计费、设计文件评审费、项目后评价费、工程检测费、电力工程技术经济标准编制费等。

前期工作费、勘察设计费、设计文件评审费、项目后评价费、电力工程技术经济标准编制费的受益对象是建筑、安装及需安装设备，一般情况下在所有受益范围内按实际投资比例分摊法进行分摊。

知识产权转让与研究试验费中能够形成专利权、非专业技术的支出作为无形资产移交，无法形成无形资产的应分摊至服务对象，无法分清服务对象的按照实际投资比例分摊法在建筑、安装及需安装设备中分摊。

设备成套服务费受益对象应为购置的设备，应在受益设备范围内按实际投资比例分摊法进行分摊。

工程检测费能分清服务对象的直接分摊到相应的受益对象中，无法分清服务对象的按照实际投资比例分摊法在建筑、安装及需安装设备中分摊。

4.整套启动试运费的分摊。整套启动试运费的服务对象是安装工程，应以安装工程投资金额为基数，根据单项安装工程所占基数的比例来分摊。

5.生产准备费的分摊。生产准备费一般包括管理车辆购置费、工器具及办公家具购置费、生产职工培训及提前进厂费等。管理车辆购置费、工器具及办公家具购置费可直接作为资产移交，不对其进行分摊；生产职工培训及提前进厂费投产当月转入生产成本。

6.大件运输措施费的分摊。大件运输措施费的受益对象是超限的大型设备，应以受益对象进行分摊。

7.建设期贷款利息的分摊。建设期间的银行贷款是用于整个项目的建设，其产生的贷款利息应属于整个项目，其分摊的受益对象为建筑、安装及需安装设备，应按照实际投资比例分摊法进行分摊。

8.其他费用的分摊原则。其他分摊费用能分清服务对象的直接分摊到相应的受益对象中，无法分清服务对象的按照实际投资比例分摊法在建筑、安装及设备中分摊。

需分摊的其他费用并不只限于上述介绍的类型，火力发电项目都具备其自身特殊性，在编制实务中，应根据费用性质、受益对象、项目实际情况等进行合理分摊。

（三）范例

本处接续本章第四至第八节中列举范例，说明其他费用明细表（竣建03表）、待摊费用分摊明细表（竣建03表附表）的编制情况。

1. 其他费用明细表（竣建03表）（见表4.9.8）

表4.9.8

编制单位：　　　　　　编制时间：　　　　　　　竣建03表

其他费用明细表

单位：元

栏次 行次	费用项目 1	概算数 2	实际数 待摊支出 3	固定资产 4	流动资产 5	长期待摊费用 6	无形资产 7	增值税进项税 8	合计 9=3+4+5+6+7+8
一	项目建设管理费	11,200,000.00	11,006,603.78	—	—	—	—	93,396.22	11,100,000.00
1	建设项目法人管理费	10,000,000.00	9,874,528.30					25,471.70	9,900,000.00
2	设备材料监造费	1,200,000.00	1,132,075.48					67,924.52	1,200,000.00
……									
二	项目建设技术服务费	13,000,000.00	11,773,584.90	—	—	—	—	706,415.10	12,480,000.00
1	勘察设计费	13,000,000.00	11,773,584.90	—	—	—	—	706,415.10	12,480,000.00
1.1	设计费	13,000,000.00	11,773,584.90					706,415.10	12,480,000.00
……									
三	整套启动试运费	1,200,000.00	-1,179,547.98	—	—	—	—	-153,341.23	-1,332,889.21
1	燃煤费	2,500,000.00	2,852,613.67					370,839.78	3,223,453.45
2	售出电费（收入）	-1,300,000.00	-4,032,161.65					-524,181.01	-4,556,342.66
……									
四	建设期贷款利息	5,550,000.00	5,434,234.78	—	—	—	—	—	5,434,234.78
	合计	30,950,000.00	27,034,875.48					646,470.09	27,681,345.57

2.待摊费用分摊明细表（竣建03表附表）（见表4.9.9）

（1）本表中分摊基础数据来源于资产清理的明细，也可来源于移交资产——房屋、构筑物一览表（竣建04-1表）、移交资产——安装的机械设备一览表（竣建04-2表）。

（2）设备材料监造费、整套启动试运费按受益对象进行分摊，具体为：根据本章第四节"合同清理的范围及方法"中的合同清理表，锅炉设备监造服务费用1,132,075.47元应当分摊至受益对象锅炉设备中；整套启动试运费分摊至安装工程中。

（3）建设项目法人管理费、设计费、建设期贷款利息的受益对象是建筑、安装、设备（含设备基座），按实际投资比例分摊法在建筑、安装及需安装设备中分摊。

（4）为了清晰表述不同费用的分摊基础，本书对报表表样进行了调整，增加了"工作量"明细和各种费用分摊基础的简要说明。

三、移交资产表

火力发电项目移交的资产一般分为四类：固定资产、流动资产、无形资产及长期待摊费用。竣工决算报表中移交资产总表（竣建04表）及其附表反映项目移交资产的相关情况。移交资产总表（竣建04表）反映移交使用资产分类、价值构成以及直接形成资产的情况，移交资产——房屋、构筑物一览表（竣建04-1表）反映移交使用资产——房屋、构筑物价值构成、结构层次及数量的相关情况，移交资产——安装的机械设备一览表（竣建04-2表）反映移交使用资产——需安装机械设备价值构成、设备名称、规格型号、生产制造单位、计量单位、数量及设备安装部位等情况，移交资产——不需要安装的机械设备、工器具及家具一览表（竣建04-3表）反映移交使用资产——不需要安装机械设备、工器具及家具价值构成、设备名称、规格型号、生产制造单位、使用地点、计量单位及数量等情况，移交资产——长期待摊费用、无形资产、待抵扣增值税一览表（竣建04-4表）反映移交使用资产——无形资产、长期待摊费用价值构成以及待抵扣增值税的情况。下面介绍竣工决算报表中移交资产总表（竣建04表）及其附表反映资产的编制。

表4.9.9

待摊支出分摊明细表

编制单位：

编制日期：

竣建03表附表

单位：元

序号	资产名称	分摊基础				建设项目法人管理费	设计费	建设期贷款利息	设备材料监造费	整套启动试运费	合计
		设备价值	设备基座价值	建筑工程	安装费用	分摊基础为设备及基座、建筑、安装	分摊基础为设备及基座、建筑、安装	建筑、安装	分摊基数为（锅炉）	分摊基数为安装	
一	房屋及建筑物	—	—	204,043,726.81	—	1,822,007.53	2,172,413.68	1,002,702.75	—	—	4,997,123.95
1	主厂房			69,383,510.08		619,559.74	738,712.67	340,961.41			1,699,233.81
2	其他房屋（明细略）			79,074,242.30		706,093.09	841,888.00	388,583.18			1,936,564.27
3	其他构筑物（明细略）			55,585,974.43		496,354.71	591,813.00	273,158.16			1,361,325.87
二	需安装设备	825,173,628.32	2,001,167.11		74,614,205.28	8,052,520.77	9,601,171.22	4,431,532.03	1,132,075.48	-1,179,547.98	22,037,751.53
1	超超临界燃煤锅炉	136,491,193.50	1,852,821.73		10,069,068.39	1,325,253.95	1,580,125.09	729,325.08	1,132,075.48	-159,178.12	4,607,601.48
2	水冷壁系统	33,776,921.64	—		2,491,751.48	323,860.95	386,145.47	178,229.93		-39,391.16	848,845.19
3	过热器系统	233,727,082.59	—		17,242,240.46	2,241,029.43	2,672,021.33	1,233,302.46		-272,576.11	5,873,777.10
4	汽水分离器	40,014,842.11	—		2,951,928.04	383,671.58	457,458.80	211,145.42		-46,665.92	1,005,609.88

续表

序号	资产名称	分摊基础				建设项目法人管理费（分摊基础为设备及基座、建筑、安装）	设计费	建设期贷款利息（建筑、安装）	设备材料监造费（分摊基数为锅炉）	整套启动试运费（分摊基数为安装）	合计
		设备价值	设备基座价值	建筑工程	安装费用						
8	锅炉其他设备（明细略）	374,449,429.19	—		27,623,444.52	3,590,307.89	4,280,791.30	1,975,848.91	1,132,075.48	-436,688.67	9,410,259.43
9	一次风机	4,237,168.14	148,345.38		397,369.67	42,708.73	50,922.42	23,503.84		-6,281.87	110,853.12
10	电力电缆	—	—		8,287,369.43	74,002.03	88,234.00	40,725.43		-131,011.91	71,949.54
11	控制电缆	—	—		3,828,408.94	34,185.76	40,760.32	18,813.40		-60,521.88	33,237.60
12	电缆桥架	—	—		1,722,624.35	15,382.17	18,340.44	8,465.25		-27,232.32	14,955.53
13	中央空调	2,476,991.15	—		—	22,118.28	26,372.04	12,172.32		—	60,662.66
	合计	825,173,628.32	2,001,167.11	204,043,726.81	74,614,205.28	9,874,528.30	11,773,584.90	5,434,234.78	1,132,075.48	-1,179,547.98	27,034,875.48

（一）移交资产总表（竣建04表）

表4.9.10是竣建04-1表、04-2表、04-3表和04-4表的汇总表，各项数据均可从各明细表格中直接取数填列。

表4.9.10　　　　　　　　　　　移交资产总表

编制单位：　　　　　编制日期：　　　　　　　竣建04表　　　　　　单位：元

栏次 行次	资产名称	建筑 费用	设备基座 价值	设备 价值	安装 费用	摊入 费用	直接形成 的资产	移交资产合计
		1	2	3	4	5	6	7	8=2+3+4+5+6+7
一	固定资产							
1	房屋							
2	构筑物							
3	线路							
4	安装的机器设备							
5	不需要安装的机器设备							
6	工器具							
7	家具							
二	流动资产							
1	工器具							
2	家具							
3	备品备件							
三	无形资产							
四	长期待摊费用							
五	待抵扣增值税							
六	移交资产总值							

1.表格填写

根据"移交资产——房屋、构筑物一览表"（竣建04-1表）中房屋、构筑物两类资产对应的"建筑费用""摊入费用"和"移交资产价值"的合计数，分别填列本表"房屋"和"构筑物"行的"建筑费用""摊入费用"以及"移交资产合计"各相应栏次。房屋、构筑物的划分应与所属上级单位"固定资产目录"的分类一致。

根据"移交资产——需安装的机械设备一览表"（竣建04-2表）中需安装的机器设备、线路两类资产对应的"设备价值""设备基座价值""安装费用""摊入费用"和"移交资产价值"的最后一行合计数，分别填列本表"安装的机器设备"和"线路"行中的"设备价值""设备基座价值""安装费用""摊入费用"各相应栏次。

根据"移交资产——不需要安装的机械设备、工器具及家具一览表"（竣建04-3表）中的"不需要安装设备""工器具""家具""备品备件""其他"行的"属固定资产"价值，分别填列本表"固定资产"项目各对应行中；同时需区分上述资产原概算口径，原属于设备概算列支的，归入表中"设备价值"列；属于其他费用概算列支的，归入"直接形成的资产"列。

根据"移交资产——长期待摊费用、无形资产、待抵扣增值税一览表"（竣建04-4表）中的"长期待摊费用""无形资产""待抵扣增值税"的合计数，分别填列本表的"长期待摊费用""无形资产""待抵扣增值税"行的"直接形成的资产"栏次。

2.数据逻辑关系核对

本表的"移交资产合计"应与竣建02表的实际动态总投资相等。本表"直接形成的资产"列下对应的各类资产与竣建03表中直接形成资产的"固定资产""流动资产""长期待摊费用""无形资产"栏相等。

本表的"移交资产合计"应与竣建05表"投资完成额小计"相等，各类交付使用资产均与竣建05表中相应的交付使用资产相等。

本表中的"建筑费用""设备基座价值""设备价值""安装费用"一般与竣建02表实际价值中相应栏目相等；如有特殊情况导致不一致应予说明。如安装在房屋中的中央空调、电梯等，概算中是建筑工程，实际交付时一般列入设备，导致两表建筑工程不相等，应该在编表说明中予以说明。

本表"待抵扣增值税"与竣建02表实际价值中"待抵扣增值税"栏相等。本表"摊入费用"和除待抵扣增值税外的"直接形成的资产"之和与竣建03表合计数相等。

（二）移交资产——房屋、构筑物一览表（竣建04-1表）

表4.9.11反映移交使用资产——房屋、构筑物价值构成、结构层次及数量的相关情况。

表4.9.11　　　　　　　　　　移交资产——房屋、构筑物一览表

编制单位：　　　　　编制日期：　　年　　月　　日　　　　　竣建04-1表　　　　　单位：元

栏次\行次	房屋、构筑物名称（参照固定资产登记对象填列）	结构及层次（规格型号）	所在地、部门或使用保管部门	计量单位	数量	建筑费用	摊入费用	移交资产价值	备注
	1	2	3	4	5	6	7	8=6+7	9
一	房屋								
1									
二	构筑物								
1									
	合　计								

本表中的资产分为两大类，分别为房屋及构筑物。房屋一般指上有屋顶，周围有墙，能防风避雨，御寒保温，供人们在其中工作、生活、生产、娱乐和储藏物资，并具有固定基础的永久性场所。房屋应包括与房屋不可分割并有助于房屋发挥使用效能的各种附属设施，如通风、暖气、上下水、照明、煤气、卫生等。构筑物是指不具备、不包含居住或储藏功能的人工构筑物，比如水塔、水池、烟囱、道路、电缆沟、围墙等。

在编制本表时，应先熟悉所属上级单位的固定资产管理办法，了解固定资产目录中的资产明细及类别等。房屋、构筑物的划分应与上级单位"固定资产目录"的分类一致。

1.填表数据来源

本表中房屋、构筑物名称、结构及层次（规格型号）、所在地、部门或使用保管部门、计量单位、数量、建筑费用等应根据本章第四至七节中所清理的房屋、建筑物明细数据、信息以及资产清查盘点结果等进行填写。

2.填表要求

（1）房屋、构筑物名称应填写该项资产的规范全称，应参照固定资产目录中固

定资产登记对象填列，按照固定资产的分类进行归类。如实际名称与目录不一致的，应据实填写。房屋、构筑物建设过程中安装的设备（如中央空调、电梯等）达到固定资产确认标准、符合企业固定资产目录要求的，应填写至竣建04-2表中。

（2）结构及层次（规格型号）。本处填写房屋、构筑物的承重结构、围护结构、层数、材质等主要特征。房屋、构筑物按承重结构材料可分为木结构、砖木结构、砖混结构、钢筋混凝土结构、钢结构、型钢混凝土结构等；按承重体系可分为混合结构、框架结构、剪力墙、框架—剪力墙、筒体结构、桁架结构、网架结构、拱式结构、悬索结构等。交通道路根据路面面层材料分为水泥混凝土路面、沥青路面、砂石路面等。

（3）所在地、部门或使用保管部门。本处填写建成房屋、构筑物的具体方位，可以房屋、构筑物相对于周边的参照物的方位作为房屋、构筑物的具体位置，如"厂区内创业路北侧""主厂房西北角""厂区东大门内两侧"等，一般以参照物的东、西、南、北、上、下、内、外等作为具体方位，不宜以参照物的左、右、前、后等作为具体方位。填写时，应以所在地信息为主，部门或使用保管部门信息为辅。

（4）计量单位。本处应以建成房屋、构筑物的通用计量特征作为计量单位，如房屋一般为平方米，交通道路为公里或米，水池、料仓等填写容积单位立方米等，构筑物一般填写座、栋等。

（5）数量。本处应根据建成房屋、构筑物的计量单位，填写具体数量。

（6）摊入费用。摊入费用的填写有两种方式，一种是竣建03表附表已将待摊支出分摊至各项资产中，则竣建04-1表各项资产的"摊入费用"数直接取自竣建03表附表费用分摊计算表中相应资产的分摊费用数；另一种是竣建03表附表仅将待摊支出分摊至建筑、设备与安装大类，则应在竣建04-1表中把各大类资产在竣建03表附表分摊得到的金额，再次分摊到各项具体的资产明细中，得出竣建04-1表各项资产的"摊入费用"数。

（7）备注。本处填写需要特殊说明的相关事项。未完工程涉及的房屋、构筑物交付资产也在竣建04-1表中填列，并在备注中注明"未完工程"，未完工程不分摊摊入费用（基建待摊支出）。

3.数据逻辑关系核对

填写完成的本表中"建筑费用"、竣建04-2表中"设备基座价值"列合计应与会计账簿中"在建工程——建筑工程"及建筑工程施工合同入账情况进行核对并相互匹配。

本表中"建筑费用""摊入费用"和"移交资产价值"三列合计数应分别与"竣建04表"的房屋、构筑物对应行数据相符。

本表"建筑费用"合计数加"竣建04-2表"的"设备基座价值"合计数一般与"竣建02表"的"建筑工程"相符。

(三)移交资产——安装的机械设备一览表(竣建04-2表)

表4.9.12反映移交使用资产——需安装机械设备价值构成、设备名称、规格型号、生产制造单位、计量单位、数量及设备安装部位等情况。

表4.9.12　　　　　　　　　移交资产——安装的机械设备一览表

编制单位:　　　　　　编制日期:　　　　　　　竣建04-2表　　　　　　单位:元

栏次 行次	机械设备名称(参照固定资产登记对象填列)	规格型号	供应单位或制造厂家	安装部位或保管使用部门	计量单位	数量	设备价值	设备基座价值	安装费用	摊入费用	移交资产价值	备注
	1	2	3	4	5	6	7	8	9	10	11=7+8+9+10	12
一	安装的机器设备											
1												
二	线路											
1												
	合　计											

本表中填列交付使用安装的机械设备,分为安装的机械设备和线路两类。安装的机械设备是指必须将其整体或几个部位装配起来,安装在基础上或构筑物支架上才能使用的机器设备。线路是发电厂使用变压器将发电机发出的电能升压后输入外部电网的输送通道或路径。

在编制本表时,应先熟悉所属上级单位的固定资产管理办法,仔细研读固定资产目录,熟悉了解火力发电项目固定资产目录中资产明细、类别等。需安装机械设备的划分应与各上级单位"固定资产目录"的分类一致。

1.填表数据来源

本表中机械设备名称、规格型号、供应单位或制造厂家、安装部位或保管使用部门、计量单位、数量、设备价值、设备基座价值、安装费用等应根据本章第四至第七节中所清理的设备、安装明细数据、信息以及资产清查盘点结果等进行填写。

2.填表要求

（1）竣建04-2表可分为基础数与正式表两步填写。主要原因为设备投资、安装工程是按设计概算中的系统/单项工程/单位工程的级次、内容进行归概的，安装工程结算明细一般也是按概算的级次、内容进行列示及清理的，但固定资产目录中是按设备专业类别进行列示的，设计概算与固定资产目录对于设备的列示口径并不完全一致。例如设计概算中多个单位工程之内都包括变压器，但固定资产目录中一般将所有变压器都归类为变压器设备集中列示。如直接以固定资产目录的资产分类、明细来填写竣建04-2表，可能导致按概算口径归概的安装费用无法一一对应分摊到按固定资产目录口径列示的设备中去，并且实务中也存在部分其他费用需向特定的单位工程或系统设备分摊的情况。因此，可先以概算口径编制竣建04-2表（基础表），完成各项需安装设备的设备价值、设备基座、安装费用、分摊待摊投资支出的填写，然后在此基础上，再按固定资产目录及火力发电厂设备专业分工管理的要求，对于设备进行分类整理，形成竣建04-2表（正式表）。

（2）机械设备名称。本处应填写安装机械设备的规范全称，应参照固定资产目录中固定资产登记对象填列，如实际名称与目录不一致的，应据实填写。

（3）规格型号。本处应填写机械设备铭牌、出厂合格证、技术协议书、采购合同中的规格型号，输电线路应写铁塔、水泥杆、电缆等线路类型及线路电压等级。

（4）供应单位或制造厂家。本处应填写安装机械设备的供应单位或制造厂家的规范全称，具体应根据采购合同或技术协议填写。线路应填写施工单位名称。

（5）安装部位或保管使用部门。本处应填写需安装机械设备的具体安装部位，应对应至明细位置，如"变压站220KV配电室内""集控中心2层监控设备室内""主厂房内运转层平台3层西北角"等，不宜填列笼统位置或粗略位置（如变电站内、厂区内等），也不宜以参照物的左、右、前、后等作为具体方位。填写时，应以安装部位信息为主，保管使用部门信息为辅。

（6）计量单位。本处应以安装机械设备的通用计量特征作为计量单位，一般以台、套、个等作为计量单位。

（7）数量。本处应根据安装机械设备的计量单位，填写具体数量。

（8）安装费用。前述从本章第四节中安装工程结算中清理出的安装费用即为竣建04-2表中交付资产的安装费，属于各明细资产的安装费直接填列至该资产的"安装费用"处，属于某类资产的安装费用应按该类设备的设备价值进行分摊后填列至各明细资产的"安装费用"处。需要说明的是，竣建04-2表中需安装设备一般既有设备价值，又有安装费用，但专业管道、三大电缆（电力、通讯、控制电缆）、四大管道（主蒸汽、高温再热蒸汽、低温再热蒸汽、高压给水管道）等固定资产由于其材料费及安装施工费均属于安装工程范畴，因此只有安装费没有设备费。

（9）摊入费用。摊入费用的填写有两种方式，一种是竣建03表附表已将待摊支出分摊至各项资产中，则竣建04-2表各项资产的"摊入费用"数直接取自竣建03表附表费用分摊计算表中相应资产的分摊费用数；另一种是竣建03表附表仅将待摊支出分摊至建筑、设备与安装大类，则应在竣建04-2表中把各大类在竣建03表附表分摊得到的金额，再次分摊到各项具体的资产明细中，得出竣建04-2表各项资产的"摊入费用"数。

（10）备注。本处填写需要特殊说明的相关事项。未完工程涉及的需安装机械设备交付资产也在本表中填列，并在备注中注明"未完工程"，未完工程不分摊摊入费用（基建待摊支出）。

3.数据逻辑关系核对

本表中"设备价值"列合计应与会计账簿中"在建工程——需安装设备"及设备合同入账情况进行核对并相互匹配；"安装费用"列合计应与会计账簿中"在建工程——安装工程"及安装工程合同入账情况进行核对并相互匹配。

本表中"设备价值""设备基座价值""安装费用""摊入费用"和"移交资产价值"五列合计数应分别与"竣建04表"的线路、安装的机器设备对应行数据相符。

本表"设备价值"合计数一般与"竣建02表"的"设备价值"相符；本表

"安装费用"合计数一般与"竣建02表"的"安装工程费"相符。

（四）移交资产——不需要安装的机械设备、工器具及家具一览表（竣建04-3表）

表4.9.13反映移交使用资产——不需要安装机械设备、工器具及家具价值构成、设备名称、规格型号、生产制造单位、使用地点、计量单位及数量等情况，此处，不需要安装的设备是指不必固定在一定位置或支架上就可以使用的设备。

表4.9.13　　移交资产——不需要安装的机械设备、工器具及家具一览表

编制单位：　　　　　　　　　编制日期：　　　　　　　竣建04-3表　　　　单位：元

栏次 / 行次	资产名称	规格型号	供应单位或制造厂家	所在部位或保管使用部门	计量单位	数量	移交资产价值	其中		备注
								属固定资产	属流动资产	
	1	2	3	4	5	6	7	8	9	10
一	不需要安装设备									
二	工器具									
三	家具									
四	备品备件									
五	其他									
	合　计									

1.填表数据来源

本表中不需要安装的机械设备、工器具及家具、备品备件的价值，应根据本章第四至第七节中所清理的不需要安装设备、工器具及家具、备品备件资料、信息以及资产清查盘点结果等分类填列，并根据固定资产会计政策区分固定资产和流动资产。

2.填表要求

本表中资产名称、规格型号、供应单位或制造厂家、所在部位或保管使用部

门、计量单位、数量等可按照竣建04-2表的填写要求进行填写。

基建期间已经确认为固定资产并计提折旧的机械设备、工器具、办公设备及家具等，在本表中应以火力发电项目达到预定可使用状态时点的固定资产净值列示，这部分固定资产基建期间计提折旧额已计入基建待摊投资，已提折旧与资产净值合并后即构成了固定资产原值。基建期间已经确认为无形资产并计提摊销的软件等应参照固定资产列示。基建期间未作核算且未折旧、未摊销的固定资产和无形资产，生产期间购置的属于基建投资概算范围内的固定资产和无形资产，资产交付时以原值列示。

备注处填写需要特殊说明的相关事项。未完工程涉及的不需安装机械设备交付资产也在本表中填列，并在备注中注明"未完工程"。

3.数据逻辑关系核对

本表"属固定资产"合计数，应与"竣建04表"的属于固定资产下的"不需要安装的机器设备"与"工器具""家具"合计数相等；本表"属流动资产"合计数，应与"竣建04表"的属于流动资产下的"工器具""家具""备品备件"合计数相等。

（五）移交资产——长期待摊费用、无形资产、待抵扣增值税一览表（竣建04-4表）

表4.9.14反映移交使用资产——无形资产、长期待摊费用价值构成以及待抵扣增值税的情况。

1.填表数据来源

本表中长期待摊费用、无形资产、待抵扣增值税的所在地或使用单位、计量单位、数量、实际价值等，应根据本章第四至第七节中所清理的长期待摊费用、无形资产、待抵扣增值税的明细数据等进行填写。

2.填表要求

本表中"资产或项目名称"按资产或费用项目详细填列，所形成资产的实际价值按会计核算记录填列，待抵扣增值税按照竣建02表"待抵扣增值税"合计金额填列，"备注"栏中应注明无形资产、长期待摊费用（提前进场费除外）形成时有关文件、协议和权利证书等情况，以便于资产管理。

表4.9.14　　移交资产——长期待摊费用、无形资产、待抵扣增值税一览表

编制单位：　　　　　　编制日期：　　年　　月　　日　　　　　竣建04-4表　　　　单位：元

栏次 行次	资产或项目名称	所在地或使用单位	计量单位	数量	实际价值			备注
					长期待摊费用	无形资产	待抵扣增值税	
	1	2	3	4	5	6	7	8
一	长期待摊费用							
二	无形资产							
三	待抵扣增值税							
	合　计							

在发生时已计入当期损益的生产职工培训及提前进厂费，虽未在"在建工程"或"长期待摊费用"科目中核算，也应列入长期待摊费用，但无需进行会计账务处理。

为项目配套的专用设施投资，包括专用铁路、专用公路、专用通讯设施、送变电站、地下管道、专用码头等，建成后将所有权或控制权无偿移交有关政府管理部门或其他企业的，该资产列入长期待摊费用。

备注处填写需要特殊说明的相关事项。未完工程涉及的交付资产也在本表中填列，并在备注中注明"未完工程"。

3.数据逻辑关系核对

本表的"长期待摊费用""无形资产"和"待抵扣增值税"的合计数应与（竣建04表）的"长期待摊费用""无形资产"和"待抵扣增值税"的"移交资产合计"数相符。

本表的"长期待摊费用"填列生产职工培训及提前进场费，按现行会计准则要求，生产职工培训及提前进场费在投产运营时一次性计入当期经营损益，不再属于长期待摊费用。因此，本表的"长期待摊费用"项目也可修改为"生产准备费"或"管理费用"。

（六）范例

本处接续本章中合同清理、资产清理、账务清理、预留未完收尾工程清理各节中列举的范例，说明竣工决算报表中移交资产总表及各明细表的编制情况。

1.竣工决算报表中移交资产总表（竣建04表，见表4.9.15）

表4.9.15

竣建04表

移交资产总表

编制单位：　　　　　　　　　　　编制日期：　　　　　　　　　　　单位：元

栏次	资产名称	建筑费用	设备基座价值	设备价值	安装费用	摊入费用	直接形成的资产	移交资产合计
行次	1	2	3	4	5	6	7	8=2+3+4+5+6+7
一	固定资产	209,181,341.49	2,001,167.11	827,132,920.35	74,614,205.28	27,034,875.48		1,139,964,509.71
1	房屋	148,457,752.38				3,635,798.08		152,093,550.46
2	建筑物	60,723,589.11				1,361,325.87		62,084,914.98
3	线路							
4	安装的机器设备		2,001,167.11	825,173,628.32	74,614,205.28	22,037,751.53		923,826,752.24
5	不需要安装的机器设备							
6	工器具			1,959,292.03				1,959,292.03
7	家具							
二	流动资产			1,038,761.06				1,038,761.06
1	工器具							
2	家具							
3	备品备件			1,038,761.06				1,038,761.06
三	无形资产							
四	长期待摊费用							
五	待抵扣增值税	19,328,434.59		107,340,309.74	6,992,813.03	646,470.09		134,308,027.45
六	移交资产总值	228,509,776.08	2,001,167.11	935,511,991.15	81,607,018.31	27,681,345.57	—	1,275,311,298.22

2.移交资产——房屋、构筑物一览表（竣建04-1表，见表4.9.16）

表4.9.16

移交资产——房屋、构筑物一览表

竣建04-1表

编制单位：

编制日期：

单位：元

栏次	房屋、建筑物名称	结构及层次（规格型号）	所在地、部门或使用保管部门	计量单位	数量	建筑费用	分摊待摊支出	移交资产合计	备注
行次	1	2	3	4	5	6	7	8=6+7	
一	房屋					148,457,752.38	3,635,798.08	152,093,550.46	
1	主厂房	框架结构	厂区内正北侧	平方米	12,300	69,383,510.08	1,699,233.81	71,082,743.89	
2	其他房屋（明细略）					79,074,242.30	1,936,564.27	81,010,806.57	
二	构筑物					60,723,589.11	1,361,325.87	62,084,914.98	
1	其他构筑物（明细略）					55,585,974.43	1,361,325.87	56,947,300.30	
2	停车场	混凝土地坪	厂区北门外两侧	平方米	1,000	5,137,614.68		5,137,614.68	未完工程
	合计					209,181,341.49	4,997,123.95	214,178,465.44	

3. 移交资产——安装的机械设备一览表（竣建04-2表，见表4.9.17）（基础表）（根据概算口径列示设备明细）

表4.9.17

移交资产——安装的机械设备一览表（基础表）

竣建04-2表

编制单位：　　　　　编制日期：　　　　　单位：元

栏次 行次	机械设备名称（参照固定资产登记对象填列）	规格型号	供应设备或制造厂家	安装部位或保管使用部门	计量单位	数量	设备价值	设备基座价值	安装费用	摊入费用	合计
一	主辅生产系统						822,696,637.17	2,001,167.11	74,614,205.28	21,977,088.87	921,289,098.43
（一）	热力系统						822,696,637.17	2,001,167.11	60,775,802.56	21,856,946.20	907,330,553.04
1	锅炉机组						822,696,637.17	2,001,167.11	60,775,802.56	21,856,946.20	907,330,553.04
1.1	锅炉本体						818,459,469.03	1,852,821.73	60,378,432.89	21,746,093.08	902,436,816.73
1.1.1	超超临界燃煤锅炉	HG-3239/29.3-YM		主厂房	台套	2.00	136,491,193.50	1,852,821.73	10,069,068.39	4,607,601.48	153,020,685.10
1.1.2	水冷壁系统	—	××公司	主厂房	台套	2.00	33,776,921.64		2,491,751.48	848,845.19	37,117,518.31
1.1.3	过热器系统	—	××公司	主厂房	台套	2.00	233,727,082.59		17,242,240.46	5,873,777.10	256,843,100.15
1.1.4	汽水分离器	—	××公司	主厂房	台套	2.00	40,014,842.11		2,951,928.04	1,005,609.88	43,972,380.03
1.1.5	锅炉其他设备（明细略）	—	××公司	略	台套	—	374,449,429.19		27,623,444.52	9,410,259.43	411,483,133.14
1.2	风机						4,237,168.14	148,345.38	397,369.67	110,853.12	4,893,736.31
1.2.1	一次风机	CN24246	××公司	锅炉西侧	台	2.00	4,237,168.14	148,345.38	397,369.67	110,853.12	4,893,736.31
（二）	电气系统						—	—	13,838,402.72	120,142.67	13,958,545.39
1	电缆						—	—	12,115,778.37	105,187.14	12,220,965.51

续表

栏次 行次	机械设备名称 （参照固定资产登记对象填列）	规格型号	供应单位或制造厂家	安装部位或保管使用部门	计量单位	数量	设备价值	设备基座价值	安装费用	摊入费用	合计
1.1	电力电缆		××电缆集团有限公司	全厂	米	47,000.00			8,287,369.43	71,949.54	8,359,318.97
1.2	控制电缆		××电缆集团有限公司	全厂	米	99,000.00			3,828,408.94	33,237.60	3,861,646.54
2	电缆桥架		××电建工程公司	全厂	吨	823.00			1,722,624.35	14,955.53	1,737,579.88
二	其他设备						2,476,991.15	—	—	60,662.66	2,537,653.81
（一）	主厂房设备						2,476,991.15	—	—	60,662.66	2,537,653.81
1	中央空调	200KW（制冷面积1000平方米）	××空调有限公司	主厂房集控室	套	1.00	2,476,991.15			60,662.66	2,537,653.81
	合计						825,173,628.32	2,001,167.11	74,614,205.28	22,037,751.53	923,826,752.24

4. 移交资产——安装的机械设备一览表（竣建04-2表，见表4.9.18）（正式表）（根据固定资产目录口径列示设备明细）

表4.9.18

移交资产——安装的机械设备一览表（正式表）

编制单位：

编制日期：

竣建04-2表

单位：元

行次	机械设备名称（参照固定资产登记对象填列）	规格型号	供应单位或制造厂家	安装部位或保管使用部门	计量单位	数量	设备价值	设备基座价值	安装费用	摊入费用	合计
一	电力专用设备						822,696,637.17	2,001,167.11	72,891,580.93	21,962,133.34	919,551,518.55
（一）	发电及供热设备						822,696,637.17	2,001,167.11	60,775,802.56	21,856,946.20	907,330,553.04
1	锅炉及附属设备						822,696,637.17	2,001,167.11	60,775,802.56	21,856,946.20	907,330,553.04
1.1	锅炉本体	超超临界燃煤锅炉HG-32 39/29.3-YM	—	主厂房	台套	2.00	136,491,193.50	1,852,821.73	10,069,068.39	4,607,601.48	153,020,685.10
1.2	水冷壁系统	—	××公司	主厂房	台套	2.00	33,776,921.64	—	2,491,751.48	848,845.19	37,117,518.31
1.3	过热器系统	—	××公司	主厂房	台套	2.00	233,727,082.59	—	17,242,240.46	5,873,777.10	256,843,100.15
1.4	汽水分离器	—	××公司	主厂房	台套	2.00	40,014,842.11	—	2,951,928.04	1,005,609.88	43,972,380.03
1.5	锅炉其他设备（明细略）	—	××公司	略	台套	—	374,449,429.19	—	27,623,444.52	9,410,259.43	411,483,133.14
1.6	一次风机	CN 24246	××公司	锅炉西侧	台	2.00	4,237,168.14	148,345.38	397,369.67	110,853.12	4,893,736.31
（二）	变电配电设备						—	—	12,115,778.37	105,187.14	12,220,965.51

续表

行次\栏次	机械设备名称（参照固定资产登记对象填列）	规格型号	供应单位或制造厂家	安装部位或保管使用部门	计量单位	数量	设备价值	设备基座价值	安装费用	摊入费用	合计
1	电缆						—	—	12,115,778.37	105,187.14	12,220,965.51
1.1	电力电缆		××电缆集团有限公司	全厂	米	47,000.00			8,287,369.43	71,949.54	8,359,318.97
1.2	控制电缆		××电缆集团有限公司	全厂	米	99,000.00			3,828,408.94	33,237.60	3,861,646.54
二	通用设备						2,476,991.15	—	1,722,624.35	75,618.19	4,275,233.69
（一）	电气设备						—	—	1,722,624.35	14,955.53	1,737,579.88
1	电气辅助设备						—	—	1,722,624.35	14,955.53	1,737,579.88
1.1	电缆桥架		××电建工程公司	全厂	吨	823.00	2,476,991.15	—	1,722,624.35	14,955.53	1,737,579.88
（二）	机械设备						2,476,991.15	—	—	60,662.66	2,537,653.81
1	制冷空调设备						2,476,991.15	—	—	60,662.66	2,537,653.81
1.1	中央空调	200KW（制冷面积1,000平方米）	××空调有限公司	主厂房集控室	套	1.00	2,476,991.15			60,662.66	2,537,653.81
	合计						825,173,628.32	2,001,167.11	74,614,205.28	22,037,751.53	923,826,752.24

5. 移交资产——不需要安装的机械设备、工器具及家具一览表（竣建 04–3 表，见表 4.9.19）

表 4.9.19 移交资产——不需要安装的机械设备、工器具及家具一览表

竣建 04–3 表

单位：元

编制单位：　　　　　　　　　　　　　　　　编制日期：

栏次	资产名称	规格型号	供应单位或制造厂家	所在部位或保管使用部门	计量单位	数量	移交资产价值	其中属固定资产	中属流动资产	备注
行次	1	2	3	4	5	6	7	8	9	10
一	不需要安装设备									
二	家具									
三	备品备件						1,038,761.06	—	1,038,761.06	
（一）	锅炉采购合同						1,038,761.06	—	1,038,761.06	
1	受热面弯头	—	××公司	库房	个	200.00	272,743.36		272,743.36	
2	喷水减温调节阀	—	××公司	库房	个	2.00	766,017.70		766,017.70	
四	专用工具						1,959,292.03	1,959,292.03	—	
（一）	锅炉采购合同						1,959,292.03	1,959,292.03	—	
1	高强螺栓扳手（电动）	—	××公司	库房	副	6.00	37,168.14	37,168.14		
2	炉内检修平台	—	××公司	库房	套	1.00	1,922,123.89	1,922,123.89		
	合计						2,998,053.09	1,959,292.03	1,038,761.06	

323

6. 移交资产——长期待摊费用、无形资产、待抵扣增值税一览表（竣建04-4表，见表4.9.20）

表4.9.20　移交资产——长期待摊费用、无形资产、待抵扣增值税一览表

竣建04-4表

单位：元

编制单位：　　　　　编制日期：

栏次 行次	资产或项目名称	所在地或使用单位	计量单位	数量	实际价值			备注
					长期待摊费用	无形资产原值	待抵扣增值税	
	1	2	3	4	5	6	7	8
一	长期待摊费用							
二	无形资产							
三	待抵扣增值税						134,308,027.45	
1	建筑工程待抵扣增值税						19,328,434.59	
2	安装工程待抵扣增值税						6,992,813.03	
3	设备待抵扣进项税						107,340,309.74	
4	其他待抵扣增值税						646,470.09	
	合计						134,308,027.45	

四、其他报表

本章上述各节内容已对竣工决算报表中竣建02表、竣建03表及竣建04表的编制进行了说明，本部分将对竣工决算报表中的其余各表的编制进行说明。

（一）报表封面

工程名称：填列概算批准文件中的名称，并在整套决算报告中保持一致。实际建设规模与批准文件规模不一致的，工程名称中的规模按照批准文件确定的规模填写。

编制单位：为项目法人单位全称，不应填列协助编制竣工决算报告的咨询机构名称。

编制日期：填写编制竣工决算报告的会计截止日期。决算时需调整会计账的，应该以账务调整完成日期为编制日期，以清晰反映竣工决算报表与相关会计账户余额对应关系。一般为最近一期会计结账日，如月末。

单位负责人填写单位法定代表人，基建负责人填写分管基建的单位领导，参加编制人员填写参与编制领导小组的成员和主要编制人员。

封面应由编制单位加盖公章，单位负责人、基建负责人盖章或签字。报表封面表样如表4.9.21所示。

表4.9.21　　　　　　　　　**基本建设项目竣工决算报表**

工程名称：

编制单位：

编制日期：

单位负责人：　　　　　　财务负责人：　　　　　　基建负责人：

参加编制人员：

（二）竣工工程概况表（竣建01表）

表4.9.22反映基本建设竣工工程的基本情况，为全面考核竣工工程主要技术经济指标等提供依据。

表4.9.22　　　　　　　　　火力发电项目竣工工程概况表

编制单位：　　　　　　编制日期：　　　　竣建01表　　　　单位：万元

工程名称		设计单位		建设性质		
建设地址		主要施工单位		地震烈度		
概算批准机关、文号		监理单位		地基计算强度		
主要工程特征			工程进度、工程量及工程投资			
设计容量（MV）	原有		工程进度	计划工期	实际工期	
	本期		开工日期			
	最终		#号机投产日期			
设计生产能力	设备年利用小时		#号机投产日期			
	年发电量（亿度）		工程量	概算	实际	
主厂房结构及特征	框架结构		土石方开挖（m³）			
	房架结构		钢材（吨）			
	面积（㎡）		混凝土（m³）			
	体积（m³）		工程投资	总投资	单位千瓦投资（元）	
	柱距（m）		概算投资			
	汽机间跨度（m）		实际投资	含税		
	锅炉间跨度（m）			不含税		
烟囱	结构		招标总额			
	高度（m）		主要设备	生产厂家	规格型号	数量
	上口直径（m）		汽轮机			
	下口直径（m）		发电机			
占地面积	征地面积（㎡）		锅炉			
	厂区占地（㎡）		主变压器			
	征地文号、证号		固定资产形成率	%		
	建筑物总面积（㎡）		工程质量鉴定			

工程名称：同报告封面中的"工程名称"规定一致。

建设地址：应包括所在的省（自治区、直辖市）、市、县和建设项目的所在地名，填写至最末一级行政区域划分级次，即乡镇。

建设性质：应按照初步设计文件确定的性质，即项目属于新建、扩建、改建、迁建和恢复性建设等填列。

设计单位、施工单位、监理单位：按照实际参与建设的设计单位、施工单位、监理单位填列，应填写单位全称。有多个专业单位的，按照重要性原则填列，可填列多个主要参建单位。

地震烈度、地基计算强度：根据初步设计文件填列，"地震烈度"单位为"度"，"地基计算强度"单位为"千帕（kPa）"。

概算批准机关、文号：火力发电项目填写上级单位批复的概算文件。

占地面积："总征地（征地面积）"按项目实际征地面积填列；"厂区占地"应根据厂区竣工图所示面积填列；"征地文号、证号"应填列国土部门批准项目用地文号和土地使用权证号。"总建筑物面积"根据全部房屋构筑物的房产证面积填列；未办理房产证的，以专业房产测绘单位测绘测量面积之和填列；未经测绘的，以竣工图纸计算填列。

工程进度：计划开工日期和投产日期，根据相关的计划文件或考核文件填列。

实际开工日期：主厂房基础垫层浇筑第一方混凝土的日期。

实际投产日期：火力发电项目分别填写每台机组投产通过试运行日期。

工程投资：概算总投资以概算批准文件为依据，填列概算动态总投资（不含铺底流动资金），应与"竣建02表"的"工程动态总投资"概算数相符。实际总投资为计入竣工决算的实际发生的构成工程投资完成额的投资支出，应与"竣建02表"的"工程动态总投资"的实际数相符，实际总投资按是否包含增值税进项税额，区分"含税"与"不含税"两行。

招标总额：填写项目建设单位采用招标方式签订的建安施工、设备材料、咨询服务等各类合同的签约金额。

工程量：包括土石方开挖（m³）、钢材（吨）、混凝土（m³）。应由工程专业人员根据设计文件填列概算工程量；按单项工程的竣工验收报告和竣工图纸等资料汇总填列实际工程量。

固定资产形成率：指实际移交的固定资产总额（不包含增值税进项税额）占实际总投资（包含增值税进项税额）的比例。固定资产形成率=移交的固定资产÷工程总投资额×100%。

工程质量鉴定：根据正式验收鉴定书及质检站质量监督检查报告填列。

设计容量："原有"根据前期已经建成的项目容量规模填列；"本期"根据初步设计文件的设计容量填列；"最终"等于"原有"加"本期"，并应与项目建设单位现有装机容量一致。实际建设容量与批准建设容量不一致的，按实际建设容量填列。容量单位为MW，填列时应同时体现装机数量与单台机组规模，如2×600MW。不同规模装机的，相加填列，如2×600MW+2×300MW。

设计生产能力：设备年利用小时（单位为h）、年发电量（亿度）均根据初步设计文件中的数据结合实际建设规模填列。

主厂房结构及特征：框架结构、房架结构、面积（m^2）、体积（m^3）、柱距（m）、汽机间跨度（m）、锅炉间跨度（m），应由工程专业人员根据单项工程的竣工验收报告和竣工图纸填列。

烟囱：结构、高度（m）、上口直径（m），应由工程专业人员根据单项工程的竣工验收报告和竣工图纸填列。

主要设备：包括汽轮机、发电机、锅炉、主变压器等，填写设备名称、规格型号、数量、生产厂家等。

（三）竣工财务决算表（竣建05表）

表4.9.23反映竣工项目截至竣工决算编制基准日的资金来源（资本金、基建投资借款及债券资金等）与其所形成各种资产总价值以及竣工结余资金等情况。

表4.9.23　　　　　　　　　　竣工财务决算表

编制单位：　　　　编制日期：　　　　　竣建05表　　　　单位：元

资金来源	行次	金额	资金占用	行次	金额
一、资本金	1		一、投资完成额小计	1	
1.	2		1.交付使用固定资产	2	
2.	3		2.交付使用流动资产	3	

续表

资金来源	行次	金额	资金占用	行次	金额
二、基建投资借款	4		3.长期待摊费用	4	
1.	5		4.交付使用无形资产	5	
2.	6		5.待抵扣增值税	6	
三、债券资金	7			7	
	8		二、结余资金小计	8	
四、应付款项	9		1.货币资金	9	
1.	10		2.应收款项	10	
2.	11		3.工程物资	11	
3.资金来源——生产资金	12		4.资金占用——生产占用	12	
资金来源合计	12		资金占用合计	12	

1.填表数据来源

本表中资本金、基建投资借款、债券资金、应付款项、应收款项、货币资金、工程物资等，应根据本章第四至第八节中所清理的明细数据、信息等进行填写；投资完成应根据前述移交资产总表（竣建04表）填写。

2.填表要求

本表采用资金平衡表的形式，即竣工项目全部资金来源等于全部资金占用。

本章第一节"三、其他事项"中提及确认竣工决算编制基准日的三种模式。第一种模式，以达到预定可使用状态时点（火电以通过试运行）当日（或当月月末，便于报表与账核对）作为编制基准日，以该时点作为资金来源（资本金、基建投资借款及债券资金，以下同）和往来款项（应收、应付款项等，以下同）的截止时点；第二种模式，以竣工决算编制时最近一期的会计截止日（月底）作为编制基准日，以该时点作为资金来源和往来款项的截止时点；第三种模式为综合模式，资金来源的数据以达到预定可使用状态时点为截止日，往来款项的数据以竣工决算编制时最近一期的会计截止日（月底）作为编制基准日。

本书建议采用第三种模式，具体详见本章第一节"三、其他事项"中的内容。第三种模式下，资金来源与往来款余额的时点不是同一时点，由于两个截止时点导致的竣工财务决算表中资金来源与资金占用不平衡部分，倒挤计入"资金来源——生产资金"（基建占用生产资金）或"资金占用——生产占用"（生产占用基建资金）。

3.数据逻辑关系核对

本表中"资金来源合计"数应与本表中"资金占用合计"数相符。本表中"投资完成额小计""交付使用固定资产""交付使用流动资产""长期待摊费用""交付使用无形资产""待抵扣增值税"各行数据应分别与"竣建04表"的"移交资产总值""固定资产""流动资产""长期待摊费用""无形资产""待抵扣增值税"对应行数据相符，"应收应付款项"数据应与"竣建05表附表"中"应收应付款项"数据相符。

（四）竣工工程应收应付款项明细表（竣建05表附表）

表4.9.24为竣建05表中"应收应付款项"的明细表。竣工决算报表编制时需全面清理与工程相关的全部债权债务，准确地反映工程应收应付款项情况。报表表样如下。

表4.9.24　　　　　　　　竣工项目应收应付款项明细表

编制单位：　　　　　　编制日期：　　　竣建05表附表　　　单位：元

行次 \ 栏次	往来单位名称	金额	性质	备注
	1	2	3	4
一	其他应收款			
1				
二	应付账款			
1				
三	其他应付款			
1				
	合　计			

1.填表数据来源

本表中应收应付款项，应根据本章第四至第八节中所清理的明细数据、信息等进行填写。

2.填表要求

其他应收款包括：代垫款、预付款、保证金、抵押金、超付款、借出款等，应按往来单位名称、金额、款项性质逐笔填列。应在备注中说明应收款形成及尚未收回的原因。

应付账款：包括应付工程款、应付设备款、应付费用款、未完工程预估款等，应按往来单位名称、金额、款项性质逐笔填列。如有特殊情况需在备注中说明。

其他应付款：包括各项工程、设备等的质保金及其他应付款项，应按往来单位名称、金额、款项性质逐笔填列。如有特殊情况需在备注中说明。

未完工程、预留费用预估款，应按往来单位名称、金额、款项性质逐笔填列，并在"备注"格中注明"未完工程"或"预留费用"。如未完工程、预留费用尚未确定往来单位名称的，可不填写往来单位名称，在"往来单位名称"格中填写"未完工程（暂无对方单位）""预留费用（暂无对方单位）"字样。

3.数据逻辑关系核对

填写完成的本表"金额"列合计应与"竣建05表"的"应收应付款项"数据相符。

（五）范例

本处接续本章中合同清理、资产清理、账务清理、预留未完收尾工程清理、竣工决算报表编制各节中列举范例，说明竣建05表、竣建05表附表的编制，以及会计账面竣工决算数据清理后与编制完成竣工决算报表中数据的账表核对情况。

1.竣工财务决算表（竣建05表，见表4.9.25）

表4.9.25　　　　　　　　　　竣工财务决算表

编制单位：　　　　编制日期：　　　　竣建05表　　　　单位：元

资金来源	行次	金额	资金占用	行次	金额
一、资本金小计	1	300,000,000.00	一、投资完成额小计	1	1,275,311,298.22
××公司	2	300,000,000.00	交付使用固定资产	2	1,139,964,509.71
	3		交付使用流动资产	3	1,038,761.06
二、基建投资借款	4	930,000,000.00	交付使用无形资产	4	
××银行	5	930,000,000.00	长期待摊费用	5	
	6		待抵扣增值税	6	134,308,027.45
	7			7	
三、债券资金	8		二、结余资金小计	8	106,522.94
	9		库存工程物资	9	94,268.09
四、应付款项	10	45,417,821.16	库存工程物资增值税进项税	10	12,254.85

续表

资金来源	行次	金额	资金占用	行次	金额
应付账款	11	44,352,446.73		11	
资金来源——生产资金	12	1,065,374.43		12	
资金来源合计	13	1,275,417,821.16	资金占用合计	13	1,275,417,821.16

2.竣工工程应收应付款项明细表（竣建05表附表，见表4.9.26）

表4.9.26 竣工项目应收应付款项明细表

编制单位： 编制日期： 竣建05表附表 单位：元

行次 \ 栏次	往来单位名称	金额	性质	备注
	1	2	3	4
一	应付账款	44,352,446.73		
1	应付工程款/C建筑工程公司	6,393,466.71	质保金	
2	应付工程款/D建筑工程公司	5,600,000.00		未完工程
3	应付工程款/E电建工程公司	2,213,000.02	质保金	
4	应付设备款/F锅炉有限公司	27,847,410.00	质保金	
5	应付设备款/G风机有限公司	143,640.00	质保金	
6	应付设备款/H空调有限公司	83,970.00	质保金	
7	应付咨询服务费/L监理有限公司	36,000.00	质保金	
8	应付咨询服务费/M设计有限公司	336,960.00	质保金	
9	应付咨询服务费/M设计有限公司	1,248,000.00	进度款	
10	应付咨询服务费/N咨询有限公司	450,000.00		预留费用
	合计	44,352,446.73		

3.竣工决算数据账、表核对表（见表4.9.27）

竣工决算报表编制完成后，应将会计账面清理的竣工决算数据与编制完成竣工决算报表中数据的进行账表核对，复核账表勾稽关系是否合理，数据是否匹配。核对表中左侧"账面清理后决算投资、资金来源、往来款"数据来源于本章第七节中"竣工决算投资、资金来源、资金结余、往来款清理结果"中内容，核对表中右侧"竣工决算报表"数据来源于编制完成的竣工决算报表。

表4.9.27
竣工决算数据账、表核对表

序号	科目名称	清理后决算投资、资金来源、往来款			竣工决算报表				差异	备注
		不含税金额	增值税进项税	含税投资	项目	不含税金额	增值税进项税	合税金额		
一	基建投资	1,141,003,270.77	134,308,027.45	1,275,311,298.22	决算投资	1,141,003,270.77	134,308,027.45	1,275,311,298.22	—	—
1	在建工程/建筑工程/与厂址有关的单项工程/厂区及施工区土石方工程/生产区土石方工程	7,441,408.20	669,726.74	8,111,134.94	建筑工程/与厂址有关的单项工程/厂区及施工区土石方工程/生产区土石方工程	7,441,408.20	669,726.74	8,111,134.94	—	
2	在建工程/建筑工程/与厂址有关的单项工程/临时工程/施工电源	3,084,625.93	277,616.33	3,362,242.26	建筑工程/与厂址有关的单项工程/临时工程/施工电源	3,084,625.93	277,616.33	3,362,242.26	—	
3	在建工程/建筑工程/主辅生产系统/工程/热力工程/主厂房本体及设备基础/主厂房本体	65,466,498.29	5,891,984.83	71,358,483.12	建筑工程/主辅生产系统/热力工程/主厂房本体及设备基础/主厂房本体	67,943,489.44	6,213,993.68	74,157,483.12	—	
4	在建工程/建筑工程/主辅生产系统/工程/热力工程/主厂房本体及设备基础/主厂房本体/中央空调	2,476,991.15	322,008.85	2,799,000.00						

续表

序号	科目名称	清理后决算投资、资金来源、往来款			项目	竣工决算报表			差异	备注
		不含税金额	增值税进项税	含税投资		不含税金额	增值税进项税	含税金额		
5	在建工程/建筑工程/主辅生产/工程/热力系统/主厂房本体及设备基础/主厂房附属设备基础	1,618,013.23	145,621.18	1,763,634.41	建筑工程/主辅生产系统/主厂房本体及设备基础/主厂房附属设备基础	1,618,013.23	145,621.18	1,763,634.41	—	
6	在建工程/建筑工程/主辅生产/工程/其他建筑工程（明细略）	126,035,266.94	11,343,174.02	137,378,440.96	建筑工程/主辅生产/其他建筑工程（明细略）	126,035,266.94	11,343,174.02	137,378,440.96	—	
7	在建工程/建筑工程/与厂址有关的单项工程/临时工程/施工降水	2,399,081.33	215,917.32	2,614,998.65	建筑工程/与厂址有关的单项工程/临时工程/施工降水	2,399,081.33	215,917.32	2,614,998.65	—	
8	在建工程/建筑工程/主辅生产/工程附属/工程厂前公共福利工程/停车场	5,137,614.68	462,385.32	5,600,000.00	建筑工程/主辅生产/附属工程/厂前公共福利工程/停车场	5,137,614.68	462,385.32	5,600,000.00	—	
9	在建工程/安装工程/主辅生产/工程/热力系统/锅炉机组/锅炉本体	60,378,432.90	5,434,058.96	65,812,491.86	安装工程/主辅生产/热力系统/锅炉机组/锅炉本体	60,378,432.89	5,434,058.97	65,812,491.86	—	

续表

序号	科目名称	清理后决算投资、资金来源、往来款			项目	竣工决算报表			差异	备注
		不含税金额	增值税进项税	含税投资		不含税金额	增值税进项税	含税金额		
10	在建工程/安装工程/主辅生产工程/热力系统/锅炉机组/风机	397,369.67	35,763.27	433,132.94	安装工程/主辅生产工程/热力系统/锅炉机组/风机	397,369.68	35,763.26	433,132.94	—	
11	在建工程/安装工程/主辅生产工程/电气系统/电缆及接地/电缆	10,393,154.05	1,212,918.42	11,606,072.47	安装工程/主辅生产工程/电气系统/电缆及接地/电缆	10,393,154.05	1,212,918.42	11,606,072.47	—	
12	在建工程/安装工程/主辅生产工程/电气系统/电缆及接地/桥架及支架	1,722,624.33	155,036.19	1,877,660.52	安装工程/主辅生产工程/电气系统/电缆及接地/桥架及支架	1,722,624.33	155,036.19	1,877,660.52	—	
13	在建工程/安装工程/主辅生产工程/电气系统/电缆及接地/电缆保护管	745,674.96	67,110.75	812,785.71	安装工程/主辅生产工程/电气系统/电缆及接地/电缆保护管	745,674.96	67,110.75	812,785.71	—	
14	在建工程/安装工程/主辅生产工程/电气系统/电缆及接地/电缆防火	976,949.37	87,925.44	1,064,874.81	安装工程/主辅生产工程/电气系统/电缆及接地/电缆防火	976,949.37	87,925.44	1,064,874.81	—	

续表

| 序号 | 科目名称 | 清理后决算投资、资金来源、往来款 | | | 项目 | 竣工决算报表 | | | 差异 | 备注 |
		不含税金额	增值税进项税	含税投资		不含税金额	增值税进项税	含税金额		
15	在建工程/需安装设备/主辅生产工程/热力系统/锅炉机组/锅炉本体	818,459,469.03	106,399,730.97	924,859,200.00	设备投资/主辅生产工程/热力系统/锅炉机组/锅炉本体	821,457,522.12	106,789,477.88	928,247,000.00	—	
16	工程物资—备品备件	1,038,761.06	135,038.94	1,173,800.00						
17	工程物资—专用工具	1,959,292.03	254,707.97	2,214,000.00						
18	在建工程/需安装设备/主辅生产工程/热力系统/锅炉机组/风机	4,237,168.14	550,831.86	4,788,000.00	设备投资/主辅生产工程/热力系统/锅炉机组/风机	4,237,168.14	550,831.86	4,788,000.00	—	
19	在建工程/待摊支出/项目建设管理费/设备材料监造费	1,132,075.48	67,924.52	1,200,000.00	待摊支出/项目建设管理费/设备材料监造费	1,132,075.48	67,924.52	1,200,000.00	—	
20	在建工程/待摊支出/项目建设技术服务费/勘察设计费/设计费	11,773,584.90	706,415.10	12,480,000.00	待摊支出/项目建设技术服务费/勘察设计费/设计费	11,773,584.90	706,415.10	12,480,000.00	—	
21	在建工程/待摊支出/项目建设管理费/项目法人管理费	9,874,528.30	25,471.70	9,900,000.00	待摊支出/项目建设管理费/项目法人管理费	9,874,528.30	25,471.70	9,900,000.00	—	

续表

序号	科目名称	清理后决算投资			资金来源、往来款 项目	竣工决算报表			差异	备注
		不含税金额	增值税进项税	含税投资		不含税金额	增值税进项税	含税金额		
22	在建工程/待摊支出/整套启动试运费/燃煤费	2,852,613.67	370,839.78	3,223,453.45	待摊支出/整套启动试运费/燃煤费	2,852,613.67	370,839.78	3,223,453.45	—	
23	在建工程/待摊支出/整套启动试运费/售出电费	−4,032,161.65	−524,181.01	−4,556,342.66	待摊支出/整套启动试运费/售出电费	−4,032,161.65	−524,181.01	−4,556,342.66	—	
24	在建工程/待摊支出/建设期贷款利息	5,434,234.78	—	5,434,234.78	在建工程/待摊支出/建设期贷款利息	5,434,234.78	—	5,434,234.78	—	
二	资金来源	—	—	1,230,000,000.00	资金来源	—	—	1,230,000,000.00	—	
1	实收资本/××公司			300,000,000.00	项目资本金			300,000,000.00	—	
2	长期借款/××银行			930,000,000.00	基建借款			930,000,000.00	—	
三	往来款务			44,352,446.73	应付款项			44,352,446.73	—	
1	应付账款			44,352,446.73	应付账款			44,352,446.73	—	
1.1	应付账款/建筑工程款/C建筑工程公司			6,393,466.71	C建筑工程公司			6,393,466.71	—	
1.2	应付账款/建筑工程款/D建筑工程公司			5,600,000.00	D建筑工程公司			5,600,000.00	—	

续表

序号	科目名称	清理后决算投资、资金来源、往来款			竣工决算报表				备注	
		不含税金额	增值税进项税	含税投资	项目	不含税金额	增值税进项税	含税金额	差异	备注
1.3	应付账款/工程款/E电建工程公司			2,213,000.02	E电建工程公司			2,213,000.02	—	
1.4	应付账款/设备款/F锅炉有限公司			27,847,410.00	设备款/F锅炉有限公司			27,847,410.00	—	
1.5	应付账款/设备款/G风机有限公司			143,640.00	设备款/G风机有限公司			143,640.00	—	
1.6	应付账款/设备款/H空调有限公司			83,970.00	设备款/H空调有限公司			83,970.00	—	
1.7	应付账款/咨询服务费/L监理有限公司			36,000.00	咨询服务费/L监理有限公司			36,000.00	—	
1.8	应付账款/咨询服务费/M设计有限公司			1,584,960.00	咨询服务费/M设计有限公司			1,584,960.00	—	
1.9	应付账款/咨询服务费/N咨询有限公司			450,000.00	咨询服务费/M设计有限公司			450,000.00	—	
四	结余资金	94,268.09	12,254.85	106,522.94	结余资金	94,268.09	12,254.85	106,522.94	—	
1	工程物资—材料	94,268.09	12,254.85	106,522.94	库存工程物资	94,268.09	12,254.85	106,522.94	—	

第十节　竣工决算说明书的编写

竣工决算说明书是总括反映竣工工程建设成果和经验，全面考核与分析项目投资与造价的书面总结，是竣工决算的重要组成部分。其主要内容包括对基本建设项目的总体评价、建设依据、主体工程造型、主设备和主体结构、项目施工管理、对各项财务和技术经济指标的分析、财务管理情况分析、结余资金处理情况、尾工工程的说明、审计意见处理情况、债权债务清理情况、竣工决算报表编制说明、其他需要说明的事项、大事记等13个部分。

一、项目总体评价

它是对基本建设项目进度、质量、安全、投资等方面进行总括的分析说明。该部分内容为总体评价，不需过于详细。

（一）进度情况

说明项目开工日期、竣工日期、总工期、各机组或单项工程里程碑节点（或网络主要节点）、计划与实际完成时间对比情况（可列表说明）；对实际工期与计划或考核工期进行比较，说明各工程项目之间工期的衔接与系统的协调，对实际工期提前或滞后的原因进行分析。

（二）质量情况

结合项目验收报告，对各机组或单项工程的评定等级、合格率、优良品率等质量情况，及工程总体质量验收情况进行说明（文字或列表）。对火力发电项目整体质量验收情况进行说明，一般应以省级电力工程建设质量监督站出具的火力发电项目并网试运前或并网试运后质量监督检验报告或意见书中整体项目质量督促结论为准。

（三）安全情况

根据劳动、监理和施工部门记录，对有无设备和人身事故等进行说明，对重大安全事故需要详细说明发生原因、后果及处理情况。

（四）投资情况

主要从总投资与单位生产能力投资的角度，对照概算工程总投资、造价目标，说明总投资与单位千瓦投资分别是节约还是超支，用金额和百分率进行分析说明，可结合简单对比表格进行分析。

二、建设依据

主要列明项目从筹备启动、项目建议书阶段、可行性研究阶段、核准及初步设计阶段、工程建设阶段及最终竣工验收等各环节取得的相应批复文件依据，其格式一般为：时间、发文部门、文件名称、文件编号等，一般按时间顺序排列。建设依据一般包括用地批复、环境影响评价报告批复、水土保持报告批复、项目立项批复、可行性研究报告批复、核准或备案文件、初步设计批复、重大设计变更批复、工程结算总投资批复（含未完工程项目）、概算外投资项目批复、预留尾工投资批复、总体工程质量监督结论文件、机组交接证书（试运行通过）、电网并网证书、达标投产批复等。

三、主体工程造型、主体结构和主要设备

主要说明主体工程造型、主体结构和主要设备的有关情况，说明主要建筑的布置和主体设备选型的合理性，一般应结合初步设计文件和实际建设情况来撰写。

主体工程造型主要说明火力发电工程的厂区总平面图及主体工程布置情况，主要包括主厂房区、冷却区、电气建筑物区、输煤设施区及铁路专用线、化学水建筑物区、燃油及除灰区、厂前办公区及辅助生产设施区的主要建筑物造型及布置情况，各建筑区间的相互衔接情况。主体结构主要说明热力、燃料供应、除灰、化学水处理、供水等各大系统的主要建筑物的承重结构、围护结构、材质、层数、高度、建筑面积、主要工程特点等。主要设备主要说明"三大主机"、主要辅机、脱硫、脱硝等主要设备的规格型号、数量、生产能力、设备特点、安装布局等情况。

四、工程施工管理

主要说明在建设过程中发生的问题和解决办法，施工技术组织措施情况，采用了哪些先进科学技术，取得了哪些经验和教训。需从工程组织、参建单位管理、工程质量管理、进度管理、投资管理、安全管理等各方面总结分析，包括内控制度制定情况、制度执行情况，针对重点难点工作进行的管理措施与方法以及各措施方法的实施效果，并总结相应的经验与教训。

五、各项财务和技术经济指标的分析

（一）概算执行情况分析

1.具体内容

概算执行情况分析包括实际基建支出与概算进行对比分析，单位投资分析，动用基本预备费的项目、金额、动用原因及依据的列表分析说明，主要包括：

（1）概算及其变动情况。根据概算批准文件说明总概算投资、单位投资及主要构成情况。如有概算调整变动的，应逐项说明调整的时间、原因、内容与金额。对于经上级单位单独批准的概算外项目，如未明确调整总体概算的，不作为概算调整。

（2）概算执行情况及分析。列表对比分析主要工程项目的实际投资与概算投资差异，并重点分析说明概算节约或超支较大项目（一般指偏差20%以上或绝对金额较大的项目）的形成原因。

（3）概算外项目情况。重点分析概算外项目和概算甩项项目（概算甩项是指概算中有但实际未实施的项目），详细说明发生概算外项目或甩项项目的原因、必要性和决策过程。对于甩项项目，还应分析其是否对整个项目建设及投产后生产运营造成重大影响。上述行为如经上级单位批准的，应同步列示批准文件。

（4）预备费使用情况说明。按动用预备费的项目、金额、动用依据逐项说明（可列表反映）。如经上级单位批准的，应同步提供批准文件。

（5）工程奖励情况。项目发生工程奖励支出的，应说明工程奖励列支依据、计算方法、奖励金额、审批部门及相应文件依据。

2.分析时应注意的事项

概算执行情况分析，对于反映建设成果，总结经验教训，提升管理水平，都具有重要意义。概算执行分析也是上级单位及竣工决算审计的重点关注内容。分析时应注意以下事项：

（1）协调专业人员参与分析。应组织协调项目建设单位的计划、工程、物资、生产等部门专业人员参与分析原因，从数量变化、价格变化、规格型号变化、施工工艺变化、工期增减、价格行情变化、索赔、内外部环境因素影响等方面进行分析。

（2）选取需分析对象。火力发电工程概算明细多达数百行，甚至上千行，逐项分析显然是不现实的，因此应对重点项目、重大差异进行重点分析，以点带面剖析出整体项目概算执行差异情况的主要原因。通过竣工工程决算一览表（明细表）（竣建02表）梳理、分析实际与概算差异较大的项目。通常重点关注正负偏差率20%以上或绝对金额较大的项目，尤其是差异额较大的项目。

（3）再次对概算和实际投资进行复核。经初步选取差异率或差异额较大项目后，应重新核实这些项目的概算与投资的口径、范围是否匹配，有无投资归概错误导致差异。应注意同一名称、相同类型、近似项目投资归概串项、混淆等的影响，有无安装与设备混淆、建筑与安装混淆等情况，必要时应将该项目的安装与设备、建筑与安装等在分析时先进行合并后再进行对比。

（4）关注招投标、市场竞争的影响。招标、询价等方式导致的投资节约或超支，是最简单最易归结的原因，但不能把所有差异变化都堆砌到这个原因上，必须视对比分析概算与招标采购金额的情况而定。而因市场竞争产生的投资节约，也反过来说明概算的标准可能高于市场价格。

（5）对比分析量差及价差变化。应仔细梳理、对比、分析概算与实际的数量（工程量）、单价、规格、品牌、施工工艺、人材机价格行情、内外部环境等变化情况，统计分析相关因素影响投资差异变化的幅度和金额。

（6）关注概算外项目和概算甩项项目的影响。应关注概算外项目和概算甩项项目对于概算执行差异的影响，分析说明发生概算外项目或甩项项目的原因、必要性、合理性及影响金额。

（7）差异分析应与现场踏勘及情况调查相结合。针对原因不明的重大差异，可将现场踏勘、向经办人调查了解与资料核查相结合，分析调查差异原因及金额。

（8）其他方面的影响。关注由于前期地质勘察不到位对于地基处理费用超概的影响，关注基建投资与生产费用划分是否准确合理，关注新冠疫情、环保政策、贸易战等对于工程进度、投资的影响，关注各种原因造成工期延长对于投资的影响。

（9）概算分析结果应进行复核。项目建设单位相关部门归纳整理的概算执行情况分析，要由专人进行复核，应对分析结果进行纵向、横向等多维度对比，避免出现矛盾、错误之处。

（二）新增生产能力的效益分析

应分析反映本项目对当地社会、经济的贡献，分析项目投资回收情况，对投产以后新增生产能力进行分析，对发电量、负荷量等进行分析。结合初步设计文件、可行性研究报告和投产后实际运营情况进行对比分析，至少应对比分析部分时间段（如一个年度、半年度）的生产经营情况。

（三）财务状况分析

列出历年资金到位和使用情况，分析有无资金严重短缺和过剩情况及形成原因，反映其对项目建设进度、质量和成本的影响，并对筹资成本进行分析说明。

六、财务管理情况分析

在项目建设过程中，制定了哪些财务规章制度、采取了哪些措施促进了基建工程财务管理工作的开展，对控制工程投资、节约建设资金、支持并服务于工程建设、提高经济效益等方面所发挥的作用进行分析。

七、结余资金处理情况

说明竣工结余资金的占用形态、处置情况，包括剩余物资、基建应收款项、结存货币资金等。重点说明工程剩余物资处置方式、处置金额、处置损益及尚未处理的工程物资计划利用情况等。

八、尾工工程的说明

总体介绍并逐项说明尾工工程的内容、预留金额、开工或拟开工时间、预计完成时间等。重点说明预留的必要性、预留依据和预留金额的合理性及上级单位批复情况。

九、审计意见处理情况

需逐项说明对审计意见中各项问题的落实情况，需说明项目建设过程中接受了国家或上级单位安排的哪些过程审计、专项审计或竣工决算审计，历次审计发现的主要问题及整改情况。

十、债权债务清理情况

说明竣工决算全面清理债权债务工作开展情况及取得的效果，说明是否存在重大债务不能偿还情况或债权无法收回情况，并列表说明各项债权和债务单位、金额、原因等情况，重点说明基建应收款项的产生原因、现时状况、回收计划等。

十一、竣工决算报表编制说明

说明竣工决算报告编制的依据、决算报表编制主要原则或编制中对数据有重大影响的处理方式和方法，包括：

（一）待摊支出分摊原则和分摊说明

说明待摊支出各项费用分摊的依据和方法、各主要费用的分摊范围和确定依据，并说明是否存在非受益原则分摊费用的情况等。

（二）转出投资原则

若存在为项目配套的专用设施投资，如专用道路、码头、专用通信设施、送变电站、地下管道等，但项目建设单位对其没有产权或者控制权，需移交地方政府专门管理部门的，应说明该类投资转出移交情况及决算处理情况。

（三）概算回归说明

动用基本预备费、编制年价差、价差预备费的，其支出列入相应的工程项目实际投资，同时对项目动用上述预备费情况进行概算回归说明，说明动用各项预备费的工程项目名称、动用金额以及审批情况。

（四）数据勾稽关系说明

竣工决算报表间应满足一定的勾稽关系，如有特殊情况的应进行说明。

（五）其他特殊编制说明

如有与竣工决算编制规则不一致或规则未规定的情形，应当予以说明。

十二、其他需要说明的事项

指在工程建设过程中发生的其他需要说明的重大特殊事项。

十三、大事记

竣工决算报告中的大事记是指对建设期间（从筹备期至竣工验收时）发生的与建设项目有关的活动、工程关键进度节点以及重大事项，按时间顺序进行的记录。大事记应逐条记录相关活动，并包含时间、人物、地点、主要内容等相关信息。大事记至少应包括项目建设依据和重大工程节点等重要内容。

第十一节 竣工决算稽核

一、决算报表投资与科目余额表稽核

竣工决算编制完成之后，需要对竣工决算报表与财务账面数据情况进行核对，核查科目余额表数据或会计报表数据与竣工决算表数据是否一致或相互匹配。一般表现为表4.11.1中的对应关系。

表4.11.1 决算报表投资与科目余额稽核表

竣工决算表	竣工决算表内容	科目	核对内容
竣建02表	建筑工程	在建工程——建筑工程 固定资产	1.核对建筑工程各下级明细科目金额是否与竣工决算表对应内容数据一致或匹配 2.在建筑工程概算中存在部分不需安装设备，若在购入时计入了固定资产科目，此时核对两者的合计数是否与竣工决算表金额一致。（建筑设备应为原值；已提折旧应从项目建设单位管理费中剔除，回归到资产原值，下同） 3.若有预计未完工程，竣工决算表金额为会计科目余额与预计未完工程金额的合计数
竣建02表	安装工程	在建工程——安装工程	1.核对安装工程各下级明细科目金额是否与竣工决算表对应内容数据一致 2.若有预计未完工程，竣工决算表金额为会计科目余额与预计未完工程金额的合计数
竣建02表	设备购置费	在建工程——需安装设备、固定资产、工程物资（随主设备购买尚在工程物资科目核算的备品备件及专用工具）	1.核对需安装设备各下级明细科目金额是否与竣工决算表对应内容数据一致 2.在设备购置费概算中存在部分不需安装设备，若在购入时计入了固定资产科目，此时核对两者的合计数是否与竣工决算表金额一致
竣建02表	其他费用	在建工程——待摊支出 长期待摊费用 固定资产 无形资产	1.核对在建工程——待摊支出各下级明细科目金额、无形资产、长期待摊费用是否与竣工决算表对应内容数据一致 2.竣建02表生产准备费金额应为"在建工程——待摊支出——生产准备费"科目余额加上长期待摊费用 3.若预留费用尚未暂估入账，竣工决算表金额为会计科目余额与预留费用金额的合计数
竣建02表	待抵扣增值税进项税额	应交税费——待抵扣增值税进项税额	1.核对两者是否一致 2.编制决算报表时，电厂一般已经进入生产期，需要区分生产期产生的待抵扣进项税。对基建期已抵扣的增值税进项税额，应予以加回调整
竣建03表	其他费用具体内容	在建工程——待摊支出	1.核对在建工程——待摊支出各下级明细科目金额、无形资产、长期待摊费用是否与竣工决算表对应内容数据一致 2.竣建02表生产准备费金额应为"在建工程——待摊支出——生产准备费"科目余额加上长期待摊费用

续表

竣工决算表	竣工决算表内容	科目	核对内容
竣建05表	实收资本、银行借款	实收资本 长期借款 短期借款	1.核对竣建05表实收资本金额是否与资本化时点会计科目余额一致 2.核对竣建05表借款金额是否与资本化时点会计科目余额一致
竣建05表	往来如"应付账款""应付票据""其他应收款"等	往来科目余额	1.核对是否与各往来科目余额一致。若有补入账、预留费用及预计未完工程，则应考虑上述未入账的部分 2.若往来科目核算时未区分生产期和基建期往来，则应在清理出基建期往来科目余额后进行核对
竣建05表	工程物资——材料或设备	工程物资（不包含随主设备购买、工程物资科目中的备品备件及专用工具的余额）	1.核对金额是否一致 2.若同时存在有技改等项目的工程物资，则应将科目余额减去技改等项目工程物资金额后进行核对
竣建05表	建筑工程 安装工程 设备购置费 其他费用 待抵扣增值税进项税额		如竣建05表中填写建筑工程、安装工程、设备购置费、其他费用、待抵扣增值税进项税额等数据，则与上述竣建02表核对过程一致

二、决算报表稽核

（一）竣工工程概况表（竣建01表）

1.竣建01表概算总投资＝竣建02表工程动态总投资行的概算合计数，应不包括铺底生产流动资金。

2.竣建01表实际总投资＝竣建02表工程动态总投资行的实际合计数，应不包括铺底生产流动资金。

3.竣建01表单位投资＝竣建01表概算总投资或竣建01表实际总投资/竣建01表本期新增生产能力（电力项目为装机容量）。

4.竣建01表固定资产形成率＝竣建04表固定资产行的合计数÷竣建04表移交资产总值×100%。

（二）竣工工程决算一览表（竣建02表）

1.竣建02表工程动态总投资＝工程静态总投资＋建设期贷款利息＋价差预备费。

2.竣建02表工程静态总投资=对应行建筑工程费+设备购置费+安装工程费+其他费用。

3.竣建02表"其中:预留尾工工程"合计数=竣建02表附表"预留尾工工程"合计数,其建筑工程、安装工程、设备价值、其他费用对应项目也相等。

(三)其他费用明细表(竣建03表)

1.竣建03表其他费用各项概算数之和=竣建03表其他费用项目概算数合计数。

2.竣建03表待摊支出、固定资产、流动资产、长期待摊费用、无形资产各列数据之和=竣建03表各项费用纵向合计数。

3.竣建03表各项费用的待摊支出、固定资产、流动资产、长期待摊费用、无形资产之和=竣建03表各项费用横向合计数。

4.竣建03表待摊支出合计数=竣建03表附表待摊支出合计数(此公式对单项费用也适用)。

(四)移交资产表(竣建04表)

1.竣建04表各列的固定资产、流动资产、无形资产、长期待摊费用、待抵扣增值税合计数分别=各列相应项纵向合计数。

2.竣建04表各行的建筑费用、设备价值、安装费用、摊入费用、直接形成的资产合计数分别=各行相应项横向合计数。

3.竣建04表房屋的建筑费、摊入费用、移交资产合计分别=竣建04-1表房屋的建筑费用、摊入费用、移交资产价值。

4.竣建04表构筑物的建筑费、摊入费用、移交资产合计分别=竣建04-1表构筑物的建筑费用、摊入费用、移交资产价值。

5.竣建04表安装的机器设备的设备价值、设备基座价值、安装费用、摊入费用和移交资产合计分别=竣建04-2表安装的机器设备的设备价值、设备基座价值、安装费用、摊入费用和移交资产价值。

6.竣建04表线路的设备价值、设备基座价值、安装费用、摊入费用和移交资产合计分别=竣建04-2表线路的设备价值、设备基座价值、安装费用、摊入费用和移交资产价值。

7.竣建04表不需要安装的机械设备=竣建04-3表不需要安装的机械设备的"属固定资产部分"。

8.竣建04表固定资产项下的工器具、家具=竣建04-3表工器具、家具的"属固定资产部分"。

9.竣建04表流动资产项下的工器具、家具、备品备件=竣建04-3表工器具、家具、备品备件的"属流动资产部分"。

10.竣建04表长期待摊费用、无形资产、待抵扣增值税=竣建04-4表长期待摊费用、无形资产、待抵扣增值税。

11.竣建04表建筑费用合计数=竣建04-1表建筑费用合计数。

12.竣建04表设备基座价值合计数=竣建04-2表设备基座价值合计数。

13.竣建04表设备价值合计数=竣建04-2表设备价值合计数+竣建04-3表中归属于设备概算下的移交资产价值。

14.竣建04表安装费用合计数=竣建04-2表安装费用合计数。

15.竣建04表摊入费用合计数=竣建04-1表摊入费用合计数+竣建04-2表摊入费用合计数。

（五）竣工财务决算表（竣建05表）

1.竣建05表资金来源合计=竣建05表资金占用合计。

2.竣建05表资金来源合计=竣建05表资本金+基建投资借款+债券资金+应付款项。

3.竣建05表资金占用合计=竣建05表投资完成额+结余资金。

4.竣建05表投资完成额=竣建05表交付使用固定资产+交付使用流动资产+长期待摊费用+交付使用无形资产+待抵扣增值税。

（六）表间数据稽核

1.竣建02表工程动态总投资=竣建04表移交资产合计=竣建05表投资完成额小计。

2.竣建02表待抵扣增值税合计数=竣建04表待抵扣增值税合计数=竣建05表待抵扣增值税。

3.竣建02表其他费用概算投资合计数=竣建03表其他费用概算数合计。

4.竣建02表其他费用实际投资合计数（不含税）=竣建03表其他费用实际金额的合计数=竣建04表摊入费用合计数+竣建04表直接形成的资产合计数（不包含待抵扣增值税）。

5.竣建02表建筑工程实际投资合计数（不含税）=竣建04表建筑费用合计数+竣建04表设备基座价值合计数+竣建04-2表归属于建筑费用概算的安装设备价值。

6.竣建02表设备基座价值实际投资合计数=竣建04表设备基座价值合计数。

7.竣建02表安装费用实际投资合计数（不含税）=竣建04表安装费用价值合计数+竣建04-2表归属于安装工程概算的安装设备价值。

8.竣建02表设备价值实际投资合计数（不含税）=竣建04表设备费用价值合计数-竣建04-2表归属于安装工程概算的安装设备价值-竣建04-2表归属于建筑费用概算的安装设备价值。

9.竣建03表待摊支出合计数=竣建04表摊入费用。

10.竣建03表固定资产、流动资产、长期待摊费用、无形资产合计数=竣建04表直接形成资产下的各对应项的合计数（不含税）。

三、决算说明书与决算报表数据稽核

1."工程的总体评价"投资部分是否与竣建02表投资计算口径、金额完全一致。

2."各项财务和技术经济指标的分析"中"概算执行情况分析、财务状况分析"是否与竣建02表、竣建05表数据相符。

3."结余资金处理情况"是否与竣建05表结余资金一致。

4."预留未完工程的说明"是否与竣建02表附表一致。

5."债权债务清理情况"是否与竣建05表附表相关数据一致。

6.决算报表、说明书两者使用的文件依据是否一致。

四、决算说明书与其他资料稽核

1.决算说明书中概算执行情况分析是否与实际情况相符，是否与佐证资料勾稽匹配。

2.决算说明书中主体工程造型、主体结构和主要设备，工程施工管理，新增生产能力的效益分析是否与实际情况相符，是否与初步设计文件等佐证资料勾稽匹配。

3.历次审计报告提出的问题是否在"审计问题整改情况"中——说明。

4.决算说明书与相关文件依据稽核：决算说明书所引用的文件名称、文件号、所引用文件内容（特别是投资数据）是否与所附文件一致；附件中所列文件是否完整，决算说明书中引用的文件是否附上。

第十二节　竣工决算报告的装订

火力发电项目竣工决算报告装订内容一般包括七部分内容：竣工决算报告封面，竣工决算报告目录，竣工工程全景或主体工程彩照，核准文件、概算批准文件和竣工验收报告，竣工决算说明书，全套竣工决算报表，竣工决算审计报告及其他重要文件。

一、报告封面

竣工决算报告封面包括外封和内封。外封包括项目建设单位名称、建设项目名称、编制日期等，内封应包括建设项目名称、建设项目负责人、编制竣工决算领导小组及参加编制竣工决算报告人员名单、编制日期等，可以将竣工决算报表封面作为内封。建设项目名称应按经批复的初步设计文件上的项目名称填写；编制日期为竣工决算报告编制完成日期；正式报出的竣工决算报告应加盖项目建设单位公章和法定代表人章。

二、报告目录

竣工决算报告目录应按照报告所含内容依次列出，并标出页码。竣工决算报告目录内容包含竣工工程全景或主体工程彩照，竣工决算说明书，全套竣工决算报表，核准文件，概算批准文件和竣工验收报告，竣工决算审计报告及其他重要文件等五项，其中，全套竣工决算报表至少需列出五张主表目录，批复文件应列明各项批复文件名称。

三、竣工工程全景和主体工程彩照

竣工工程全景和主体工程彩照主要包括：工程全景、主体建筑物、大型设备及重要领导视察图片或重要工程节点图片等。一般包括1张工程全景，2—4张主体工程及设备相片，2—4张领导视察相片。火力发电项目可包括主厂房、烟囱、冷却塔、锅炉、汽轮机、发电机、主变压器等。

四、核准文件、概算批准文件和竣工验收报告

核准文件为国家或地方发改部门核准项目建设的批复文件，概算批准文件为经上级单位批复的初步设计概算批文，竣工验收报告为上级单位批复或备案的项目投产达标文件或竣工验收证书、总体竣工验收报告。

五、竣工决算说明书及全套竣工决算报表

竣工决算说明书及全套竣工决算报表详见本章第八节、第九节。

六、审计报告及其他重要文件

包括竣工决算审计报告、用地批复、环境评价报告批复、水土保持报告批复、项目立项批复、可行性研究报告批复、初步设计审查及批复文件、开工批复文件、工程造价总目标批复、执行概算批复、重大设计变更批复、历年投资计划、工程结算总投资批复（含未完工程项目）、概算外投资项目批复、质量监督检验结论文件、完成试运行交接证书、电网并网证书等。

七、装订要求

竣工决算报告按照A4纸横排双面印刷，文字用3/4号宋体，表格用10号字。外封可用硬皮，内封需加盖项目建设单位章并有法定代表人的签名。竣工决算报

告按照以下顺序装订：

1.竣工决算报告封面。

2.竣工决算报告目录。

3.竣工工程全景或主体工程彩照。

4.竣工决算说明书。

5.全套竣工决算报表。

6.核准文件、概算批准文件和竣工验收报告。

7.审计报告及其他重要文件。

八、其他事项

根据目前各发电集团公司通行做法，项目建设单位编制完成火力发电项目竣工决算后，根据管理权限由集团公司或二级单位组织进行竣工决算审计（或委派中介机构开展竣工决算审计），项目建设单位应根据审计调整意见修改完善竣工决算报告，使其顺利通过竣工决算审计，并按规定对竣工决算报告整理装订后，向集团公司申请竣工决算验收。

第五章
竣工决算编制完成后事项

竣工决算编制完成后，经竣工决算审计并修改完善后，项目建设单位应将竣工决算报告上报上级单位审查批复。项目建设单位应根据批复的竣工决算，冲销原"预转固"相关资产的会计凭证，正式结转固定资产、无形资产等各类资产，并建立固定资产卡片，完成竣工决算后续工作。竣工决算完成后，项目建设单位还要根据批复情况，继续完成未完收尾工程。本章主要介绍竣工决算编制完成后需要完成的账务处理、如何建立固定资产卡片以及尾工工程实施管控。

第一节　账务处理

在火电发电项目竣工投产后，项目建设单位应对项目拟移交的固定资产进行"预转固"账务处理，并按"预转固"明细计提折旧。由于尚未完成竣工决算，"预转固"资产金额与分类尚存在一定的差异，影响固定资产折旧的准确计提。竣工决算编制、审计完成并经上级单位批复后，项目建设单位应冲销原预转固的相关会计凭证，并根据批复的竣工决算将在建工程正式结转固定资产，在财务账面上准确反映基建项目移交固定资产情况。

按行业习惯，"转固""预转固"与"暂估转固"的"固"均包含固定资产、无形资产及其他长期资产。相应的，涉及固定资产折旧时，也包含了无形资产或其他长期的摊销（下同）。转资环节固定资产与无形资产处理方式是一样的，为简化起见，本书中主要介绍固定资产转资处理。

一、正式结转固定资产前的账务核对

1.清理竣工决算编制日后事项

（1）决算报表调整清理。竣工决算正式批复前，可能历经编制、审核、审批过程中的多次修改、调整及完善，应核对上述各个环节对于决算报表的调整事项，是否已入账核算。没有入账的，补充调整入账；已入账的，核对会计核算是否与报表调整一致。

（2）预留尾工清理。如竣工决算报表有预留尾工工程的，在决算报表编制基准日至正式转资日期间已建设完成、达到可使用状态的，需要清理出原预留概算金额、实际投资额，并清理出账面资产明细，与现场盘点资产核实，确定转资的资产明细清单。

（3）其他清理。在编制基准日后，如有其他涉及账务调整或会计差错更正的，也应一一清理，查明原因与对决算报表的影响，确定是否需要调整决算报表。

2.编制会计账簿与竣工决算报表总投资的调整核对表

清理完会计账簿记录与竣工决算报表总投资差异后，应当编制"会计账与决算报表的调整核对表"，编制方式可以参考银行存款余额调整表的格式，以会计账簿记录与竣工决算报表数据分别作为基础，各自分别加减需要调整的数据，最后得出正式转资的总金额。账表对应关系应基于以下基本原则进行核对。

截至竣工决算基准日的在建工程科目余额＋工程物资余额（本处工程物资余额指工程物资科目中随主设备购置的备品备件、专用工具的余额）＋长期待摊费用（生产职工培训及提前进场费）原值＋固定资产明细的净值＋无形资产明细净值＝竣工决算交付固定资产、无形资产、流动资产、长期待摊费用等各类资产的金额（注：如竣工决算报表中有标注为未完工程的资产应予以剔除，固定资产明细净值、无形资产明细净值是指从固定资产及无形资产科目中清理出来的应属于竣工决算交付固定资产、无形资产明细的净值）。

具体的核对方法参见第四章第十节中"决算报表投资与科目余额表稽核"的内容。

如经核对不满足上述账表对应关系，则应进一步核查竣工决算资料，核实是否存在以下情况：

（1）已完成的合同部分款项尚未核算入账。

（2）部分账务核算存在差错尚未调整。

（3）尚未按竣工决算修改、审核、审批意见完成账务调整。

（4）预留费用尚未核算入账。

（5）未完工程已经核算入账。

两次核对清理上述账表差异后，应按账务核算规定逐项进行账务处理，属于尚未核算入账的抓紧核算入账，存在差错或尚未调整事项的抓紧进行纠错、调整，并编写核对说明。

3.根据上述核对结果，编制正式的转资清单

根据调整核对一致的竣工决算总投资，整理出正式转固资产清单。由于长期待摊费用（生产职工培训及提前进场费）、基建管理用固定资产、无形资产已经属于正式转资的资产，除特殊情况需要调整的，一般不需重复转资，应在资产清单中备注说明。已完工的尾工工程也需要列入转资清单；未完工的预留尾工，核对时已剔除，无需列转资清单。

二、正式结转固定资产

1.冲销原预结转资产的会计凭证

应冲销火力发电项目达到预定可使用状态后的各批次预结转资产的会计凭证，原则上应"原路冲回"。

2.统计不需结转资产明细

根据账表对应关系，统计竣工决算交付资产各明细表中列示的从固定资产、无形资产、长期待摊费用等科目中直接清理出来的固定资产、无形资产、长期待摊费用等，这部分资产在建设期间已计入相关资产类科目，无需再次进行结转资产的账务处理。

3.正式结转资产

根据账表对应关系，将在建工程、工程物资余额结转至固定资产、无形资产、原材料、低值易耗品等科目余额。

三、正式结转资产后的折旧处理

（一）"预转固"已计提折旧的分摊

《企业会计准则第4号固定资产——应用指南》规定，已达到预定可使用状态但尚未办理竣工决算的固定资产，应当按照估计价值确定其成本，并计提折旧；待办理竣工决算后，再按实际成本调整原来的暂估价值，但不需要调整原已计提的折旧额。《企业会计准则第4号固定资产——应用指南》规定，火力发电项目在完成试运行达到预定可使用状态之后即应预结转资产并开始计提固定资产折旧。

由于火力发电项目试运行之后尚未编制完成竣工决算报表，因此无法按照竣工交付资产明细计提固定资产折旧，只能按资产类别分类计算折旧。竣工决算报表审批通过后，需按照竣工决算交付的资产明细建立资产卡片并计提折旧，因此需将原预转固后计提的分类折旧分摊至各明细资产，从而计算出各明细资产的已计提折旧，以便于准确计算各明细资产在后续使用期间的折旧。

上文提到预转固时有的按整体资产进行折旧，有的按分类折旧。正式转固重新分配折旧时，实务中常见的分摊方法有两种。

1.按固定资产原值分摊的简单分摊法

以已计提的折旧总额，除以正式转固的固定资产原值总额，得出正式转固综合折旧率，然后以综合折旧率乘以正式转固的各项固定资产原值，得出其应分摊的折旧额。竣工决算报表中列示的从固定资产科目中直接清理出来的固定资产明细无需分摊已预提折旧，因为此类资产已做固定资产卡片并正常计提折旧（下同）。此方式的优点是简单便捷，缺点是直接按固定资产原值进行分配会出现使用年限长的资产多分配了折旧，使用年限短的资产少分配了折旧。当使用年限短的资产报废时，会出现较大的固定资产清理损失。

2.结合各项资产的使用年限、净残值，按应提折旧额分摊的综合分摊法

以正式转固的固定资产明细，逐项确定其已使用年限、预计可使用年限、残值率，计算出按折旧政策应当计提的折旧；以实际已计提的折旧总额除以正式转固资产应计提的折旧总额，得出折旧分配率；以各项资产应计提的折旧额乘以折旧分配率，得出其应分摊的折旧额。此方法的优点是综合考虑了资产的预计使用

年限、残值率，分配方法更合理。缺点是工作量比较大。

上文提到预转固时有的按整体资产进行折旧，有的按分类折旧，正式转固重新分配折旧时也有两种分摊口径。

1.按分类资产口径分摊

在按分类资产计提分类折旧的情况下，可以按计提的分类折旧额在其对应的分类固定资产明细中进行分摊。这种方法的优点是保持了原分类折旧不变，只就各分类折旧在其所属类别中分摊，不影响会计核算。缺点是可能由于暂估转固分类失真，分类折旧并不准确，可能导致某些类别折旧多提，某些类别折旧少提。另外，分摊需要按各类别计算，工作量比较大。

2.按整体资产口径分摊

不论是按整体资产计提综合折旧额，还是按分类资产计提分类折旧，都可以按整体资产口径分摊，也就是把已计提的折旧总额，在正式转固的整体固定资产明细间进行分摊。优点是分摊一次进行，比较简便；同时各资产均按正常的折旧平等地参与分摊更合理。缺点是分摊后的固定资产分类折旧额与账面固定资产分类折旧额不一致，差异需要作为会计估计调整。

不同口径的分摊方法可以是简单法也可以是综合法。相对而言，以整体资产口径按综合分摊法进行分摊比较合理。如果按分类资产口径进行分摊，应对各明细固定资产分摊折旧后的净值进行检查，净值不应小于固定资产残值，如小于残值的应对该固定资产分摊的折旧进行调整，将净值小于残值的差额在其余固定资产之间进行二次分摊。

（二）计算后续期间折旧额

以各项固定资产明细的原值减去已分摊的折旧及规定的预计残值后的余额，除以资产的未来可使用时间（全寿命使用月数减已计提折旧月数），计算出相应的各月折旧额，作为该项固定资产后续使用期间的各月折旧额。

第二节　建立固定资产卡片

火力发电项目在办理竣工决算后，项目建设单位根据竣工决算报表中各项移交资产明细，参照相关固定资产管理办法，建立固定资产卡片。本节将说明如何建立固定资产卡片。

一、固定资产卡片建立的流程

（一）了解相关规定

了解项目建设单位及上级单位关于固定资产管理的相关规定，包括固定资产管理办法、固定资产目录、固定资产分类及折旧率等资料。通过查阅上述制度性文件，了解固定资产管理的相关要求，并作为建立固定资产卡片的依据。

（二）资产盘点

根据正式转固定资产的明细表，实地盘查各项资产明细，以确认交付的各项资产目前是否还存在，是否表实相符，另外还可以补充完善各项资产的型号、规格、数量等信息，以便在建立固定资产卡片时使用。对于在盘查中确认已报废或损坏无法使用、丢失等的资产，属于决算期后事项，应按公司固定资产盘盈盘亏处置报批程序处理，不在拟建立的固定资产卡片资产明细表中列示，即不用建立固定资产卡片。已转固的原值与分摊的折旧也应转入固定资产清理，清理损失计入当期损益。

实务中有的单位会先盘点实物资产，然后据实调整竣工决算报告中的移交资产明细表，以调整后的明细表正式转资，并分摊折旧，然后建立固定资产卡片。这种方法虽然更简便，但不符合经济业务的实际情况，掩盖了竣工决算编制基准日后固定资产出现盘盈盘亏、毁损等问题。

如果建设单位在竣工决算编制期间已经依据竣工决算报表中交付资产明细对固定资产进行了全面清查盘点，且资产盘点时点与正式转固时点相差不长（一般为3个月以内），可以重点对竣工决算资产盘点时点至正式转固时点的资产增减变化进行盘点核对，不再进行全面盘点。如竣工决算编制时资产盘点时点较正式转固时点相差较长的，建设单位应在正式转固前进行全面的资产盘点。

（三）资产归类

根据上级单位所下发的固定资产目录中各类资产的内容和要求，对拟建立固定资产卡片资产明细表中的资产明细进行合理归类。此项工作需项目建设单位计划部、设备管理部根据资产的实际分布情况、专业分工管理情况，确定各项资产在固定资产目录中所属的资产类别。

（四）填制固定资产卡片

根据本章中第一节中"正式结转资产后的折旧处理"内容，明确正式转固每项资产的已提折旧。根据已收集的移交固定资产相关信息，填制各项固定资产卡片。固定资产卡片由财务部门会同实物管理职能部门共同设立。固定资产卡片信息应整理成固定资产管理信息系统可识别的格式，方便导入固定资产管理信息系统。

二、固定资产卡片记录的内容

固定资产卡片记录的内容应包括但不限于：资产的名称、编码、规格型号、生产制造单位、计量单位和数量；资产的原值、已提折旧、购置日期、启用日期、预计使用年限、年折旧率、残值率、保管使用部门、保管责任人员和存放地点等；主要附属设备的名称、规格型号、制造单位、数量和价值；使用保管单位的验收记录、资产变动记录。

三、范例

本处以交付移交资产—安装的机械设备一览表（竣建04-2表）中锅炉设备为例（见表5.2.1），说明固定资产卡片的填写情况。表中内容说明：根据该火力发电项目预转固已提折旧（预转固后至正式转固时已计提折旧6个月），分摊至1#锅炉本体的已提折旧额为2,361,528.67元。

表5.2.1　　　　　　　　固定资产卡片

卡片编号：00001

资产类别：电力专用设备/发电及供热设备/锅炉及附属设备

资产编码：DLZY00001	资产名称：1#锅炉本体
规格型号：超超临界燃煤锅炉HG-3239/29.3-YM	生产制造单位：F锅炉有限公司
计量单位：台	数量：1

续表

资产原值：76,510,342.55元	已提折旧：2,361,528.67元
残值率：3%	残值：2,295,310.28元
购置日期：20××年××月	启用日期：20××年××月
预计使用年限：18年	剩余折旧期间：210个月
剩余折旧期间月折旧率：0.4472%	剩余折旧期间月折旧额：342,159.54元
保管使用部门：生产技术部/锅炉专业组	保管责任人员：张××
使用状态：正常使用	安装或存放地点：主厂房内东侧
验收记录：20××年××月××通过试运后正式投产	资产变动记录：无
主要附属设备：包括煤槽、吹灰器、取样凝结器、燃烧器等	

复核人：李××　　　　　　　　　　　　　　　制表人：王××

第三节　尾工工程实施管控

尾工工程应严格按照相关批复文件、完成时限组织实施。无批复文件的，应按照火力发电工程清理申报的尾工工程明细内容来实施。未清理申报的内容，不得挤占尾工工程投资。尾工工程涉及重大变更时，项目建设单位应及时按相关管理权限上报上级单位，不得利用尾工工程"搭车"建设其他项目。

尾工工程实施中应依规履行的招投标、设计、合同、监理、验收、审计、质量监督等管理流程不得随意减免或规避，相关的过程及成果资料应随同火力发电项目建设期间的档案资料一并归档保存。尾工工程实施完成后应及时进行销号清理，并将完成情况按相关管理权限报上级单位备案。

未完工程实际完工后，根据实际结算金额结转形成相应的资产及往来账。因未完工程在编制竣工决算报表时并未进行账务处理，因此不涉及账务调整事宜。

预留费用实际发生后，应先冲销原暂估入账会计凭证，再按照实际结算金额核算入账，原账务核算及竣工决算报表中的预留费用与实际支出不一致的，差异金额直接调整因其受益的主要资产价值及固定资产卡片金额，无需重新编制竣工决算报表。

第六章
竣工决算过程中应注意事项

火力发电项目在建设过程中，涉及的财务、税务问题较多，与工程管理关联也比较大，相关经济事项繁杂，容易产生概念混淆或经济业务实质判断错误，需要重点分析。考虑这些事项有一定的特殊性，本章将结合实务经验及相关法规，针对各类特殊事项，列举一些常见的处理原则及思路，以供借鉴。

第一节　资本性支出与生产性支出的区分

一、借款费用资本化与损益化的区分

《企业会计准则——借款费用》第六条规定，以下三个条件同时具备时，因专门借款而发生的利息、折价或溢价的摊销和汇兑差额应当开始资本化：（1）资产支出已经发生；（2）借款费用已经发生；（3）为使资产达到预定可使用状态所必要的购建活动已经开始。第十五条规定，当所购建的固定资产达到预定可使用状态时，应当停止其借款费用的资本化；以后发生的借款费用应当于发生当期确认为费用。第十四条规定，符合资本化条件的资产在购建或者生产过程中发生的非正常中断，且中断时间连续超过3个月的，应当暂停借款费用的资本化。在中断期间发生的借款费用应当确认为费用，计入当期损益，直至资产的购建或者生产活动重新开始。如果中断是所购建或者生产的符合资本化条件的资产达到预定可使用或者可销售状态必要的程序，借款费用的资本化应当继续进行。

根据上述准则的规定，火力发电项目常见的借款费用资本化与费用化的区分事项有：

1.火力发电项目建设期间发生非正常中断超过3个月的，其借款费用应当按准则要求计入当期损益。非正常中断情况主要有：火力发电项目由于国家政策或企业自身原因发生停工、缓建的；由于送出线路建设进度滞后导致火力发电项目建成后无法投产发电的；发生重大质量、安全、环保事故导致停工的；由于重大建设程序申报审批不合规（如未批先建、边批边建等）导致停工的。项目发生上述情况，非正常中断超过3个月的，应当及时停止利息资本化。

2.火力发电项目分批完成试运行应分批停止借款费用资本化。火力发电项目同时建设多台机组，且机组分批次完成试运行的，应从完成试运行之日起，按完成试运行机组投资占项目总投资比例分批停止借款费用资本化（即按照通过试运行后的预转资产比例分批停止借款费用资本化，两者实质上是等同的）。首台机组试运行时，多台机组共用的公共生产及管理设施应当随同首台机组一并投运，因此，计算完成首台试运行机组投资时，需要考虑这部分公共生产及管理设施的投资金额。通常情况下，同步建设两台机组的火力发电项目，随同首台机组通过试运行的投资占项目总投资比例约为70%。借款费用计算应精确至天，计算时如实际投资统计难度较大，可以依据初步设计或执行概算投资数据计算并分摊实际发生的借款费用。

二、备品备件购置等应按采购时点区分

火力发电工程概算项目中的备品备件购置费（有的火力发电工程在生产准备费项下单独计列备品备件购置费项目）、工器具及办公家具购置费，是指需在基建期间购买并在基建投资计列，但主要用于项目生产经营期间的备品备件、工器具、家具等。火力发电项目投入生产之后，仍然需要继续购买备品备件、工器具、家具等，由于火力发电项目竣工决算工作比较滞后，有的项目建设单位将项目投产之后较长期间购买的备品备件、工器具、家具等仍然计入基建投资中的"备品备件购置费""工器具及办公家具购置费"科目，导致基建投资虚增。

备品备件购置费、工器具及办公家具购置费在概算计列时，是按一定比例

估算的，并没有明确到具体的实物明细。如果仅按概算金额控制，而不考虑实际采购时点，则容易产生把生产期购置的备品备件购置费、工器具及办公家具购置费列入基建的情况，如果概算额度一直没有使用完，则会持续不断地使用概算额度进行购置，导致实际采购的时间无法控制，采购事项也难以终止。从谨慎性原则出发，应以最后一台机组投产时点为截止时间，将投产之后采购的备品备件、工器具、家具在生产成本中列支（未达到固定资产标准的），以方便核算和管理。

三、非正常停工期间的费用应按相关性原则计列

火力发电项目建设期周期长，其间受各种因素影响可能会出现中断或停工的情况。对于项目中断或停工期间费用如何计列与归集，建议参照《企业会计准则第4号——固定资产》《企业会计准则第17号——借款费用》的相关规定进行处理。

《企业会计准则第4号——固定资产》第九条规定，自行建造固定资产的成本，由建造该项资产达到预定可使用状态前所发生的必要支出构成。《企业会计准则第17号——借款费用》第十一条规定，符合资本化条件的资产在购建或者生产过程中发生非正常中断且中断时间连续超过3个月的，应当暂停借款费用的资本化。在中断期间发生的借款费用应当确认为费用，计入当期损益，直至资产的购建或者生产活动重新开始。如果中断是所购建或者生产的符合资本化条件的资产达到预定可使用或者可销售状态必要的程序，借款费用的资本化应当继续进行。

如停工或中断属于项目建设过程中资产达到预定可使用状态所必经的程序，或者事先可预见的不可抗力因素导致的中断，如某些工程建造到一定阶段必须暂停下来进行质量或者安全检查，检查通过后才可继续下一阶段的建造工作，这类中断是在施工前可以预见的，而且是工程建造必须经过的程序，中断期间发生的费用应计入项目成本。

如停工或中断是由企业管理决策或者其他不可预见的原因所导致的，则此期间内发生的借款费用，超过3个月的应停止资本化。譬如，企业因与施工方发生了质量纠纷，或者工程、生产用料不能及时供应，或者资金周转发生了困难，或者施工、生产发生了安全事故，或者发生了与资产购建、生产有关的劳动纠纷等原

因，导致资产购建或者生产活动中断的，此非正常中断期间发生的确实与工程建设相关、必要的支出建议计入项目建设成本，与工程建设无关的其他及非必要支出不应计入建设成本。

第二节　容易混淆费用的区分

火力发电项目建设过程中经常出现项目前期工作费、建设项目法人管理费与生产准备费相互混淆的情况。正确划分三项费用的关键，在于完整、准确区分费用的具体内容、受益对象和发生期间。

一、项目前期工作费

项目前期工作费是指项目建设单位在前期阶段进行分析论证、初步可行性研究、可行性研究、规划选址或选线、方案设计、评审评价及取得政府行政主管部门核准之前所发生的费用，以及项目核准后尚未完成的项目前期工作费用。这些费用包括进行项目可行性研究、规划选址论证、用地预审论证、环境影响评价、劳动安全卫生预评价、地质灾害评价、地震灾害评价、水土保持方案编审、矿产压覆评估、林业规划勘测、文物普查、社会稳定风险评估、生态环境专题评估、防洪影响评价、航道通航条件评估等各项工作所发生的费用，分摊在本工程中的电力系统规划设计、接入系统设计的咨询费与文件评审费，以及开展项目前期工作所发生的管理费用等。

二、建设项目法人管理费

建设项目法人管理费，也称建设单位管理费，是经批准单独设置的管理机构为筹建、建设和竣工验收前的生产准备等工作所发生的管理费用。一般包括：工作人员的工资、基本养老保险费、基本医疗保险费、失业保险费，办公费，差旅交通费，劳动保护费，工具用具使用费，固定资产使用费，零星购置费，招募生产工人费，技术图书资料费，印花税，业务招待费，施工现场津贴及其他管理性质开支。

三、生产准备费

生产准备费是指为保证工程竣工验收合格后能够正常投产运行而提供的技术保证及资源配备所发生的费用，一般包括管理车辆购置费、工器具及办公家具购置费、生产职工培训及提前进厂费。生产职工培训及提前进厂费是指为保证电力工程正常投产运行，对生产和管理人员的培训以及提前进厂进行生产准备所发生的费用，其内容包括培训人员和提前进厂人员的培训费、基本工资、工资性补贴、辅助工资、职工福利费、劳动保护费、社会保险费、住房公积金、差旅费、资料费、书报费、取暖费、教育经费和工会经费等。

四、三者的区别

（一）项目前期工作费和建设项目法人管理费的区分

在项目基建期，建设项目法人管理费的范围比较宽泛，而项目前期工作费范围比较具体。因此，只要能理清项目前期工作费的范围，则基本可以区分建设项目法人管理费与项目前期工作费。

凡属于项目前期工作费范围内的各类专项咨询服务费用，无论完成时间早晚，均应作为项目前期工作费核算。项目前期工作费中的前期工作管理性费用与建设项目法人管理费同属管理费性质，是前后相继的关系，需要明确一个截止时间点。目前比较认可的是以火力发电项目完成核准时间作为开展项目前期工作所发生管理性费用的截止时点，同时也作为建设项目法人管理费的开始时点。火力发电项目一般都是先开展前期工作，完成核准后再开工建设。但仍有部分火力发电项目由于特殊原因，先开工建设，后完成核准。针对此类特殊项目，通常按项目核准与开工建设时间孰早原则作为开展项目前期工作所发生的管理性费用的截止时点。

（二）建设项目法人管理费和生产准备费的区分

1.建设管理使用与生产准备使用的工器具及办公家具购置费的区分

建设管理使用与生产准备使用的工器具及办公家具购置费的区分在于受益对象及具体使用期间不同。项目建设单位购置生产准备用工器具及办公家具是为了满足火力发电项目竣工投产后生产及管理人员的生产、生活及管理需要，这些工器具及办公家具虽然是基建期间购置的，但主要使用人员为生产期间的生产、管理人员，主要使用期间为生产期间。虽然生产、管理人员甚至部分基建管理人员在基建期间可能也在使用，但按照所购置工器具及办公家具购置的正常使用寿命来看，基建期间使用时间占正常使用寿命的微少部分，这些资产绝大多数还是在生产期间被消耗掉，其主要受益期间为生产期间，受益对象为生产人员。

建设项目法人管理费中列支的工器具及办公家具购置支出与生产准备费项下的工器具及办公家具购置费显著不同。在建设项目法人管理费中列支的工器具及办公家具主要是满足基建期间各级管理人员正常办公使用，虽然这部分资产在项目竣工投产后也会移交生产管理部门，但它们主要还是在基建期间发挥使用效能，其受益期主要为基建期间，受益对象主要是基建管理人员。

从购置时间上来看，建设项目法人管理费项下工器具及办公家具通常在基建前期、基建期间陆续购置，购置批次多而每次数量相对较少，满足项目建设期间使用需求即可；生产准备费项下工器具及办公家具通常在基建中期及末期大量采购，批次少但数量多，主要根据生产人员、生产设施需求进行配置。

2.建设项目法人管理费与生产职工培训及提前进厂费的区分

建设项目法人管理费与生产职工培训及提前进厂费的主要区别在于费用对应的主体不同，即应区分清楚建设管理人员与生产准备人员。建设管理人员在项目建设过程中因进行基建管理活动发生的管理费用，属于建设法人管理费；建设中后期，为组织生产运营工人而发生的培训费、提前进厂费则属于生产准备费。

通常情况下，新建火力发电项目一般在项目建设中期开始招募生产和管理员工（以下统称生产准备人员），并组织进行培训学习，培训学习将一直持续到项目安装调试阶段。有的火力发电项目还组织生产准备人员参与项目安装及调试工作，通过参与安装、分系统调试、系统调试、试运行等工作，进一步了解安装调试过程及设备运行特点，有利于后续生产期开展运营维护工作。火力发电项目通常从开始招募新员工时就成立生产准备人员的组织管理机构—生产准备工作部，由生产准备工作部统一负责生产准备人员的入职、培训、考核、薪酬等事宜。生产职工培训及提前进厂费的核算时间范围应为员工招募活动（含调岗至生产准备工作部或生产准备岗位）开始至试运行结束止。原有火力发电厂若新建火力发电项目，通常采用从原有火力发电厂分流部分员工到新火力发电项目从事生产运营工作的模式，应以分流员工批文下发后，分流员工依据分流批文办理完岗位调整之日起至火力发电项目试运行结束日为分流员工生产职工培训及提前进厂费会计核算时间范围。

生产职工培训及提前进厂费的发生与火力发电项目建设活动无直接关联，但其与火力发电项目竣工后能否正常生产运营直接关联，其实质属于在基建期间内提前发生的生产性费用，该费用通常在"在建工程/待摊支出/生产准备费/生产职工培训及提前进厂费"科目核算，但在竣工决算报表中无需分摊计入竣工交付资产价值，而是待火力发电项目试运行通过后，由待摊支出转入生产成本。

相较生产职工培训及提前进厂费，建设项目法人管理费的范围则比较宽泛，费用发生主体主要是项目建设单位在项目建设期间的管理团队，费用发生目的是为完成火力发电项目批复概算内的建设内容提供管理服务，费用的直接受益对象是具体的建设过程，一般不直接涉及生产经营期间。一般依据上述原则就可以区分清楚生产职工培训及提前进厂费和建设项目法人管理费。

第三节 甲供物资管理

为了达到控制采购成本、保证施工质量的目的，很多的火力发电项目施工过程中都采用了甲供物资（本节所指甲供物资包括设备、材料、备品备件、专用工具等）的模式。甲供物资对于控制投资、保证材料质量的优势是显而易见的，但因其涉及采购、保管、领取、核销、结算等各个环节，加之品类较多、数量巨大，管理上具有复杂性和特殊性。甲供物资管理是火力发电项目建设过程中常见的管理难题。若甲供物资管理不善，容易对甲供物资核算、竣工决算投资清理等造成不良影响。

一、甲供物资管理方面的问题

甲供物资管理是火力发电项目建设管理中的薄弱环节，经常出现"管理乱、理不清"的局面。究其原因，主要有六种情况。

1.甲供物资范围划分不清晰，同一施工标段内的同类型物资，可能涉及甲供又涉及乙供，容易导致甲供与乙供相互混淆造成混乱。遇到甲供物资价格大幅上涨时，施工单位可能多领、超领甲供物资用于乙供物资施工范围甚至转卖。项目建设单位审核把关不严，未将累计领用量与施工图册、设计变更等的消耗量进行核对，难以发现超领情况。如施工合同中缺少竣工后甲供物资清理、超领扣回的相关约定，容易产生结算纠纷。

2.没有严格按照设计文件中的材料清册数量采购甲供物资，或设计文件中的材料清册数量与实际用量相差较大，可能存在较大的缺口或溢余，影响工程进度或造成资金额外占用。

3.火力发电项目建设过程中，经常将甲供物资委托施工单位保管，有的代保管单位未严格执行入库、出库、结存实物管理制度。有的项目建设单位自己管理甲供物资时也未严格执行甲供物资入库、出库、结存实物管理与盘点制度。甲供物资入库、出库手续不完整，甲供物资长期不清查盘点，入库、出库未及时进行账务处理，长期下来账实严重不符，导致甲供物资核销无法顺利进行。有的火力发电项目竣工后通过甲供物资累计采购量减去实际库存量来倒推领用出库量，并据此办理核销。此种方式导致各个工程项目的实际物资用量难以清晰准确界定，会计核算滞后，还可能掩盖甲供物资日常管理中的其他问题。

4.甲供物资出库时随意填写领用出库手续，施工单位领用甲供物资后内部随意调换变更使用部位。此种做法导致甲供物资出库领用单中的用途、安装使用部位信息严重失真，久而久之，难以依据出库领用信息对于甲供物资去向进行准确溯源。施工单位之间相互调拨甲供物资时，未办理相关的退库、领用手续，相互借用的未及时归还。

5.有的项目建设单位将甲供物资游离于施工合同结算付款之外，主要针对施工合同内容进行详细结算审核，对于甲供物资应耗量只按照竣工图进行粗略审核，甚至不对甲供物资应耗量及价值进行审核，由此导致无法对工程施工应耗甲供物资数量、价值与施工单位实际领用数量、价值进行对比分析，无法反映甲供物资是否存在超领情况。有的基建项目甲供物资存在超领的，也未扣减超领价款。如果施工单位领用的甲供物资数量低于实际施工应耗数量，施工单位很可能会提出追索要求；反之，施工单位往往缄口不言，甲供物资超领风险将主要由项目建设单位承担。

6.甲供物资管理责任划分不清，安全防范措施不到位，门禁制度不严格，导致甲供物资丢失、损毁、账实不符情况时有发生，责任难以界定追究。

以上情况均可能导致甲供物资领用信息失真，造成甲供物资核算不准确、不真实，导致实际投资归概不准确，资产信息不完整，资产价值失真等。关键在于项目建设单位对于甲供物资的主体管控职责不清，管控措施不到位，管控过程简单粗放，将管控责任转嫁于代保管单位，从而造成了多头管理，又都没管住，且理不清楚的混乱局面。

二、甲供物资管理方面的建议

针对甲供物资管理方面出现的诸多问题，建议应做好以下几点。

（一）明确管控主体和管控责任

项目建设单位是甲供物资的管理责任主体，应建立甲供物资的全过程管理的制度和流程，并采取有效措施确保其有效执行，实现甲供物资闭环管理。计划、工程、物资等部门是甲供物资管理的责任部门，应全面、规范、严格执行有关甲供物资的制度和流程。

可以将甲供物资与设计文件、施工合同相互关联挂钩，并纳入设计合同、施工合同履行考核，形成责任分担、损失共担的机制。应明确相关责任，如根据设计文件及施工单位施工需求计划采购甲供物资后产生的材料缺口或溢余而造成损失的，应追究设计单位、施工单位的相应责任。

甲供材料委托施工单位或其他单位实行保管的，不能一"委"了之、一"代"了之，项目建设单位应切实履行自身设备物资管理的主体责任，将设备物资代保管单位作为本单位的设备物资管理的有机组成部分来考虑，代保管材料出现管理问题的，应按代保管协议中约定的处理办法来执行。

（二）加强甲供物资界限认定及需求计划管理

建设单位、设计单位、施工单位应准确区分甲供物资界限，结合招标文件、施工合同、设计文件等，对于甲供物资的范围和界限进行准确、合理的划分。

施工单位申报甲供物资需求计划应根据设计图纸合理计算，并结合实际施工及损耗情况，应充分考虑运输时间、生产周期等相关因素，为建设单位采购预留合理时间。如因施工单位甲供物资需求计划报送差错或滞后造成采购错误、时间延误、数量不足等情况，应由施工单位承担责任。甲供物资需求计划应列清建设工程名称、分项工程名称、施工单位名称、物资名称、规格、型号、计量单位、数量、到货日期、备注事项、进场收货人及联系方式等有关内容。如物资需分批分期到货的，应明确每一批次的到货数量和日期。物资名称、规格型号、计量单位、数量等应以国家或行业统一标准为准，如无型号规格要求时，应予注明。施工单位申报的甲供物资需求计划应加盖公章，经设计、监理及建设单位审核后纳入采购计划。建设单位应加强甲供物资需求计划审查，重点关注需求计划编制不准、错报数量或规格型号的情况。

（三）及时办理入库，准确核算

项目建设单位应设置物资库存管理系统，及时、完整、准确地办理验收物资入库手续，物资入库实行实物及价值双重核算管理。甲供物资直接送达施工单位库房时，建设单位物资部门也应派员实地规范履行入库验收监督手续，确保物资到货真实、准确、完整，符合采购合同约定。

（四）严格审核出库领用，及时出库归概核算

甲供物资出库时应根据实际用途据实办理领用出库手续，应以设计文件、施工图为准，按需领用。项目建设单位工程、物资部门应加强对于物资领用申请的审核，应将累计领用量与施工图册、设计变更等的消耗量进行核对，杜绝超领、滥领。多领未用的应作退库处理，禁止施工单位内部随意调换变更甲供物资使用部位，确需变更的，应重新办理退库、领用手续，保证领用出库手续载明的与实际耗用的物资及其相关信息的一致性。概预算管理部门应当审核确定甲供物资的概算归集对象。物资部门应及时将甲供物资领用出库单据传递至财务部门，财务部门应及时办理甲供物资出库的会计核算，确保甲供物资及时、准确归概核算入账。

（五）定期进行库存物资盘点

建设单位可通过异地聘用、定期轮换安保人员，设置多道相互交叉牵制安全

门禁及视频监控系统等，严格执行施工现场设备物资"只入不出""出则特批"的制度，明确领用出库后的甲供物资安全管理责任人为施工单位，加强甲供物资的安全管理。

物资部门应当定期对甲供物资进行清查盘点，大宗物资应每月清查一次，至少每半年全面清查盘点一次。如发现账实不符的情况，应及时向公司主管领导汇报，并追查核实原因。经核实存在盘盈盘亏的，在落实、追究相关单位或人员责任的基础上，依规进行盘盈盘亏的处理，确保甲供物资安全完整、账实相符。

基建项目竣工后，剩余的甲供物资应由保管单位与接收单位办理交接手续，列清合同名称或编号、供应商、物资名称、规格型号、计量单位、金额、保管地点等，交接前应进行清查盘点，进行实物及价值双重核算管理。剩余物资要与账面库存进行核对，账实不符的应核查追究责任，责任人应照价赔偿。

（六）强化结算审核

火力发电项目建设过程中应强化对甲供物资的结算审核，主要应关注以下几点。

1.采购管理情况审核。依据初步设计和施工图设计提供的主要设备材料清册、工程物资招投标文件及采购合同，审核甲供物资是否符合报经批准的初步设计、施工图设计文件及基本建设投资计划，招标采购管理工作是否规范。

2.出入库管理情况审核。审核工程物资验收入库、领用出库等内部控制是否健全；审核经领用单位确认的主要设备材料结算单，确定主要设备材料的实际领用数量是否准确。

3.主要设备材料应消耗情况审核。依据施工图及设计变更工程量（即竣工图工程量），确定甲供物资的应耗数量是否准确。

4.主要设备材料应结算金额审核。依据审定的主要材料设备应消耗数量，以及招标文件中的暂估单价或物资部门提供的采购合同价格，确定主要设备材料应结算金额是否准确。

5.主要设备材料管理情况分析。（1）依据审定的主要设备材料应消耗情况（规格型号、数量），与工程物资合同采购情况（规格型号、数量）进行对比分析，确定实际采购管理工作是否规范，是否存在管理漏洞。（2）依据审定的主要设备材料应消耗情况（规格型号、数量），与工程物资实际领用出库情况（规格型号、数量）进行对比分析，确定施工过程中是否存在非正常消耗，是否需要按照合同约定调整承包人的工程结算价款等。

（七）甲供物资竣工结算及核销

火力发电项目竣工结算时，应当依据甲供物资结算审核结果（未办理甲供物资结算审核的，应根据采购合同、收发存记录、施工图等对甲供物资数量、价值进行全面清理、审核）办理甲供物资核销手续。超领的甲供物资应及时从施工单位结算款中扣回相关价款，应退库的甲供物资的应及时办理退库手续，确保甲供物资应核销的全部核销完毕，且完整、准确、及时计入相应的基建投资会计科目，无需核销的库存甲供物资应账实相符并依规移交生产。

第四节　竣工决算投资应关注事项

一、增值税应纳入竣工决算总投资

随着我国全面实施增值税转型改革和营业税改征增值税政策的实施，火力发电项目建设期间产生大量的增值税进项税额，需待运营期抵扣。因初步设计概算中设备及材料价格均为含税价格，且新建项目建设过程的进项税没有销项税抵扣，需要占用资金。因此，按概算口径原则及资金筹划要求，增值税进项税应当纳入总投资。

（一）实际投资的税前投资和税后投资的两种不同的列示方法

1.待抵扣增值税进项税额在竣建02表中的填列

在填列竣工工程决算一览表（竣建02表）时，实际投资应与概算同口径填写含税投资。因计入"在建工程"等科目及最终交付设备均是不含税价值，因此涉及增值税进项税额在竣建02表中如何体现的问题。目前有两种办法。

（1）增值税进项税额按照概算明细项目逐行对应填列。此种方法是指增值税进项税额按照概算内容"插列"反映。此种方法能反映每一概算项目的增值税进项税额，以含税投资与含税概算进行逐行对比，可清晰、直观地体现每一概算项目投资超支或节约情况。此方法需要将增值税进项税额逐项还原至各概算明细项目中，清理工作量较大。

（2）待抵扣增值税进项税额一次性汇总填列。此种方法是指增值税进项税额在概算对比表中"插行"反映，一般是在静态投资完成额的前面一行列示增值税进项税额。此种方法不能直观反映每一项概算项目含税投资，每一行含税概算与不含税实际投资对比，口径不匹配，不能清晰、准确地体现每一概算项目投资超支或节约情况。此方法在清理增值税进项税额时只需要区分建筑、安装、设备和其他，工作量较小。

目前第1种方法已被越来越多的项目建设单位接纳采用。

2.待抵扣增值税进项税额在竣建04表中的填列

待抵扣增值税进项税额属于项目总投资的一部分，是一项待通过抵扣销项税收回资金的权利，类似于其他应收款，属于流动资产。一般在竣建04表移交资产总表中，横向可单列一行"待抵扣增值税进项税额"反映，纵向则按建筑工程、安装工程、设备费用和其他费用来分类，相对应地填写在这四项下。在移交资产明细表中，可列入到竣建04-4表中。

（二）基建收入增值税销项税

目前，火力发电项目清理竣工决算总投资时对于基建收入增值税销项税额有包含或不包含两种处理方式。本书建议竣工决算投资中应包含基建收入的增值税销项税额，主要原因如下。

从火力发电项目初步设计概算来看，并无整套启动试运费不含增值税的相关说明，因此从概算口径来看，整套启动试运费与其他概算项目并无不同，均应按照包含增值税的口径来理解。从火力发电项目整套启动试运费的实际投资构成来看，既包含试运行成本支出，也包含试运行售电、售汽收入，含税的试运行成本支出、试运行收入分别体现为试运行的现金流入、流出。因此，清理竣工决算总投资及编制竣工决算报表时，整套启动试运行收入及成本中既应包括试运成本的增值税进项税，也应包含试运收入所涉及的增值税销项税。

同理，其他基建收入如出售废旧物资、售水售电等，在清理竣工决算总投资及编制竣工决算报表时，也应包含所涉及的增值税销项税。

同试运行收入冲减工程成本原则一致，试运行的增值税销项税额视作进项税额的抵减，在竣建02表中以增值税进项税的方式填报，如销项税额大于进项税额则以净额负数列示。

二、行政罚款不能计入基建项目投资

在基建期，偶尔会发生因基建项目违反相关法律法规政策而受到行政处罚的情况，相关账务处理应依法依规进行。

《企业会计制度》规定，营业外支出包括罚款支出、捐赠支出、非常损失等。《中华人民共和国企业所得税法》规定，在计算应纳税所得额时，税收滞纳金、罚金、罚款和被没收财物的损失不得扣除。《企业会计准则附录——会计科目和主要账务处理》营业外支出科目核算企业发生的与其经营活动无直接关系的各项净支出，包括处置非流动资产损失、非货币性资产交换损失、债务重组损失、罚款支出、捐赠支出、非常损失等。

从国家、地方政府、各电力集团公司对基建项目管控要求来看，均要求依法依规履行建设程序和开展建设活动；从基建项目批复概算来看，均为与项目建设相关的合法、合规、合理、必要支出，并无行政罚款、滞纳金等概算项目。

此外，行政罚款不能在所得税前扣除，如计入总投资，则每年通过折旧计入经营成本时，都需要进行纳税调整，增加管理成本，也容易产生税务风险。

由此可见，项目建设单位发生的行政罚款、支出不应计入基建投资成本，应当在发生时计入到"营业外支出"科目，并且在经营期需要做纳税调整。有的项目建设单位在基建期不核算经营损益，不编制利润表，这些单位可将行政处罚计入"长期待摊费用"科目，待项目投产后结转计入"营业外支出"科目。

三、项目法人管理费的时限及限额

在基建项目建设过程中，项目建设单位经常对项目法人管理费具体截止时点、项目投产后哪些项目法人管理费可以计入基建投资、项目法人管理费的控制额度等存在疑惑，工作中往往无所适从。

（一）列支时限

《基本建设财务规则》（财政部令第81号）规定，项目达到规定的验收条件之日起3个月后发生的支出不得列入项目建设成本。《基本建设项目竣工财务决算管理暂行办法》（财建〔2016〕503号）规定，基本建设项目完工可投入使用或者试运行合格后，应当在3个月内编报竣工财务决算，特殊情况确需延长的，中小型项目不得超过2个月，大型项目不得超过6个月。《基本建设项目建设成本管理规定》（财建〔2016〕504号）规定，项目建设管理费（亦称为项目法人管理费）是指项目建设单位从项目筹建之日起至办理竣工财务决算之日止发生的管理性质的支出。《企业财务通则》也要求企业在建工程项目交付使用后，应当在一个年度内办理竣工决算。各电力集团也在竣工决算管理制度中规定了竣工决算完成时间。

依据上述规定，项目法人管理费的截止时限一般为项目完工投产时，中小型项目最迟为完工投产后5个月，大型项目最迟为完工投产后9个月。

需要注意的是，对于上述规定应在尊重客观事实的前提下合理运用。项目法人管理费在财务账簿中列支经常出现滞后的情况，按照遵循实质重于形式原则，报销或会计记账时间晚于投产日期但费用发生在基建期间的管理性费用应纳入项目法人管理费，与项目建设直接关联的会议费、差旅费、验收费等，虽然发生于投产后仍应纳入项目法人管理费；项目投产后发生的与基建项目无关联的管理性费用，虽然未超出项目法人管理费的时限，也不应计入项目法人管理费。项目投产后，专职负责工程后续收尾、工程结算、竣工决算工作的部门或专职人员的费用，也可以列入项目法人管理费，但列入最长期限应以上级单位规定的竣工决算完成时间与《企业财务通则》规定一年时间孰短为原则。

（二）列支限额

《火力发电工程建设预算编制与计算规定（2018年版）》规定，项目法人管理费的计算公式及费率标准为：项目法人管理费=（建筑工程费+安装工程费）×费率（费率详见表6.4.1及表6.4.2）。

表6.4.1　　　　　　　　　　燃煤发电工程项目法人管理费费率

单机容量MW	150及以下	300	600	1,000
费率（%）	7.15	4.1	3.25	2.42

注：1. 本费用适用于2机2炉，1机1炉时按照表中费率乘以1.2系数，4机4炉时按照表中费率乘以0.85系数。
　　2. 扩建工程按表中费率乘以0.9系数。

表6.4.2　　　　　　　　　燃气—蒸汽联合循环电厂项目法人管理费费率

本期建设容量MW	200及以下	400及以下	800及以下
费率（%）	7.83	6.1	5.05

注：扩建工程按表中费率乘以0.9系数。

　　项目建设单位应根据上述相关规定对项目法人管理费进行控制，超标部分应在竣工决算说明书中进行分析说明。上级单位批复初步设计概算中的项目法人管理费，是建设项目从筹建到竣工交付使用所需费用的最高限额。企业内部执行概算中的项目法人管理费，是项目建设单位控制投资的依据，一般会设置一定额度的管控标准。有的企业也会分年度下达项目法人管理费的预算限额，通过分年度管控达到控制投资的效果。项目建设过程中，只要属于企业实际发生的管理费用都可以列在项目实际建设成本中，并不严格受控制总额的限制，但对于超支部分，应当有充分的理由，否则将受到上级单位的考核追责。

第五节　特殊资产的实物及价值管理

一、电缆、管道等的价值确定

　　火力发电机组中电缆、管道等价值较大，如果将应资产化的投资分摊计入其他设备价值中，则将导致其他资产的价值严重不实。火力发电项目初步设计概算中的安装工程投资，既包括需安装机器设备的安装费支出，也包括部分管道和线路的投资支出。火力发电项目的管道、线路和电缆投资约占安装工程投资的比重较大，根据各大发电集团固定资产目录，应单独作为固定资产交付使用。交付的管道、线路和电缆资产，列示在竣工决算表中的"交付使用安装机械设备一览表（竣建04–2表）"中。

　　火力发电项目安装工程中的主要管道有：厂外补给水管路、输灰管路；场内的锅炉补给水管路、循环冷却水道路、消防管道、输油管道、气力除灰管道、压缩空气管道、工业污水处理管道等。

　　火力发电项目安装工程中的主要线路有自建自用厂外输电线路等。有的火力发电项目自建厂外输电线路，自建输电线路在未向电网公司出售之前，属于火力发电项目的自有资产，应当将其按照线路资产交付使用。

火力发电项目安装工程中的电缆投资支出，在线路较长、线径较大时，往往价值也较高，根据各大发电集团固定资产目录，应作为固定资产交付使用。火力发电项目理论上应该以不同设备间的区段电缆为对象单独作为资产，但火力发电项目的电缆种类繁多，数目较大，不好区分，如果都作为资产势必太多太乱，与高价值资产重点管理的原理不相符合。火力发电项目的电缆几乎全部敷设在电缆桥架上，即使每根电缆都作为资产，短时间内也很难一一区分清楚，难以进行实物管理。可操作的办法是对电缆分类或分部位进行资产化。具体地说，就是对集中敷设在电缆桥架上的电缆，区分电力电缆、控制电缆和通信电缆，按类别交付资产；对独立敷设的电缆明确起止地点（设备）或部位单独交付资产。对于电气设备本身的线缆支出，可以将其价值并入相关设备价值中进行资产化。

二、工器具及备品备件管理

通过火力发电项目基建过程管控及竣工决算工作实践来看，火力发电项目的主要设备合同中往往随设备附带采购专用工具、备品备件，但有的招标文件和合同中未列清专用工具、备品备件的实物名称、数量、价格等重要内容，可能导致实物的入库、出库、结存管控不清，有的建设单位未将专用工具、备品备件纳入实物及价值双重管理，形成大量账外资产，存在一定的管控风险。

（一）定义和特点

备品备件是指设备在检修维护过程中需要更换的零部件，主要是为一台或者多台设备检修维护时所准备的物品和零件，一般是指机器设备的易损、易耗零部件等。专用工具是指主要用于某类设备安装、拆卸、检修、维护等特定工序上的工具。火力发电项目备品备件、专用工具具有以下特点：

1.备品备件、专用工具涉及的种类较多，虽然每个种类数量可能不多，但汇总起来数量较多、价值不菲。以火力发电项目为例，2台66万千瓦火力发电机组涉及的备品备件、专用工具总价值约一两千万元，金额相对比较大。

2.比较琐碎零散，实物管理难度较大。备品备件大多属于设备零部件，专用工具大多属于非通用工具，均比较琐碎零散，入库、出库、查找、统计、盘点等实物管理难度较大，需要进行规范系统管理。

3.在基建过程中属于容易被忽略的领域。

（二）项目概算及投资归概

《火力发电工程建设预算编制与计算规定使用指南》（2018年版）规定：随设备供货的备品备件、专用工具均列入相应设备的设备费概算；"其他费用——生产准备费"项下的工器具及办公家具购置费是指为满足电力工程投产初期生产、生活和管理需要，购置必要的家具、用具、标志牌、警示牌、标示桩等发生的费用。

根据火力发电项目实务来看，随主设备采购时附带的备品备件、专用工具应与主设备一并纳入主设备概算项目进行投资归概，"其他费用——生产准备费"项下的工器具购置费主要核算单独采购的工器具。

（三）采购方式

目前大中型基建项目多采用随主设备一并采购备品备件、专用工具的模式。通常情况下，将与主设备相配套的备品备件、专用工具纳入主设备采购招标范围，随同主设备一并采购。有的主设备采购合同中约定了备品备件清单及价格，但其金额不计入合同总价，采购方可根据需要按照合同列示的清单及价格另签合同进行采购。也有的基建项目是单独采购备品备件、专用工具。

（四）各环节管控应注意的事项

1.招标采购时应对采购范围及数量进行调研，对特征、价值进行约定

主设备招标采购前，应对备品备件及专用工具的采购范围及数量进行充分的调查、研究、论证，尤其是具有多个相同或类似基建项目的大中型集团企业，可以根据实际需求将搜集整理的常用备品备件及专用工具清单纳入采购范围，可以考虑将同一区域内基建项目常用备品备件及专用工具统筹使用。这样做既可以降低各个项目的采购成本，也可以规避盲目采购、随意采购导致的实际使用效率不高、闲置浪费甚至过期失效的风险。

有的基建项目招标采购时只注重主机设备型号、数量和特征，往往忽略备品备件及专用工具的主要特征，有的备品备件、专用工具未约定具体名称和数量，

往往只能按供应商实际交付实物验收。因此，采购合同中应对备品备件及专用工具的特征和数量约定清晰、准确，以利于合同的履行管理。

有的基建项目签订的设备采购合同中对于备品备件、专用工具经常采用赠送、无价值等方式进行列示，不重视实物价值管理，也不符合市场经济规律。采购合同中应准确、清晰列示出与市场价格水平相匹配的备品备件、专用工具明细价格。

2.规范"收、发、存"实物管理

有的大型设备的备品备件、专用工具种类繁多，经常分批次到货。未经验收的收货、验收简单粗放、未建立实物入库明细管理台账等情况较为普遍，可能导致备品备件、专用工具实际到货明细不清。

有的项目建设单位将备品备件、专用工具随同主设备全部交给安装施工单位，由其自由使用或未办理出库手续就予以出库。有的基建项目未对基建期末移交生产的备品备件、专用工具进行清查盘点，未建立实物明细，导致移交实物数量不清。生产期间也购置的备品备件、专用工具与基建期间移交的相互混淆后，编制竣工决算时更是难以理清。

随主设备购置的备品备件中通常包括设备调试期间使用（配置）的备品备件和生产期间使用（配置）的备品备件两部分。调试期间所耗用的应为设备调试期间配置的备品备件，不应耗用生产期间配置的。如安装调试期间耗用了大量生产期间配置的备品备件，可以核查是否由于设备质量问题、安装调试质量问题导致安装调试期间备品备件消耗量过大，或设备安装前未足额配置安装辅助材料，如涉及相关单位责任的，应相应扣减设备价款或由供应商或施工单位补足非正常耗用的备品备件数量。基建期间安装施工单位使用的专用工具一般为借用方式，使用完毕后理应完整交回项目建设单位，损坏应予以赔偿。

综上，项目建设单位应建立规范、细致、严谨的备品备件及专用工具收、发、存管理制度，建立收、发、存账簿及备查台账、表格，移交前及移交后均应清查盘点。

3.实行数量与价值双重管理，避免形成账外资产

有的项目建设单位备品备件及专用工具随同主设备一并采购，采购合同中备品备件及专用工具无价值明细，设备供应商开具的发票清单明细中亦未列示备品备件及专用工具明细。项目建设单位以上述事项为借口，未将备品备件、专用工

具单独入账核算，而是将其价值直接计入主设备，导致形成账外资产，出现资产管控脱节、账实不符等诸多问题。

据统计，目前单个火力发电项目随主设备配套供应的备品备件、专用工具的实物价值总额高达数百万元甚至数千万元。对备品备件、专用工具不核算入账，不进行实物及价值管理，造成巨额账外资产，既不利于资产精细化管理，也容易产生资产流失风险。

项目建设单位应加强备品备件及专用工具价值和数量的双重管理，在设备购置合同中约定备品备件、专用工具的明细金额，备品备件、专用工具金额与设备金额共同组成合同总价款，备品备件、专用工具应当单独计价进行入库、出库账务核算。合同中没有约定价值的，应当估价入账，估价方式依次为：查阅投标文件，向供货方或其他设备制造商询价，向其他同行单位询价，设备管理部门合理估价。达到固定资产标准的专用工具、备品备件应作为固定资产核算；未达到固定资产标准的专用工具、备品备件作为流动资产核算，按受益对象、受益期间计入成本费用。

4.竣工决算的移交管理

有的基建项目竣工决算时，未对基建期间随主设备合同购置的备品备件、专用工具进行清理并移交生产，存在不移交或少移交备品备件、专用工具的情况。有的项目因备品备件、专用工具未进行财务核算，竣工决算时只将库存备品备件、专用工具按采购价格估算后进行移交，由于基建项目竣工决算普遍滞后，导致项目竣工后至竣工决算基准日之间（实际已属于生产经营期间）耗用的备品备件、专用工具价值也计入基建投资，虚增基建投资，虚减生产成本。

项目建设单位应当据实进行备品备件、专用工具的出入库账务核算，严格按照出库时间及受益对象确定成本归集对象，基建期末剩余的备品备件、专用工具应完整移交生产。

三、土地费用的处理

（一）取得土地使用权费用的资产化

基建期间取得的土地使用权，主要有出让土地和划拨土地两种方式。以有偿出让方式取得国有土地使用权，需要缴纳土地出让金；以无偿划拨方式取得的土地，无需缴纳土地出让金。在取得土地达到预定可以使用状态前，还会发生拆迁补偿等相关费用。

1.以出让方式取得的土地使用权

目前，对于土地相关费用的账务处理有几种不同的处理方式。

（1）将土地出让金作为无形资产——土地使用权确认，其他拆迁补偿等费用作为长期待摊费用。

（2）将土地出让金作为无形资产——土地使用权确认，其他拆迁补偿等费用作为待摊支出在建筑物及需安装设备中进行摊销。

（3）将土地出让金、其他补偿费用均作为无形资产——土地使用权确认。

《企业会计准则第6号——无形资产》规定，外购无形资产的成本，包括购买价款以及直接归属于使该项资产达到预定用途所发生的其他支出。

本书认为，以出让方式取得土地权，征地拆迁费用是为使土地达到可以使用状态前的合理且必要支出，土地出让金、征地拆迁费用均符合《企业会计准则第6号——无形资产》中的土地使用权确认标准，均应当作为土地使用权进行确认。

2.以划拨方式取得土地使用权

有的项目以政府划拨方式取得建设用地，但因划拨土地使用权证无年限约定，因此竣工决算表中未将征地拆迁费用确认为土地使用权，而是将其分摊计入了建筑物及需安装设备中。

《企业会计准则第21号——租赁》规定，以出让、划拨或转让方式取得的土地使用权，适用《企业会计准则第6号——无形资产》。《企业会计准则讲解2010》"第七章无形资产"中指出，企业取得土地使用权的方式有行政划拨取得、外购取得及投资者投资取得几种，企业取得的土地使用权通常应确认为无形资产。

根据会计准则及准则讲解，项目建设用地无论是以划拨还是出让方式取得都应确认为土地使用权；土地使用权的成本应包括土地出让金、征地拆迁费、迁移补偿费、余物清理费、三通一平费等以使土地达到预定用途所发生的合理必要支出。出让土地与划拨土地的差异只在于没有缴纳土地出让金、没有明确土地使用年限（目前可以无限期使用），如再次转让土地可能需要补办土地出让手续。划拨土地也有国土部门颁的土地使用权证，从法律关系来看，也是对项目建设单位依法使用土地权利的确认。划拨土地与出让土地均符合资产的定义，除了使用年限以外没有本质区别。

因此，我们认为，如将划拨土地发生的征地拆迁费用作为土地使用权进行确认，将更有利于土地资产的管理与利用。至于划拨土地的摊销年限，可以依据基建项目的预计运行年限确定，而项目的预计运行年限可考虑采纳可行性研究报告或初步设计的相关数据。

（二）租赁土地费用的核算

获取土地使用权的方式除了出让和划拨外，还有土地租赁。租赁土地应关注租赁土地的类型、租赁年限以及租赁土地的财务核算三方面内容。

1.租赁土地的类型

项目建设租赁土地类型一般为国有土地或集体经营性建设用地。《中华人民共和国土地管理法》规定：土地利用总体规划、城乡规划确定为工业、商业等经营性用途，并经依法登记的集体经营性建设用地，土地所有权人可以通过出让、出租等方式交由单位或者个人使用，并应当签订书面合同。集体经营性建设用地出让、出租等，应当经本集体经济组织成员的村民会议三分之二以上成员或者三分之二以上村民代表的同意。擅自将农民集体所有的土地通过出售、转让使用权或者出租等方式用于非农业建设，或者违反本法规定，将集体经营性建设用地通过出让、出租等方式交由单位或者个人使用的，由县级以上人民政府自然资源主管部门责令限期改正，没收违法所得，并处罚款。因此，火力发电项目建设时租赁集体经营性建设用地的，需要谨慎对待并避免相应法律风险。

2.租赁土地的年限

《中华人民共和国民法典》规定，租赁期限不得超过二十年；超过二十年的，超过部分无效；租赁期届满，当事人可以续订租赁合同，但是，约定的租赁期限自续订之日起不得超过二十年。因此，订立土地使用权租赁合同时租赁期不得超过二十年，超过二十年的，超过部分无效。

3.租赁土地的财务核算

租赁土地的相关费用一般在建设期即已发生，按照受益原则，建设期发生的租赁费用计入建设费用中，经营期发生的租赁费计入到生产经营成本中。在租赁合同年限大于20年、租金提前支付的情况下，因超过20年的剩余年限不受法律保护，按照谨慎性原则，建议按照20年摊销。

需要注意的是，有的建设项目在设计概算中只计列一定期间的土地租赁费用（如只计列5年的租赁费用），建设单位与土地出租方签订的租赁合同期限可能大于5年并且租赁费用可能在建设期间一次性支付，针对此情况，可按概算租赁费期间口径对实际土地租赁费用支出进行归概（竣工决算实际投资中只按概算同口径计列5年的实际租赁费）。

（三）土地出让金的摊销

有的项目建设单位在基建期以出让方式取得国有土地使用权，将土地出让投资确认为"无形资产——土地使用权"，并将土地使用权在基建期间摊销的费用计入项目法人管理费。

本书建议土地使用权不在项目建设期间进行分摊。主要原因为：基建项目整体建成投产时，才是固定资产达到可使用状态的时点，土地使用权也应在基建项目整体投产后才达到可使用状态后才应进行分摊。土地使用权分摊的原则应该是在投产后至土地使用权到期日为止的期间（即项目投产后的剩余年限）。如果土地使用权在建设期分摊后计入项目法人管理费，一是项目法人管理费概算未包括这部分内容，二是项目法人管理费需要再次分摊到房屋构筑物及需安装设备，相当于把土地使用权价值辗转分摊到其他资产，不符合按资产归集成本的原则。

四、其他特殊项目处理

（一）绿化投资

新建的火力发电厂，为了美化厂区，均需进行一定的绿化投资。实务中绿化投资处理一般有四种方法。

1.绿化投资单独作为生物资产项目。新《企业会计准则》允许生物资产存在，因为绿化投资可形成多年生木本植物，投资额大，金额较大，发挥效用的期限较长，符合公益性生物资产的定义。

2.绿化投资归入固定资产处理。可以将绿化工程投资并入绿化资产所附属的道路、地坪、广场等资产，作为其附着物资产。

3.绿化投资作为长期待摊费用处理。主要考虑绿化在建设末期完成，为将来的生产经营服务。

4.绿化投资不单独作为一个固定资产项目，将其视为待摊支出处理，即摊入投资形成的受益资产中。

绿化投资也是一个独立的工程项目，有工程量清单与计价规则，具有实物形态，可以形成资产，本书中建议采用方法1与方法2的处理方式。

（二）消防设施投资

在火力发电工程项目中一般都列有消防设施。对于水消防系统的室外消防管道、消防供水泵和消防水池可以单列资产；室内消防管道和喷头依附于房屋墙壁、屋顶之上，属于房屋消防功能的必备设施，应合并到房屋价值中不单独作为资产交付使用。对于气体消防系统，控制室的火灾自动控制设备和储存气体的压力瓶罐，可以单独作为资产交付使用；而对火灾探测器及依附于房屋的室内监控电缆、室内消防管道和各种气体喷头，属于房屋消防功能的必备设施，应合并到房屋价值中不单独作为资产交付使用。对于移动消防系统，砂箱、灭火铲、手提灭火器、推车灭火器、消防车等均作为独立资产，在不需要安装的机械设备、工器具及家具一览表中填列。

部分地区的消防站等消防设施实行政府与企业共建模式，可能要求火力发电项目建设单位分担部分消防建设资金（主要用于购买消防车辆、设备）或共建消防站，火力发电项目可相应减少其设计概算中应购置的消防车辆或设备。如分担资金购置的消防设备产权不属于火力发电项目建设单位的，无法形成资产，可将其支出分摊计入其他交付资产价值或作为长期待摊费用处理。如共建消防站的资产由建设单位等共享的，则应按出资购置资产份额进行交付。

（三）环境保护工程投资

大型基建项目通常涉及环境保护工程投资。环境保护投资一般分为施工措施费、临时工程、栽种绿化植物及建造环境保护设施等。环境保护设施中的建筑物、设备，且产权属于项目建设单位的可按资产交付；栽种绿化植物可按生物资产交付或并入相关的建筑物交付；施工措施费、临时工程无法形成独立资产的应在受益资产间分摊；产权不属于项目建设单位的，作为长期待摊费用处理或将费用在受益对象间进行分摊。

水土保持工程投资可参照环境保护工程投资的资产化进行处理。

（四）产权移交其他单位的投资

项目建设单位若存在为火力发电项目配套的专用设施投资，如专用道路、码头、专用通信设施、送变电站、地下管道等，但对其没有产权或者控制权，需移交地方政府专门管理部门或其他单位的，应在竣工决算报告说明书中说明该类投资转出移交情况及决算处理情况，并将相关协议作为其他重要文件附后。

建议竣工决算报表中将产权移交其他单位的资产，视同拥有上述资产的长期使用权，作为长期待摊费用列示，并按资产受益期间（一般为火力发电厂设计年限18年或20年）进行分摊。

第六节　纳税筹划及特殊涉税事项

火力发电项目建设期间，有大量涉税业务，需提前科学筹划，既合法合理降低税负，提高投资效益，又尽可能防范税务风险。火力发电项目建设期的税收筹划应依据现行税收法律法规在税法规定的范围内、在合法的基础条件上进行科学合理筹划。税收筹划时，应综合考虑降低税务成本与由此导致的其他成本增加或收入减少，寻求最优方案。税收筹划工作应在总体规划和事前调查研究的基础上进行，既要追求筹划效果和效率，也应有所为有所不为，避免临时抱佛脚。此外，火力发电项目建设期间，也涉及一些特殊涉税事项，应引起重视，防范相应税务风险。

一、增值税

根据《国务院关于废止〈中华人民共和国营业税暂行条例〉和修改〈中华人民共和国增值税暂行条例〉的决定》（国务院令第691号），我国已废止营业税，全面施行增值税。火力发电项目建设总投资中增值税进项税占比约为10%，科学进行增值税筹划，在合法合规前提下力争进项税应抵尽抵，对于火力发电项目投产运营后降低增值税税负具有重要意义。以下几方面的增值税业务需予以关注。

（一）项目建设单位及时取得增值税一般纳税人资格

火力发电项目固定资产投资大，属于增值税一般纳税人范畴。在建设前期，项目建设单位就应尽早取得增值税一般纳税人资格，在发生应纳税项目时，及时获取增值税专用发票并进行认证。项目前期工作中的技术咨询费用较多，总金额比较大，尽早申请一般纳税人资格有利于节约增值税成本。

（二）代垫项目前期费用的增值税应规范处理

其他单位代管火力发电项目前期工作时，应合法合规进行税务筹划。具体详见第三章第一节中"前期基础工作"的相关内容。

（三）选择供应商时即明确增值税税率及发票形式

火力发电项目建设期间，涉及大量的设备物资、建安施工及其他服务类采购业务。项目建设单位在采购过程中应针对采购内容设定增值税税率及发票形式的相关格式条款，要求投标人明确承诺适用增值税税率及发票情况并提供相关证据材料，同等条件下应优先选择增值税一般纳税人及增值税专用发票结算方式，在签订合同时应当对税率、发票形式予以明确约定。

（四）货物或服务、资金、发票应"三流合一"

《国家税务总局关于纳税人对外开具增值税专用发票有关问题的公告》（国家税务总局公告2014年第39号）及《国家税务总局办公厅关于〈国家税务总局关于纳税人对外开具增值税专用发票有关问题的公告〉的解读》规定，同时符合以下情形的，不属于对外虚开增值税专用发票：一是纳税人向受票方纳税人销售了货物，或者提供了增值税应税劳务、应税服务（货物、服务流）；二是纳税人向受票方纳税人收取了所销售货物、所提供应税劳务或者应税服务的款项，或者取得了索取销售款项的凭据（资金流）；三是纳税人按规定向受票方纳税人开具的增值税专用发票相关内容，与所销售货物、所提供应税劳务或者应税服务相符，且该增值税专用发票是纳税人合法取得，并以自己名义开具的（发票流）。

火力发电项目建设期间，项目建设单位在签订合同、到货验收或服务成果验收、接收发票、结算付款时应严格遵守"三流合一"的相关规定，避免代供货或代提供服务、代收款、代开发票等行为所导致的涉税风险。

（五）加强零星采购业务增值税进项税抵扣管理

火力发电项目自前期筹建至竣工投运往往长达数年，办公、差旅、会议、培训、宣传、车辆使用费等零星采购支出累积金额比较大，相应的增值税进项税额也不小。项目建设单位应建立相关采购、税务及发票管理制度，通过办公用品集中采购、车辆修理保养定点采购等模式，更为便捷地取得这些零星服务的增值税进项税发票；同时要求业务经办人员对于零星采购业务均应取得增值税专用发票后才可报销或付款，以积少成多的方式，将零星采购业务涉及的增值税进项税应抵尽抵，降低基建项目不含税造价。

（六）国家调整增值税税率后的应对处理

近几年来，我国陆续出台了"降低企业税负"的相关政策，自2018年5月1日起将增值税税率从17%和11%分别调整为16%和10%，自2019年4月1日起再次分别调整为13%和9%。增值税属于流转税种，是价外税，具有转嫁性，最终承担对象是购买方，增值税税率降低的目的是为了减少购买方资金流出，降低税负。火力发电项目建设过程中，如涉及国家对于增值税税率进行调整，建议分情况进行处理。

1.适用原税率的情况

根据《关于深化增值税改革有关事项的公告》（国家税务总局公告2019年第14号）及《国家税务局办公厅〈关于国家税务总局关于深化增值税改革有关事项的公告〉的解读》的规定，合同履行过程中涉及国家调整增值税税率的，税率调整前已发生的增值税应税销售行为应当按原适用税率开具发票，当时未开具发票的可按原适用税率补开发票。

2.适用新税率的情况

火力发电项目建设过程中，有的合同履行期较长，履行期间适用的增值税税率发生调整，目前常见的处理模式有两种，下面举例说明。

［案例］某火力发电项目建设单位与A供应商于2019年3月20日签订甲设备采购合同，合同总金额为116万元，约定自合同签订之日第7个月内A供应商向采购方交货。按照A供应商投标报价中增值税率16%对于合同总金额进行价税分离后，不含税金额为100万元，增值税额为16万元。

（1）对于原合同总金额不作调整的处理模式。

A处理模式：对于原合同总金额不作调整，A供应商按照新的适用税率开出合同总金额的增值税专用发票并与项目建设单位办理结算（即开出13%税率的增值税专用发票116万元）。

销售方：税率为16%时，销售方（A供应商）含税销售额为116万元，不含税金额为100万元，增值税额为16万元。税率降低至13%时，销售方含税销售额仍为116万元，其中，不含税金额为102.65万元（116/1.13=102.65万元），增值税销项税额为13.35万元（116/1.13×0.13=13.35万元）。税率由16%降低至13%后，销售方减少了增值税销项税金2.65万元（16-13.35=2.65万元），增加了销售收入2.65万元（102.65-100=2.65万元），销售方少计提的销项税额转化为其销售收入从而增加了销售方的利润了。销售方因该业务的现金流入在税率降低前及降低后无变化。

采购方：税率为16%时，采购方（项目建设单位）含税采购额为116万元，不含税金额为100万元，增值税额为16万元。税率降低至13%时，采购方含税采购额仍为116万元，其中，不含税金额为102.65万元（116/1.13=102.65万元），增值税进项税额为13.35万元（116/1.13×0.13=13.35万元）。税率由16%降低至13%后，采购方减少了可抵扣增值税进项税金2.65万元（16-13.35=2.65万元），增加了不含税采购金额2.65万元（102.65-100=2.65万元），由于增值税税率降低而少抵扣的增值税进项税转化为其不含税采购成本，项目建设单位因该采购业务的现金流出在税率降低前及降低后无变化。

（2）对合同总金额进行调整的处理模式。

B处理模式：对于原合同总金额中尚未开票结算的部分，按合同签约或投标报价时的承诺税率或适用税率进行价、税分离，结算时按照增值税销售行为发生时应结算不含税金额及适用税率进行结算。

销售方：税率为16%时，销售方（A供应商）含税销售额为116万元，不含税金额100万元，增值税额16万元。税率降低至13%时，按投标时增值税税率16%对于未结算的合同总金额116万元进行价税分离后不含税金额为100万元，增值税销项税额为13万元（116/1.16×0.13=13万元）。经对比可知，税率降低前及降低后，销售方不含税金额无变化，变化的只是因税率降低而减少了增值税销项税额3万元。

采购方：税率为16%时，采购方（项目建设单位）含税采购额为116万元，不含税金额100万元，增值税额16万元。税率降低至13%时，按投标时增值税税率16%对于未结算的合同总金额116万元进行价税分离后不含税金额为100万元，增值税进项税额为13万元。则税率降低前及降低后，采购方不含税金额无变化，变化的只是因税率降低而减少了增值税进项税额3万元。

从上述计算分析过程对比来看，采用A模式时，销售方因税率降低导致销项税额减少，但实际现金流入与税率降低前无变化，税率降低而减少的增值税销项税额反而转化为销售方的销售收入变相增加了利润。采购方税率降低前及降低后实际现金流出无变化，因增值税率降低而减少的增值税进项税额反而转化为采购方的不含税成本，增加了不含税造价。A模式显然与通过"减税降费"减少购买方资金流出、降低税负的目的相违背。

采用B模式时，销售方、采购方的现金流入、流出均减少，减少额为税率降低所减少的增值税额，销售方、采购方的不含税销售额及采购额在税率降低前后均未发生变化，实现了通过"减税降费"减少购买方资金流出、降低税负的目的。因此，本书推荐采用B模式。

（3）法律方面的影响因素。

《中华人民共和国民法典》第五百三十三条规定，合同成立后，合同的基础条件发生了当事人在订立合同时无法预见的、不属于商业风险的重大变化，继续履行合同对于当事人一方明显不公平的，受不利影响的当事人可以与对方重新协商；在合理期限内协商不成的，当事人可以请求人民法院或者仲裁机构变更或者解除合同。人民法院或者仲裁机构应当结合案件的实际情况，根据公平原则变更或者解除合同。

最高人民法院《关于适用〈中华人民共和国合同法〉若干问题的解释（二）》第二十六条规定，合同成立以后客观情况发生了当事人在订立合同时无法预见的、非不可抗力造成的不属于商业风险的重大变化，继续履行合同对于一方当事人明显不公平或者不能实现合同目的，当事人请求人民法院变更或者解除合同的，人民法院应当根据公平原则，并结合案件的实际情况确定是否变更或者解除。

根据上述法律规定，增值税税率变化属于在合同签订时双方难以合理预计的政策性变化，不属于可以预料的商业风险，况且因增值税税率变化而对合同总金额进行调整，并未引起采购方、销售方中任何一方基于原合同约定的合法权益受损，相反，如不根据增值税税率变化调整合同总金额，反而会导致采购方的利益受损、销售方额外获益，对于采购方而言有失公允。

（4）如何规避税率调整的相关风险。

针对上述合同履行过程中增值税税率发生变化的情况，建议可采用以下方式予以规避。

一是规范招标采购及合同签约时价款的相关内容，提前应对税率的政策性调整。站在招标采购文件及合同条款设置角度来看，当事人如采用"不含税价+增值税"的方式对投标报价、合同总金额进行价税分离或明确适用税率，可以有效降低税率调整对合同总价款的影响。因此，应明确投标报价、合同总金额中不含税金额、增值税额、适用增值税税率是多少，并明确约定合同履行过程中增值税税率调整的，需根据实际适用税率据实结算。价格条款可约定如下："本合同约定总金额为×××万元，其中，不含税金额为×××万元，增值税额为×××万元，增值税率为×××%。在合同履行期间，如遇国家对于增值税税率进行调整，则增值税应按国家统一规定在上述不含税额基础上按适用税率进行据实结算，以开具发票的税率为准。"二是针对已签约合同履约期间涉及增值税税率调整变化的，应与对方单位协商沟通，按照合同签约时的适用税率对于合同总金额进行价税分离，以履约期间应结算的不含税金额按实际适用税率计算增值税后办理结算。

（七）代垫水电费的涉税处理需规范

从火力发电项目建筑安装施工项目招标及合同内容来看，除另有约定外，施工水电费用一般均包含在合同价格中，应由施工单位承担。但由于施工单位一般无法直接在外部售电、售水部门办理开户购电、购水，因此通常采用项目建设单位统一购水购电，由施工单位按需使用的方式。由此产生了代垫水电费的问题。项目建设单位为施工单位垫付施工水电费的，应根据合同约定在收到水电费或冲抵各期进度款时计算申报增值税销项税。

（八）合同奖励款应取得合规发票

为激励施工单位履行合同，保障工程建设质量、进度、安全等，项目建设单位与施工、设备、设计、监理等参建单位签订的合同中，一般会约定工程的进度、质量、安全等目标及奖罚标准。如参建单位合同履行过程中的进度、质量、安全等目标高于合同约定标准，或者由于施工单位的原因导致履约的进度、质量、安全等低于合同标准，项目建设单位可以对参建单位进行奖励或罚款。除合同约定的奖励与罚款外，如需向参建单位额外支付其他奖励款或收取处罚金的，应经施工单位同意并经项目建设单位内部决策程序，按合同结算变更处理，签订补充协议。

项目建设单位按照合同约定条款对参建单位的奖励或处罚款项，其实质属于对施工合同结算金额的调整，应当据实取得相关发票，即，支付的奖励款应当取得施工单位建安发票；收取的罚款则直接抵扣施工单位的进度结算，由施工单位按扣除罚款后的净额开出发票。有奖有罚笔数较多每次开具发票有困难的，可在工程完工后奖罚相抵开具发票，或将奖罚金额纳入合同整体结算后统一开具发票。

工程奖罚制度对督导参建单位按期保质保量完成施工内容有良好效果。为避免项目建设单位随意在合同价款之外发放工程奖励，建议在招标采购、合同签约环节明确约定将合同总价款中的部分金额作为考核资金，根据施工单位实际履行合同情况来对考核资金进行结算支付，从而起到建设期间奖罚考核的管控效果。

（九）EPC总包合同应区分结算价款内容按适用税率开具发票

《中华人民共和国增值税暂行条例》规定，纳税人兼营不同税率的项目，应当分别核算不同税率项目的销售额；未分别核算销售额的，从高适用税率。

EPC总包合同涉及设计、采购、施工等三项主要内容，分别适用不同的增值税税率。应在合同签订时，明确约定各自内容所适用的增值税税率；在合同价款结算时，应区分不同的合同内容，按适用税率分别开具发票。

（十）非正常损失的进项税额不得从销项税额中抵扣

《关于深化增值税改革有关事项的公告》（国家税务总局公告2019年第14号）规定，已抵扣进项税额的不动产，发生非正常损失，按照下列公式计算不得抵扣的进项税额，并从当期进项税额中扣减：

不得抵扣的进项税额＝已抵扣进项税额 × 不动产净值率

不动产净值率＝（不动产净值 ÷ 不动产原值）× 100%

有的火力发电建设项目在建设过程中由于自然灾害、管理不善等原因造成部分建设内容、设备、物资等损失情况，其增值税进项税不得从销项税额中抵扣。

二、房产税

火力发电项目通常按房产的计税余值计算缴纳房产税，建设过程中应按房产税相关规定中的房屋原值范围准确区分计税范围，科学、合理、准确确定房屋价值，以正确缴纳房产税。主要应注意以下几点。

（一）据实分清房屋与构筑物

《中华人民共和国房产税暂行条例》（国发〔1986〕90号）规定，房产税的税率，依照房产余值计算缴纳的，税率为1.2%。因此合理准确确定房屋价值，对于合理避税、规避涉税风险均具有重要意义。项目建设单位应清理建筑安装工程结算中包含的设备基础、构筑物，避免将其混淆计入房屋价值导致增加房产税计税基础。通常可通过建安施工合同结算明细及具体施工内容来进行清理，厂房等建安施工结算中经常包括设备基础施工内容，也经常包含室外工程，如道路、绿化、室外场坪硬化、围墙、管道等施工内容，应注意与房屋建设内容予以区分。

（二）合理分摊三通一平等费用

项目建设单位应认真梳理三通一平、场地平整、挖运土石方、施工降水等施工辅助费用，按照受益对象、受益范围进行合理分摊。为了简化分摊手续，火力发电项目一般采用以价值分摊为主的方式来分摊施工辅助费用，但价值分摊有时并非最优选择。下面以场地平整施工费用分摊为例进行说明。

大型基建项目建设时，为便于厂区内建设内容按同一水平面范围进行布置，需要对于建设场地进行平整。场地平整费用一般按厂区范围内主要房屋、构筑物的建筑工程费用所占比例进行分摊。由于火力发电项目主要房屋的建筑工程费用通常较高，广场、道路等的施工费用较低，因此占地面积较小的房屋往往分摊了大量的场地平整施工费用，占地面积较大的广场、道路等反而分摊了较小的场地平整施工费用。从受益原则来说，房屋、构筑物应分摊的场地平整费用与其占地面积关联性较大，与建筑费用关联性不大。因此，项目建设单位可以依据厂区总平面布置图及施工图等资料，清查梳理出主要的房屋、构筑物，按占地面积科学合理分摊各自的场地平整施工费用。

三、印花税

火力发电项目建设期间需签订大量的建安施工、设备物资采购、技术咨询服务等合同，需筹集巨额建设资金，建立会计核算账簿，均涉及印花税纳税义务。项目建设单位应序时清查梳理涉税业务，及时依规缴纳印花税。主要应注意以下几点。

（一）税法相关规定

印花税的计税依据大多以合同金额为主，火力发电项目建设过程中应依据印花税的相关规定，准确确定计税依据，并应注意相关特殊规定。

现行《中华人民共和国印花税暂行条例》（国务院令第11号）、《国家税务局关于印花税若干具体问题的规定》（国税地〔1988〕25号）和《国家税务总局关于印花税若干具体问题的解释和规定的通知》（国税发〔1991〕155号）规定，不论合同是否兑现或能否按期兑现都一律按照规定贴花，凡修改合同增加金额的应就增加部分补贴印花；对已履行并贴花的合同发现实际结算金额与合同所载金额不一致的一般不再补贴印花；金融单位与使用单位签订的借款合同应按规定贴花，对办理借款展期业务使用借款展期合同或其他凭证，按信贷制度规定仅载明延期还款事项的可暂不贴花；土地使用权出让、转让书据（合同），不属于印花税列举征税的凭证，不贴印花。

《中华人民共和国印花税法》已经颁布，将于2022年7月1日起施行，该法规定，印花税应税合同的计税依据为合同所列的金额，应税产权转移书据的计税依据为产权转移书据所列的金额，均不包括列明的增值税税款。与之配套的相关细则、规定等目前尚未颁布。

（二）建立印花税管理台账

项目建设单位财务部门应及时建立印花税管理台账，序时清查、梳理、统计印花税涉税业务，及时、全面、准确登记台账并依规申报缴纳印花税，印花税管理台账应与印花税申报表、合同台账、会计账簿等定期核对，应注意勿遗漏借款合同、资金账簿、补充合同、变更合同所涉及的印花税。印花税管理台账如表6.6.1所示。

表6.6.1　　　　　　　　　　印花税申报管理台账

序号	应税内容	计税依据	计税金额	税率	税额	申报期间
一	合同					
1	××施工合同					
2	××设备采购合同					
3	××贷款合同					
……						
二	产权转移书据					
1						
2						
三	营业账簿（资金）					
1	营业账簿					
2	记载资金的账簿	"实收资本"与"资本公积"的合计金额				
	合计					

四、耕地占用税

火力发电项目建设期间需使用大量的建设用地，可能需缴纳耕地占用税。主要应注意以下几点。

（一）及时申报，勿遗漏耕地占用税

鉴于我国建设用地征收占用政策在具体执行过程中的差异性和特殊性，有的火力发电项目建设期间未按规定及时申报缴纳耕地占用税，竣工决算时也未按规定进行清查梳理，导致竣工决算投资中未足额计列耕地占用税。一旦税务机关要求补缴税款时，因竣工决算投资中未以预留费用等方式足额预估计列耕地占用税，加之竣工决算早已通过集团或上级单位审批，导致补缴的大额耕地占用税难以纳入火力发电项目竣工决算投资。因此，项目建设单位在火力发电项目建设过程中，要熟悉了解当地耕地占用税的征管政策，与税务部门联系沟通，及时依规办理申报缴纳手续，确实无法在基建期间缴纳的耕地占用税，应依据相关税收征管政策及竣工决算要求，作为预留费用纳入竣工决算投资。

（二）临时占地等缴纳的耕地占用税应建立台账管理并尽早收回

《中华人民共和国耕地占用税法》和《关于发布〈中华人民共和国耕地占用税法实施办法〉的公告》（财政部公告2019年第81号）规定，因挖损、采矿塌陷、压占、污染等损毁耕地，因建设项目施工或者地质勘查临时占用耕地，均应当缴纳耕地占用税；纳税人在批准临时占用耕地期满之日起一年内依法复垦，恢复种植条件的，全额退还已经缴纳的耕地占用税；自自然资源、农业农村等相关部门认定损毁耕地之日起3年内依法复垦或修复，恢复种植条件的，比照税法相关规定办理退税。

火力发电项目建设过程中，可能因施工场地、设备物资堆放、临时出入场道路、临建设施等临时占用部分耕地，可能因挖损、压占、污染等损毁部分耕地，根据税法规定均需缴纳耕地占用税。项目建设单位应对上述耕地占用税建立台账管理，与永久占地的耕地占用税予以区分。临时占用耕地及挖损、压占、污染等损毁耕地的应按税法规定及时完成耕地复垦或修复，尽早尽快办理退税手续，避免超出税法规定退税时限造成损失。临时占地等缴纳耕地占用税管理台账如表

6.6.2所示。

表6.6.2　　　　　　　　　临时占地等缴纳耕地占用税管理台账

序号	应税内容	占地面积	批准占地起止时点	已缴税额	申请退税时限	退税情况
一	临时占用耕地					
1						
2						
二	挖损、压占、污染等损毁耕地					
1						
2						
	合计					

（三）科学统筹集约用地，减少税款支出

火力发电项目建设过程中，应对占用耕地情况进行科学统筹规划、节约集约用地。施工结束后，应督促施工单位、内部单位及时清退所占用的临时耕地，抓紧恢复耕地原状，减少耕地占用税支出。

五、城镇土地使用税

有的火力发电建设项目需在城市、县城、建制镇、工矿区范围内使用土地的，需缴纳城镇土地使用税。主要应注意以下几点。

（一）按年缴纳城镇土地使用税应注意区分生产期与基建期

《中华人民共和国城镇土地使用税暂行条例》（国务院令第483号）规定，城镇土地使用税以纳税人实际占用的土地面积为计税依据，依照规定税额计算征收，按年计算分期缴纳。因此建设单位按年缴纳城镇土地使用税时，应注意区分生产期与基建期，属于基建期间的计入基建投资，属于生产期间的计入管理费用。

（二）注意依规享受相关税收优惠政策

《国家税务局关于电力行业征免土地使用税问题的规定》（〔89〕国税地字第

013号）及《国家税务局对〈关于请求再次明确电力行业土地使用税征免范围问题的函〉的复函》（〔89〕国税地字第044号）规定，对火力发电厂厂区围墙外的灰场、输灰管、输油（气）管道、铁路专用线、水源及热电厂供热管道用地，免征土地使用税，火力发电厂厂区围墙外的煤场用地不属于免税范围。

火力发电项目建设期间应注意依据上述规定享受城镇土地使用税相关优惠政策。此外，各地政府在基础设施、招商引资、西部大开发等方面也有相应的税收优惠政策，项目建设单位应及时了解、熟悉相关政策，充分、合法、合理享受相关税收优惠。

六、企业所得税

火力发电项目竣工后交付的固定资产，是据以计提折旧并在企业所得税前扣除的依据。税务法规中也涉及大量企业所得税的优惠政策及特殊规定，在建设期间即应熟悉了解相关税收政策，做好企业所得税纳税筹划，并注意相关涉税风险。

（一）用好环境保护、节能节水、安全生产等专用设备税收优惠政策

《中华人民共和国企业所得税法实施条例》（国务院令第512号）规定，企业购置并实际使用《环境保护专用设备企业所得税优惠目录》《节能节水专用设备企业所得税优惠目录》和《安全生产专用设备企业所得税优惠目录》规定的环境保护、节能节水、安全生产等专用设备的，该专用设备的投资额的10%可以从企业当年的应纳税额中抵免；当年不足抵免的，可以在以后5个纳税年度结转抵免。

《财政部 国家税务总局关于执行环境保护专用设备企业所得税优惠目录、节能节水专用设备企业所得税优惠目录和安全生产专用设备企业所得税优惠目录有关问题的通知》（财税〔2008〕48号）、《国家税务总局关于环境保护节能节水安全生产等专用设备投资抵免企业所得税有关问题的通知》（国税函〔2010〕256号）、《财政部 税务总局 国家发展改革委工业和信息化部环境保护部关于印发〈节能节水和环境保护专用设备企业所得税优惠目录（2017年版）〉的通知》（财税〔2017〕71号）、《财政部 税务总局应急管理部关于印发〈安全生产专用设备企业所得税优惠目录（2018年版）〉的通知》（财税〔2018〕84号）等文件规定，企业购置并实际使用列入环境保护、节能节水、安全生产专用设备企业所得税优惠

目录中的专用设备，可以按专用设备投资额的10%抵免当年企业所得税应纳税额，专用设备投资额不包括可抵扣增值税款，不包括按有关规定退还的增值税税款以及设备运输、安装和调试等费用。企业利用财政拨款购置专用设备的投资额，不得抵免企业应纳所得税额。自2017年1月1日起，企业购置节能节水和环境保护专用设备，应结合《节能节水专用设备企业所得税优惠目录（2017年版）》和《环境保护专用设备企业所得税优惠目录（2017年版）》自行判断是否符合税收优惠政策规定条件，按规定向税务部门履行企业所得税优惠备案手续后直接享受税收优惠，税务部门采取税收风险管理、稽查、纳税评估等方式强化后续管理。

根据上述税收优惠政策，火力发电项目建设期间应做好以下几点：一是及时熟悉了解环境保护、节能节水、安全生产专用设备企业所得税优惠目录，掌握相关政策信息；二是与设计单位加强沟通交流，结合火力发电项目实际情况，条件相近或同等条件时优先选用所得税优惠目录中的专用设备；三是严格按照专用设备所得税优惠目录及优惠政策税务申报的要求，按照专用设备所得税优惠目录办理招标采购及合同签约，确保实际采购设备的类别、名称、规格、性能参数、发票明细、入库验收、安装使用区域等均完全符合专用设备所得税优惠目录及优惠政策税务申报要求；四是将实际采购专用设备的采购合同、设备明细、采购发票、入库、出库、安装部位等资料建立专门台账，全面、准确、序时进行清查登记，过程中做好后续税务申报、检查的基础性工作。

此外，各地政府在基础设施、招商引资、西部大开发等方面也有相应的税收优惠政策，项目建设单位应及时了解、熟悉相关政策，充分、合法、合理享受相关税收优惠。

（二）无发票、不合规发票的风险问题

《国家税务总局关于加强企业所得税管理的意见》（国税发〔2008〕88号）规定，应加强发票核实工作，不符合规定的发票不得作为税前扣除凭据。

《基本建设财务规则》（财政部令第81号）规定，项目建设单位应当严格控制建设成本的范围、标准和支出责任，无发票或者发票项目不全、无审批手续、无责任人员签字的支出不得列入项目建设成本。

有的项目建设单位出于减少建设过程中管控工作量的考虑，要求对方合同单位在合同履行完毕后一次性开具全额发票。这种做法存在较大的风险隐患。近几年来，由于受国家营业税改增值税、增值税税率调整等政策因素及对方合同单位经济效益变化等内在因素影响，加之基建合同履约期一般较长各种变化影响较多，对方合同单位在合同履行完毕后一次性开具全额发票时可能存在困难或障碍，有的合同在最终一次性开具全额发票时应缴纳税额已经接近甚至超过合同尾款金额，此时的合同尾款已不足以对对方合同单位形成制约从而产生开票纠纷，对方单位拖延、逃避、拒绝开票甚至失联的情况屡见不鲜，给项目建设单位造成较大的风险隐患。

火力发电项目建设单位应当在合同签约时即明确约定按照合同履约、结算或付款进度序时开具合规发票，将发票作为进度款申请的前置条件，坚持先开发票后办理付款，针对大额合同建立发票备查台账，应坚持依法、依规、及时、完整取得发票。这样可以保障后续的基建投资核算及项目投产后进行所得税前扣除等工作更为顺畅。

（三）项目资本金未足额到位的风险问题

国家税务总局《关于企业投资者投资未到位而发生的利息支出企业所得税前扣除问题的批复》（国税函〔2009〕312号）规定，凡企业投资者在规定期限内未缴足其应缴资本额的，该企业对外借款所发生的利息，相当于投资者实缴资本额与在规定期限内应缴资本额的差额应计付的利息，不属于企业合理的支出，应由企业投资者负担，不得在计算企业应纳税所得额时扣除。

有的火力发电项目资本金到位比较滞后，导致项目建设期间不得不采用大量外部借款筹资，既增加了项目建设成本，降低了项目投资收益，也存在一定的涉税风险。

（四）资产损失的风险问题

《基本建设财务规则》（财政部令第81号）规定，因设计单位、施工单位、供货单位等原因造成的工程报废等损失，以及未按照规定报经批准的损失，不得列入项目建设成本。《基本建设项目建设成本管理规定》（财建〔2016〕504号）规定，待摊支出主要包括固定资产损失、器材处理亏损、设备盘亏及毁损、报废工程净损失及其他损失；项目单项工程报废净损失计入待摊支出，单项工程报废应当经有关部门或专业机构鉴定；因设计单位、施工单位、供货单位等原因造成的单项工程报废损失，由责任单位承担。

《国家税务总局关于发布〈企业资产损失所得税税前扣除管理办法〉的公告》（国家税务总局公告2011年第25号）规定：企业发生的资产损失，应按规定的程序和要求向主管税务机关申报后方能在税前扣除。未经申报的损失，不得在税前扣除。企业以前年度发生的资产损失未能在当年税前扣除的，可以向税务机关说明并进行专项申报扣除。其中，属于实际资产损失，准予追补至该项损失发生年度扣除，其追补确认期限一般不得超过五年。企业应当建立健全资产损失内部核销管理制度，及时收集、整理、编制、审核、申报、保存资产损失税前扣除证据材料，方便税务机关检查。在建工程停建、报废损失，为其工程项目投资账面价值扣除残值后的余额，应依据以下证据材料确认：（1）工程项目投资账面价值确定依据；（2）工程项目停建原因说明及相关材料；（3）因质量原因停建、报废的工程项目和因自然灾害和意外事故停建、报废的工程项目，应出具专业技术鉴定意见和责任认定、赔偿情况的说明等。工程物资发生损失的，可比照本办法存货损失的规定确认。

根据以上规定，火力发电项目建设过程中如发生工程报废等损失，项目建设单位应当依规清查、整理、报备、归档等涉及损失的完整资料，及时依据规定向税务机关等办理申报，因设计单位、施工单位、供货单位等原因造成的工程报废等损失由责任单位承担。

（五）向关联单位借款的风险问题

《中华人民共和国企业所得税法实施条例》（国务院令第512号）规定，企业在生产经营活动中发生的下列利息支出，准予扣除；非金融企业向非金融企业借款的利息支出，不超过按照金融企业同期同类贷款利率计算的数额的部分。

《财政部　国家税务总局关于企业关联方利息支出税前扣除标准有关税收政策问题的通知》（财税〔2008〕121号）规定，企业如果能够按照税法及其实施条例的有关规定提供相关资料，并证明相关交易活动符合独立交易原则的；或者该企业的实际税负不高于境内关联方的，其实际支付给境内关联方的利息支出，在计算应纳税所得额时准予扣除。

根据上述规定，火力发电项目建设过程中如发生从关联方（上级单位、兄弟公司、上级单位"资金池"等）拆借资金并支付利息的，应留存证明相关交易活动符合独立交易原则的合同、协议等相关资料，实际利率高于金融企业同期同类贷款利率的利息支出不得税前扣除。资金借出方向资金借入方定期分摊利息的，资金借入方承担分摊利息超过按照金融企业同期同类贷款利率计算的数额部分不得税前扣除，分摊利息应有合理、清晰、准确的分摊依据及计算过程，并应遵循一贯性原则。

七、水资源税

《财政部　税务总局　水利部关于印发〈扩大水资源税改革试点实施办法〉的通知》（财税〔2017〕80号）规定，自2017年12月1日起，在北京、天津、山西、内蒙古、山东、河南、四川、陕西、宁夏等9个省（自治区、直辖市）扩大水资源税改革试点，取用污水处理再生水的，免征水资源税。

火力发电项目在运行过程中需要大量的生产用水，因此应在可研及设计时进行科学筹划，尽量使用城市污水处理后的中水作为主要生产用水，可以合理减少水资源税。

第七节　几种建设及融资模式对竣工决算的影响

一、EPC总承包模式

EPC模式，即Engineering-Procurement-Construction（设计—采购—施工）模式的简称。它区别于传统的建设工程平行发包建设模式，由项目建设单位委托一家总承包单位完成项目内设计、采购、施工、试运行等全过程或若干阶段的内容。按照合同约定，总承包单位对其负责范围的工程质量、安全、进度、投资负责。在EPC总承包模式下，总承包单位对整个建设项目负责，但却并不意味着总承包单位须亲自完成整个建设工程项目。除法律明确规定应由总承包单位必须完成的工作外，其余工作总承包单位可以采取专业分包的方式进行。实践中，总承包单位可根据经验、工程项目的不同规模、类型和项目建设单位要求，将采购、施工等工作分包给专业分包单位。

2014年7月1日，住房城乡建设部印发《关于推进建筑业发展和改革的若干意见》（建市〔2014〕92号），其中第十九项规定："加大工程总承包推行力度。倡导工程建设项目采用工程总承包模式，鼓励有实力的工程设计和施工企业开展工程总承包业务。推动建立适合工程总承包发展的招标投标和工程建设管理机制，调整现行招标投标、施工许可、现场执法检查、竣工验收备案等环节管理制度，为推行工程总承包创造政策环境。工程总承包合同中涵盖的设计、施工业务可以不再通过公开招标方式确定分包单位。"

国家发展和改革委员会联合住房和城乡建设部2019年3月共同印发了《关于推进全过程工程咨询服务发展的指导意见》（发改投资规〔2019〕515号）；2019年12月，共同发布了《房屋建筑和市政基础设施项目工程总承包管理办法的通知》（建市规〔2019〕12号）。

火力发电工程采用EPC总承包方式建设的情况也越来越普遍，竣工决算时应根据各项目的具体情况，判断对竣工决算的影响，有针对性地应对与解决，顺利完成竣工决算工作。

（一）对资产清理的影响

一般总承包合同会约定，项目竣工后总承包方应提交一份完整的资产清单给业主单位。该资产清单是总承包合同结算的基础，也是项目竣工决算资产移交的基础，移交资产清单前，应做必要的清理与核对，包括：资产清单应与EPC总承包实际结算口径一致，即资产明细为EPC合同实际建造、采购、交付的内容，资产总额与总承包合同最终结算金额相符；资产清单中的资产划分应满足会计准则单项资产的确认原则及项目建设单位固定资产目录与实物管理需求，且内容完整，满足决算资产移交的需要；资产金额应根据实际结算情况作价税分离，满足增值税抵扣及资产价值确定的需要。

如资产清单不符合上述要求，需根据竣工决算资产移交及清理的原则，对总承包合同的实际建造、采购、交付内容及结算明细进行逐项清理，形成采购明细，按单项资产原则进行组合，并与实物核对后形成可移交的资产明细。

（二）对账务处理的影响

原则上，总承包模式下，项目建设单位仅与总承包单位进行合同结算及款项支付，实践中也会遇到总承包合同内分包单位与项目建设单位直接结算及代付款项的情况，在账务清理时，应格外关注此类情况对于项目建设成本及债权债务金额认定的影响。实务操作时，竣工决算前应了解掌握总承包合同的实际结算与付款模式是否与合同约定相符，如出现差异或不一致情况，应确定对总承包合同结算的影响，并与财务账进行核对。合同清理及账务清理完成后，务必进行整体及分项核对，以避免一份合同多口径结算、重复计列建设成本与债权债务的情况。

（三）对合同清理的影响

一个总承包合同包含设计、采购、施工、试运行等多项内容，对比平行发包模式，项目合同较少，这在一定程度上减少了竣工决算过程中合同清理的工作量。实践中，如出现总承包合同内分包单位与项目建设单位直接结算及款项支付时，应在合同清理前首先了解掌握合同的实际履行情况，明确合同口径，结合账务清理、资产清理的难易程度，确认或按一份总承包合同结算清理，或按各分包合同结算清理，清理口径务必一致。

火力发电工程采用总承包模式建设的具体情况各异，需考虑的因素较多，如：总承包模式下的分包情况，总承包合同与分包合同的结算口径差异，总承包合同结算资料不完整或缺失时分包资料的可获取性和可利用程度。实践中，应根据竣工决算基础资料清理及报表编制原则具体分析和处理。

二、BOT模式

BOT（Build-Operate-Transfer）是一种项目融资方式，也是一种独特的项目经营管理方式，更是一种发起和实施项目建设的运作方式。通常适用于资金投入大、建设周期长的基础设施建设项目，近几年来，在火力发电项目中也有所运用。

（一）会计准则依据

1.《企业会计准则解释第2号》

《企业会计准则解释第2号》对企业采用建设经营移交方式（BOT）参与公共基

础设施建设业务作了以下规定。

（1）合同规定基础设施建成后的一定期间内，项目建设单位可以无条件地自合同授予方收取确定金额的货币资金或其他金融资产的，或在项目建设单位提供经营服务的收费低于某一限定金额的情况下，合同授予方按照合同规定负责将有关差价补偿给项目建设单位的，应当在确认收入的同时确认金融资产。

（2）合同规定项目建设单位在有关基础设施建成后，从事经营的一定期间内有权利向获取服务的对象收取费用，但收费金额不确定的，该权利不构成一项无条件收取现金的权利，项目建设单位应当在确认收入的同时确认无形资产。

2.《政府会计准则第10号——政府和社会资本合作项目合同》《〈政府会计准则第10号——政府和社会资本合作项目合同〉应用指南》

《政府会计准则第10号——政府和社会资本合作项目合同》《〈政府会计准则第10号——政府和社会资本合作项目合同〉应用指南》规定，政府会计准则所指的PPP项目合同应同时具有如下两个特征（以下简称"双特征"）：①社会资本方在合同约定的运营期间内代表政府方使用PPP项目资产提供公共产品和服务；②社会资本方在合同约定的期间内就其提供的公共产品和服务获得补偿。

上述准则适用于符合"双特征"要求同时满足如下"双控制"标准的PPP项目合同：①政府方控制或管制社会资本方使用PPP项目资产必须提供的公共产品和服务的类型、对象和价格；②PPP项目合同终止时，政府方通过所有权、收益权或其他形式控制PPP项目资产的重大剩余权益。

（二）BOT模式的会计处理

根据《企业会计准则解释第2号》，当BOT项目满足如下条件：

合同授予方为政府及其有关部门或政府授权进行招标的企业；合同投资方为按照有关程序取得该特许经营权合同的企业，合同投资方按照规定设立项目公司（以下简称项目公司）进行项目建设和运营。项目公司除取得建造有关基础设施的权利以外，在基础设施建造完成以后的一定期间内负责提供后续经营服务。同时，特许经营权合同中对所建造基础设施的质量标准、工期、开始经营后提供服务的对象、收费标准及后续调整作出约定，在合同期满，合同投资方负有将有关基础设施移交给合同授予方的义务，并对基础设施在移交时的性能、状态等作出明确规定。

会计处理为：如项目公司可以无条件地自合同授予方收取确定金额的货币资金或其他金融资产的，或在项目公司提供经营服务的收费低于某一限定金额的情况下，合同授予方按照合同规定负责将有关差价补偿给项目公司的，应当在确认收入的同时确认金融资产，并按照《企业会计准则第22号——金融工具确认和计量》的规定处理。如合同规定项目公司在有关基础设施建成后，从事经营的一定期间内有权利向获取服务的对象收取费用，但收费金额不确定的，该权利不构成一项无条件收取现金的权利，项目公司应当在确认收入的同时确认无形资产。

（三）BOT与竣工决算

BOT模式的应用，常见的是企业投资垃圾焚烧类的环保电厂BOT项目，按照《企业会计准则2号解释》的规定，企业投资方应作金融资产或无形资产核算。但依据政府与社会资本合作合同的约定及项目要求，企业投资方应当办理竣工决算上报政府方，这也是社会资本方转资的依据，一般转资为金融资产或无形资产。因此，在编制竣工决算报表时，企业移交资产的会计一级科目为无形资产。但建议无形资产下按具体的资产设明细管理，或建立实物台账，以便运营维护需要。企业投资方运营期内对金融资产或无形资产的计量核算可参照《企业会计准则6号——无形资产》《企业会计准则第22号——金融工具确认和计量》的具体规定进行。

近年来，在部分火力发电项目中，出现将其中部分工程内容采用BOT模式建设运营的做法。此情景下，合同虽为BOT模式，但并非前述的政府与企业投资方之间的BOT合作，其实质是企业（建设单位）与企业（合同投资方）之间针对双方约定范围内的工程内容采取的建设—运营—移交作法，如脱硫工程、脱硝工程、环保岛工程等，可理解为类BOT方式。采用此种方式建设的工程，建设单位将其投资建设的工程转由另一企业（合同投资方）投资建设，工程完工投运后，建成移交的设施由合同投资方运营，建设单位按照双方约定的结算方式定期支付设施使用费。实质是将企业建造购置一项长期资产运营受益的活动转变为购买服务以受益的活动。类BOT方式建设的工程，与之相关的资金流入、流出及项目成本核算等均未通过建设单位；与之相关的资产未回购前，资产的所有权、运营权、收益权均不属于建设单位，建设单位也未因此产生任何的资金投入和投资支出。因此，从竣工决算的角度看，这种类BOT方式建设的工程的建设资金与建设单位无关，不应计入建设单位的建设资金。

三、融资租赁

（一）融资租赁的背景

融资租赁是一种与实体经济联系紧密的投融资方式，是以融物的形式来达到融资的目的。与银行贷款相比，融资租赁在融资额度、融资期限、还款方式及担保方式等方面具有较强的灵活性，且可促进产品销售，是继银行信贷之外的又一主要融资方式。

近年来，国家不断出台政策促进融资租赁行业的发展。据统计数据，2020年全国融资租赁合同余额约为6.4万亿元人民币，融资租赁行业市场渗透率超过12%，虽与欧美等发达国家相比存在一定差距，但仍显示出融资租赁市场较大的发展空间。

基本建设项目以固定资产投资为主，主要建设内容包括房屋、构筑物、设备以及企业用于基本建设、更新改造、大修理的其他固定资产。基本建设项目投资额大、建设周期长，项目建设过程中的投融资模式及方案是其前期规划及设计需考虑的一项重要内容，需在满足既定建设方案、建设周期及资金需求的前提下，降低资金成本，有效控制项目投资。融资租赁兼具了重资产和大额资金需求这两个特点，有的基建项目在建设过程中采用了融资租赁方式来筹措建设资金。

（二）融资租赁的实质

融资租赁是指出租人购买承租人选定的设备，并将它出租给承租人在一定期限内有偿使用。承租人在租期结束后可以选择是否购买该租赁物。在这一业务过程中，出租人实质上将属于资产所有权上的一切风险和报酬转移给承租人的，至于设备所有权，租赁结束时可以转移也可以不转移。融资租赁是以融物代替融资，以技术设备、厂房、轨道交通等固定资产为租赁对象，围绕固定资产的所有权、使用权、收益权、处置权开展，在表外将标的物本身作为抵押物。

《中华人民共和国民法典》第七百三十五条规定，融资租赁合同是出租人根据承租人对出卖人、租赁物的选择，向出卖人购买租赁物，提供给承租人使用，承租人支付租金的合同；第七百三十六条规定，融资租赁合同的内容一般包括租赁物的名称、数量、规格、技术性能、检验方法，租赁期限，租金构成及其支付期限和方式、币种，租赁期限届满租赁物的归属等条款。

相比于传统股权、债权和贸易融资，融资租赁是基于资产价值而非承租人信用的融资。在融资租赁关系中涉及三方当事人，即供货商、承租人、出租人，需签订两个或两个以上的经济合同。具体关系如图6.7.1所示。

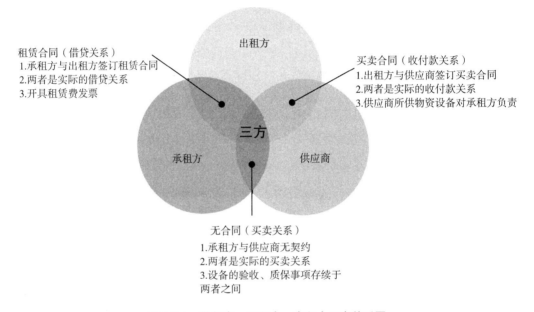

图6.7.1　供货商、承租人、出租人三方关系图

1.三方当事人

供应商（即出卖人）：供应商应向出租人转移租赁物所有权并取得标的物价款，供应商保证租赁物所有权的完整有效，无第三人对租赁物追索或主张权利。供应商应按照合同规定的期限、方式、地点直接向承租人交付租赁物，延迟交付、变更运输方式或交付地点不对致使费用增加的，供应商应按照合同约定偿付违约金或承担赔偿责任。供应商必须保证交付的标的物符合国家规定的质量标准或者合同约定的标准，且必须按照合同约定向承租人履行租赁物的售后服务，如安装、调试、培训等。

出租人：出租人应当按照承租人的选择确定出卖人和租赁物。出租人应按买卖合同约定的期限、方式支付价款。出租人应当保证承租人对租赁物的占有和使用。出租人和承租人可以约定租赁期届满租赁物的归属。订立融资租赁合同时，出租人收取租赁保证金或接受其他形式担保的，在合同履行完毕时，出租人应将抵扣租金后剩余的租赁保证金返还承租人，或解除担保。

承租人：承租人应当按照约定支付租金。承租人应按买卖合同约定接受并检验租赁物，享有与领受租赁物有关的买受人的权利。承租人按融资租赁约定占有和使用租赁物，未经出租人同意不得转让、抵押、拍卖租赁物及做出侵害出租人权益的行为。承租人应当妥善保管、使用租赁物，并履行占有租赁物期间的维修义务。承租人应承担占有使用租赁物而负担的义务，如关税、增值税、营业税、所得税等。

出租人与承租人之间是租赁关系，实质是资金借贷关系；出租人与出卖人之间是买卖关系，两者之间产生租赁标的物购买价款的收付往来；承租人与出卖人之间无业务合同关系，但两者是实际的买受关系，租赁物的验收、质保事项均存续于两者之间。

2.两个主要的经济合同

融资租赁合同：指出租人（即买受人）、承租人和供货商三方签订的租赁合同。合同约定由出租人为承租人出资购买其所需设备，由供货商直接将设备交给承租人。合同特征是：与买卖合同不同，融资合同的出卖人（即供应商）是向承租人履行交付标的物和瑕疵担保义务，而不是向买受人（即出租人）履行义务，即承租人享有买受人的权利但不承担买受人的义务。与租赁合同不同，融资租赁合同的出租人不负担租赁物的维修与瑕疵担保义务，但承租人须向出租人履行交付租金义务。

根据约定以及支付的租金数额，融资租赁合同的承租人有取得租赁物之所有权或返还租赁物的选择权，即如果承租人支付的是租赁物的对价，就可以取得租赁物之所有权；如果支付的仅是租金，则须于合同期届满时将租赁物返还出租人。

买卖合同：由出租人与供应商（即出卖人）签订的设备设施买卖合同。此买卖合同中，出租人即为买受人。买卖合同的标的物即为融资租赁物，是由出租人（即买受人）按承租方要求购置的设备设施。

融资租赁项下的买卖合同是融资租赁合同的连带合同，这两个合同是相互独立的，两个合同各方当事人的权利和义务互不从属，但两个合同互为存在的条件。

在租赁期间内，租赁设备的所有权与使用权分离，租赁物的所有权属于出租人，承租人在合同期内交付租金只能取得对租赁物的使用权，且承担设备的保养、维修、保险和过时风险。融资租赁出现问题时，出租人可以回收、处理租赁物。租赁期满后，租赁物的处理一般有三种选择：续租、留购、退租。

（三）融资租赁与竣工决算

融资租赁，形为融物，实为融资。新租赁准则下，对于项目建设单位（即承租方）不再有融资租赁的说法，统称为租赁。因租赁形成的融资款到位或购买支付时不经过项目建设单位银行账户，项目建设单位在履行定期偿还义务时，经由其银行账户还款。账务清理时，应根据租赁协议的履行情况，核实实际融资金额及还本付息情况。

从建设项目资金来源的角度讲，融资租赁对竣工决算的数据影响主要体现在以下三方面。

1.资金来源本金

融资租赁作为一种融资方式，租赁负债应作为项目建设的资金来源在竣工决算报表中列示。融资租赁合同生效履行后，租赁期开始日，尚未支付的租赁付款额作为租赁负债体现在项目建设单位的负债总额中；在项目建设期间，项目建设单位分期偿还融资租赁本金及利息；随着时间的推进，项目建设单位（即承租人）尚未支付的租赁付款额逐渐减少。

竣工决算时，建设资金来源的取数为项目竣工决算基准日的时点数。因此，应以竣工决算日项目建设单位尚未偿还的租赁本金作为资金来源列示于决算报表中。具体在会计核算中，核算租赁负债的长期应付款科目通常包含了两部分：租赁本金+未确认融资费用，即本金+租息，部分情况下会同时包含租赁手续费等。长期应付款的期初数是租赁开始日的数据，与竣工决算日长期应付款账面金额的差异为已还款额与已支付租息。竣工决算时，对于融资租赁产生的资金来源数据应取竣工决算日长期应付款科目余额所含的租赁本金。

2.建设期贷款利息

因融资租赁产生的租息均体现于未确认融资费用中，但不能直接将其作为建设贷款利息计入项目投资。租赁期开始日，长期应付款包含了融资租赁本金及全部租息；还款期内，项目建设单位根据实际利率法确认每期的利息费用。项目投产前，分期确认的利息费用计入建设期贷款利息，投产后，作为生产期财务费用核算。鉴于此，竣工决算时，应以项目建设单位账面核算的在建工程——利息支出结合项目投产时点，来确认因融资租赁业务产生的建设期贷款利息。

3.移交资产价值

根据融资租赁准则的规定，通过融资租赁方式"购入"的租赁物，即固定资产（即使用权资产）价值是租赁付款额现值的基础上形成的，包含融资租赁本金、初始支付的直接费用（如手续费等）、预先支付的款项、预计负债等。融资租赁购入的资产价格并非《买卖合同》中的设备采购金额或施工合同结算额。竣工决算进行资产清理及价值形成时，不应直接采用《买卖合同》中的设备采购金额或施工合同结算额直接作为资产购置价格，应当以《买卖合同》为基础，列出移交资产明细，资产购置价值应以《买卖合同》金额为基础，分摊因融资租赁产生的初始直接费用、预付款、预计负债等费用，总额应与使用权资产价值一致。

（四）应注意的事项

1.会计核算规范是竣工决算的前提

融资租赁业务因合同周期长，履约过程中往往因各种因素导致实际还款金额与还款周期发生变化，与合同协议存在差异；会计核算时涉及租赁合同折现率、租赁期内实际利率法分摊各期融资费用，等等，部分企业融资租赁会计核算不规范。另外，建设项目采用融资租赁方式时，租赁物采购款分期支付，经常会出现实际已起租履约，项目建设单位（即承租人账面）尚未按要求进行会计核算的情况。因此，竣工决算时应首先根据融资租赁的合同协议，确认其业务实质及实际履约情况，检查项目建设单位的会计核算是否符合租赁准则的核算要求，反映其业务本质。在此基础上，再确认竣工决算所需的资金来源（租赁本金）、建设期贷款利息及移交资产价值。

2.融资租赁过程中增值税进项税的考虑

竣工决算过程中，无论是项目成本概算归集，还是移交资产价值形成，均要求作价税分离。实际投资分不含税投资和可抵扣增值税进项税两部分反映，固定资产价值为不含税价值，增值税进项税作为一项资产单独移交，以备后续生产经营抵扣。因此，合同清理及资产清理，应分别剔除增值税进项税。

融资租赁合同履约起租后，项目建设单位取得的使用权资产前期无法取得采购发票，仅能在还款期偿还本金时取得租赁费发票。在初始确认使用权资产时，应根据租赁税率在核算使用权资产时作价税分离，避免资产价值虚高。部分建设项目对采用融资租赁取得资产核算时，未作价税分离，还款期取得租赁费增值税专用发票后，按可抵扣的增值税进项税额冲减已形成的固定资产价值。这种做法，使得竣工决算移交固定资产价值与资产的账面价值存在差异，且对企业经营期折旧产生影响。因此竣工决算时，建议统筹考虑，根据实际情况对使用权资产进行价税分离，确保决算移交资产价值的合理性与准确性。

第八节　竣工结算与竣工决算的联系和区别

竣工结算与竣工决算是基本建设项目应完成的两项重要工作，两者既有区别又有联系。在实际工作，往往容易对这两个概念产生混淆。本节主要介绍竣工结算与竣工决算的区别与联系。

工程结算按对象有狭义和广义之分。狭义的工程结算，又称工程价款结算，是指施工单位按照合同规定的内容全部完成所承包的工程，经验收质量合格并符合合同要求之后，通过编制工程结算书向项目建设单位进行工程价款结算的经济活动。工程结算资料是施工单位向项目建设单位索取工程报酬的依据，常见的工程结算资料有结算审核报告、结算审核审批单、结算定案表、结算书等。广义的工程结算，是指在基建项目前期筹划至建成投运时，与建设内容相关的一切内外部单位间的价款结算事宜，既包括施工单位的价款结算，也包括咨询服务、设备物资等合同的竣工价款结算，常见的结算资料有咨询服务成果验收审核单、入库单、合同结算单、合同进度款（尾款）结算审批单、付款申请、发票、发票清单、结算证明、沟通洽商资料等。

工程结算按时点可分为过程结算与竣工结算。过程结算是指合同履行期间的进度性质结算；竣工结算是指合同履行结束后对于该合同全部内容的完整价款进行的最终结算。对于竣工决算编制工作来说，通常使用竣工结算作为编制依据。

住房和城乡建设部于2013年12月颁布的《建筑工程施工发包与承包计价管理办法》（住房和城乡建设部令16号）规定，国有资金投资建筑工程的发包方，应当委托具有相应资质的工程造价咨询企业对竣工结算文件进行审核，发包方应当按照竣工结算文件及时支付竣工结算款。

一、竣工结算与竣工决算的联系

1.两者同为基建项目建设过程中必不可少的重要内容

未进行工程结算就无法办理价款支付，未进行竣工决算就无法准确核定基建项目投资，无法准确交付新增资产。

2.两者流程承前启后，密不可分

工程结算是工程竣工决算的前置流程，也是竣工决算的基础，竣工决算需要使用工程结算的结果。

3.工程结算的主体单位需参与竣工决算

工程结算的主体是项目建设单位与施工单位，竣工决算的主体是项目建设单位，竣工决算工作中也需要施工、设计、监理等参建单位提供必要的配合协作，如概算执行情况分析、清理结算及资产明细、配合盘点清查等。

二、竣工结算与竣工决算的区别

1.范围不同

工程竣工结算确定的是工程建设阶段的某项工程（合同）需与施工单位、供应商的结算价款，通常按合同、施工内容等进行结算，是基于工作量、服务内容而进行的价款结算行为。竣工决算包括从基建项目筹建到竣工投产全过程的全部实际投资，不仅包括价值梳理，还包括实物清理移交、投资对比分析、基建文件资料整理等诸多内容。

2.实施主体不同

工程竣工结算通常是在项目建设单位和施工单位、供应商之间进行，在两个平等的民事行为主体之间进行，竣工结算通常由施工单位编制；工程竣工决算由项目建设单位对工程项目发生的投资进行归集、分配、汇总、对比、分析，并完成竣工决算编制，实施主体为项目建设单位，施工单位等参建单位需提供必要的辅助配合。

3.时间不同

工程竣工结算发生在工程竣工决算之前，只有工程结算完成后，才能依据工程结算结果进行工程决算。

4.作用不同

工程竣工结算是施工、供应单位向项目建设单位索取工程报酬的依据，反映的是项目建设阶段某项工程（合同）的工作成果。工程竣工决算的目的是确定整个基建项目建设投资、新增资产价值，总结经验教训，分析投资效果，反映的是建设项目综合、全面、完整的建设成果。

5.依据法规不同

目前工程竣工结算的主要依据是《中华人民共和国民法典》，财政部建设部发布的《建设工程价款结算暂行办法》，住房和城乡建设部发布的《建设工程工程量清单计价规范》，国家能源局发布的《电力建设工程工程量清单计价规范火力发电工程（2021）》《电力建设工程概算定额（2018年版）》《电力建设工程预算定额（2018年版）》《火力发电工程建设预算编制与计算规定（2018年版）》，电力工程造价与定额管理总站发布的《火力发电工程建设预算编制与计算规定使用指南（2018年版）》及《电力建设工程概预算定额使用指南（2018年版）》，中国电力企业联合会发布的《电力建设工程施工机械台班费用定额（2018年版）》等。工程竣工决算的主要依据是财政部发布的《企业会计准则》《基本建设财务规则》《基本建设项目建设成本管理规定》《基本建设项目竣工财务决算管理暂行办法》及各单位制定的竣工决算管理制度。

6.成果确认流程不同

竣工结算由施工单位编制完成后，经监理、项目建设单位初审后，还需经项目建设单位、上级单位委托的造价咨询公司进行结算审核，有的火力发电项目由上级单位审计部门进行结算审核或复审，审定结果作为项目建设单位与施工单位结算价款的依据。火力发电项目竣工决算由项目建设单位编制完成后，需经上级单位委托的中介机构进行竣工决算审核，有的火力发电项目由上级单位审计部门进行审核，审定结果作为项目建设单位办理竣工决算的依据。

　　总之，工程竣工结算与竣工决算是建设工程估算、概算、预算、结算、决算等"五算"中的最后两个环节，是最终反映建设项目实际工程造价和建设情况的综合体现。工程竣工结算和决算涉及诸多主体、环节与内容，是一项复杂的系统工程。正确理解、认识竣工结算和决算的区别与联系，有助于我们准确、完整、及时、全面地反映、评价基建项目的实际建设情况。

第七章
信息技术在竣工决算中的应用与展望

竣工决算是一项集工程、物资、设备及其他服务于一体的复杂工作，是以数据及实物形式反映项目投资效果及建设成果的综合性文件。数据在建设过程的积累与处理在竣工决算工作中起着重要作用，直接影响竣工决算编制的质量与速度。随着信息技术在管理中的广泛运用，竣工决算数据的积累与处理也可通过信息化技术来实现。据我们了解，多家央企集团开展了竣工决算自动化编制的研发工作，已取得一些成果，但截至目前通用的、技术成熟的竣工决算自动化编制软件尚未面市。信息化技术在竣工决算中的普及应用尚待继续推动，而近年来建筑领域大力推广使用的BIM技术，为竣工决算信息化的研究与开发带来了更多期待。

第一节　竣工决算自动化编制

一、软件实现的基础

竣工决算的过程是根据项目建设期间形成的全部原始数据及资料，按照一定的编制规则将数据处理、分析、整合，形成既定格式报告的过程，即为原始数据输入—数据处理—报表输出的过程。竣工决算数据处理量大，编制规则相对固定，决算报告格式相对统一，为实现自动化编制提供了现实可能性。目前部分企业集团已通过开发应用软件来实现竣工决算报表的自动化编制，取得了一定的成果。

需求决定结果，业务规则及流程决定实现过程，同时解决原始数据的来源及取数问题，一个业务工具软件即可实现，竣工决算软件的开发应用同样如此。综合目前现有的国家及行业关于竣工决算的文件、规定，竣工决算报告主要包括：竣工决算说明书和竣工决算报表。竣工决算报表主要包括：竣工工程概况表、竣工工程决算一览表、其他费用明细表、移交资产表及竣工财务决算表。

竣工决算报表的内容及编制要求对自动化编制的数据来源和数据处理均提出了需求。人工借助信息技术开展竣工决算编制工作时，也是基于决算报表的需要，按照相对确定的决算编制规则，对原始数据进行分析、处理及整合，形成一系列的基础表格及辅助表格，进而达到自动化编制竣工决算报表效果。一系列决算报表所需的原始数据及信息主要来源于基本建设项目概算、合同结算、物资出入库及项目财务账。

二、自动化编制实现的思路

项目竣工决算自动化的过程，是按既定的标准及模板，使用确定的规则，将项目业务及财务数据（统称数据源）整理、整合、分类、归集的过程。

（一）规范化的标准模板

标准模板类似于软件系统应用前的基础设置，基建项目竣工决算一般有标准依据及模板，主要包括概算、资产目录及竣工决算报表模板。

1.项目概算

基建项目投资管控贯穿于基建项目整个建设过程，不同阶段体现为投资估算、设计概算、施工图预算、工程结算、竣工决算。按照火力发电项目建设及管理的特点，其投资管控通常选取设计概算作为管控标准或目标，部分项目管理系统（或管控平台）为满足全过程管理的需求，也将设计概算作为主要的基准或总纲，协同实现结算管理、进度管理及质量管理。

根据《火力发电工程初步设计概算编制导则》《火力发电工程建设预算编制与计算规定（2018年版）》，火力发电工程的概算项目及层级是固定的，具体项目根据实际建设情况稍有增减。自动化系统中一般都会设置概算管理模块，以火力发电项目预算编制指南为基础，视具体项目调整个体差异，形成相对固定的项目概算。同时设置概算代码，便于与财务及业务数据形成代码对应关系，实现以概算管控投资、以概算管控业务的需要。

概算标准及代码的形成为竣工决算提供了编制的基础与依据，通过代码对应分析，整合业务信息及数据，可以完整反映项目的实际投资情况及概算执行情况。

2.火力发电行业固定资产目录及分类标准

竣工决算的另一项重要内容为资产移交。本书前述资产清理章节中已提及，火力发电行业有相对固定完善的固定资产目录。一个火力发电项目建设完工后所移交资产有明确的确认依据和分类原则，且应符合火力发电厂设备设施专业分工管理的需要，因此火力发电行业固定资产目录也是相对固定统一的。项目管理系统（或管控平台）在实现竣工决算资产移交需求时，设定火力发电行业固定资产目录标准，同时设置资产代码，系统处理基础数据时形成与资产代码的对应关系，竣工决算时自动形成资产清单。

软件应用实现时，基于火力发电项目系统及专业划分的一致性，火力发电项目概算与资产目录之间也建立代码对应关系，使得资产清单形成的自动化程度进一步提高，同时在项目概算、投资完成与资产清单间建立起关联关系，资产价值更趋合理。

3.竣工决算报表模版（标准）

竣工决算模版（标准）即竣工决算报告的要求及标准体系。竣工决算软件应用时，以需求及过程管控为导向，竣工决算报告的标准决定了软件实现过程中标准模板的设定、数据的来源及读取、处理规则的制订等。因此，项目管理系统（或管控平台）会设定竣工决算的标准体系，包括设置竣工决算报表的报表格式及取数规则等。

2016年，财政部颁布了《基本建设项目竣工财务决算管理暂行办法》（财建〔2016〕503号），对财政投资类项目的竣工财务决算标准进行了明确要求。部分企业也据此制订了本企业的竣工决算标准，虽内容上存在粗细差异，形式上有所变化，但主旨与目标原则是一致的。软件实现时，一般会结合应用主体自身实际情况及软件应用的对象、区域及范围进行适应性调整。

（二）竣工决算编制规则

竣工决算通过信息化手段实现时，应解决数据的读取和处理整合规则，从而将项目建设过程中的数据信息转化为竣工决算报告所需的数据信息。

1.取数规则

单独成型的竣工决算软件，可根据报告数据的输出要求来指定所需的数据源，相应的取数规则满足竣工决算编制要求即可。但对于目前越来越普遍的项目管理系统（或管控平台），竣工决算只是其实现的功能之一，系统的数据源和过程信息是综合了系统所要实现的全部功能和目标来确定，伴随着系统的动态管控更新，不断地有二次或三次数据信息的产生与应用。涉及竣工决算，如何在系统基础数据源和过程信息中读取所需信息，除满足竣工决算所需外，同时应考虑数据的唯一性及可靠性。在此基础上制订相应的取数规则，视结果输出要求进行系统处理，形成竣工决算报表数据。

结合本书前述的竣工决算编制基础工作内容，竣工决算主要的数据源来自于合同信息（即业务数据）和财务信息。合同信息包含签约信息、履约过程信息和最终结算信息，在项目管理系统（或管控平台）中为基础数据，在录入的过程中应综合系统功能（包含竣工决算）所需，考虑信息的完整性和精细度。财务信息一般为系统数据，项目管理系统（或管控平台）在搭接应用时，应考虑如何从整套的财务系统中提取所需财务信息，如通过代码对应关系，在项目建设过程中的财务核算与管理时加注必要的代码标识或类似辅助信息以满足数据提取的需求。

2.数据处理规则

对应于本书前面章节提及的竣工决算基础与编制工作，基础数据需经过一定的处理与分析整合才可形成竣工决算报表数据，将这一处理、分析、整合过程固化为明确的规则，可通过系统或软件实现。

部分基础数据读取后可直接应用，但大量的数据仍需经分析整合后才能应用。基于竣工决算所需，这样的规则主要有两类：代码对应后识别汇集得出报表数据，基础数据经过逻辑分析计算得出报表数据。

代码对应识别汇集所得的数据，如项目投资归概数据，实际是将识别后的业务数据与财务数据挂接后，基于概算代码对应关系，与概算数据进行对接，得出项目投资概算执行情况。这一过程主要是将基础数据经过识别、加总、分类调整，较少涉及逻辑分析与计算。

经过逻辑分析计算所得的数据，如前述的不形成资产的建设成本分摊和待摊支出分摊，这部分数据涵盖了基础数据（业务信息与财务信息）内所有不直接形成资产的内容，包括资产的组成部件、设备基础费用、安装费用、安装材料及其他费用等。竣工决算交付资产有其形成标准与确认规则。因此确定数据规则主要需明确两项内容：不直接形成资产的成本或费用的分摊范围和分摊原则。譬如，对一项不直接形成资产的成本或费用，如需分摊计入其他资产中，其载体是一个资产、几个资产还是一类资产，成本费用分摊原则是总额分摊、均摊、权重分摊、数量分摊还是直接指定，均应制订规则予以明确并通过系统自动实现分摊。

（三）竣工决算基础数据源的读取识别

竣工决算的基础数据包括业务数据和财务数据。业务数据主要通过合同体现，财务账作为项目建设全过程的核算反映，包含了项目建设的全部支出，非合同部分的数据信息主要通过财务数据反映。从数据分析处理的角度看，竣工决算的过程就是以合同或业务事项为条线将业务数据与财务数据核对挂接，按照竣工决算报告的信息输出要求，从初步设计概算和资产形成两个维度来反映分析处理后的数据信息。

业务合同和财务账是竣工决算的基础数据。合同和财务账包含的信息较多，应根据最终竣工决算报表的数据需求，以及竣工决算编制规则计算分析需要，确定合同和财务账的数据范围、表现形式，以将其规范化，或者在软件内设置数据前端处理模板，以识别不同项目表现形式各异的各类合同及不同的财务核算系统，将其处理为后续便于分析处理的数据源。

基于以往的火力发电工程竣工决算经验和竣工决算软件尝试，经规范后的基础数据，应包含必要的关键信息，如合同编号、名称、业务事项、合同内容（施工、采购及服务等）、对方单位、合同金额，结算金额、付款金额、安装地点（使用部门）等，基础数据的细化程度应满足项目成本概算归集、资产移交确认的需要。信息颗粒度较粗则无法编制决算报表；颗粒度较细，系统数据数理的工作量则成倍增加。

三、现有自动化编制的思考

我们从事基本建设项目竣工决算编制与审计工作十余年，曾尝试竣工决算编制软件的开发工作，也接触到一些企业集团的自动化决算编制软件，但目前市场上并无相对成熟的竣工决算编制软件，可能主要受以下几方面因素的影响。

（一）项目竣工决算的小众化及一次性特点

基本建设项目竣工决算并非企业的经常性行为。对于一个企业而言，其存续期内固定资产的大规模投资与建设并不常有，且项目建设期间，与基建项目相关的财务核算也能在一定程度上反映出项目的投资情况，竣工决算工作往往通过手工方式进行。因此对于竣工决算编制软件的客观需求不强烈。

（二）竣工决算移交资产明细的形成存在难度

据我们接触到的部分决算自动化软件看，存在的一个共性问题就是资产形成困难。基于前述原因，固定资产的形成过程更多依赖竣工决算编制人员的主观判断及实践积累，用确定的量化规则来替代带有不确定性的主观判断尚存在难度。因此，目前通过已有软件形成的移交资产明细，更像是采购明细，而非固定资产明细。

（三）竣工决算与企业信息化管理紧密相联

竣工决算编制软件需有机融入企业内部的工程信息化管理之中，与其具体的管理活动紧密相联，才能真正发挥效能。目前的竣工决算软件与企业工程信息化管理结合不深，即使有成果也仅仅在本企业集团内部使用，通用的竣工决算软件发展空间容易受限。有的企业信息化管理在基建领域的应用与发展并不深入，也影响了竣工决算编制软件的发展与应用。

（四）竣工决算与行业特征相关度比较大

各行业有自己的概算预算规则、工程结算规则、固定资产目录、工程管理习惯等，竣工决算编制软件也明显地打上了行业特征烙印，需要按行业开发。通用的竣工决算自动化编制软件一般适用于小型建设项目，而小型建设项目往往投资小、建设期短、工程管理信息化程度低，竣工决算难度相对也比较小，项目建设单位对竣工决算自动化编制的意愿不高。

目前，在数字化转型的大背景下，企业运营管理的模式已发生实质性变化，单独开发形成竣工决算软件虽可行，但与企业原有平台及系统的对接及融合度低、数据共享性差。竣工决算本身是工程管理的闭环，自动化竣工决算编制只有融入工程建设管理的整体信息化建设之中，或以嵌入式服务功能体现在企业信息化系统或平台中，才具有广阔的应用空间。

第二节　基于BIM技术的竣工决算展望

BIM即建筑信息模型（Building Information Model），是指在项目全生命周期或各阶段创建、维护及应用建筑信息模型进行项目计划、决策、设计、建造、运营等的过程。2018年，中电联电力发展研究院有限公司在BIM基础上提出了EIM理念，EIM即工程信息模型（Engineering Information Modeling），是指在包括建筑业、电力等领域的工程项目全生命周期中，以资产为单元、以模型为载体、以合同为纽带、以数据为基础，实现全过程、全参与方的工程信息创建、传递、管理及应用，是将BIM技术与电力行业结合的一种理论和应用。

在火力发电工程建设中，行业内已经有较多案例采用PDS或PDMS软件进行三维可视化设计，但是一般缺少向施工及后续阶段的延伸应用。施工过程中的信息化系统一般为基建MIS系统，但是基建MIS系统普遍缺乏与三维数字化的结合。随着BIM技术的普及，BIM模型及相关数据与MIS系统的融合已成为趋势。

在竣工决算编制过程中，BIM技术可作为可视化集成数据库，可以为决算编制提供数据依据和技术支撑。目前在基建项目全过程管控中全面应用BIM技术已是发展趋势，利用BIM技术全过程信息传递的优势，将各个阶段的信息形成不断丰富、向后传递的数据库，数据库中包含竣工决算编制基础在内的概算分解、合同清理、投资归集、资产清理等信息。通过BIM模型也可以完成竣工资产数字化移交，从而为竣工决算编制发挥重要作用。随着BIM技术的普及和发展，竣工决算编制与BIM技术的衔接将越来越紧密。基于BIM技术的竣工决算编制模式如图7.2.1所示。

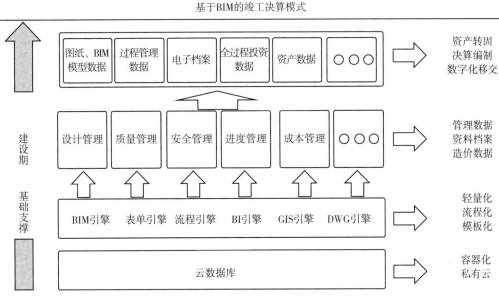

图7.2.1　BIM技术下的竣工决算编制模式图

值得注意的是，竣工决算阶段的BIM技术应用，依赖建设期BIM技术应用形成的成果。如果建设期缺少BIM技术的成果支撑，竣工决算阶段将难以发挥BIM技术价值。BIM技术可以基于竣工决算编制及基础工作在几个方面发挥积极作用。

一、作为竣工决算编制的资料搜集中心

BIM模型作为虚拟化的工程孪生体，可以全面反映工程建设的设计、施工、空间位置、技术参数；同时基于BIM技术的信息化系统也以BIM模型为载体进行全过程的资料存储和分发。在项目建设过程中，建设方、设计方、施工方、咨询方都在BIM平台上协同工作，项目所有信息都通过BIM平台直观展示给各参与方，并且项目资料与BIM模型精准挂接。

竣工决算编制资料以往需要在项目建设过程中进行收集、归纳、整理，并规范形成相关台账和资料库。而在以BIM平台为中心的管理模式下，过程中的管理数据和所有电子档案已经完成了上传和分类，只需要按照竣工决算编制的资料清单进行梳理、调用即可。BIM平台中的这些数据间具有较强的衔接性、匹配性、溯源性、系统性，可以有效减少数据甄别、筛选的工作量，可为竣工决算编制工作

顺利进行创造极大的便利条件。

二、基于BIM技术的投资数据是决算编制的基础

BIM模型附带工程量信息，是天然的计量载体。现阶段BIM模型工程量规则与行业内清单计量规则存在冲突，推广受限。但随着BIM技术的普及，BIM模型计量规则和行业计量规则必然能完成统一，届时全过程的工程量数据都将由BIM模型产出，从而实现全过程BIM 5D管理。BIM 5D管理是指将BIM模型与进度信息、成本信息等进行结合，实现空间、时间、投资的数据集成，从而完全以BIM模型为载体进行全过程造价管理。应用BIM技术进行工程量计算，直接沿用工程设计阶段已完成的模型，减少了重新建模的工作量，避免了二次建模可能发生错误的概率，实现工程量的自动生成，提高了计量的效率和准确性。

在设计阶段，BIM技术的可视化效果可以将设计院的设计意图得到更全面的展示，为各个专业的协同设计提供了共享平台。基于BIM技术的自动化算量可以随模型的建立快速得到工程量，从而分析出拟建建筑的工程预算和经济指标，有助于开展限额设计，可有效减少设计变更。BIM模型与工程量的统一将为实际投资的概算归集提供更精准的对象，造价数据关联到BIM模型后可以实现精准的概算归集，可以实现建设过程中以概算目标对实际投资的更精确、更全面的序时管控。

在招投标阶段，BIM模型可计算出满足清单计量规则的工程量清单，供招标时直接使用。BIM模型可以提供造价编制所需的项目构件信息，减少人工根据图纸识别构件信息的工作量及差错。利用BIM模型可视化特点，可以展示项目整体、区域、节点不同精度的设计意图，有助于投标人准确理解项目重难点并有针对性的完成投标文件的编制工作，保证技术方案和施工组织计划的合理性，并提前梳理施工过程中可能遇到的疑难点，减少工程量及施工方案变化对于后期结算的影响，为后续顺利完成竣工结算奠定基础。

施工过程中，BIM模型可以集成计划进度信息和实际进度信息，BIM模型下的进度管理将不再局限于展示和分析，而是由各方作为使用主体，将虚拟模型作为实体模型的缩影，在计算机上开展进度管理，比传统进度管理模式更精细，更具有时效性。以施工进度为例，通过将BIM技术与施工进度计划相连接，将空间信

息与时间信息整合在一个可视的4D（3D+Time）模型中，不仅可以直观、精确地反映整个项目的施工过程，还能够实时追踪当前的进度状态，分析影响进度的因素，协调各专业，采取对应措施，以缩短工期、降低成本。同时，施工过程的进度信息，是进度款支付、进度分析的基础数据，通过精确的进度信息，可以实现精准的价款计量。BIM模型工程量规则与行业内清单计量规则有效融合后，可以在施工过程中对变更、签证涉及的工程量及价款实现事前、事中、事后的及时而精准的管控，可以便捷地对变更、签证事由追根溯源，从而明确责任主体、费用承担对象及概算归集对象，减少后续结算过程中的大量清理工作和争议纠纷。建设方、设计方、施工方、咨询方都基于BIM平台进行协同工作，设计、施工数据资料也将变得透明、公开，为过程中及竣工时的结算数据整理、核对、申报、审核提供了更加便捷、全面、准确的途径。竣工阶段，竣工时点的BIM模型工程量、价款可以为竣工结算提供数据支撑，与竣工结算相关的合同、图纸、变更、索赔、签证及其他依据等都可以在模型中快速提取，使竣工结算的编制、审核更加快捷、准确，可以大大减少因各方信息不对称造成的结算争议问题，有效提高工程结算工作的效率和质量。

三、通过BIM模型对合同进行挂接，为投资归概提供精准依据

通过BIM模型对合同进行挂接，实现全过程的合同管理与项目建设实体内容有机结合，可以从根本上解决项目建设各参与方的"信息断层"问题，有利于工作面、工作范围的划分与管理，并使合同所对接的范围更加清晰。BIM模型可以管理、储存如工程量明细、进度计划、设备材料明细、履行节点、付款节点等合同管理相关信息，可以将合同明细内容与分解后的概预算明细相互关联，将合同管理与账务核算相互衔接。通过BIM模型可以随时知晓各个合同的履行、结算、付款、核算情况，从而实现概预算和合同的动态化、精细化、实时化管控，也为建设过程中及竣工决算时实际投资归概提供清晰、准确的依据。

四、基于BIM技术的资产数字化是资产清理的有力工具

竣工决算中的一项重要工作内容就是清理项目建设过程中形成的各类资产，

形成竣工交付资产明细。随着建设期 BIM 技术应用和信息录入技术的不断完善，可以实现资产数字化移交。资产数字化，是基于建设期 BIM 数据形成的竣工数字化产物。BIM 模型可以为资产清理直至最终形成竣工交付资产明细表提供流程和数据支撑，可以将竣工决算资产清理流程嵌入 BIM 模型，序时形成符合竣工决算资产清理要求的数字化资产信息，及时、便捷地追溯设备材料的名称、规格、专业、附属设备、厂家、备品备件、专用工具等信息，有利于在建设过程中及竣工决算时全面、准确、便捷、及时开展资产清理工作。BIM 技术可以科学、便捷地将设备材料清单、建安工程的工程量清单依据固定资产目录口径进行整合后形成竣工后交付资产，与生产部门资产的专业化、明晰化管控有效贯通，实现基建项目从建设到竣工决算、从竣工决算到资产管理的高效、有序衔接，可以节约资产清理工作时大量的人力、物力和时间，提高竣工决算编制工作效率和质量。

五、面临的困难

火力发电工程虽然很早就发展三维设计，推行数字化交付模式，但是由于设计阶段与后续阶段的割裂，导致 BIM 模型没有进行有效传递，没有与信息化进行充分结合，没有形成系统性 BIM 应用。从基建项目全过程管理和 BIM 技术的发展形势来看，随着 BIM 技术的日益成熟，尤其是与传统信息化手段的结合，BIM 技术在基建项目全过程管理中发挥的作用将会越来越大，效果也会越来越明显，包括竣工决算等各个方面都可以从 BIM 技术的深化应用中获益。但是目前 BIM 技术发展尚不成熟、应用尚不够深入，还难以支撑起全过程应用方面的较高需求，还需要继续深入研发，突破一些关键性技术和薄弱环节。

目前，设计阶段模型向后传递尚存在困难。由于火力发电工程使用较多的三维设计软件为 PDS/PDMS，与建筑业使用的 Revit 三维设计软件存在数据互通障碍，也间接导致了建筑业已大量应用的管理系统不能直接拿来使用，因此需要进一步推动电力行业设计模型与更多 BIM 平台型软件的数据互通，推动设计模型向后传递直至形成竣工资产数字化交付，从而为竣工决算提供支撑。

BIM 模型算量目前尚存在困难。随着软件开发商在 BIM 模型工程量修正、BIM 投资管控平台方面的研发，已经陆续出现了能够解决工程量统计、造价管理等方面问题的产品。但是尚没有十分成熟的BIM算量软件产品，只有攻克了BIM算量难关，才能进一步将BIM与基建MIS等系统进行融合，实现基于BIM模型的动态投资控制，提升现有投资管控的精细化和自动化水平，使之真正成为建设方、设计方、施工方、咨询方的协同工作平台。

六、发展展望

火力发电工程BIM技术发展首要任务是推动设计的BIM发展，不仅要加大三维设计的推广，更要站在全过程应用的角度上对设计模型进行标准化和规范化。只有实现了设计阶段的三维模型化，后续的施工、造价管理、信息化建设才能与三维模型进行充分结合，实现BIM的全过程应用。目前随着设计BIM的推广，利用BIM技术进行碰撞检测、管线优化排布，提升设计质量，从前期阶段实现投资节约的成功案例已有很多。

火力发电工程BIM技术发展核心是建立更完善的行业BIM标准。BIM标准是行业技术推广的基础，尽管目前火力发电行业已经有一些BIM技术应用案例，但是仍缺乏统一的标准，从而导致不同项目应用深度不同、水平深浅不一，甚至于经验都难以借鉴。仅仅依靠现有的国家、建筑业BIM标准来解决BIM技术在火力发电工程中的应用是不够的，需要结合火力发电工程的特点持续细化和优化标准。

技术发展的基础是人才建设，应该注重培养BIM相关的技术人才，尤其是对懂专业知识的人才进行BIM技术培训。将BIM技术与专业知识进行结合，让传统工作岗位人员掌握BIM技能后，将BIM技术融入到传统工作中，真正挖掘和发挥BIM技术价值。

BIM技术应用的推广离不开政策引领。随着我国对外开放的深化和世界经济全球化加速，基建领域的管理升级已是大势所趋，良好的政策导向将为基建全过程管理中的BIM应用提供强劲动力，助力BIM应用进入全面推广普及阶段。

附　录

附录1　竣工决算报表（范例参考）

火力发电项目竣工决算报表（参考格式）目录

序号	报表名称	表格索引
1	报表封面	
2	竣工工程概况表	竣建01表
3	竣工工程决算一览表	竣建02表
4	竣工工程决算一览表（明细表）	竣建02-1表
5	预留尾工工程明细表	竣建02表附表
6	其他费用明细表	竣建03表
7	待摊支出分摊明细表	竣建03表附表
8	移交资产总表	竣建04表
9	移交资产——房屋、构筑物一览表	竣建04-1表
10	移交资产——安装的机械设备一览表	竣建04-2表
11	移交资产——不需要安装的机械设备、工器具及家具一览表	竣建04-3表
12	移交资产——长期待摊费用、无形资产、待抵扣增值税一览表	竣建04-4表
13	竣工财务决算表	竣建05表
14	竣工工程应收应付款项明细表	竣建05表附表

基本建设项目竣工决算报表

工程名称：

编制单位：

编制日期：

单位负责人：　　　　财务负责人：　　　　基建负责人：

参加编制人员：

火电项目竣工工程概况表

竣建01表　　单位：万元

编制单位：　　　　编制日期：　　年　　月　　日

工程名称		设计单位		建设性质	
建设地址		主要施工单位		地震烈度	
概算批准机关、文号		监理单位		地基计算强度	

主要工程特征			工程进度、工程量及工程投资		
设计容量（MW）	原有		工程进度	计划工期	实际工期
	本期		开工日期		
	最终		#号机投产日期		
设计生产能力	设备年利用小时		#号机投产日期		
	年发电量（亿kW·h）		工程量	概算	实际
主厂房结构及特征	框架结构		土石方开挖（m³）		
	房架结构		钢材（吨）		
	面积（m²）		混凝土（m³）		
	体积（m³）		工程投资	概算投资	总投资
	柱距（m）		概算投资		单位千瓦投资（元）
	汽机间跨度（m）		实际投资 含税		
	锅炉间跨度（m）		实际投资 不含税		
烟囱	结构		招标总额		
	高度（m）		主要设备	生产厂家	规格型号	数量
	上口直径（m）		汽轮机			
	下口直径（m）		发电机			
占地面积	征地面积（m²）		锅炉			
	厂区占地（m²）		主变压器			
	征地文号、证号		固定资产形成率	%		
	建筑物总面积（m²）		工程质量鉴定			

竣工工程决算一览表（汇总表）

编制单位：　　　　　　　编制时间：　　年　　月　　日

竣建02表

单位：万元

栏次	工程项目	概算价值						实际价值							实际比概算	
		建筑工程	其中：设备基座	安装工程	设备价值	其他费用	合计	建筑工程	其中：设备基座	安装工程	设备价值	其他费用	小计	待抵扣增值税	合计	增减额	增减率（%）
行次	1	2	3	4	5	6	7=2+4+5+6	8	9	10	11	12	13=8+10+11+12	14	15=13+14	16=15-7	17=16/7
1																	
2																	
3																	
4	工程静态总投资																
5	建设期利息																
6	价差预备费																
7	工程动态总投资																
8	其中：预留尾工工程																

431

竣工工程决算一览表（明细表）

竣建02-1表

编制单位：　　　　　　　编制时间： 年 月 日　　　　　　　单位：元

行次	工程项目	概算价值						实际价值								实际比概算	
栏次		建筑工程	其中:设备基座	安装工程	设备价值	其他费用	合计	建筑工程	其中:设备基座	安装:安装工程	设备价值	其他费用	小计	待抵扣增值税	合计	增减额	增减率（%）
	1	2	3	4	5	6	7=2+4+5+6	8	9	10	11	12	13=8+10+11+12	14	15=13+14	16=15-7	17=16/7
1																	
2																	
3																	
4																	
5	工程静态总投资																
6	建设期利息																
7	价差预备费																
8	工程动态总投资																
9	其中:预留尾工工程																

预留尾工工程明细表

编制单位：

编制时间：

竣建 02 表附表

单位：元

栏次 \ 行次	具体工程项目名称	所在地或部门	计量单位	数量	概（预）算价值	已完成工作量 金额	未完成工作量 建筑工程	未完成工作量 安装工程	未完成工作量 设备价值	未完成工作量 其他费用	未完成工作量 增值税进项税	未完成工作量 小计	预留尾工全部价值	简要说明
	1	2	3	4	5	6	7	8	9	10	11	12	13=6+12	14
1														
合计														

其他费用明细表

竣建03表

编制单位：　　　　　　　　　　编制时间：　　　年　　　月　　　日　　　　　　　　单位：元

行次	费用项目	概算数	待摊支出	实际数						合计
				固定资产	流动资产	长期待摊费用	无形资产	增值税进项税		
	1	2	3	4	5	6	7	8		9=3+4+5+6+7+8
1	建设场地征用及清理费									
2	……									
3	……									
4	项目建设管理费									
5	……									
6	……									
7	项目建设技术服务费									
8	……									
9	……									
10	……									
11										
12	合　计									

注：生产职工培训及提前进厂费等在费用发生的当期直接计入损益的费用在本表长期待摊费用中归集。

待摊支出分摊明细表

编制单位：　　　　　　编制日期：　年　月　日　　　竣建03表附表

单位：元

栏次	费用项目 / 工作量	建设场地征用及清理费	……	……	项目建设管理费	……	……	项目建设技术服务费	……	合计
行次 工程项目	1	2	3	4	5	6	7	8	9	10	11
1										
2										
3										
4										
5										
6										
7										
8										
9										
10										
合 计										

移 交 资 产 总 表

竣建04表

编制单位：

编制日期： 年 月 日

单位：元

栏次 行次	资产名称 1	建筑费用 2	设备基座价值 3	设备价值 4	安装费用 5	摊入费用 6	直接形成的资产 7	移交资产合计 8=2+3+4+5+6+7
一	固定资产							
1	房屋							
2	构筑物							
3	线路							
4	安装的机器设备							
5	不需要安装的机器设备							
6	工器具							
7	家具							
二	流动资产							
1	工器具							
2	家具							
3	备品备件							
三	无形资产							
四	长期待摊费用							
五	待抵扣增值税							
六	移交资产总值							

移交资产——房屋、构筑物一览表

编制单位：

移交资产日期：　年　月　日

编制日期：

竣建04-1表

单位：元

行次	房屋、构筑物名称（参照固定资产登记对象填列）	结构及层次（规格型号）	所在地、部门或使用保管部门	计量单位	数量	建筑费用	摊入费用	移交资产价值	备注
栏次	1	2	3	4	5	6	7	8=6+7	9
1	一、房屋								
2									
3									
4									
5									
6									
7	二、构筑物								
8									
9									
10									
11	合　计								

移交资产——安装的机械设备一览表

编制单位：
编制日期： 年 月 日
竣建 04—2 表
单位：元

栏次	机械设备名称（参照固定资产登记对象填列）	规格型号	供应单位或制造厂家	安装部位或保管使用部门	计量单位	数量	设备价值	设备基座价值	安装费用	摊入费用	移交资产价值	备注
行次	1	2	3	4	5	6	7	8	9	10	11=7+8+9+10	12
1	一、安装的机器设备											
2												
3												
4												
5												
6	二、线路											
7												
8												
9												
10												
11	合　计											

移交资产——不需要安装的机械设备、工器具及家具一览表

编制单位：

编制日期： 年 月 日

竣建04-3表

单位：元

栏次\行次	资产名称	规格型号	供应单位或制造厂家	所在部位或保管使用部门	计量单位	数量	移交资产价值	其中		备注
								属固定资产	属流动资产	
	1	2	3	4	5	6	7	8	9	10
1	一、不需要安装设备小计									
2										
3	二、工器具小计									
4										
5	三、家具小计									
6										
7	四、备品备件									
8										
9	五、其他									
10										
11	合　计									

移交资产——长期待摊费用、无形资产、待抵扣增值税一览表

竣建 04-4 表

编制单位：　　　　　　　　　　　　编制日期：　　年　　月　　日　　　　　　　　　　　　　　　单位：元

栏次 行次	资产或项目名称	所在地或使用单位	计量单位	数量	实际价值			备注
					长期待摊费用	无形资产	待抵扣增值税	
	1	2	3	4	5	6	7	8
1	一、长期待摊费用							
2								
3	二、无形资产							
4								
5	三、待抵扣增值税							
6	1.建筑工程待抵扣增值税							
7	2.安装工程待抵扣增值税							
8	3.设备待抵扣进项税							
9	4.其他待抵扣增值税							
10								
11	合　计							

竣工财务决算表

单位：元

编制单位：　　　　　编制日期：　　年　　月　　日　　　　　竣建05表

资金来源	行次	金额	资 金 占 用	行次	金额
一、资本金	1		一、投资完成额小计	1	
1.	2		1.交付使用固定资产	2	
2.	3		2.交付使用流动资产	3	
二、基建投资借款	4		3.长期待摊费用	4	
1.	5		4.交付使用无形资产	5	
2.	6		5.待抵扣增值税	6	
三、债券资金	7			7	
四、应付款项	8		二、结余资金小计	8	
1.	9		1.货币资金	9	
2.	10		2.应收款项	10	
3.资金来源——生产资金	11		3.工程物资	11	
	12		4.资金占用——生产占用	12	
资 金 来 源 合 计	12		资 金 占 用 合 计	12	

竣工项目应收应付款项明细表

编制单位：

编制日期： 年 月 日

竣建 05 表附表

单位：元

行次	栏次 往来单位名称 1	金额 2	性质 3	备注 4
一	其他应收款			
1				
2				
3				
……				
二	应付账款			
1				
2				
3				
……				
三	其他应付款			
1				
2				
3				
……				
	合计			

附录2　火力发电项目固定资产目录（范例节选）

火力发电项目固定资产目录（节选）

一级分类	二级分类	三级分类	四级分类	计量单位	备注
房屋					
房屋	生产厂房				
房屋	生产厂房	一般生产用房		平方米	
房屋	生产厂房	受腐蚀生产用房		平方米	受轻微的酸碱腐蚀或震动等原因影响而使使用年限减少的房屋（电力专用）
房屋	生产厂房	受强腐蚀生产用房		平方米	受强烈的酸碱腐蚀或震动等原因影响而使使用年限减少的房屋（电力专用）
房屋	生产厂房	简易生产用房		平方米	
房屋	生产厂房	仓库等其他生产用房		平方米	
房屋	管理办公用房				
房屋	管理办公用房	钢混结构		平方米	
房屋	管理办公用房	砖混结构		平方米	
房屋	管理办公用房	简易用房		平方米	
房屋	管理办公用房	其他管理用房		平方米	
房屋	非生产用房				
房屋	非生产用房	一般非生产用房		平方米	
房屋	非生产用房	简易非生产用房		平方米	
房屋	非生产用房	其他非生产用房		平方米	
构筑物					
构筑物	池罐				
构筑物	池罐	水池		立方米/座	包括生水池、贮水池、蓄水池、污水池等

续表

一级分类	二级分类	三级分类	四级分类	计量单位	备注
构筑物	池罐	油池		立方米/座	包括捕油池、储油池、轨道车油池、平流隔油池等
构筑物	池罐	灰池		立方米/座	包括灰库、卸灰池、贮灰池等都放在此类
构筑物	池罐	……		立方米/座	
构筑物	仓				
构筑物	仓	水仓		立方米/座	
构筑物	仓	煤仓		立方米/座	
构筑物	仓	污泥仓		立方米/座	
构筑物	仓	……		立方米/座	
构筑物	槽				
构筑物	槽	油槽		延长米/座	包括恒温油槽等
构筑物	槽	水槽		延长米/座	包括热水槽、冷水槽、恒温水槽等
构筑物	槽	煤槽		延长米/座	
构筑物	槽	……		延长米/座	
构筑物	场				
构筑物	场	广场		平方米	
构筑物	场	灰场		平方米	
构筑物	场	场坪		平方米	
构筑物	场	原料场		平方米	
构筑物	场	储煤场		平方米	
构筑物	场	……		平方米	
构筑物	道路				
构筑物	道路	公路		公里	
构筑物	道路	厂区道路		公里	
构筑物	道路	铁路隧道		延长公里	
构筑物	道路	铁路站线		延长公里	
构筑物	道路	铁路正线		延长公里	

续表

一级分类	二级分类	三级分类	四级分类	计量单位	备注
构筑物	道路	铁路专用线		延长公里	
构筑物	道路	铁路站区道路		延长公里	
构筑物	道路	交通洞		米/条	
构筑物	道路	……		米/条	
构筑物	洞				
构筑物	洞	电缆洞		米/条	
构筑物	洞	引水隧洞		米/条	
构筑物	洞	……		米/条	
构筑物	沟、渠				
构筑物	沟、渠	地沟		延长米/条	
构筑物	沟、渠	电缆沟		延长米/条	
构筑物	沟、渠	渠沟		延长米/条	
构筑物	沟、渠	供热沟		延长米/条	
构筑物	沟、渠	……		延长米/条	
构筑物	管道				
构筑物	管道	供电管道		延长米/条	
构筑物	管道	供热管道		延长米/条	
构筑物	管道	供排水管道		延长米/条	
构筑物	管道	水利管道		延长米/条	
构筑物	管道	通信管道		延长米/条	
构筑物	管道	消防管道		延长米/条	
构筑物	管道	供气管道		延长米/条	
构筑物	管道	……		延长米/条	
构筑物	涵洞				
构筑物	涵洞	板涵		米	
构筑物	涵洞	矩涵		米	
构筑物	涵洞	卵涵		米	

续表

一级分类	二级分类	三级分类	四级分类	计量单位	备注
构筑物	涵洞	圆涵		米	
构筑物	涵洞	拱涵		米	
构筑物	涵洞	……		米	
构筑物	井				
构筑物	井	水井		眼	
构筑物	井	管井		眼	
构筑物	井	大口井		眼	
构筑物	井	……		眼	
构筑物	坑				
构筑物	坑	渣坑		立方米	
构筑物	坑	检查坑		立方米	
构筑物	坑	……		立方米	
构筑物	廊				
构筑物	廊	通廊		米/条	
构筑物	廊	……		米/条	
构筑物	码头				
构筑物	码头	浮式码头		平方米/个	
构筑物	码头	栈桥式码头		平方米/个	
构筑物	码头	斜坡式码头		平方米/个	
构筑物	码头	直立式码头		平方米/个	
构筑物	码头	简易式码头		平方米/个	
构筑物	码头	……		平方米/个	
构筑物	桥梁架				
构筑物	桥梁架	管桥		座	
构筑物	桥梁架	栈桥		米/座	
构筑物	桥梁架	跨线桥		米/座	
构筑物	桥梁架	公路桥梁		延长米/座	

续表

一级分类	二级分类	三级分类	四级分类	计量单位	备注
构筑物	桥梁架	铁路桥梁			
构筑物	桥梁架	步行桥梁		米/座	指行人不行车的天桥
构筑物	桥梁架	通道支架		米/座	
构筑物	桥梁架	露天框架		米/座	
构筑物	桥梁架	空冷岛支柱		米/座	
构筑物	桥梁架	……		米/座	
构筑物	塔				
构筑物	塔	水塔		座	
构筑物	塔	灯塔		座	
构筑物	塔	避雷塔		座	
构筑物	塔	调压塔		座	
构筑物	塔	卸灰塔		座	
构筑物	塔	卸煤塔		座	
构筑物	塔	照明塔		座	
构筑物	塔	冷却水塔		座	
构筑物	塔	……		座	
构筑物	台站				
构筑物	台站	地道		条	
构筑物	台站	料台		平方米	包括渣台、煤台等
构筑物	台站	平台		平方米	
构筑物	台站	转运站		平方米	包括输煤转运站
构筑物	罩棚				
构筑物	罩棚	车棚		个	
构筑物	罩棚	储煤棚		个	
构筑物	罩棚	材料棚		个	
构筑物	罩棚	燃煤采样棚		个	
构筑物	罩棚	……		个	

续表

一级分类	二级分类	三级分类	四级分类	计量单位	备注
构筑物	附属构构筑物				
构筑物	附属构构筑物	门		个	
构筑物	附属构构筑物	护坡		延长米	
构筑物	附属构构筑物	围墙		延长米	
构筑物	附属构构筑物	岗楼		个	
构筑物	附属构构筑物	旗杆		个	
构筑物	附属构构筑物	雕塑		座	
构筑物	附属构构筑物	烟囱		延长米/座	
构筑物	附属构构筑物	挡土墙		延长米	
构筑物	附属构构筑物	挡风墙		延长米	
构筑物	附属构构筑物	安防设施		套	
构筑物	附属构构筑物	停车设施		套	
构筑物	附属构构筑物	通讯设施		套	
构筑物	附属构构筑物	消防设施		套	
构筑物	附属构构筑物	照明设施		套	
构筑物	附属构构筑物	煤场防尘网		平方米	
构筑物	附属构构筑物	……		座	
专用发电设备	发电及供热设备	输煤设备			
专用发电设备	发电及供热设备	输煤设备	叶轮给煤机	台	包括操作箱、控制盘、电缆、钢轨随机工具及备件；包括叶轮、单项、环形给煤机等
专用发电设备	发电及供热设备	输煤设备	输煤机	台	包括操作箱（盘）、电缆、减速器、随机工具及条件等
专用发电设备	发电及供热设备	输煤设备	带式输送机	台	包括电机、偶合器、制动器、头部清洗器、液压自控拉紧装置皮带等
专用发电设备	发电及供热设备	输煤设备	皮带运煤机	台	包括操作箱、电缆、减速器及随机备品和工具等
专用发电设备	发电及供热设备	输煤设备	……		

续表

一级分类	二级分类	三级分类	四级分类	计量单位	备注
专用发电设备	发电及供热设备	输油设备			
专用发电设备	发电及供热设备	输油设备	滤油器	台	
专用发电设备	发电及供热设备	输油设备	储油罐	座	
专用发电设备	发电及供热设备	输油设备	油/气管路	条	
专用发电设备	发电及供热设备	输油设备	加热器	台	含温度计等
专用发电设备	发电及供热设备	输油设备	……	台	含压力表、操作盘等
专用发电设备	发电及供热设备	供气及处理设备			
专用发电设备	发电及供热设备	供气及处理设备	增压机	台	
专用发电设备	发电及供热设备	供气及处理设备	增压机润滑油泵	台	
专用发电设备	发电及供热设备	供气及处理设备	冷油器	台	
专用发电设备	发电及供热设备	供气及处理设备	天然气冷却器	台	
专用发电设备	发电及供热设备	供气及处理设备	燃气调压站	套	包括天然气净化装置、天然气供气管路、天然气净化装置、天然气前置分离器、天然气性能加热器等
专用发电设备	发电及供热设备	供气及处理设备	……	套	
专用发电设备	发电及供热设备	卸煤设备			
专用发电设备	发电及供热设备	卸煤设备	卸煤机	台	包括操作箱（盘）、电缆、滑线、随机工具及备件等
专用发电设备	发电及供热设备	卸煤设备	螺旋卸车机	台	包括操作箱（盘）、电缆、滑线、随机工具及备件等
专用发电设备	发电及供热设备	卸煤设备	桥型抓	台	包括操作箱（盘）、电缆、滑线、随机工具及备件等
专用发电设备	发电及供热设备	卸煤设备	翻车机	台	包括操作箱（盘）、电缆、滑线、随机工具及备件等

续表

一级分类	二级分类	三级分类	四级分类	计量单位	备注
专用发电设备	发电及供热设备	卸煤设备	桥式抓斗卸船机	台	
专用发电设备	发电及供热设备	卸煤设备	……	台	含清仓机
专用发电设备	发电及供热设备	煤粉设备			
专用发电设备	发电及供热设备	煤粉设备	给煤机	台	含电机等
专用发电设备	发电及供热设备	煤粉设备	磨煤机	台	含电机、减速器、油泵、油箱、油管路、风扇
专用发电设备	发电及供热设备	煤粉设备	皮带给料机	台	
专用发电设备	发电及供热设备	煤粉设备	……	个	即抽煤机
专用发电设备	发电及供热设备	锅炉及附属设备			
专用发电设备	发电及供热设备	锅炉及附属设备	锅炉本体	台	包括煤槽、吹灰器、取样凝结器、燃烧器等
专用发电设备	发电及供热设备	锅炉及附属设备	空气预热器	台	
专用发电设备	发电及供热设备	锅炉及附属设备	省煤器	台	
专用发电设备	发电及供热设备	锅炉及附属设备	过热器	台	
专用发电设备	发电及供热设备	锅炉及附属设备	再热器	台	
专用发电设备	发电及供热设备	锅炉及附属设备	汽包	台	含压力计、水位计等
专用发电设备	发电及供热设备	锅炉及附属设备	送风机	台	含电机
专用发电设备	发电及供热设备	锅炉及附属设备	引风机	台	含电机
专用发电设备	发电及供热设备	锅炉及附属设备	点火装置	套	包括少油点火装置、灭火保护装置、无油点火装置、重油点火装置、等离子点火装置、燃气点火装置等
专用发电设备	发电及供热设备	锅炉及附属设备	冷热风管道	套	每台炉的烟管道作为一个登记对象

续表

一级分类	二级分类	三级分类	四级分类	计量单位	备注
专用发电设备	发电及供热设备	锅炉及附属设备	……	台	
专用发电设备	发电及供热设备	排污及疏水处理设备			
专用发电设备	发电及供热设备	排污及疏水处理设备	排污疏水扩容器	台	包括压力表、水位计、操作箱、阀门
专用发电设备	发电及供热设备	排污及疏水处理设备	定期排污扩容器	台	
专用发电设备	发电及供热设备	排污及疏水处理设备	连续排污扩容器	台	
专用发电设备	发电及供热设备	排污及疏水处理设备	……	台	
专用发电设备	发电及供热设备	除灰除尘除渣设备			
专用发电设备	发电及供热设备	除灰除尘除渣设备	除尘器	台	包括电除尘、水膜式除尘、多管式除尘器等；包括锁气器
专用发电设备	发电及供热设备	除灰除尘除渣设备	抓灰机	台	包括操作箱
专用发电设备	发电及供热设备	除灰除尘除渣设备	灰浆泵	台	包括压力表、电流表、操作箱
专用发电设备	发电及供热设备	除灰除尘除渣设备	排渣机	台	
专用发电设备	发电及供热设备	除灰除尘除渣设备	泥浆泵	台	包括压力表、电流表、操作箱
专用发电设备	发电及供热设备	除灰除尘除渣设备	……	台	
专用发电设备	发电及供热设备	化学水处理设备			
专用发电设备	发电及供热设备	化学水处理设备	生水泵	台	包括压力表、操作箱
专用发电设备	发电及供热设备	化学水处理设备	凝聚剂搅拌器及溶液箱	台	包括凝聚剂泵
专用发电设备	发电及供热设备	化学水处理设备	磷酸盐搅拌器	台	10KW以上磷酸盐泵
专用发电设备	发电及供热设备	化学水处理设备	活塞加药泵	台	

续表

一级分类	二级分类	三级分类	四级分类	计量单位	备注
专用发电设备	发电及供热设备	化学水处理设备	……	台	
专用发电设备	发电及供热设备	供热管路及设备			
专用发电设备	发电及供热设备	供热管路及设备	减温减压器	台	包括调整门、安全门、减温器、自动控制装置
专用发电设备	发电及供热设备	供热管路及设备	热网循环泵	台	包括操作箱
专用发电设备	发电及供热设备	供热管路及设备	热水器	台	包括阀门、温度表
专用发电设备	发电及供热设备	供热管路及设备	高峰负荷热水器	台	包括阀门、温度表
专用发电设备	发电及供热设备	供热管路及设备	凝结水泵	台	包括操作箱、电机
专用发电设备	发电及供热设备	供热管路及设备	……	台	包括操作箱、电机
专用发电设备	发电及供热设备	制氢设备			
专用发电设备	发电及供热设备	制氢设备	中压制氢系统	台	
专用发电设备	发电及供热设备	制氢设备	漏氢检测仪	台	
专用发电设备	发电及供热设备	制氢设备	发电机在线氢气纯、湿度检测	台	
专用发电设备	发电及供热设备	制氢设备	制氢装置	台	
专用发电设备	发电及供热设备	制氢设备	贮氢罐	台	
专用发电设备	发电及供热设备	制氢设备	……	台	
专用发电设备	发电及供热设备	汽轮发电机及附属设备			
专用发电设备	发电及供热设备	汽轮发电机及附属设备	汽轮机本体	台	包括汽水分离器、过滤器、主汽门、调速器门、过负荷汽门、随机轴瓦、推力轴瓦及专用工具

续表

一级分类	二级分类	三级分类	四级分类	计量单位	备注
专用发电设备	发电及供热设备	汽轮发电机及附属设备	盘车装置	套	
专用发电设备	发电及供热设备	汽轮发电机及附属设备	发电机本体	台	
专用发电设备	发电及供热设备	汽轮发电机及附属设备	励磁系统	台	包括励磁变压器、励磁机、励磁调节器等
专用发电设备	发电及供热设备	汽轮发电机及附属设备	……	个	
专用发电设备	发电及供热设备	内燃气发电机组及附属设备			
专用发电设备	发电及供热设备	内燃气发电机组及附属设备	内燃机	台	包括润滑油箱、油箱、起动气瓶、粗油过滤器、细油过滤器、盘车卤轮、冷却器、烟囱
专用发电设备	发电及供热设备	内燃气发电机组及附属设备	发电机	台	
专用发电设备	发电及供热设备	内燃气发电机组及附属设备	励磁机	台	包括磁场变阻器、接触器、灭磁开关、灭磁电阻
专用发电设备	发电及供热设备	内燃气发电机组及附属设备	鼓风机	台	包括空气管道
专用发电设备	发电及供热设备	内燃气发电机组及附属设备	……	台	包括润滑油箱、加热器
专用发电设备	发电及供热设备	燃气发电机组及附属设备			以天然气为燃料的火力发电厂用
专用发电设备	发电及供热设备	燃气发电机组及附属设备	燃气轮机	套	
专用发电设备	发电及供热设备	燃气发电机组及附属设备	燃气发电机	套	
专用发电设备	发电及供热设备	燃气发电机组及附属设备	燃机本体附机	套	包括燃机润滑油模块、CO_2灭火保护系统、燃机水洗、空气处理模块、燃机发电机密封油装置、燃机氢气柜、燃机发电机氢气干燥装置、燃机冲洗、排水泵
专用发电设备	发电及供热设备	燃气发电机组及附属设备	天然气净化处理模块	套	包括过滤装置、加热除尘装置
专用发电设备	发电及供热设备	燃气发电机组及附属设备	……	套	包括天然气净化装置、天然气供气管路、天然气净化装置、天然气前置分离器、天然气性能加热器

续表

一级分类	二级分类	三级分类	四级分类	计量单位	备注
专用发电设备	脱硫脱销专用设备				
专用发电设备	脱硫脱销专用设备	脱硫专用设备			
专用发电设备	脱硫脱销专用设备	脱硫专用设备	烟气加热器	台	包括再加热器、辅助加热器
专用发电设备	脱硫脱销专用设备	脱硫专用设备	图形分配器	台	
专用发电设备	脱硫脱销专用设备	脱硫专用设备	石灰石卸料斗	个	
专用发电设备	脱硫脱销专用设备	脱硫专用设备	工程师站设备	套	含喷墨打印机、工控机、终端机等
专用发电设备	脱硫脱销专用设备	脱硫专用设备	袋式除尘器	台	
专用发电设备	脱硫脱销专用设备	脱硫专用设备	工业电视	台	
专用发电设备	脱硫脱销专用设备	脱硫专用设备	……	台	
专用发电设备	脱硫脱销专用设备	脱硝专用设备			
专用发电设备	脱硫脱销专用设备	脱硝专用设备	氨喷射格栅	套	
专用发电设备	脱硫脱销专用设备	脱硝专用设备	静态混合器	个	
专用发电设备	脱硫脱销专用设备	脱硝专用设备	氨气空气混合器	个	
专用发电设备	脱硫脱销专用设备	脱硝专用设备	烟道导流板	套	
专用发电设备	脱硫脱销专用设备	脱硝专用设备	烟道灰斗	个	
专用发电设备	脱硫脱销专用设备	脱硝专用设备	膨胀节	个	
专用发电设备	脱硫脱销专用设备	脱硝专用设备	……	个	
专用发电设备	输电设备				电厂专用；电压在35千伏及以上的都作为输电线路，按电压登记进行资产卡片登记，同一条线路有两种及以上杆型的以较多的一种进行登记

续表

一级分类	二级分类	三级分类	四级分类	计量单位	备注
专用发电设备	输电设备	铁塔输电线路		千米	
专用发电设备	输电设备	水泥杆输电线路		千米	
专用发电设备	输电设备	电缆输电线路		千米	
专用发电设备	输电设备	启备变保护装置		台	
专用发电设备	输电设备	启备变故障录波装置		台	
专用发电设备	输电设备	……		台	
专用发电设备	变电配电设备				
专用发电设备	变电配电设备	变压器			每台均应注明容量（KVA）
专用发电设备	变电配电设备	变压器	主变压器	台	包括油冷却器、瓦斯继电器、风扇等
专用发电设备	变电配电设备	变压器	所用变压器	台	包括照明、串并联变压器
专用发电设备	变电配电设备	变压器	厂用变压器	台	
专用发电设备	变电配电设备	变压器	启动变压器	台	
专用发电设备	变电配电设备	变压器	配电变压器	台	
专用发电设备	变电配电设备	变压器	低压干式变压器	台	
专用发电设备	变电配电设备	变压器	……	台	
专用发电设备	变电配电设备	电气及控制设备			
专用发电设备	变电配电设备	电气及控制设备	电压调整器	台	
专用发电设备	变电配电设备	电气及控制设备	周波变换机	台	即变波机
专用发电设备	变电配电设备	电气及控制设备	调相机	台	包括冷却器、水箱、水泵、油泵等
专用发电设备	变电配电设备	电气及控制设备	换流机	台	即换流器
专用发电设备	变电配电设备	电气及控制设备	……	套/组	一个变电所（站）作为一个固定资产登记对象
专用发电设备	变电配电设备	控制电缆			以3千伏及以上电缆可以每一系统为一组，也可全厂综合登记

续表

一级分类	二级分类	三级分类	四级分类	计量单位	备注
专用发电设备	变电配电设备	控制电缆	控制电缆	米	
专用发电设备	变电配电设备	控制电缆	电力电缆	米	
专用发电设备	变电配电设备	控制电缆	光纤光缆	米	
专用发电设备	配电线路及设备				
专用发电设备	配电线路及设备	配电线路			配电线路原则上以变电所（站）变电塔出口的主要干线作为登记对象，亦可按一个地区、一个村镇或一条街的主要线路作为登记对象
专用发电设备	配电线路及设备	配电线路	铁塔配电线路	千米/条	包括柱上油开关、变台、避雷器、刀闸
专用发电设备	配电线路及设备	配电线路	水泥杆配电线路	千米/条	包括柱上油开关
专用发电设备	配电线路及设备	配电线路	电缆配电线路	千米/条	包括柱上油开关、保险器
专用发电设备	配电线路及设备	配电线路	场内集电线路	千米/条	
专用发电设备	配电线路及设备	配电线路	木杆配电线路	千米/条	包括柱上油开关
专用发电设备	配电线路及设备	配电设备			
专用发电设备	配电线路及设备	配电设备	配电变压器	台	电压在35千伏以下的直接给用户电灯、电力、电热等用电所使用的最后降压在400伏以下的变压器
专用发电设备	配电线路及设备	配电设备	电容器	组	3.3千伏及以上，以安装在配电线路的每一处为一组
专用发电设备	配电线路及设备	配电设备	配电所母线	组	即汇流排
专用发电设备	配电线路及设备	配电设备	配电所配电盘	面	即配电所配电柜，各种指示仪表、继电器、熔断器、电压不满35千伏（不包括35千伏）的隔离开关、电压互感器、电流互感器、补偿变流器、另相变流器、避雷器等
专用发电设备	配电线路及设备	配电设备	避雷器	个	电压在6千伏及以上

续表

一级分类	二级分类	三级分类	四级分类	计量单位	备注
电力专用设备	配电线路及设备	配电设备	……	个	
电力专用设备	配电线路及设备	其他配电线路及设备		套	
电力专用设备	用电计量设备				
电力专用设备	用电计量设备	三相电度表		只	包括计量箱
电力专用设备	用电计量设备	单相电度表		只	包括计量箱
电力专用设备	用电计量设备	无功电度表		只	包括计量箱
电力专用设备	用电计量设备	有功电度表		只	
电力专用设备	用电计量设备	电压互感器		只	
电力专用设备	用电计量设备	电流互感器		只	
电力专用设备	用电计量设备	……		只	
电力专用设备	其他电力专用设备			套	
通用设备	计算机设备	……			
通用设备	办公设备及家具	……			
通用设备	车辆	……			
通用设备	水上运输设备	……			仅指非港口与航运专业板块的水上运输设备
通用设备	水上运输设备	……		艘	
通用设备	机械设备	……			
通用设备	电气设备	……			
通用设备	仪器仪表	……			
通用设备	文体娱乐设备	……			

参考文献

1.杨章金等:《火电竣工决算报告编审实务指南》,北京:中国水利水电出版社,2009年版。

2.李雅等:《铁路基本建设项目竣工财务决算编制指南》,北京:中国财政经济出版社,2013年版。

3.柴忠信:《发电基本建设项目竣工财务决算编制实务》,北京:中国电力出版社,2015年版。

4.全国造价工程师职业资格考试培训教材编审委员会:《建设工程计价》,北京:中国计划出版社,2021年版。

5.全国咨询工程师(投资)职业资格考试参考教材编写委员会:《项目决策分析与评价》,中国统计出版社,2016年版。

6.柴忠信:《电力基本建设项目竣工决算报告编制办法》,北京:中国电力出版社,2007年版。

7.全国造价工程师职业资格考试培训教材编审委员会:《建设工程技术与计量——土木建筑工程》,北京:中国计划出版社,2021年版。

8.杨章金、杨婷:《建设项目竣工决算百问》,北京:中国建筑工业出版社,2017年版。

9.安徽省淮河会计学会:《水利基本建设项目竣工财务决算编制教程》,中国水利水电出版社,北京,2009年版。

10.中华人民共和国水利部:《水利基本建设项目竣工财务决算编制规程》(SL19-2008),2008年。

11.电力工程造价与定额管理总站:《火力发电工程建设预算编制与计算规定使用指南》(2018年版),北京:中国标准出版社,2020年版。

12.国家能源局:《火力发电建设工程启动试运及验收规程》(DL/T 5437-2009),北京:中国电力出版社,2009年版。

13.国家安监总局:《安全评价通则》(AQ8001-2007),北京:煤炭工业出版社,2007年版。

14.国家质量监督检验检疫总局:《固定资产分类及代码》(GB/T 14885-2010),北京:中国标准出版社,2011年版。

15.国家能源局:《电力建设工程工程量清单计价规范火力发电工程(2021)》,中国电力出版社,2021年版。

16.国家发展和改革委员会:《火力发电厂化学设计技术规程》(DL/T 5068-2006),北京:中国电力出版社,2006年版。

17.耿建新、武永亮:"租赁准则的历史沿革与中外比较",《财会月刊·下半月》,2020年第5期。

18.吴明光:"浅析建设工程招标中的标段划分",《中文科技期刊数据库(引文版)工程技术》,2017年第2期。

19.沈显之:"建设方划分工程标段和选择工程管理模式的原则——兼论菲迪克'CONS''P&PB'和'EPCT'合同条件的适用范围",《中国工程咨询》,2006年第2期。

20.王春森:"现代火力发电技术研究",《城市建设》,2010年(5卷)。

21.韩沛:"编制调整概算的认识",《甘肃水利水电技术》,2012年第48期(11卷)。

22.席建国、吴新、江辉:"编制执行概算有效控制建设实施阶段静态投资",《水力发电》,2011年第37期(10卷)。

23.王淞:"浅谈建设方划分工程标段的原则及影响因素",《水科学与工程技术》,2006年增刊。

24.北京智博睿投资咨询有限公司:"'十三五'规划重点——火力发电项目建议书(立项报告)",百度文库(链接:https://wenku.baidu.com/view/

b71fadd6cf84b9d528ea7aa1.html）。

25．"工程资料搜集"，百度文库（链接：https://wenku.baidu.com/view/2c89386a112de2bd960590c69ec3d5bbfc0ada13.html）。

26．"工程项目决算与结算的区别"，百度文库（链接：https://wenku.baidu.com/view/e2a75f5ec081e53a580216fc700abb68a882ad6b.html）。

27．"火力发电厂热力系统"，百度搜索（链接：https://baike.sogou.com/v70185901.htm?fromTitle=%E7%81%AB%E7%94%B5%E5%8E%82%E7%83%AD%E5%8A%9B%E7%B3%BB%E7%BB%9F）。

28．"大学生热电厂实习报告"，百度搜索（链接：https://www.jinchutou.com/p-99170569.html）。

29．"电热预算课件"，百度搜索（链接：https://max.book118.com/html/2018/0501/164071939.shtm）。

30．"融资租赁律师实务（二）融资租赁三方法律关系分析"，盈科律师的文章企博网职业博客（链接：http://blog.sina.com.cn/s/blog_5e9eba5e0100dfc2.html）。

31．"国家热力发电现状及发展"，百度搜索（链接：https://max.book118.com/html/2016/1126/65791675.shtm）。

32．"脱硫系统原理"，百度搜索（链接：https://www.docin.com/p-924233848.html）。

33．"脱硝系统"，百度搜索（链接：https://baike.sogou.com/v7789822.htm?fromTitle=%E8%84%B1%E7%A1%9D）。

34．"火力发电厂建设程序"，百度搜索（链接：http://tech.bjx.com.cn/html/20120810/140100.shtml）。

35．"凝汽式发电厂生产流程图"，百度文库（链接：https://wenku.baidu.com/view/2960e23bbb0d6c85ec3a87c24028915f804d842d.html）。